拆除爆破理论与实践

顾月兵　谢兴博　钟明寿　编著

科学出版社

北　京

内 容 简 介

本书全面、系统地介绍了拆除爆破的基本概念、基础理论、技术设计和施工组织方法。全书共分十五章，包括绪论、建（构）筑物的技术基础、拆除爆破技术设计、爆破工程施工组织与项目管理、基础工程拆除爆破、建筑物拆除爆破、烟囱与水塔拆除爆破、桥梁拆除爆破、水压爆破、拆除爆破施工、拆除爆破中出现的安全技术问题以及各类拆除爆破工程实践案例等内容。对从事爆破设计、爆破施工与爆破安全管理的工作者具有重要指导意义。

本书可作为高等院校爆破工程（部队与地方）相关专业本科生教材使用，也可供从事爆破工程设计、施工、安全评估、安全监理的工程技术人员以及全国各级公安机关负责爆破作业监管的人员学习参考。

图书在版编目（CIP）数据

拆除爆破理论与实践 / 顾月兵，谢兴博，钟明寿编著. —北京：科学出版社，2018.10

ISBN 978-7-03-059030-5

Ⅰ. ①拆… Ⅱ. ①顾… ②谢… ③钟… Ⅲ. ①爆破拆除 Ⅳ. ①TU746.5

中国版本图书馆 CIP 数据核字（2018）第 228173 号

责任编辑：惠 雪 沈 旭 / 责任校对：杨聪敏
责任印制：张 伟 / 封面设计：许 瑞

科 学 出 版 社 出版
北京东黄城根北街 16 号
邮政编码：100717
http://www.sciencep.com
北京厚诚则铭印刷科技有限公司 印刷
科学出版社发行 各地新华书店经销
*
2018 年 10 月第 一 版 开本：720 × 1000 1/16
2023 年 5 月第四次印刷 印张：24
字数：473 000
定价：99.00 元
（如有印装质量问题，我社负责调换）

前　言

爆破是利用炸药的爆炸能量对介质做功，以达到预定的工程目标的作业。工程爆破是以工程为目的的爆破技术。爆破技术是一门边缘学科技术，涉及的学科范围和理论较广，与材料学、物理化学、爆炸力学、结构力学、岩土力学等学科密切相关。爆破应用的领域十分广泛，在国防、土建、交通、水利水电、矿山等工程建设中有着极为重要的作用。工程爆破为推动国家经济建设与社会发展做出了重大贡献。

中国人民解放军陆军工程大学［原中国人民解放军理工大学、中国人民解放军工程兵工程学院（南京）］地雷爆破专业 1953 年成立于中国人民解放军军事工程学院（哈尔滨），是国内最早从事军事爆破工程与民用爆破工程的单位。特别是改革开放后，将爆破技术运用于国防与国家经济建设，优质完成了大量国内外具有重大影响的爆破项目，为国防建设和国家经济建设做出了重大贡献。本书是地雷爆破专业在拆除爆破方面的科学研究与工程实践的总结。作者从全面、系统、简洁、实用的原则出发，根据多年的教学和科研工作，历经多届的教学使用实践编写成本书。

本书从拆除爆破基础理论入手，系统地介绍拆除爆破的内涵与控制爆破的基本原理，以及常用建筑材料的类别与力学性质。在爆破方案制定方面，结合《爆破安全规程》的规定，详细地叙述拆除爆破技术设计与爆破工程施工组织设计的要求与内容，并对项目管理的要求进行介绍；结合爆破工程实例，详细地叙述各种类型的爆破拆除设计方法，并对现实中出现的爆破安全事故进行分类剖析，引以为戒。在拆除爆破工程实践内容部分，详尽地介绍我单位对各类建（构）筑物、高耸构筑物、桥梁及水压爆破方面的部分成功案例，对爆破界同行有很重要的借鉴作用。

撰写本书时，除了引用作者多年的教学经验、学术论文、科研成果与工程资料外，还引用了爆破领域公开出版的专著、论文、杂志等书刊有关内容及互联网上的公开报道。感谢陆军工程大学野战工程学院为作者提供的教学、研究与工程实践舞台，感谢地雷爆破教研室同事们的友情支持与帮助，谨向提供资料的单位和同行致以真诚的谢意。

由于作者水平有限，书中不妥和疏漏之外在所难免，恳请专家、读者批评指正。

顾月兵

2018 年 8 月

目　　录

第2篇　拆除爆破工程实践

第 1 篇　拆除爆破理论与技术

第1章　绪　　论

1.1　拆除爆破的内涵

爆破技术起源于近一千年前的黑火药时代。早在公元 808 年的唐代就出现了比较完整的黑火药配方。因此，黑火药是世界公认的我国对人类文明做出了重大贡献的四大发明之一。17 世纪前，火药主要用于战争，欧洲工业革命之后，开始应用于矿石开采，开启了矿山爆破的新篇章，从而促进了爆破技术的进一步发展。19 世纪末，随着许多新品种工业炸药和新型起爆器材的发明，军事爆破技术与工程爆破技术得以迅猛发展和推广应用。

爆破从过去矿石开采、对军事目标爆破破坏到清理战场建筑废墟，开始向各行业渗透与扩展。爆破也从以对爆破对象破坏为目的，转变到爆炸成型、爆炸复合、爆炸合成、爆炸改性、效果显示等，功能越来越强。爆破的概念也随着功能的发展更趋完善。爆破是利用炸药的爆炸能量对介质做功，以达到预定工程目标的作业。爆破不仅有露天岩石爆破，还有地下隧道爆破、水下爆破、拆除爆破及各类特种爆破。

爆破时，一部分爆炸能量对介质做功，达到预定工程目标，同时，另一部分能量形成爆破振动、爆破飞石等爆破危害效果，因此，两者都要加以控制。

根据工程要求和爆破环境、规模、对象等具体条件，通过精心设计，采用各种施工与防护等技术措施，严格地控制爆炸能的释放过程和介质的破碎过程，既要达到预期的爆破效果，又要将爆破范围、方向以及爆破地震波、空气冲击波、噪音和破碎物飞散等危害控制在规定的限度之内，这种对爆破效果和爆破危害进行双重控制的爆破，称为控制爆破。

爆破在建（构）筑物拆除中的应用，称为拆除爆破。建（构）筑物拆除爆破时对爆破效果和爆破危害进行双重控制的爆破，称为拆除控制爆破。拆除控制爆破是基于对爆炸力学、材料力学、结构力学、断裂力学等工程学科的认知，在已有爆破技术基础上发展起来的。

目前，我国爆破工程划分为三类：岩土爆破、拆除爆破和特种爆破。其中，拆除爆破包含基础型构筑物拆除爆破、高耸构筑物拆除爆破、建筑物拆除爆破、容器形构筑物拆除爆破、桥梁拆除爆破、其他特殊建筑物和构筑物的拆除爆破。建（构）筑物的拆除爆破包括楼房、厂房、烟囱、水塔、冷却塔、电视塔、水池等的拆除爆破。这些爆破工程都需要在一定环境下实现拆除目的，对爆破效果与爆破危害效果进行双重控制，所以，拆除爆破事实上等同于拆除控制爆破。

拆除控制爆破既要通过爆破达到拆除工程要求的目的，还要保护邻近建筑物和设备的安全，使其不受损害，所以拆除爆破是“拆除”和“保护”的矛盾统一体。拆除控制爆破的技术特点如下[1]：

（1）按工程要求控制拆除范围、破碎程度。这就要求只破坏需要拆除的部分，需要保留的部分不应该受到损坏。两楼间仅以沉降缝相邻，在一座楼爆破的同时，要确保相邻需保留的楼房不受到伤害。例如，桥墩的部分拆除工程，墩帽的拆除不允许破坏桥墩。

（2）控制建（构）筑物爆破后的倒塌方向和堆积范围。烟囱拆除要求爆破后准确地倒塌在设计的指定方位，高大烟囱如果反向或严重偏离设计的倒塌方向，可能会造成严重的事故。建筑物在爆破后塌落堆积超过设计范围也将导致邻近房屋或设施的损坏。

（3）控制爆破时破碎块体的堆积范围、个别碎块的飞散方向和抛出距离。在厂房内爆破拆除设备基座时，要控制和防止个别飞石打坏附近正在运转的机器；在市区爆破拆除房屋时，不允许爆破的碎块飞散到邻近房屋或损坏来往车辆和打伤行人，塌落的碎碴不能阻碍街道的交通。

（4）控制爆破时产生的冲击波、爆破振动和建筑物塌落振动的影响范围。爆破振动和建筑物塌落的振动效应不能损坏爆破工点附近的建筑物和其他设施，更不能危害居民的人身安全。控制爆破产生的空气冲击波和噪声的强度，避免或减少对附近人员的心理影响和干扰。

因此，拆除控制爆破的技术内容可概括为：根据工程要求的目的和爆破点周围的环境特点及要求，考虑建（构）筑物的结构特点，确定拆除爆破的总体方案，通过精心设计、施工，采取有效的防护措施，严格控制炸药爆炸的作用范围、建（构）筑物的倒塌运动过程和介质的破碎程度，达到预期的爆破效果，同时要将爆破的影响范围和危害作用控制在允许的限度内。

拆除爆破不仅适用于和平建设时期对各类建（构）筑物的拆除，而且适用于地震灾害、山洪水灾、燃烧爆破事故等对建（构）筑物损坏后的拆除或障碍清除等非战争行动。对军事目标的爆破破坏同样有借鉴作用。

1.2 拆除爆破的基本原理

拆除爆破主要是对建（构）筑物的梁、柱、板、墙等钢筋混凝土构件实施爆破。由于这些构件的几何尺寸不大，可以利用多个小药包进行控制爆破完成拆除作业，所以拆除爆破属于浅孔爆破的范畴。

根据被拆除物及其环境条件、工程要求的不同，目前主要有钻孔爆破法、水压爆破法和静态破碎法等。钻孔爆破法的应用最为广泛；水压爆破法适用于容器形建筑物、构筑物的拆除；静态破碎法多用于不允许产生飞石、震动以及要求精确切割又不允许保留部分产生“内伤”的场合。

拆除爆破除了爆破的破碎机理之外，还有以下五个重要的基本原理。

1.2.1 等能原理

根据爆破对象、条件和要求，优选各种爆破参数，即选取最优的孔径、孔深、孔数、孔距、排距和炸药单耗等，采用合适的装药结构、起爆方式及炸药品种，以期达到每个炮孔产生的爆炸能量与破碎该孔周围介质所需的最低能量相等。也就是说，使介质只产生一定宽度的裂缝或原地松动破碎，而不造成危害的能量（如空气冲击波、地震、飞石等），这就是等能原理。

例如，破坏某种介质需要的总能量为 A，炸药爆炸后释放出的能量为 B，若能量 B 在做功中没有任何损耗，这时应满足 $A=B$，介质便被破坏。但在工程爆破中，炸药释放出的能量并非全部做有用功，而是有相当一部分转化为无用功，如声、光、热等。因此，上式便写成

$$A = K'B \tag{1-1}$$

式中，K' 为炸药的有效利用系数。

炸药量的计算由于影响因素较多，除了抵抗线、孔距、排距、孔深等因素外，还有被爆介质的强度、均匀性、裂隙以及炸药品种、起爆方式、填塞条件等一系列因素，所以，拆除爆破炸药量的计算还没有一套完整的理论计算公式，而是采用工程计算方法，即从等能原理出发提出一些假设，在大量的工程爆破实践上总结出各自的经验公式或半理论半经验公式。

1.2.2 微分原理

控制爆破的微分原理是将爆破某一目标的总装药量进行分散化与微量化处理，故也称为分散化与微量化原理。在拆除爆破中，除精确选择单位炸药量外，还应合理布置炮孔的间距、孔深和孔位等，使炸药均匀地分布在爆破体中，形成多点分散的布药形式，防止能量过于集中。通俗说法就是“多打孔、少装药”。换言之，它是将总装药量“化整为零”，合理、微量地装在分散的各个炮孔中，通过分批微差多段起爆，既达到爆破质量的要求，又达到降低爆破危害的目的。

如果要求采用等能原理爆破后，炸药周围的介质只产生裂缝和原地松动破坏，则当一次药量较大且比较集中时，这一点是很难做到的。在这种情况下，距炸药

一定距离内的介质往往会受到过度性破坏，产生塑性变形，有时还会出现抛掷现象。只有在距药包较远处，介质才会只形成裂纹，而没有大的破坏。另外，炸药过于集中，容易形成地震波，降低了炸药的能量利用率。微分原理的应用，是要消除那些由于炸药量过于集中而造成的不良效应。可以说，微分原理是以等能原理为基础，将药量微分化，也就是将爆炸能量微分化，从而达到控制爆破的目的。

1.2.3 失稳原理

在认真分析和研究建筑物或构筑物的受力状态、荷载分布和实际承载能力的基础上，运用控制爆破将承重结构的某些关键部位爆松，使之失去承载能力，同时破坏结构的刚度，建筑物或构筑物在整体失去稳定性的情况下，在其自重作用下原地坍塌或定向倒塌，这一原理称为失稳原理，也称定向倒塌原理。

采用爆破拆除建筑物时，其设计、施工应满足下述一些原则：

（1）采用爆破拆除高大建筑物，如楼房、烟囱、水塔等，其倒塌方式有原地坍塌、折叠倒塌和定向倒塌等。无论采用哪一种倒塌方式，其基本设计原理都是充分破坏建筑物的大部分或全部承重构件，如承重的墙、柱、梁等，从而使建筑物的整体稳定性遭到破坏，在自重的作用下，迫使建筑物按预定方向倒塌或原地坍塌。

（2）高大建筑物的主要承重构件是墙和立柱，因此不仅需要把墙和立柱炸毁，而且还要炸毁到一定高度和宽度，方能使墙和立柱在其上部荷载作用下失稳，为整体失稳创造条件。

（3）对钢筋混凝土整体框架结构的爆破拆除，需形成相当数量的铰支和倾覆力矩。必须对承重立柱一定高度的混凝土加以充分破碎，造成在自重作用下偏心失稳。为确保失稳，需将框架结构刚度加以部分或全部破坏。

铰支是因结构的支撑立柱某一部位受到爆破失去支撑能力而形成的。钢筋混凝土立柱需对某一部位的混凝土进行爆破，使钢筋露出，钢筋在结构自重作用下失稳或发生塑性变形，失去承载能力，才能形成铰支。对于整体式布置的钢筋，即使钢筋暴露较长，也很难造成偏心失稳，往往只能依靠自重作用，使钢筋内应力达到屈服极限，产生塑性流动以致失稳来形成铰支。

为了形成倾覆力矩，一般选择容易形成铰支的部位作为优先突破点，把整体式钢筋布置的立柱部位作为延续的铰支形成点，因为这些部位在自重作用时不一定能形成铰支，但在外力矩和自重的联合作用下却容易形成铰支。

结构物的重力倾覆力矩可以从以下几种方法中获得：一是在控制倾倒方向上利用各立柱的破坏高度不同来形成倾覆力矩，如图 1-1 所示；二是运用毫秒延时起爆技术，使各个立柱按照严格的毫秒延时间隔依次起爆，形成倾覆力矩，如图 1-2 所示；三是将承重立柱的不同破坏高度和毫秒延时起爆相结合，可以实现建筑物或构筑物的原地坍塌、定向倒塌、折叠倒塌等多种拆除形式，如图 1-3 所示。

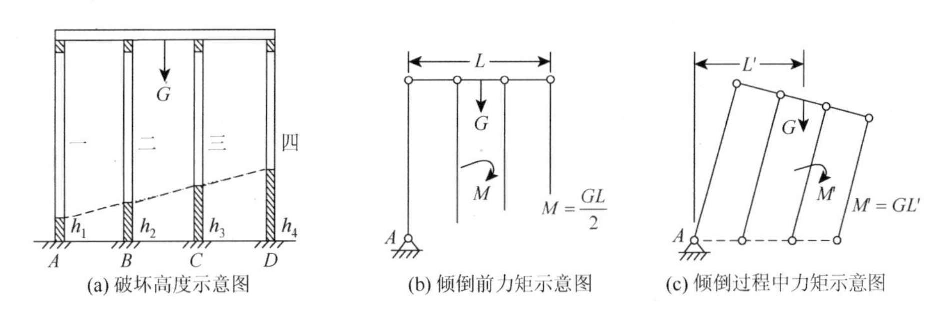

图 1-1　破坏高度不同时的倾倒示意图

G 为自重；L 为框架宽度；h_1，h_2，h_3，h_4 为不同爆破高度；M 为倾倒前的力矩；M'为倾倒过程中的力矩

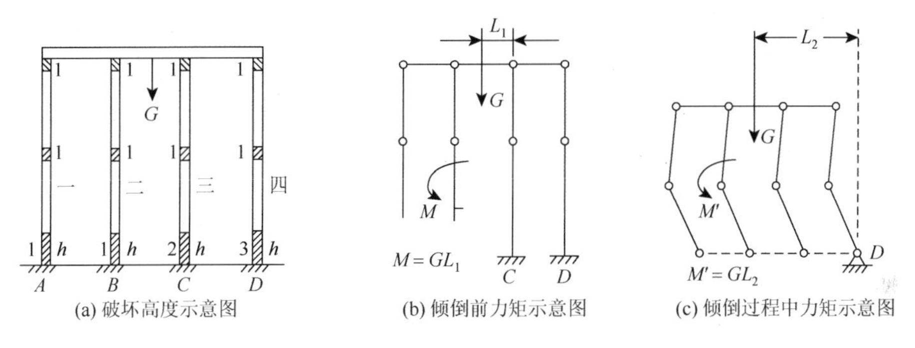

图 1-2　毫秒延时起爆倾倒示意图

G 为自重；h 为爆破高度；1～3 为起爆顺序；M 为倾倒前的力矩；L_1 为倾倒前的力臂；M'为倾倒过程中的力矩；L_2 为倾倒过程中的力臂

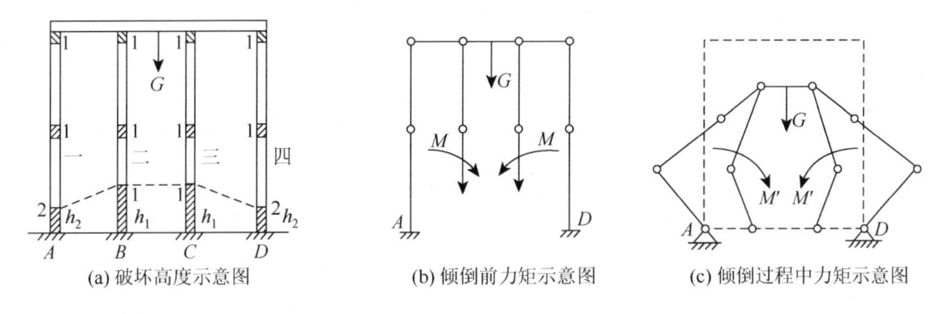

图 1-3　不同破坏高度和毫秒延时起爆倾倒示意图

G 为自重；h_1，h_2 为爆破高度；1，2 为起爆顺序；M 为倾倒前的力矩；M'为倾倒过程中的力矩

1.2.4 缓冲原理

在优选适合控制爆破的爆破能源及装药结构等基础上，削弱爆破应力波的峰值压力对介质的冲击作用，使爆破能量得到合理的分配与利用，这就称为缓冲原理。

从爆破理论得知，硝酸铵类炸药在固体介质中爆炸时，爆轰波的波阵面上压力可达 5～10GPa，这一压力首先使紧靠炸药的介质受到强烈压缩。然后，在装药半径 2～3 倍的范围内，由于爆轰波的峰值压力极大地超过了介质的动态抗压强度，因此，在该范围内的介质因极度粉碎而形成粉碎区。此区域虽然很小，但消耗了相当大的一部分爆炸能量，而且微细粉碎介质极易填充裂缝。这不仅阻碍爆炸气体向裂缝中扩张，影响气楔的尖劈作用，缩小了破坏范围和介质的破坏程度，而且还造成爆炸气体的积聚。很显然，积聚的爆炸气体是造成飞石、空气冲击波和噪声等危害的根源之一。由此可见，粉碎区的形成，既影响爆破的效果，又不利于安全。所以，在拆除爆破中，应根据缓冲原理，采取相应的技术措施，缩小或避免粉碎区的出现[2]。

1.2.5 防护原理

在研究与分析控制爆破理论和爆破危害作用基本规律的基础上，通过采用行之有效的技术措施，对已受到控制的爆破危害再加以防护，称为防护原理。

1.3 水压爆破的基本原理

在容器形构筑物中注满水，将药包悬挂于水中的适当位置，利用水的不可压缩特性把炸药爆炸时产生的爆轰压力传递到构筑物周壁上，使周壁介质均匀受力而破碎。这种爆破方法称为水压爆破。

水压爆破的基本原理是：炸药引爆后，构筑物的内壁首先受到由水介质传递的水中冲击波作用，并且发生反射。构筑物的内壁在强荷载作用下，发生变形和位移。当变形达到容器壁材料的极限抗拉强度时，构筑物发生破碎。随后，在爆炸高压气团作用下形成的水球迅速向外膨胀，并将能量传递给构筑物四壁，形成一次突跃的加载，加剧构筑物的破坏。

水压爆破拆除适用于可充水容器形混凝土结构物，特别是薄壁结构的钢筋混凝土构筑物。对薄壁结构的钢筋混凝土构筑物若采用钻孔爆破方法拆除，要布置很多炮孔，炮孔浅，炸药爆破能量利用率低，爆破噪声大，爆破效果差。相反，水压爆破拆除施工的爆破振动、爆破噪声、粉尘和飞石的影响容易进行有效控制。充水的炮孔爆破能大大减少炮孔壁周边的过分破碎（粉尘），因此水压爆破拆除技术作为一种爆破新技术受到人们的重视。炸药在水中爆炸，产生很强的冲击波，随着距离增加，冲击波压力降低；装药量大，爆炸影响范围增加。

炸药引爆后，结构物的内壁首先受到通过水介质传播的冲击波的作用，作用于筒壁上的冲击波的峰值压力为10～10^2MPa。圆形结构物的筒壁在此冲击荷载作用下运动和变形，大的变形位移使筒壁材料在切向受拉，当拉伸应变超过材料的极限抗拉应变时，造成材料的径向断裂。同时，当冲击波传到筒体外自由面时，将在材料中形成反射拉伸波，造成切向断裂。在冲击波后，爆炸高压气体膨胀作用推动下水体的动压力将使筒体进一步破坏。水在惯性作用下向外冲击破坏筒壁，并从筒壁开裂处泄漏。具有残压的水流将携带少量碎片向外冲出，形成飞石。这是水中炸药爆炸荷载对结构物的破坏过程。水压拆除爆破的爆破作用包含两种形式的荷载：一种是水中冲击波的作用；一种是爆炸气体膨胀作用下水的动压力。

1.4 拆除爆破的分类与特点

1.4.1 拆除爆破的分类

1）按拆除对象分类

按拆除对象可分为基础型构筑物拆除爆破、高耸构筑物拆除爆破、建筑物拆除爆破、容器形构筑物拆除爆破、桥梁拆除爆破、其他特殊建筑物和构筑物的拆除爆破。

2）按爆破方式分类

按爆破方式可分为钻孔爆破、水压爆破、聚能切割爆破和膨胀剂静态破碎。

3）按爆破的结构种类分类

按爆破的结构种类分为砖混结构爆破、钢筋混凝土大板结构爆破、钢筋混凝土框架结构爆破、钢筋混凝土框-剪结构爆破、钢筋混凝土框-筒结构爆破、钢筋混凝土全剪力墙结构爆破和钢结构爆破。

1.4.2 拆除爆破的特点

1）拆除爆破的基本特点

（1）拆除爆破环境一般都比较复杂；

（2）拆除的建筑物种类繁多，结构复杂；

（3）工期紧，一般要求限期完成；

（4）或多或少均存在扰民问题。

2）水压爆破与其他爆破方法的区别

（1）不需要钻孔；

（2）药包数量少，起爆网路简单；

（3）炸药能量利用率高；

（4）水源丰富，利于广泛应用；

（5）安全性好；

（6）水压爆破可显著降低爆破粉尘和有毒气体。

1.5 建（构）筑物的破坏过程

建（构）筑物的破坏过程实质上是结构由稳定状态过渡到失稳、倒塌状态的力学过程。建（构）筑物作为稳定体系，在力学上的要求是：

（1）具有足够的强度；

（2）具有一定的刚度；

（3）构件不能丧失稳定。

反之，如果欲使建（构）筑物倒塌必须满足下列力学条件：

（1）破坏结构（构件）的强度；

（2）破坏结构（构件）的刚度；

（3）使结构失稳，进而使结构倒塌。

强度是指材料或构件抵抗破坏的能力。如果构件的强度不足，它在荷载的作用下就要破坏。破坏构件的强度就是要破坏构件的承载力。实际工程中，是在承载立柱上爆破一定高度的切口。

刚度是指构件抵抗变形的能力。如果说某个构件的刚度大，是指该构件在荷载作用下不易变形，即抵抗变形的能力强。反之，如果说某个构件的刚度小，是指该构件在荷载作用下容易变形，即抵抗变形的能力弱。在拆除爆破中只破坏立柱的强度使其失去承载力是不够的，如果不破坏构件的刚度，建筑物会产生整体下坐，而不破碎。在工程实践中常采用“切梁断柱”的方法破坏建筑物的刚度，即破坏承重结构的传力体系。

失稳是丧失稳定的简称。结构（或构件）具有一定强度和刚度，若受到的外力接近某一临界值时仍能够处于平衡位置。当再受任意微小的外力作用时，结构（或构件）将偏离其平衡位置，当外力取消时仍能恢复到初始平衡位置，则初始平衡是稳定的。反之，若不能恢复到初始平衡位置，则初始平衡是不稳定的。结构（或构件）由于平衡形式的不稳定性，从初始平衡位置转到另一平衡位置，称为结构失稳。

所谓结构是指建（构）筑物中用以支承或传递荷载的骨架部分。结构中承载构件爆破后，结构内力将重新分布。许多构件的弯矩、剪力、轴力将超过极限承载力，从而在结构中形成破坏点。当结构中形成足够多的破坏点后，结构的自由度将大于零，结构失稳、倒塌，由几何不变体系转变为几何可变体系。其破坏过程分成以下几个阶段：

（1）承载构件的弹性变形；

（2）承载构件的开裂；

（3）结构的整体下降；

（4）结构的失稳与倾倒；

（5）倾倒过程的解体；

（6）触地坍塌。

前两个阶段的作用是形成爆破切口，后四个阶段组成了建（构）筑物从失稳到倒塌的过程。

1）承载构件的弹性变形

钢筋混凝土承载构件由钢筋和混凝土两部分组成。在加载初期，钢筋和混凝土均表现出弹性特性。即应力与应变曲线接近于一条直线，说明材料被加载时发生变形，卸载完毕该变形消失，材料恢复原形。该阶段混凝土的变形主要是骨料和混凝土结晶部分的弹性变形。当混凝土应变超过 0.02～0.03 时，曲线开始弯曲，与应力的增长相比，应变的增长更快些，呈现出材料的塑性性质。这是由于除混凝土的黏性流动外，混凝土已产生了微裂隙。

2）承载构件的开裂

钢筋混凝土结构的建筑物大体上分为梁、柱、楼板、墙以及基础等不同部分，这些不同部分统称为构件。梁支承在柱上，主要承受弯矩和剪力。柱主要承受压力。楼板的作用是承受恒载和活载。基础的作用是把柱承受的荷载均匀地传到地面上。梁、柱是建筑物的主要承载构件。钢筋混凝土的破坏机理是非常复杂的。如果把混凝土视为均匀介质，则类似于均质岩石的爆破机理。当梁、柱上的炮孔爆炸时，炸药的能量以两种形式释放出来，一种是爆炸冲击波，一种是爆炸气体。在这两种能量的综合作用下，混凝土破裂，与介质中的钢筋分离，从而失去承压能力。作用在混凝土介质中的炸药爆炸产生的高温高压气体压力远远超过混凝土的动态抗压强度，在药包的周围（药包半径的 1～3 倍）形成粉碎区，混凝土脱离钢筋。在爆炸冲击波的作用下，钢筋因受到超压荷载而被加速，加速过程将导致位移，钢筋变形。当变形超过钢筋的极限时，钢筋被拉断。不难看出，钢筋的破坏主要是由混凝土和钢筋之间的作用力失衡引起的，其次才是由爆炸荷载直接冲击引起的。随着传播距离的增加，爆炸冲击波衰减为应力波，混凝土介质在应力波的作用下，产生径向裂隙和环向裂隙，被分割为一定尺寸的块体，钢筋被拉弯。

3）结构的整体下降

在爆破的瞬间，承载立柱被破坏，建筑物的整体质量首先作用在非倾倒方向的承载立柱上，整体结构下坐，下坐对地表的作用力主要是结构的自重力。

4）结构的失稳与倾倒

在结构力学中，所谓失稳是指结构或构造在荷载作用下突然发生作用力平面外的极大变形现象，如立柱压屈等。结构的倾倒是指整个结构或结构的一部分作为刚体失去平衡而倾斜、倒塌的现象。

结构体系在弹塑性反应过程中达到失稳状态，其后可能有两种变化途径：①随着时间的增加，变形增大而导致倾倒；②经过一段时间后，重新回到稳定的状态。这取决于进入不稳定状态的初始条件、体系的阻尼、刚度等动力特性以及荷载的变化情况。失稳并不意味着倾倒。因此，失稳是结构倾倒破坏的必要条件，但不是充分条件。

5）倾倒过程的解体

建筑物倒塌过程中解体构件的运动形式与倒塌类型有关。定向倒塌和折叠倒塌均可看作结构绕固定轴旋转倒塌；原地倒塌可看作构件或块体的自由下落。

影响空中解体程度的因素包括构件下落速度、建（构）筑物的构造类型（钢筋混凝土结构、砖石结构和烟囱、水塔等板壳体整体结构）、在空中的翻转状态、倒塌触地速度。

6）触地坍塌

建（构）筑物触地坍塌以后，形成的堆积范围是衡量爆破效果的重要参数之一。由于影响因素较多，理论计算尚有困难，应用于工程上的多为统计资料。

1.6 拆除爆破的现状

拆除爆破产生于第二次世界大战后期，主要用于战后的城市重建和工厂的恢复生产。在世界上，开展拆除爆破较早的国家有美国、英国、瑞典、德国等，这些国家都有专门的爆破拆除公司，举例如下：

（1）美国马里兰州的控制拆除集团公司（Controlled Demolition Incorporated，Maryland，USA）从 1947 年开始进行建筑物的拆除爆破，是世界上最早进行拆除爆破的公司。除在美国以外，该公司还在世界各地承担过数千次建（构）筑物的拆除爆破任务。

（2）英国的奥格登家族拆除公司（Ogden & Sons Demolition Ltd.，Yorkshire，UK），该公司在建筑物拆除方面积累了几代人的经验，是父子相传的公司。

（3）意大利的 Italesplosivi 公司、瑞典首都斯德哥尔摩的 Nitro Consult AB 公司和德国柏林的 Veb Autofahnbaukominat 公司等。

20 世纪 60 年代，美国、瑞典、瑞士、丹麦和日本等国都已将此项技术用于城市废旧建（构）筑物的拆除。例如，瑞典哥德堡（Gothenburg）市的一座大楼，面临繁华的大街，由于基础位移，大楼倾斜，采用控制爆破方法拆除（钻凿炮孔 800 个，使用炸药 200kg），结果使大楼离开街道向里边倾倒，周围街道和建筑物未受到任何影响。

20 世纪 70 年代，随着延时爆破技术的推广、新爆破器材的出现、爆破安全技术和施工技术的不断提高，拆除爆破理论和技术都有了长足的发展。举例如下：

（1）1975 年，美国一家爆破公司在巴西圣保罗市的繁华商业区内，采用控制爆破在 5.5s 内就炸塌了一座 32 层的钢筋混凝土大楼，而周围建筑、人员安然无恙。

（2）1976 年，在丹麦的 Frederikshavn，用爆破方法成功地拆除了一座高 40m、蓄水量达 1700t 的水塔（炮孔 1000 个，总装药量 90kg）。

20 世纪 80 年代以来，发达国家采用爆破方法拆除了大量的各类高大建（构）筑物：

（1）1981 年，英国一家爆破公司在南非爆破拆除了一座高达 270m 的烟囱，其底部直径为 24m，壁厚分别为 0.96m（36m 以下部分）和 0.36m（36m 以上部分）。

（2）1985 年，日本用爆破方法拆除了筑波国际科技博览会联合馆。

（3）1986 年，在瑞典的 Gothenburg 使用 80kg 炸药，3000 个钻孔，爆破拆除了一座 10 层宿舍楼。

（4）1987 年，日本开始对高岛煤矿的一个 6 层钢筋混凝土住宅楼进行拆除爆破论证和研究，其后完成了日本第一例钢筋混凝土建筑物的爆破拆除。在捷克某化工厂内的敏感地带，采用 2648kg 炸药，18 830 个雷管，拆除了一座总方量为 73 000m^3（其中钢筋混凝土方量为 19 000m^3）的厂房。1988 年 5 月美国某公司拆除了 3 座 10 层高的大楼。

1979～1993 年英国爆破拆除了 30 余座次 12～25 层的高层建筑物。

在国内，拆除爆破始于 20 世纪 50 年代，1956 年修建武汉长江大桥时曾采用控制爆破技术对蛇山桥头的基础进行开挖。1958 年东北工学院在国内首次用爆破法拆除了高 120m 的钢筋混凝土烟囱。同年，武汉建材学院爆破教研室也在市内用爆破法拆除了钢筋混凝土烟囱。60 年代拆除爆破处于逐渐发展的阶段，1963 年山西省水利勘测设计院在漳泽水库进水塔底部钢筋混凝土墙采用爆破扩大进水孔。70 年代以来，随着大规模经济建设的进行，拆除爆破技术蓬勃发展，应用范围不断扩大。例如，1973 年北京铁路局采用控制爆破拆除了旧北京饭店总方量约 2000m^3 的钢筋混凝土结构物；1976 年工程兵工程学院（南京）用控制爆破安全地拆除了天安门广场附近总面积达万余平方米的三座大楼；1979 年铁道部第四勘测设计院成功地采用水压爆破拆除了一座滤水罐。上述爆破工程的成功实施为我国城市闹市区拆除爆破技术提供了实际经验。随着新型爆破器材的出现，拆除爆破技术也有了长足的进展。从20世纪70年代末开始逐步发展了秒延时、半秒延时、毫秒延时的电雷管和非电雷管。1982年拆除旧北京邮电局时，使用了分段爆破，第一期爆破药量虽然仅35kg，却分为7段起爆，最大一段药量只有14.8kg，全部药量分散在370个炮孔中，大大减少了爆破振动、空气冲击波、爆破噪声等有害效应。

随着中国经济建设的快速发展，在大规模城市现代化建设、厂矿企业技术改造中，需要改建、拆迁的工程项目日益增多。其主要特点为被拆除物的高度与面积不断增大，建（构）筑物结构与周围环境更复杂，质量与安全要求更严，技术与工艺更先进。

目前，在复杂环境中采用定向倒塌、双向折叠、三向折叠等控制爆破技术已成功拆除了近百座高100m以上的钢筋混凝土烟囱（其中200m以上高烟囱近十座）和数十座高60m以上的大型冷却塔（90m高的冷却塔30座）。在高大建筑物方面，典型工程如中山市石岐山顶花园楼房（高104.1m）爆破拆除、温州市中银大厦（高93m）爆破拆除、南昌市五湖大酒店（高85.7m）爆破拆除、大连市金马大厦（高94.3m）爆破拆除以及上海长征医院综合楼爆破拆除等工程。沈阳五里河体育馆（建筑面积$4\times10^4m^2$）爆破拆除工程一次准确起爆超过1.2万个炮孔，显示了可靠、先进的起爆技术。随着“节能减排”战略的实施，环保爆破也已逐步发展成为城市拆除爆破工程的主要手段。中国人民解放军理工大学“专家抢险队”在“512汶川大地震”后用拆除控制爆破技术成功地拆除了100多座危楼、烟囱和水塔等目标。

近20年来，几十座废旧桥梁采用控制爆破成功拆除，其中包括长1139.58m（水中桥墩30个）的南昌八一大桥；长604m、28个桥墩的临汾市马务大桥；位于阜新至锦州公路上的清河门大桥，为中承式变截面悬链线箱型薄壁无绞拱钢结构双曲拱桥，结构十分复杂，施工难度大，采用切割爆破成功拆除；湖南省浏阳河大桥，全长760m，为单塔三索面斜拉桥结构，采用多段毫秒延时起爆技术成功爆破拆除。特别是位于南京市繁华城区的城西干道高架桥，全长1904m，包括地铁隧道、天然气、自来水、电力等各类浅埋管线共172条横穿下方，两侧重点保护建（构）筑物距离仅为6～20m，最终爆破取得成功，保护目标无一受损。

挡水围堰是水利水电、港口或大型船坞修建主体工程时必不可少的关键性临建工程。通过葛洲坝大江围堰混凝土芯墙、岩滩碾压混凝土围堰、青岛灵山船坞岩坎围堰、大朝山尾水洞和小湾导流隧洞进出口混凝土与岩坎围堰以及舟山永跃船厂复合围堰等30余座建（构）筑物的爆破拆除，不仅积累了丰富的爆破拆除经验，也为这些大型工程项目按期投产做出了重要贡献。其中长江三峡水利枢纽三期上游碾压混凝土围堰拆除爆破总长度为 480m，爆破水深最大为 38m，总方量为 $18.6\times10^4 m^3$[3]。

1.7　拆除爆破的发展趋势

1.7.1　建（构）筑物拆除趋向高层化

如今，国内外建筑行业对高层建筑的激烈竞争实际上是整个建筑科学技术和人才的竞争，它不仅反映了一个国家的科学技术水平，而且反映了一个国家的物质文明、经济发展程度和水平。无论是国内还是国外，高层、超高层建筑物的数量都在增加。目前，世界上最高的建筑物为哈利法塔，又名迪拜塔，位于阿拉伯联合酋长国（阿联酋）最大的城市迪拜市，总高度 828m，162 层，连同地下共 169 层。国内最高大厦为上海中心大厦，简称上海塔，位于上海陆家嘴金融中心区。大厦建筑主体为 118 层，建筑层数为 128 层（地上 118 层、5 层裙楼和 5 层地下室），总高为 632m，结构高度为 580m。台北 101 摩天大楼总高度 509m，建筑层数为 106 层（地上 101 层，地下 5 层）。世界第 8 高度的紫峰大厦位于南京市鼓楼区鼓楼广场，主楼地上 89 层，地下 3 层，总高度 450m，屋顶高度 389m。

1.7.2　拆除方法多样化

目前城市高层建筑物按材料结构分类有三种，即钢筋混凝土结构，钢结构，钢骨、钢筋混凝土结构。由于结构类型不同，拆除方法也不尽相同，概括起来有以下几类：

1）重力锤冲击破坏拆除

利用重力锤初始动能对结构进行破坏解体。该方法拆除速度慢，且有一定的危险性。

2）推力臂拆除、液压钳拆除或机械牵引定向倒塌拆除

该方法属于机械拆除的方法，但需要一定的场地，拆除高度受到限制。

3）全机械化拆除

其原理是根据建筑物的结构特点，利用切割技术将梁、柱和板整体成块切割分解后进行吊装。该技术于 1972 年由日本 TODA 建筑有限公司提出，经过多年的实践与完善，现在又进一步发展为机器人自控拆除，其前景会更加广阔。

在切割技术上除上述机械切割外，尚有高压水射流切割、高压电流切割、火焰喷射切割和激光切割技术等。

4）静态膨胀剂破碎法

利用装在炮孔中的静态膨胀剂的水化反应，晶体变形，产生体积膨胀使孔壁受拉伸作用而破坏。该方法反应速度慢、威力低，常与其他方法联合使用。

5）控制爆破拆除

利用炸药释放的能量，破坏拆除建（构）筑物关键受力构件，使之失去承载能力，在建（构）筑物整体失稳的条件下，坍塌、触地破坏。所谓控制爆破就是控制倒塌方向、控制破坏范围、控制破碎程度、控制爆破危害，这种方法安全、快捷，是目前建（构）筑物拆除的主要方法。

综观当今世界，高层建筑物的拆除仍以控制爆破为主，爆破拆除与机械拆除并重。在中国、美国和众多的西欧国家，拆除爆破占有重要地位，而日本在机械拆除方面则遥遥领先。

1.7.3　城市综合减灾的大安全观念越来越被重视

在城市拆除爆破中，特别是高层建筑物的拆除必须遵守“安全第一”的原则，其他各种有害效应也不能忽视，特别是爆破振动、空气冲击波、爆破噪声、爆破个别飞散物、爆破粉尘和有害气体的预防和控制。成功的经验是多方面的，例如，对爆破飞石的防护有直接覆盖防护、近体防护、保护性防护；对减尘降尘的防治措施有清除钻孔和预拆除施工中堆积的碎块渣土，炮孔充水爆破，对整个楼体，特别是要爆破的承重砖混墙体、地板进行淋水、喷洒，使其湿透，水袋幕帘防尘，在待拆建筑物周围设立水幕墙等。此外，广东宏大爆破工程有限公司研制开发的“活性水”“活性雾”，采用“活性泡沫”浸没塌落的建筑，通过“活性雾”的方式包围扬尘，该减尘、降尘技术达到国际先进水平。

1.7.4　精细爆破

根据爆破理论的发展，爆破数值模拟及计算机辅助设计，高可靠性、安全性和精确性的爆破器材，爆破测试设备及检测技术的进步和现代信息与控制技术在钻爆施工中的推广应用，中国工程爆破协会于 2008 年组织召开了“精细爆破”研讨会。与会人员结合国内外现状，对爆破行业的技术发展进行了深入的研究与分析。谢先启、卢文波等率先提出了“精细爆破”的概念，作为有别于传统“控制爆破”的概念，其核心包括“定量设计，精心施工，实时监控，科学管理”，代表了爆破技术发展的方向，意义十分深远。

精细爆破，即通过定量化的爆破设计、精心的爆破施工和精细化的爆破管理，进行炸药爆炸能量释放与介质破碎、抛掷等过程的控制，既达到预期的爆破效果，又实现爆破有害效应的控制，最终实现安全可靠、技术先进、绿色环保及经济合理的爆破作业。

精细爆破是中国工程爆破界本着“从效果着眼，从过程着手”的原则提出的爆破新理念，以精确地实现预期的爆破效果和节能、环保的目的，并追求设计、施工、管理等工程要素的精细化的爆破。精细爆破符合时代需求，有望作为引领中国爆破行业科技创新的重要手段与发展方向之一，为实现爆破行业的可持续发展发挥重要的作用，对我国爆破技术的发展必将产生深远的影响。

众所周知，数码电子雷管、新型系列乳化炸药和遥控起爆等为爆破技术的精细化提供了有利条件。数码电子雷管的应用是起爆技术的一次革命，必将改变爆破设计方面的指导思想，许多以前认为是不可能做到的高难度爆破，由于数码电子雷管的使用而变为可能。这些研究与实践成果已引起中外爆破专家们的广泛重视。

在城市控制爆破领域，特别是城市建筑拆除爆破领域，面临的挑战更是显而易见。这体现在拆除对象所处环境的复杂程度，也体现在拆除对象的结构形式越来越多样化。如高大建筑物已从一般框架、框架-剪力墙和剪力墙三大常规结构发展为筒体、筒束和套筒式结构，拆除设计和施工难度大幅增加；又如在密集建筑群之间拆除，允许倒塌范围小，振动、飞石、冲击波、粉尘等爆破负面的影响的控制更严格。因此，采用精细爆破技术是未来城市控制爆破的必然发展方向[4]。

1.8 拆除爆破的分级管理

1.8.1 分级管理的必要性

爆破作业是一种高危作业，为了保证作业安全，必须严格管理，科学管理。例如，炸药和起爆器材的生产、储存、购买、运输、使用都必须遵守《爆破安全规程》（GB 6722—2014）和中华人民共和国《民用爆炸物品安全管理条例》的有关规定。爆破作业人员也必须经过培训考核，持证上岗。同时，爆破方法种类繁多，即使同一种爆破方法差异也很大。以拆除爆破为例，被拆除的建（构）筑物高度不同，有4～5层的普通民房，也有高达93.05m、22层的温州中银大厦；使用的爆破器材数量不同，既有几十个炮孔的一般爆破，又有一次爆破60 000个炮孔，装药量达2000kg的合肥市维也纳花园高层公寓大楼；爆破地点周围环境的复杂程度更是千差万别。为了细化管理，便于操作，《爆破安全规程》（GB 6722—2014）规定，对于拆除爆破、岩土爆破和特种爆破实行分级管理。

1.8.2　分级原则

爆破工程按工程类别、一次爆破总药量、爆破环境复杂程度和爆破物特征，分 A、B、C、D 四个级别，实行分级管理。

1.8.3　工程分级

工程分级见表 1-1[5]。

表 1-1　爆破工程分级

作业范围	分级计量标准	级别			
		A	B	C	D
岩土爆破[a]	一次爆破药量 Q/t	$100 \le Q$	$10 \le Q < 100$	$0.5 \le Q < 10$	$Q < 0.5$
拆除爆破	高度 H[b]/m	$50 \le H$	$30 \le H < 50$	$20 \le H < 30$	$H < 20$
	一次爆破药量 Q[c]/t	$0.5 \le Q$	$0.2 \le Q < 0.5$	$0.05 \le Q < 0.2$	$Q < 0.05$
特种爆破[d]	单张复合板使用药量 Q/t	$0.4 \le Q$	$0.2 \le Q < 0.4$	$Q < 0.2$	

注：a. 表中药量对应的级别指露天深孔爆破。其他岩土爆破相应级别对应的药量系数：地下爆破 0.5；复杂环境深孔爆破 0.25；露天硐室爆破 5.0；地下硐室爆破 2.0；水下钻孔爆破 0.1，水下炸礁及清淤、挤淤爆破 0.2。

b. 表中高度对应的级别指楼房、厂房及水塔的拆除爆破；烟囱和冷却塔拆除爆破相应级别对应的高度系数为 2 和 1.5。

c. 拆除爆破按一次爆破药量进行分级的工程类别包括：桥梁、支撑、基础、地坪、单体结构等；城镇浅孔爆破也按此标准分级；围堰拆除爆破相应级别对应的药量系数为 20。

d. 金属破碎爆破与爆破加工、油气井爆破及钻孔雷爆等特种爆破都按 D 级进行分级管理。

1.8.4　工程等级的提升

（1）B、C、D 级一般岩土爆破工程，遇下列情况应相应提高一个工程级别：

①距爆区 1000m 范围内有国家一、二级文物或特别重要的建（构）筑物、设施；

②距爆区 500m 范围内有国家三级文物、风景名胜区、重要的建（构）筑物、设施；

③距爆区 300m 范围内有省级文物、医院、学校、居民楼、办公楼等重要保护对象。

（2）B、C、D级拆除爆破及城镇浅孔爆破工程，遇下列情况应相应提高一个工程级别：

①爆破拆除物或爆区 5m 范围内有相邻建（构）筑物或需重点保护的地表、地下管线；

②爆破拆除物倒塌方向安全长度不够，需用折叠爆破时；

③爆破拆除物或爆区处于闹市区、风景名胜区时。

1.8.5　不分级管理

矿山内部且对外部环境无安全危害的爆破工程不实行分级管理。

复习思考题

1. 爆破的基本概念是什么？
2. 控制爆破的概念及特点是什么？
3. 拆除控制爆破的技术特点是什么？
4. 拆除爆破的基本原理是什么？
5. 水压爆破的基本原理是什么？
6. 拆除爆破的分类与特点是什么？
7. 建（构）筑物的破坏过程分成几个阶段？
8. 拆除爆破的发展趋势是什么？
9. 精细爆破的内涵是什么？
10. 拆除爆破的分级管理的依据是什么？

第2章 建（构）筑物的技术基础

拆除爆破的对象主要指各类建筑物和构筑物。前者是指人工建造的，供人们从事生产、生活和活动的房屋和场所，其中主要是房屋；后者是指为某种工程目的而建造的，是在人们生产、生活和活动以外进行辅助性工作的建筑物，如烟囱、水塔、水池、冷却塔、粮仓、水泥储藏罐等。从本质上讲，桥梁也是一种构筑物，是供公路、铁路、渠道、管线等跨越水体、山谷等的构筑物。

无论是建筑物，还是构筑物，都可视为建筑的工程实体。建筑作为工程实体是指建筑艺术与工程技术相结合，营造出供人们进行生产、生活的空间、房屋或场所。建筑的形成主要涉及建筑学，结构学，建筑材料、施工技术和施工设备三个方面。作为一名爆破工程师，为了安全、准确、经济地进行拆除爆破，就必须了解建筑物的组成（构造）、建筑结构，特别是钢筋混凝土结构以及建筑材料的基本知识。这里所指的构造、结构与地质学的构造、结构是完全不同的概念。所谓建筑构造是研究建筑物的构成、各组成部分的组合原理和构造方法的学科，是建筑设计的技术依据和保证。结构是指房屋建筑及相关组成部分的实体，是用以支承或传递荷载的骨架，如房屋建筑中的梁柱体系，土木工程中的桥梁、隧道、涵洞，以及水利工程中的水坝、闸门等。而建筑材料是指用于土木建筑结构物的所有材料的总称，是建（构）筑物的重要物质基础。所以，建筑构造、结构、建筑材料的知识对于正确地选择拆除爆破设计方案、爆破器材、爆破参数、安全允许距离等都是必不可少的。

建（构）筑物的拆除爆破包括楼房、厂房的拆除爆破，烟囱、水塔、冷却塔、电视塔、水池的拆除爆破，桥梁的拆除爆破。拆除不只是针对地面以上部分，有时还包括地面附近的大型块体、基础和地坪。除此之外拆除爆破的对象还有水下围堰和挡水岩坎、大型群体筒形结构、废旧人防工事、船坞等。

从爆破方法的角度出发，对砖、石、混凝土与钢筋混凝土构建的各类建（构）筑物，可以采用炮孔爆破法拆除；对于容器形建（构）筑物可采用水压爆破法；而对于金属板材、管材构建的厂房、桥梁等钢架结构则采用聚能爆破法拆除。

下面就常用建筑材料、常见各类建（构）物结构的组成与特点分别阐述。

2.1 常用建筑材料的类别与力学性质

建筑材料是土木建筑结构物中地基基础、承重构件、地面、墙体、屋面等所用的材料的总称，是建（构）筑物的重要物质基础。常用的建筑材料有砌体材料、钢筋混凝土结构材料、钢结构材料。

2.1.1　材料的物理力学性质

1. 材料的密度

在拆除爆破中，材料的密度（材料在绝对密实条件下的单位体积质量）、表观密度（材料在自然条件下的单位体积质量）和堆积密度（指粉状、颗粒状材料在堆积状态下的单位体积质量）是计算构件自重、堆放空间和运输量的依据。表 2-1 列出了材料密度的有关数据。

表 2-1　常用建筑材料的密度、表观密度和堆积密度

材料	密度/(g/cm^3)	表观密度/(kg/m^3)	堆积密度/(kg/m^3)
石灰岩	2.60	1800～2600	—
花岗岩	2.80	2500～2800	—
碎石（石灰岩）	2.60	—	1400～1700
砂	2.60	—	1459～1650
黏土	2.60	—	1600～1800
烧结黏土砖	2.50	1600～1800	—
烧结空心砖	2.50	1000～1400	—
水泥	3.10	—	1200～1300
普通混凝土	—	2100～2600	—
轻集料混凝土	—	800～1900	—
木材	1.55	400～800	—
钢材	7.85	7850	—

2. 材料的强度、比强度

在外力作用下，材料抵抗破坏的能力称为强度。材料的强度与表观密度的比值称为比强度。表 2-2 列出了某些材料的强度和比强度。

表 2-2 某些材料的强度、比强度

材料名称	表观密度/(kg/m^3)	强度/MPa	比强度
低碳钢	7850	235	0.030
普通混凝土	2400	30	0.0125
红砖	1700	10	0.0059
松木	500	34	0.068

2.1.2 砌体材料

工业与民用建筑的内外墙、柱、基础等都是用各种砌体材料通过砂浆铺砌而成的，主要包括砖、石和各种砌块。

1. *砖*

砖的种类分为烧结普通砖、非烧结硅酸盐砖和烧结多孔砖。烧结砖是以黏土、页岩、粉煤灰、煤矸石等为主要原料经焙烧制成的砖。将尺寸为 240mm×115mm×53mm 的无孔或孔洞率小于 15%的烧结砖称为烧结普通砖，而烧结多孔砖指内孔径不大于 22mm（非圆孔内切圆直径不大于 15mm），孔洞率不小于 15%，孔的尺寸小而数量多的烧结砖。多孔砖的规格有两种：190mm×190mm×190mm（M 型），240mm×115mm×90mm（P 型）。烧结多孔砖主要用于建筑物的承重墙体。块体的强度等级符号以“MU”表示，单位为 MPa。表 2-3 列出了砖砌体的抗压强度值。表中标准值表示各类砌体抗压强度的基本代表值。设计值是砌体强度标准值除以砌体结构的材料性能分项系数 $\gamma/\gamma_{\mathrm{f}}=1.6$ 或 1.8。

表 2-3 砖砌体的抗压强度标准 （单位：MPa）

砖强度等级	砖砌体强度等级						砂浆强度
	强度分类	MU15	MU10	MU7.5	MU5	MU2.5	
MU30	标准值	6.30	5.23	4.69	4.15	3.61	1.84
	设计值	3.94	3.27	2.93	2.59	2.26	1.15
MU25	标准值	5.75	4.77	4.28	3.79	3.30	1.68
	设计值	3.60	2.98	2.68	2.37	2.06	1.05
MU20	标准值	5.15	4.27	3.83	3.39	2.95	1.50
	设计值	3.22	2.67	2.39	2.12	1.84	0.94
MU15	标准值	4.46	3.70	3.32	2.94	2.56	1.30
	设计值	2.79	2.31	2.07	1.8	1.60	0.82

续表

砖强度等级	砖砌体强度等级						砂浆强度
	强度分类	MU15	MU10	MU7.5	MU5	MU2.5	
MU10	标准值	3.64	3.02	2.71	2.40	2.09	1.07
	设计值	2.28	1.89	1.69	1.50	1.30	0.67
MU7.5	标准值	—	2.59	2.32	2.06	1.79	0.91
	设计值	—	1.62	1.45	1.29	1.12	0.57

2. *砌块*

砌块是砌筑用的人造块材，是一种新型墙体材料，外形多为直角六面体，也有各种异型体砌块。常用的混凝土中、小型空心砌块及粉煤灰中型空心砌块的强度分为五级：MU20、MU15、MU10、MU7.5、MU5，其抗压强度标准值列于表 2-4。

表 2-4　混凝土砌块砌体的抗压强度　（单位：MPa）

混凝土砌块强度等级	混凝土砌块砌体强度等级					砂浆强度
	强度分类	MU15	MU10	MU7.5	MU5	
MU20	标准值	9.08	7.93	7.11	6.30	3.37
	设计值	5.68	4.95	4.44	3.94	2.33
MU15	标准值	7.38	6.44	5.78	5.12	3.03
	设计值	4.61	4.02	3.61	3.20	1.89
MU10	标准值	—	4.47	4.01	3.55	2.10
	设计值	—	2.79	2.50	2.22	1.31
MU7.5	标准值	—	—	3.01	2.74	1.62
	设计值	—	—	1.93	1.71	1.01
MU5	标准值	—	—	—	1.90	1.13
	设计值	—	—	—	1.19	0.70

3. *石材*

天然石材多采用花岗岩、砂岩和石灰岩等。表观密度大于 18kN/m^3 者用于基础砌体为宜，而表观密度小于 18kN/m^3 者用于墙体更为合适。石材的强度等级分为七级：MU100、MU80、MU60、MU50、MU40、MU30、MU20。毛料石砌体的抗压强度列于表 2-5。毛石砌体的抗压强度列于表 2-6[3]。

表 2-5　毛料石砌体的抗压强度　（单位：MPa）

毛料石强度等级	毛料石砌体强度等级				砂浆强度
	强度分类	MU7.5	MU5	MU2.5	
MU100	标准值	8.67	7.68	6.68	3.41
	设计值	5.42	4.80	4.18	2.13
MU80	标准值	7.76	6.87	5.98	3.05
	设计值	4.85	4.29	3.73	1.89
MU60	标准值	6.72	5.95	5.18	2.64
	设计值	4.20	3.71	3.23	1.65
MU50	标准值	6.13	5.43	4.72	2.41
	设计值	3.83	3.39	2.95	1.51
MU40	标准值	5.49	4.86	4.23	2.16
	设计值	3.43	3.04	2.64	1.35
MU30	标准值	4.75	4.20	3.66	1.87
	设计值	2.97	2.63	2.29	1.17
MU20	标准值	3.88	3.43	2.99	1.53
	设计值	2.42	2.15	1.87	0.95

表 2-6　毛石砌体的抗压强度　（单位：MPa）

毛石强度等级	毛石砌体强度等级				砂浆强度
	强度分类	MU7.5	MU5	MU2.5	
MU100	标准值	2.03	1.80	1.56	0.53
	设计值	1.27	1.12	0.98	0.34
MU80	标准值	1.82	1.61	1.40	0.48
	设计值	1.13	1.00	0.87	0.30
MU60	标准值	1.57	1.39	1.21	0.41
	设计值	0.98	0.87	0.76	0.26
MU50	标准值	1.44	1.27	1.11	0.38
	设计值	0.90	0.80	0.69	0.23
MU40	标准值	1.28	1.14	0.99	0.34
	设计值	0.80	0.71	0.62	0.21
MU30	标准值	1.11	0.98	0.86	0.29
	设计值	0.69	0.61	0.53	0.18
MU20	标准值	0.91	0.80	0.70	0.24
	设计值	0.56	0.51	0.44	0.15

2.1.3　钢筋混凝土结构材料

钢筋混凝土结构是由钢筋和混凝土两种材料组成共同受力的结构。

1. 钢筋的品种和力学性质

1）钢筋的品种

钢筋混凝土结构用的钢筋，主要由碳素结构钢、低合金高强度结构钢和优质碳素钢制成。我国建筑业常用的钢筋有热轧钢筋、热处理钢筋和钢丝。

钢筋按其外形分为光圆钢筋和变形钢筋两类，如图 2-1 所示。

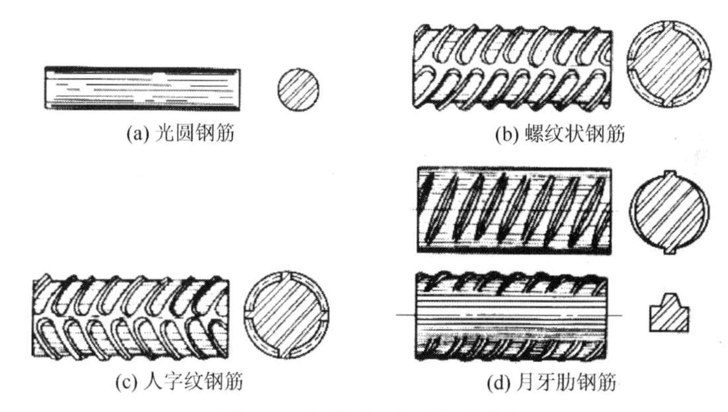

(a) 光圆钢筋　(b) 螺纹状钢筋　(c) 人字纹钢筋　(d) 月牙肋钢筋

图 2-1　钢筋表面及截面形状

（b），（c），（d）为变形钢筋

《钢筋混凝土用钢 第 1 部分：热轧光圆钢筋》（GB/T 1499.1—2017）规定：热轧光圆钢筋分为 HPB235 和 HPB300 两个牌号；《钢筋混凝土用钢 第 2 部分：热轧带肋钢筋》（GB/T 1499.2—2018）规定：热轧带肋钢筋分为 HRB400、HRBF400、HRB400E、HRBF400E、HRB500、HRBF500、HRB500E、HRBF500E 及 HRB600 九个牌号。

2）热轧钢筋的技术要求

根据国标《钢筋混凝土用钢 第 1 部分：热轧光圆钢筋》（GB/T 1499.1—2017）和《钢筋混凝土用钢 第 2 部分：热轧带肋钢筋》（GB/T 1499.2—2018）的规定，将热轧钢筋力学性能列于表 2-7 中。

表 2-7　热轧钢筋的力学性能

表面形状	牌号	公称直径/mm	屈服强度/MPa	抗拉强度/MPa	断后伸长率/%
			不小于		
光圆	HPB235	6~22	235	370	25
	HPB300	6~22	300	420	

续表

表面形状	牌号	公称直径/mm	屈服强度/MPa	抗拉强度/MPa	断后伸长率/%
			不小于		
带肋	HRB400 HRBF400 HRB400E HRBF400E	6~25	400	540	16
		28~40			
		40~50			
	HRB500 HRBF500 HRB500E HRBF500E	6~25	500	630	15
		28~40			
		40~50			
	HRB600	6~25	600	730	14
		28~40			
		40~50			

2. 混凝土的强度

混凝土是用水泥、水、细集料（如砂子）、粗集料（如卵石、碎石）等原料按一定比例经搅拌后入模浇筑，并经养护硬化后做成的人工石材。

我国把立方体强度值作为混凝土强度的基本指标，并把立方体抗压强度作为评定混凝土强度等级的标准。

混凝土强度等级分为C15、C20、C25、C30、C35、C40、C45、C50、C55、C60、C65、C70、C75和C80，共14个等级。其中C50～C80属高强度混凝土范畴。

混凝土的抗压强度与试件的形状有关，采用棱柱体比立方体更能反映混凝土结构的实际抗压能力，用混凝土棱柱体试件测得的抗压强度称为轴心抗压强度标准值，以f_{ck}表示。轴心抗拉强度标准值则以f_{tk}表示。表2-8列出了混凝土强度标准值。

表2-8　混凝土强度标准值　（单位：MPa）

符号	混凝土强度等级						
	C15	C20	C25	C30	C35	C40	C45
f_{ck}	10.0	13.4	16.7	20.1	23.4	26.8	29.6
f_{tk}	1.27	1.54	1.78	2.01	2.20	2.39	2.51
符号	混凝土强度等级						
	C50	C55	C60	C65	C70	C75	C80
f_{ck}	32.4	35.5	38.5	41.5	44.5	47.4	50.2
f_{tk}	2.64	2.74	2.85	2.93	2.99	3.05	3.11

3. 钢筋与混凝土的黏结

钢筋与混凝土两种材料之间存在着良好的黏结力，这种配有钢筋的混凝土能够提高构件承载力的原因如下：

（1）如要滑动时，钢筋混凝土之间产生的摩擦阻力将阻止滑动。这种力随着接触面粗糙程度的增大和钢筋与混凝土之间挤压的增大而增大。钢筋在表面轻微锈蚀时也可增加它与混凝土的黏结作用。

（2）混凝土中的水泥砂浆与钢筋两种物质之间存在着胶黏力。这种作用力比较小，当钢筋与混凝土之间发生相对位移时，该力立即消失。

（3）对于螺纹钢筋，由于钢筋表面凹凸不平，混凝土和钢筋之间存在着机械咬合力。光圆钢筋与混凝土之间的黏结主要由化学吸附力、摩擦力和机械咬合力形成。

（4）钢筋与混凝土两种材料存在着相近的温度膨胀系数。

（5）钢筋端部加弯钩、弯折或在锚固区焊接短钢筋、短角钢等来形成锚固能力。这种锚固能力可以提供很大的黏结力。但是，如果布置不当，会产生较大的滑移、裂缝和局部混凝土的破碎现象。

在建（构）筑物拆除爆破中，就是要用爆破法破坏钢筋与混凝土之间的黏结力，使二者分离，失去承载力。

2.1.4　钢结构材料

钢结构所用钢材主要是热轧成型的钢板和型钢等（图 2-2）。钢结构中主要采用冷加工（冷弯、冷压等）成型的冷弯薄壁型钢［图 2-3（a）～（h）］。近年来还发展并生产了冷压或冷轧成型的压型钢板［图 2-3（i）、（j）、（k）］，用于屋面板、楼板和墙板等，常有很好的效果。

钢结构构件可用单一型钢或几件型钢或钢板以焊缝、螺栓或铆钉连接组成的组合截面。一般采用相对较宽而薄的型钢或组合截面，以使截面有较大的惯性矩和回转半径而提高构件的刚度和稳定性。

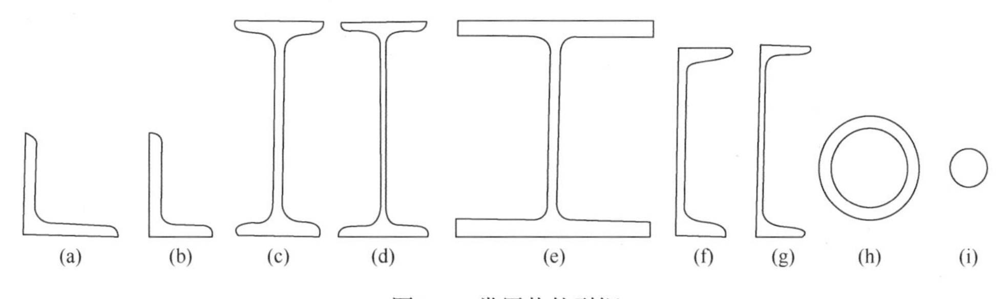

图 2-2　常用热轧型钢

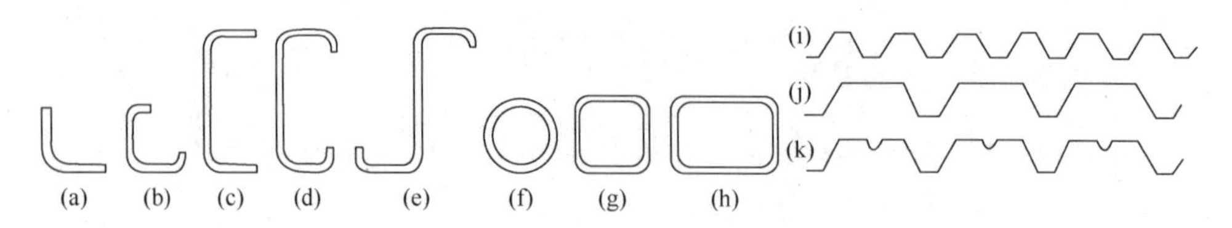

图 2-3　冷弯薄壁型钢和压型钢板

1. 钢板

钢板分厚钢板（厚度＞4mm）和薄钢板（厚度≤4mm）两种；尺寸规格以钢板符号和宽度（mm）×厚度（mm）表示，如–200×8。钢结构中主要用热轧厚钢板。薄钢板用于制作冷弯薄壁型钢或轻型结构中受力较小的零件，通常为热轧，也可冷轧成型，可以平板状态或卷状（称为钢带）交货。扁钢是宽度两边均为轧制边的钢板型式，宽度为 10～200mm，厚度为 3～30mm。使用时宽度边可不再切割加工，常用于组合截面梁、柱的翼缘板和等宽度的构件连接板、节点板等。

2. 热轧型钢

常用热轧型钢有角钢、工字钢、槽钢等（图 2-2）。供应最大长度约 19m。

1）角钢

分等边和不等边角钢两种［图 2-2（a）和（b）]。规格以角钢符号和边宽×厚度（等边角钢）或长边宽×短边宽×厚度（不等边角钢）（单位均为 mm）表示，如∟90×6 和∟125×80×8。我国生产的最大规格角钢为∟200×24 和∟200×125×18。

2）工字钢和 H 型钢

分普通、轻型和宽翼缘工字钢三种［图 2-2（c）、(d)、(e)]。宽翼缘工字钢常称为 H 型钢。

普通、轻型工字钢截面的宽度比高度小得多，故宽度方向（即对弱轴）的截面惯性矩和回转半径比高度方向（即对强轴）小得多。规格以工字钢符号（轻型时前面加注“Q”）和截面高度（cm）表示，如 I50（轻型)。两种工字钢的高度相同时，其宽度大体相当，而轻型工字钢的翼缘和腹板稍薄。我国生产的普通工字钢规格有 I10～63a；20 或 32 号以上时同一型号中又分为 a、b 或 a、b、c 规格，其中每级的腹板和相应翼缘宽度递增 2mm。轻型工字钢规格有 QI10～70b；18～30 号和 70 号另有翼缘宽度和厚度或腹板厚度略为增大的 a 或 a、b 规格。

H 型钢的翼缘较为宽展（宽度较大规格中可与高度相等）并为等厚度。因此 H 型钢在宽度方向（即对弱轴）的惯性矩和回转半径比前两种工字钢显著增大，相应的刚度和稳定性也显著增大（但仍弱于高度方向)。我国 H 型钢分宽翼缘 H 型钢（HK）和窄翼缘 H 型钢（HZ)，还有 H 型钢桩。型号用截面公称高度（mm）表示，也可用高度 H×宽度 B×腹板厚度 d×翼缘厚度 t（mm）表示。HK 有 100～

900 不同型号，同一型号又分 a、b、c…或 a、b、c、d、e、f、g、k 不同规格，如 HK300b（HK300×300×11×19），$H/B=0.95\sim3.01$。HZ 有 80～600 不同型号，每一型号只有一种规格，如 HZ200（HZ200×100×5.6×8.5），$H/B=1.73\sim2.73$。目前我国只生产小型号的 H 型钢。

3）槽钢

分普通和轻型槽钢两种［图 2-2 中（f）和（g）］。截面宽度比高度小得多，故宽度方向的截面惯性矩和回转半径比高度方向小得多。规格以槽钢符号和截面高度（cm）表示，如⊏20a（普通）、Q⊏20a（轻型）。两种槽钢的高度相同时，其宽度大体相当，而轻型槽钢的翼缘和腹板稍薄。我国生产的普通槽钢规格有⊏5～40c，25 号以上时同一型号中又分为 a、b 或 a、b、c 规格，其中每级的腹板和相应翼缘宽度递增 2mm；轻型槽钢规格有 Q⊏5～40，14～24 号另有翼缘宽度和厚度略为增大的 a 规格。

3. 钢管

钢结构中常用热轧无缝钢管和焊接钢管，见图 2-2（h），规格以外径（mm）×壁厚（mm）表示，如 $\phi102\times5$。焊接钢管由钢带弯曲焊成，价格相对较低。钢管截面对称并且面积分布合理，各方向的惯性矩和回转半径相同且较大，故受力性能尤其是轴心受压时较好；同时其曲线外形使其对风、浪、冰的阻力较小；但价格较贵且连接构造常较复杂。我国生产的热轧无缝钢管规格有外径 32～630mm、壁厚 2.5～75mm。

4. 热轧圆钢

轻型钢结构中常用圆钢，见图 2-2（i），规格以直径表示，如 $\phi16$。

5. 冷弯薄壁型钢

结构的冷弯薄壁型钢［图 2-3 中（a）～（h）］由厚度为 1.5～6mm 的热轧钢板或钢带经冷加工（冷弯、冷压、冷拔）成型，同一截面各部分的厚度相同，截面各角顶处呈圆弧形。冷弯薄壁型钢的截面型式和尺寸可按工程要求合理设计；与相同截面积的热轧型钢相比，其截面轮廓尺寸相对较大而壁较薄，使截面惯性矩和回转半径较大，因而受力性能较好并节省钢材。但因壁较薄，对锈蚀影响较为敏感。

冷弯薄壁型钢的规格用字母“B”（薄）、形状符号和“长边宽（或高度）×短边宽（或宽度）×卷边宽度×厚度”（长短边宽相等时只注一个边宽，卷边宽度只用于卷边型钢）表示。如等边角钢 B∟60×2.5、正方钢管 B□60×2、圆钢管 B$\phi60\times2$、不等边角钢 B∟60×40×2.5、长方钢管 B□80×60×2、槽钢 B⊏$120\times40\times2.5$。

6. 压型钢板

由热轧薄钢板经冷压或冷轧成型［图 2-3 中（i）、（j）、（k）］，具有较大宽度，其曲折外形大大增加了钢板在其平面外的惯性矩、刚度和抗弯能力，应用日渐广泛。压型钢板主要用于屋面板、墙板、楼板（常在其上另浇混凝土或钢筋混凝土叠合面层成为组合楼板，用于多层及高层房屋结构）等。它具有重量轻、强度和刚度大、施工简便和美观等优点。压型钢板表面可以涂漆、镀锌、涂有机层（也称彩色钢板）；有保温要求时可与保温材料结合制成组合板（也称复合板或夹心板）。压型钢板通常可压或轧成 V 形［图 2-3（i）］、肋形［图中 2-3（j）］、加劲的肋形［图 2-3（k）］、波形或其他需要的外形。对于屋面板和墙板板厚通常用 0.4～1.6mm，对于楼板达 2mm 以上，波高一般为 10～200mm，由承重和使用要求确定[6]。

2.2　基础的分类及特点

2.2.1　基础的分类

建筑物的基础可按不同方法分类。

1. 按使用材料分类

按使用材料可分为砖基础、毛石基础、灰土基础、混凝土基础和钢筋混凝土基础等。

2. 按构造形式分类

按构造形式可分为条形基础、独立基础、筏板基础、箱形基础、地坪及基坑支撑等。

1）条形基础

条形基础为连续的带形，如图 2-4 所示，是墙基础的主要形式。常用砖、石、混凝土建造，当地基承载力较小、上部荷载较大时，可采用钢筋混凝土条形基础。

2）独立基础

独立基础呈柱墩形。当建筑物为柱承重且柱距较大时，宜采用独立基础。其形式有台阶形、锥形等，如图 2-5 所示，常使用钢筋混凝土材料。

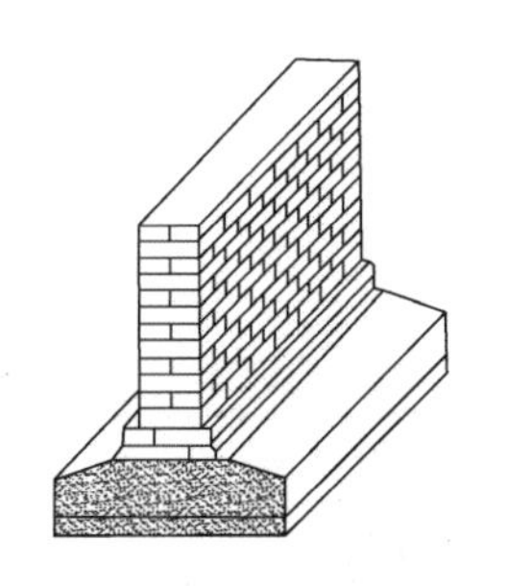
图2-4　条形基础

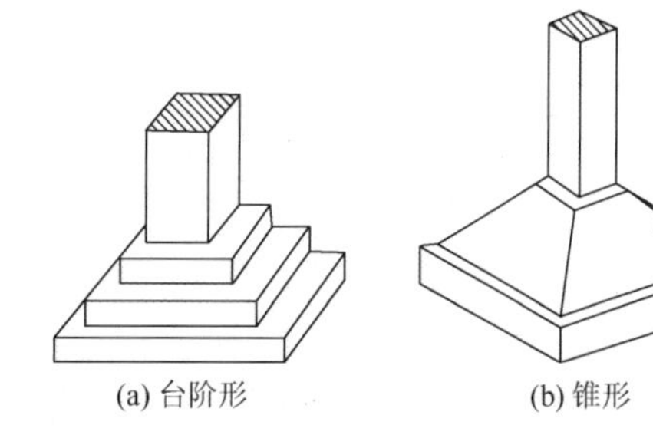

图2-5　独立基础

3）筏板基础

当地基特别软弱、建筑物荷载较大而使得柱下独立基础宽度较大又相互接近时，或当建筑物有地下室时，可将基础底板连成一片而成为筏板基础，如图2-6所示。筏板基础一般做成等厚度的钢筋混凝土平板。

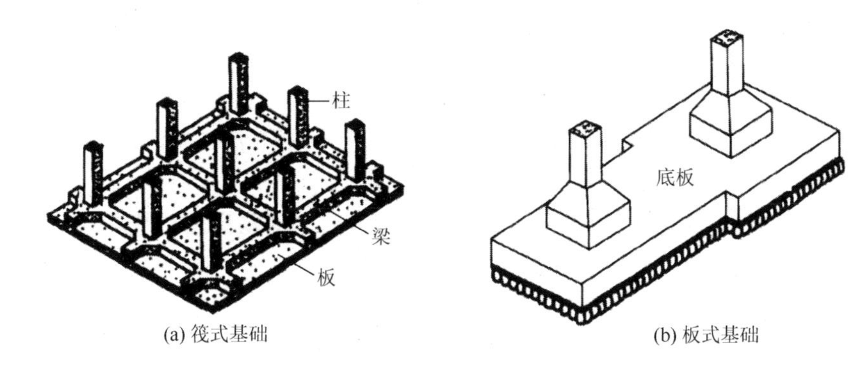

图2-6　筏板基础

4）箱形基础

箱形基础是由顶板、底板和隔墙组成的连续整体式基础。箱形的内部空间构成地下室，如图2-7所示。箱形基础具有较大的强度和刚度，多用于高层建筑及重要构筑物中。

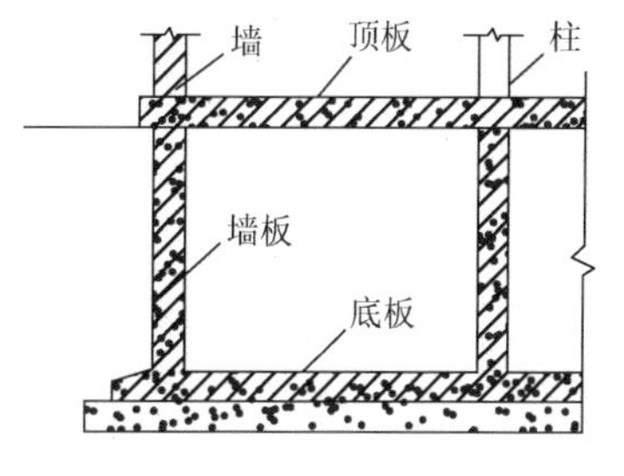

图2-7　箱形基础

5）地坪

地坪是混凝土、钢筋混凝土、片石或块石加水泥砂浆等铺筑的公路路面、飞机跑道、广场地坪、楼底板等。

6）基坑支撑

基坑支撑是指基坑钢筋混凝土支撑系统，是大型基坑土建过程中的临时基础设施。支撑系统由灌注桩（连续墙、SMW 工法等）、围檩（压顶梁）、支撑梁、混凝土栈桥（板）等组成，如图 2-8 所示。

图 2-8　基坑支撑

（1）支撑梁。支撑梁为矩形混凝土梁，四面临空。

（2）围檩。围檩为矩形混凝土梁，三面临空，一面与维护桩（混凝土连续墙）相连。

（3）冠梁。亦称圈梁、压顶梁，两面临空，其下面与灌注桩相连，外面为土地面。

（4）梁结点。各梁相交结点处，因主筋相互穿插而过，加之部分内含格构柱，导致钢筋含量很高，因此布孔应加密，炸药单耗增加。

（5）灌注桩和连续墙。上面提到的支撑、围檩、冠梁均为水平构件，爆破孔竖直向下设置。灌注桩和连续墙设置在基坑周边承受土体压力，为竖向构件。

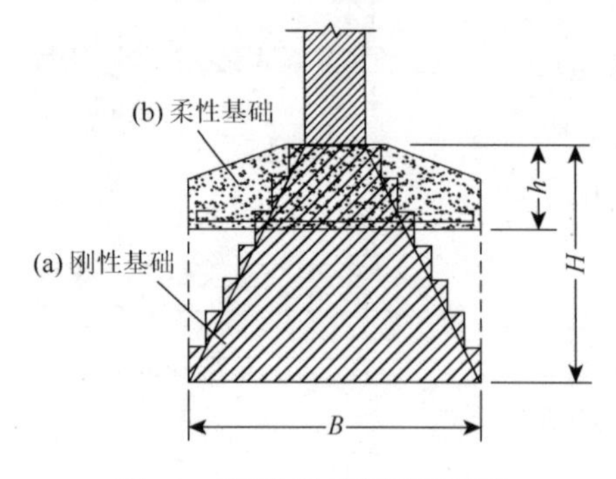

图 2-9　刚性基础与柔性基础

B 为基础宽度；*h* 为柔性基础高度；*H* 为刚性基础高度

3. 按使用材料受力特点分类

按使用材料受力特点可分为刚性基础和柔性基础。

1）刚性基础

刚性基础是用刚性材料建造、受刚性角限制的基础，如混凝土基础、砖基础等。这类基础的特点是放脚较高、抗压强度大、抗拉强度小，适用于地基土质均匀、地下水位较低、六层以下的砖混结构建筑，如图 2-9 所示。

2）柔性基础

柔性基础是指钢筋混凝土基础。其特点是放角矮、抗压和抗拉强度都很高，适用于土质较差、荷载较大、地下水位较高等条件下的大中型建筑，如图 2-9 所示。

2.2.2　大型块体和基础的特点

1. 形态特点

大型块体和基础的形状多种多样，有方体状、柱体状、锥体状、环体状、沟槽状、台阶状、斜立状和拱形状等。这些各种形态的块体，一般均存在于城市建筑基础、工厂车间等各类设施与设备的基础或残留的大型构件等之中，如图 2-10 所示。

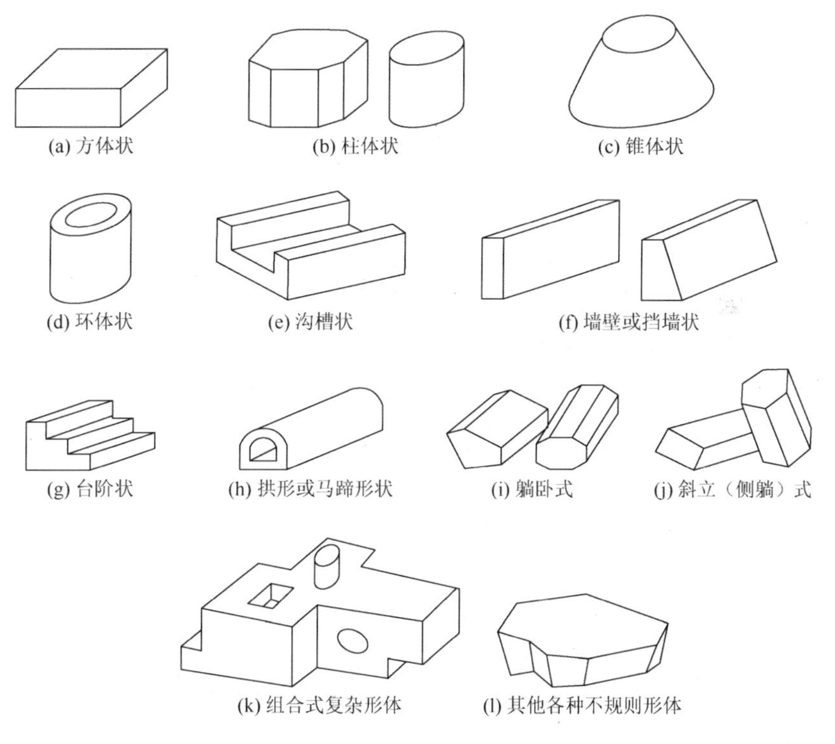

图 2-10　各种块体的形态

2. 材质特点

大型块体和基础几乎都是人工材料或人工与天然材料构筑成的，如素混凝土、钢筋混凝土或预制混凝土构筑体、浆砌块石、浆砌片石或砖砌体，此外还有三合土、古黏胶土（石灰砂土和糯米胶黏而成的坚固体）、冻结黏胶和冻结土块体等。

钢筋混凝土中的布筋情况也是各种各样，有密集或者稀疏钢筋网格的，有单方向也有多方向布筋的，有里外全布筋的或只有单层钢筋网的。钢筋直径有10～20mm或30mm的，也有几毫米的。多数设备基础上又有粗细不同的各种地脚螺丝或钢垫板、钢铁砧块，或木垫层、木柱和木塞子等。有的旧机床基础的坑洞部位还充填有铁屑、木屑、棉纱或其他残存物。

2.2.3　地坪的特点

地坪是指混凝土、钢筋混凝土、片石或块石加水泥砂浆等铺筑的公路路面、飞机跑道、广场地坪、楼底板等。其特点是材料强度较高，人工机械破碎困难；地坪厚度小、面积大，多数厚度不超过50cm。

2.2.4　基坑支撑的特点

基坑钢筋混凝土支撑系统由灌注桩（连续墙、SMW工法等）、围檩（压顶梁）、支撑梁、混凝土栈桥（板）等组成，是基坑土建过程中的临时基础设施。其特点如下：

（1）支撑从浇筑到拆除虽然时间短，但其强度、完整性很好。

（2）拆除主要针对混凝土支撑梁、混凝土栈桥梁、围檩，构件尺寸大，结构坚固。

（3）栈桥板因较薄（一般厚20～30cm）可采用机械破碎。

（4）有时灌注桩、混凝土连续墙及混凝土压顶梁也需拆除[2]。

2.3　建筑物的分类与组成

2.3.1　建筑物的分类

建筑物可以按以下方法进行分类。

1. 按建筑物的使用功能分类

1）工业建筑

指用于工业生产的建筑，如钢铁、机械、化工、纺织、食品等工业企业中的生产车间及发电站、锅炉房等动力车间和仓库等。

2）农业建筑

指用于农业生产的建筑，如饲养场、粮库和农机站等。

3）民用建筑

（1）居住建筑，指供人们生活起居的建筑物，如住宅、宿舍和公寓等。

（2）公共建筑，指供人们进行政治文化经济活动、行政办公、医疗科研、文化娱乐以及商业、生活服务等公共事业的建筑，如学校、办公楼、医院、商店、影剧院、体育场（馆）和车站等。

2. 按主要承重结构所用的材料分类

1）砖木结构

建筑物的主要承重构件用砖和木材，其中墙、柱用砖，楼板和屋架用木材。

2）砖混结构

建筑物中的墙、柱用砖，楼板、楼梯和屋顶用钢筋混凝土。

3）钢筋混凝土结构

这类建筑的主要承重构件如梁、柱、板及楼梯用钢筋混凝土，而非承重墙用砖或其他轻质砌块。

4）钢结构

建筑物的主要承重构件用钢材制成，而轻质块材、板材用作围护外墙和分隔内墙。

3. 按施工方法分类

1）全装配式

建筑物的主要承重构件如墙板、楼板、屋面板、楼梯等都采用预制构件在施工现场吊装连接。

2）全浇灌式

建筑物的主要承重构件都在现场支模，现场浇灌混凝土。

3）部分现浇、部分装配

建筑物的内墙采用现浇钢筋混凝土墙板，而外墙板、楼板、楼梯、屋面板均采用预制构件。

4. 按层数或高度分类

住宅建筑按层数分：1～3 层为低层，4～6 层为多层，7～9 层为中高层，≥10 层为高层。

公共建筑总高度超过 24m 为高层（不包括高度超过 24m 的单层主体建筑）。

不论住宅或公共建筑，超过 100m 均为超高层。

2.3.2　建筑物的组成

1. 民用建筑

1）民用建筑的组成

一般民用建筑是由基础、墙或柱、楼板层、地面、楼梯、屋顶、门窗等主要部分组成。此外，一般建筑物还有台阶、雨篷、阳台、雨水管、明沟（或散水）等，如图 2-11 所示。

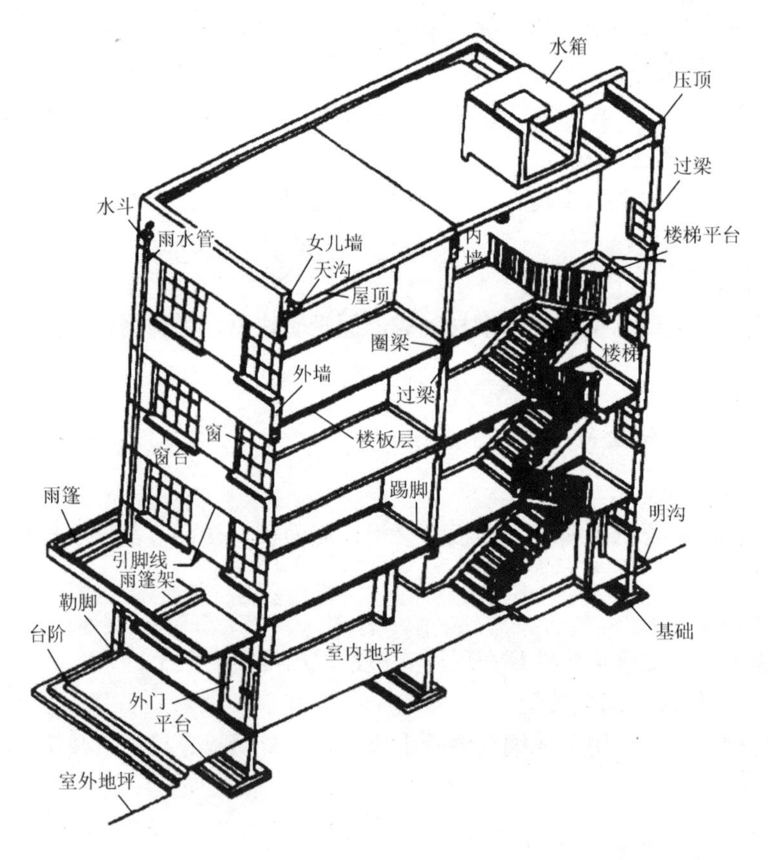

图 2-11　民用建筑的组成示意图

（1）基础。基础是建筑物最下方的部分，埋在地面以下，承受建筑物的全部荷载，并将荷载传递给地基，故要求其坚固、稳定，能够抵抗冰冻、地下水与化学侵蚀等。

（2）墙和柱。墙和柱均为建筑物竖直方向的承重构件，承受屋顶、楼层传来的各种荷载，并传给基础。外墙同时也是建筑物的维护构件，能抵抗风、雨、雪、太阳辐射热的作用，并具有保温的功能。内墙用于分隔建筑物每层的内部空间，要求其坚固、稳定、耐久，对于墙体材料还要具有保温、隔热、隔声等性能。

（3）楼板层。楼板层是建筑物水平方向的承重构件，它将楼层上的荷载传给墙或柱，同时还对墙体起着水平支撑作用，要求其坚固、刚度大、隔声、防渗漏。

（4）地面。首层室内地坪叫地面，它承受首层室内的活荷载和自重，并通过垫层传到土层，要求其坚固、耐磨、防潮、防水。

（5）楼梯。楼梯是联系楼房上下层的垂直交通设施，应有足够的通行宽度和疏散能力，并要求其稳固、耐磨、防滑、耐火。

（6）屋顶。屋顶是建筑物的顶部结构，除承受自重、积雪、风力等荷载并传给墙体外，还具有防雨雪侵袭和太阳辐射、保温隔热等作用。

（7）门窗。门主要是供人们内外交通用，有的也兼有采光通风的作用。窗主要用于采光通风，要求其具有隔声、保温、防风沙等功能。

2）砖混结构

承重墙体为砖墙、楼层和屋顶为钢筋混凝土梁板的建筑为砖混结构。墙体中可设置钢筋混凝土围梁和构造柱，均属构造做法。楼层和屋顶结构可用现浇或预制梁板，屋顶可做成坡顶或平顶。这类结构整体性较好，耐久性和耐火性较好，取材方便，施工不需大型起重设备，造价一般，在产砖地区及地震烈度小于 7 度的地区广为采用，但自重较大，耗砖较多，因而仅适用于 7 层以下、层高较低、空间小、投资较少的住宅和办公建筑，如图 2-12 所示。

3）钢筋混凝土结构

用钢筋混凝土柱、梁、板作为垂直方向和水平方向的承重构件的建筑。例如，将钢筋混凝土柱、梁用刚接的方法将它们连成一个整体，组成空间框架结构。在一幢建筑物中，全部布置成框架结构时称作全框架结构，局部布置成框架结构时称作半框架结构。半框架结构建筑的另一部分使用砖混结构，这样可以减少水泥和钢筋的用量，并降低工程造价。

（1）全框架承重结构。用钢筋混凝土柱和梁组成承重框架并布满整幢建筑为全框架承重结构。这种结构形式的整体性好、承载能力强、抗震与抗振性较好，由于墙体不承重，故便于开设大门窗，房间利用灵活，可自由分隔和拆除。但这种结构耗钢材量颇大、施工技术要求高、造价较高，适用于高层大空间及多功能建筑等，如图 2-13 所示。

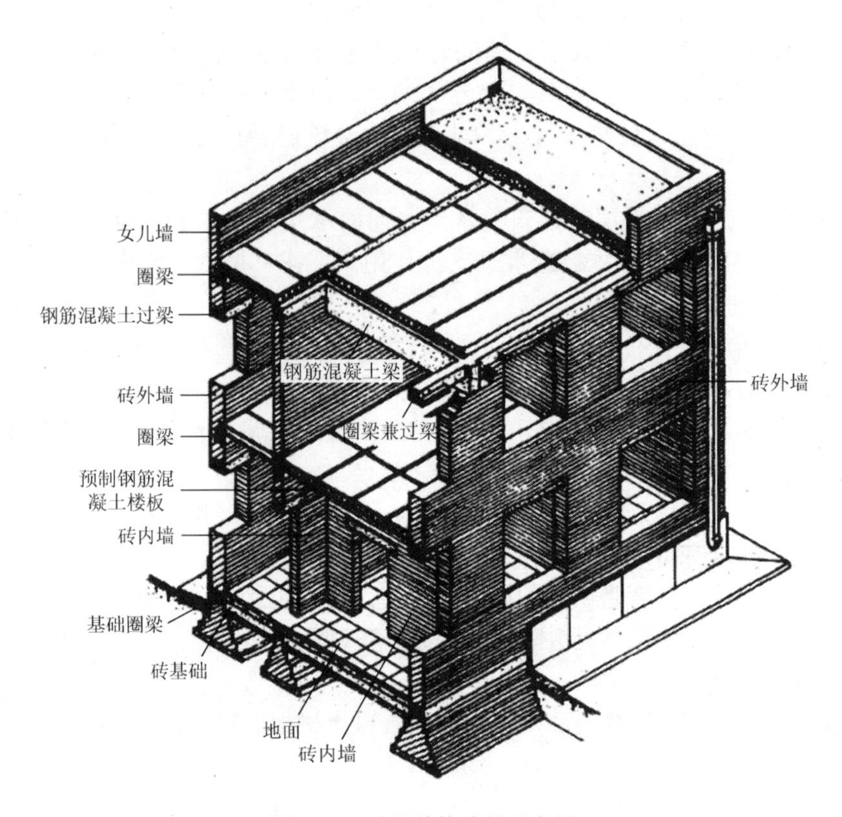

图 2-12　砖混结构建筑示意图

（2）内框架承重结构。房屋的内部用钢筋混凝土框架承重，外侧则利用外墙承重为内框架承重结构。这种结构形式可节约钢材、降低造价，但外墙为承重墙，开设门窗受到与砖混结构同样的限制，同时仍应设置圈梁和构造柱。另外，这类结构形式受力分配较复杂、变形不均匀，因而不是理想的结构形式，常用于层数不多的商店、车间等，如图 2-14 所示。

4）装配式钢筋混凝土大型板材建筑

由预制大型的外墙板、内墙板、隔墙板、楼板、屋面板、阳台板等构件组合装配而成的建筑，简称大板建筑。按结构布置方案的不同，内外墙板可分为承重和非承重两种，内墙板兼分隔作用，外墙板兼围护作用。墙板与墙板、墙板与楼板、楼板与楼板之间的结合处可用焊接和局部浇筑使其成为整体。这种结构形式工业化生产程度高、现场湿作业少、施工速度快，宜用于高层小开间建筑，如住宅、旅馆、宿舍、办公楼等，如图 2-15 所示。

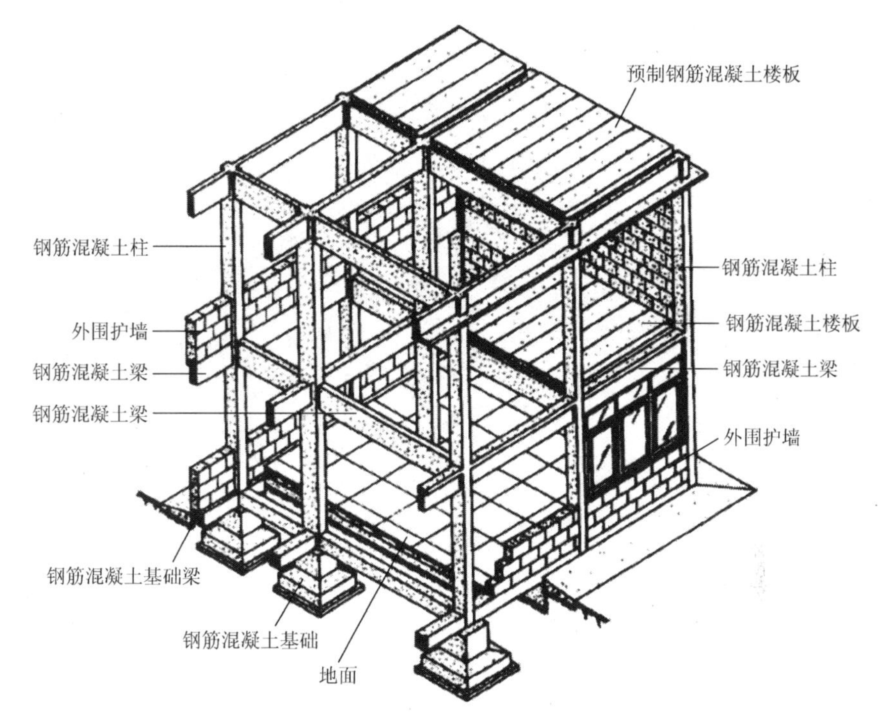

图2-13　全框架承重结构示意图

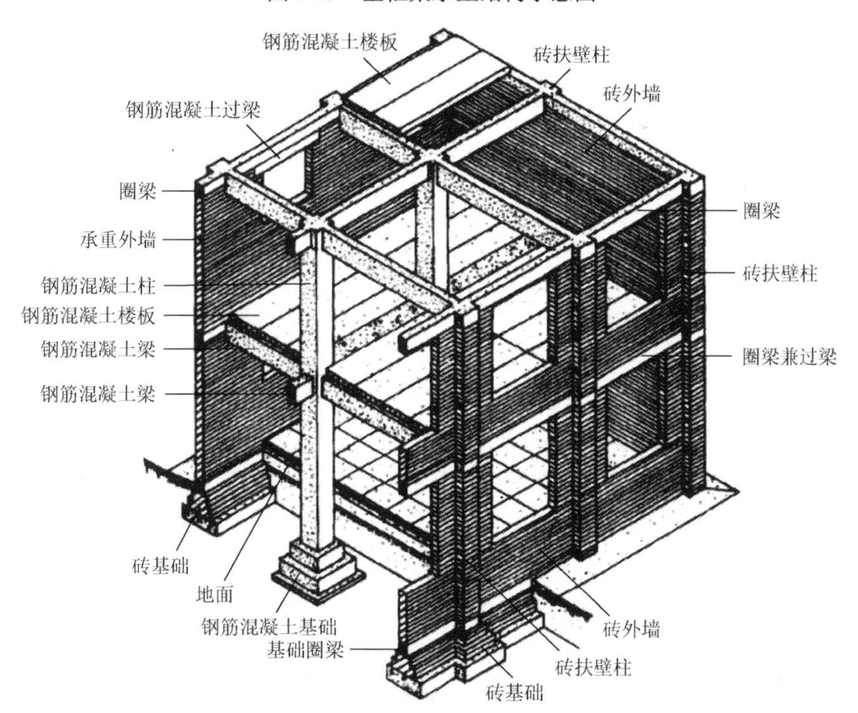

图2-14　内框架承重结构示意图

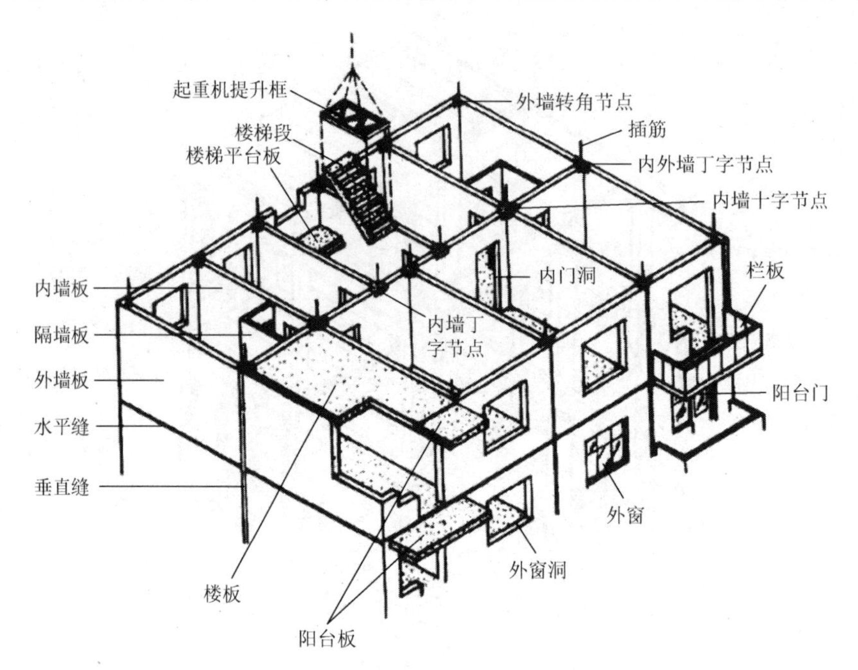

图 2-15　装配式大型板材建筑示意图

2. 工业建筑

1）工业建筑的分类

由于工业部门不同则生产工艺各异，对工业建筑的要求也不同，因此工业建筑的类型很多。通常可按以下方法进行分类：

（1）按使用性质分为主要生产厂房、辅助生产厂房、动力供应建筑、仓储建筑、运输设备建筑、行政服务建筑。

（2）按生产状况分为热加工车间、冷加工车间、恒温恒湿车间、洁净车间。

（3）按层数分为①单层工业厂房：大多用于冶金工业、机械制造工业和其他重工业；②多层工业厂房：大多用于食品工业、化学工业、电子工业、精密仪器制造等工业部门；③混合层数厂房：对于某些有特殊要求的生产车间、热电站、化工厂等，则采用部分单层、部分多层的混合层数厂房。

单层工业厂房是目前应用比较广泛的建筑形式，下面主要介绍单层工业厂房的构造。

2）单层工业厂房的平面形式

单层工业厂房的平面形式是以生产工艺布置方案为基础，综合考虑采光、通风、厂区总平面等各方面因素而确定的。常见的形式有下列几种，如图 2-16 所示。

（1）单跨厂房。厂房的宽度由一个跨度组成，构造简单，有利于组织通风和天然采光，用于中小型车间，也可用于大跨度的重型机械生产车间。

（2）双跨、多跨厂房。厂房的宽度由两个或两个以上的跨度组成，便于采暖、生产内部联系，但通风、采光较差，需要在中间跨处设置天窗。

（3）横跨厂房。为满足生产工艺流程的需要，可组织跨度垂直相交的平面形式。为使构造简单，在剖面上采用高低跨的形式。

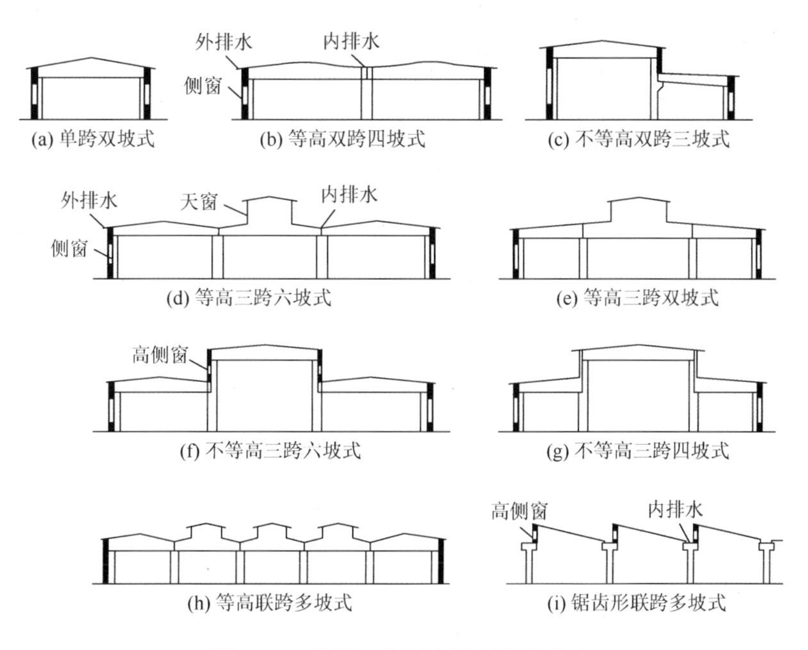

图 2-16　单层工业厂房剖面基本形式

3）单层工业厂房的组成

在单层工业厂房建筑中，由承受各种荷载的构件组成骨架结构，这种骨架结构通常称为排架。排架中主要有基础、柱、屋架等；连系排架之间的构件有基础梁、连系梁、圈梁、屋面板等；为围护和分隔而设置的有外墙、内墙、屋面和门窗等；为加强厂房的整体性和抵抗侧向荷载，需设置抗风柱和支撑系统；为便于厂房内起重和运输，可设置吊车梁；除此之外，厂房仍应设置必备的辅助设施，如天窗、检修梯、走道板等。

单层工业厂房排架结构的主要荷载，一是竖向荷载，包括屋面荷载、墙体自重和吊车竖向荷载，并分别通过屋架、墙梁、吊车梁等构件传递到柱身；二是水平荷载，包括纵横外墙风荷载和吊车纵横向冲击荷载，并分别通过墙、墙梁、抗风柱、屋盖、柱间支撑、吊车梁等构件传到柱身。所有上述荷载均由柱身传到基础，基础承受的全部荷载传递到地基上。单层工业厂房组成示意图如图 2-17 所示。

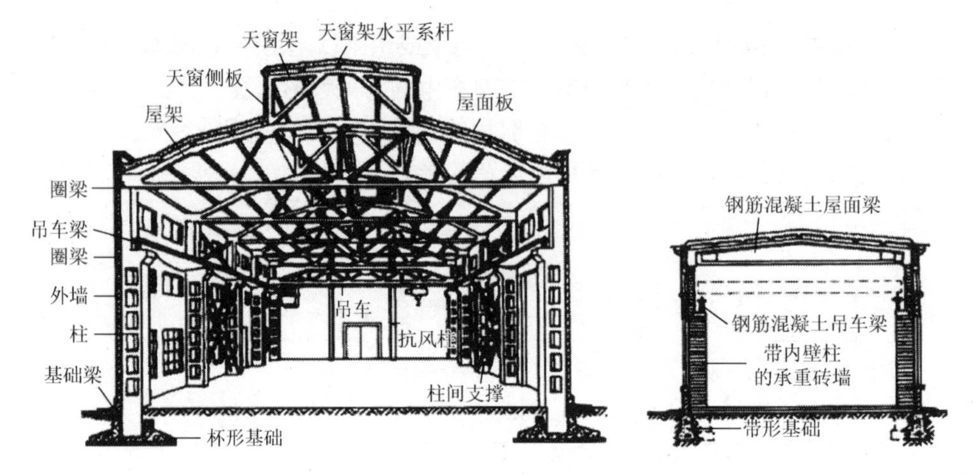

图 2-17　单层工业厂房组成示意图

由此可见，梁、柱、基础是单层厂房和一切建筑物的主要承重构件，特别是柱子，更是承受并传递荷载的关键构件。因而，在设计、施工和使用诸方面应予以极大的重视。

钢筋混凝土柱是厂房结构中主要承重构件之一，目前一般工业厂房广泛采用的柱形式基本上可分为单肢柱和双肢柱两大类。单肢柱的截面形状有矩形、工字形及圆管形等，如图 2-18 所示。

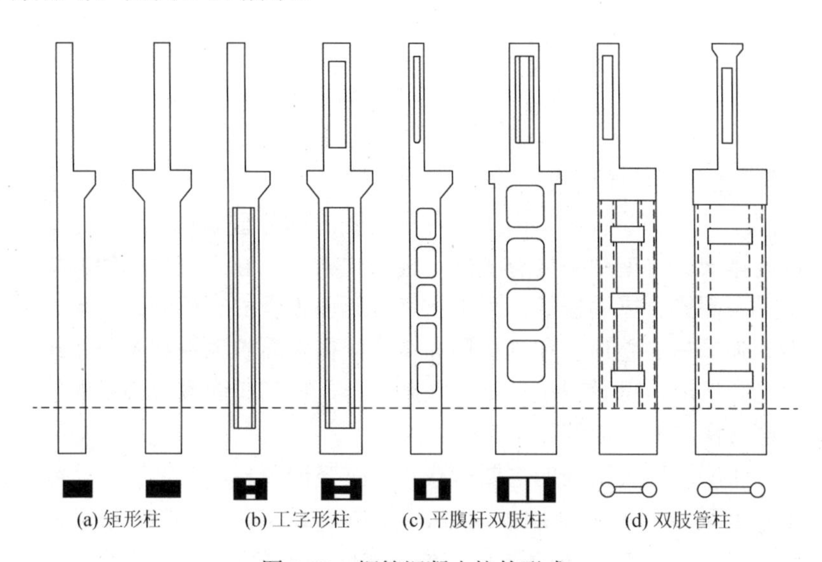

图 2-18　钢筋混凝土柱的形式

（1）矩形柱。矩形柱外形简单、制作方便、节省模板，但自重大、浪费材料，常用于无吊车及吊车荷载较小的厂房中。

（2）工字形柱。工字形柱截面受力较为合理、自重比矩形柱小，是目前应用较为广泛的形式，适用于吊车起重量在 300kN 以下的厂房。

（3）双肢柱。由两根主要承受轴向压力的肢杆连接而成，材料较省，自重也轻，但节点多、有平腹杆和斜腹杆两种形式。柱的高度和荷载较大时，宜采用双肢柱[2]。

2.4　烟囱、水塔的分类与组成

在城镇改造和厂矿企业技术改造中，废弃烟囱、水塔的拆除工程是经常的、大量的。有时烟囱、水塔的结构发生破损或倾斜，形成危险建筑时，需要迅速拆除。而这种建筑物往往位于人口稠密的城镇和厂矿区的建筑群中，倒塌范围常常受到限制。有时被限制在一个狭窄的区域，采用常规的爆破方法是无法实施的，只有采用拆除爆破技术，使水塔或烟囱按指定的方向和范围倾倒，以确保周围建筑物和居民人身的安全。

2.4.1　烟囱的分类与组成

由筒体等组成承重体系，将烟气排入高空的高耸构筑物称为烟囱。

一般工业和民用的烟囱以圆筒式为主，偶有正方形式的。烟囱断面自下向上呈收缩状，按材质分为砖砌结构和钢筋混凝土结构两种。砖结构烟囱仅考虑风载而不考虑地震设防时，筒身断面不设竖向钢筋。需要考虑地震设防时，仅在筒身断面加钢筋。钢筋混凝土烟囱的混凝土强度等级一般不低于 C25，目前设计常用的有 C25、C30。筒身布设一层或两层钢筋网。在其内部还砌有一定高度的耐火砖内衬，内衬与烟囱内壁之间有一空隙，作为隔热层，如图 2-19 所示。砖砌烟囱具体尺寸可见表 2-9。最高的砖烟囱国外为 80m，国内为 60m，一般分为 20m、25m、30m、35m、40m、45m、50m、60m，共 8 种。世界上高度超过 300m 的钢筋混凝土烟囱有数十座，我国单筒烟囱最高达 270m，其他高度分别为 75m、90m、120m、150m、180m、210m 等。钢筋混凝土烟囱的具体尺寸可见表 2-10[2]。

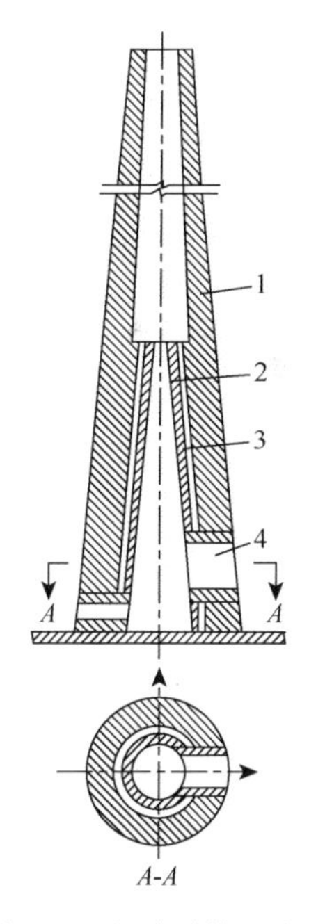

图 2-19　烟囱结构示意图

1 为筒体；2 为内衬；3 为隔热层；4 为烟道

表 2-9　砖砌烟囱规格表

高度/m	底部直径/mm	顶部直径/mm	底部断面尺寸/mm			砖砌体体积/m^3	
			壁厚	隔热层	内衬	筒身	内衬
20	2230	800	240	50	120	30.05～25.83	11.62～2.92
25	2480	1000	370	50	240	45.53～30.16	17.99～4.48
30	2930	1200	370	50	240	65.68～47.89	24.97～5.42
35	3255	1400	370	50	240	90.68～68.94	55.54～10.35
40	4355	1700	490	50	240	126.35～93.77	47.24～12.78
45	4355	2000	490	50	240	160.14～131.08	47.57～13.99
50	4405	2500	490	50	240	213.55～171.9	60.75～19.80
60	4580	3000	620	50	240	348.30～277.27	61.79～39.2

表 2-10　钢筋混凝土烟囱规格表

高度/m	底部直径/mm	底部厚度/m			烟囱体积/m^3			钢筋直径/mm	配筋网格/[a（mm）×b（mm）]
		壁厚	隔热层	内衬	筒壁	隔热层	内衬		
75	6.44	0.26	0.386	0.23	234.62	25.444	127.63	18	125×125
90	7.14	0.35	0.386	0.23	374.51	29.75	163.42	20	125×125
120	8.56	0.4	0.386	0.23	625.18	63.837	398.24	22	125×125
150	16.92	0.4	0.08	0.23	1258.66	249.06	625.12	25	150×150
180	18.7	0.42	0.08	0.23	1755.44	316.53	790.26	25	150×150
210	21.2	0.6	0.08	0.23	2799.72	416.49	1042.59	28	150×150

2.4.2　水塔的分类与组成

由水柜和支筒或支架等组成承重体系，用以储水和配水的高耸构筑物称为水塔。水塔的支撑方式一般有框架式和圆桶式两种，框架式支撑除少数为钢结构外，大多数为钢筋混凝土结构。水塔类型按水箱形式分为圆柱形和倒锥形（图 2-20）。国内的水塔主要是这两种形式，此外还有球形、箱形、碗形和水珠形。我国最大倒锥形水塔容量达 1500m^3。世界上容量最大的水塔为瑞典的马尔默水塔，其容量为 10 000m^3，顶上设有餐厅。

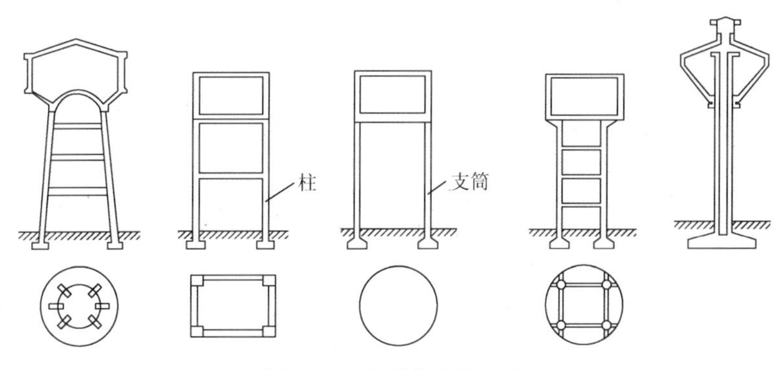

图 2-20　水塔的结构形式

2.4.3　其他筒体结构及特点

除烟囱和水塔外，电厂的冷却塔、料仓、水池、油罐、高压线的支架、挡土墙等均属于筒体结构的构筑物。

为了冷却各种液体、气体和蒸汽的高耸结构物称为冷却塔。冷却塔内依靠水蒸气将水的热量传给空气而使水冷却。它广泛地应用于火力发电厂和化学工业，尤其是在缺乏水源的地区，使冷却水可以回收，以利于重复使用。

为了节省能源，大型冷却塔多用自然通风冷却，它由通风筒、支柱和基础组成。通风筒多为钢筋混凝土双曲线旋转壳，具有良好的结构力学和流体力学特性。我国建成的最高冷却塔高度为 130m。

筒形结构的储仓或筒仓，由竖壁和斗体等组成承重体系，用于储存松散的原材料、燃料或粮食的构筑物称为大型群体筒形结构。

筒形结构分为钢筋混凝土结构和砖混结构，而大型筒形结构多为钢筋混凝土结构，其特点是：①直径大，数量多，高宽比小，稳定性好；②由于高宽比小，落地冲量小，解体不易充分[3]。

2.5　桥梁的组成与分类

在我国的老式桥梁中，公路桥以梁式桥和拱桥为多，铁路桥以钢桥和预应力钢筋混凝土桥为多。老式桥梁大多跨度小、桥面宽度小、承载能力低，往往不能适应日益发展的交通运输的需要。随着公路、铁路建设的迅速发展，许多老式桥梁需要改造或拆除重建，而废旧桥梁的拆除大多都采用爆破拆除方法。

2.5.1　桥梁的基本组成

桥梁是由桥跨结构、下部结构和墩台基础三个主要部分组成的一个人工构筑物。

桥跨结构，又称桥孔结构或上部结构，是线路遇到障碍（如河流、山谷或其他线路等）中断时，跨越这类障碍的结构物。需要跨越的幅度或承受的荷载越大，桥跨结构的构造就越复杂，施工也越困难。

下部结构包括桥墩和桥台，它们是支撑桥跨结构并将恒载和车辆等活载传至地基的结构物。通常将设置在桥跨两端的结构称为桥台。桥台除了支撑桥跨结构外，还与路堤相衔接，以抵御路堤土压力，防止路堤填土的滑坡和坍塌。桥墩的作用是支撑桥跨结构。

墩台基础是将桥墩和桥台的全部荷载传至地基的底部奠基部分。为了保证墩台安全，通常将基础埋入岩（土）层中。由于基础是整个结构安全的关键，而且常常需要在水中施工，因此是桥梁建设中比较困难的一个部分。桥梁基本组成如图 2-21 所示。

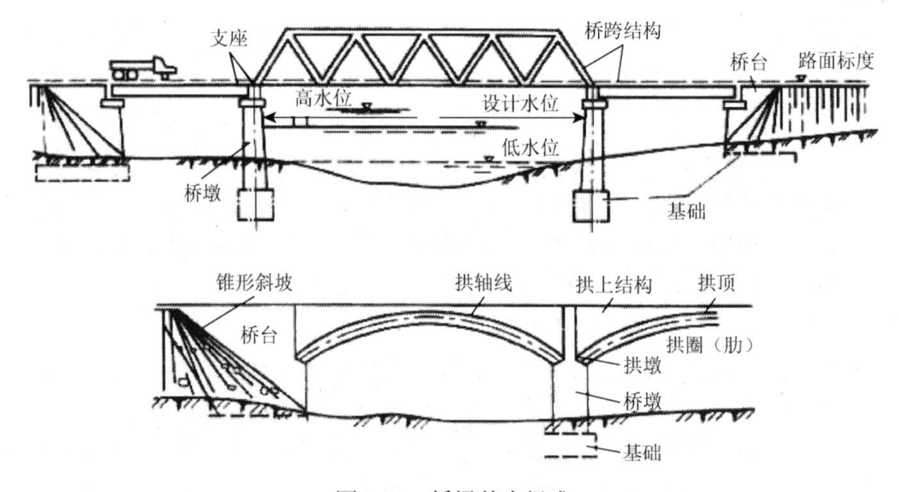

图 2-21　桥梁基本组成

为了保证桥跨结构能将荷载传递到墩台，需在桥跨结构与桥墩或桥台支撑处设置传力装置，即所谓的支座。

此外，在路堤与桥台衔接处，一般还在桥台的两侧设置石砌的锥形护坡，保证迎水部分路堤的稳定。在有些桥梁建筑中，根据需要可修筑护岸、导流结构物等附属工程。

2.5.2　桥梁的分类

1. 按桥梁的基本结构体系分类

桥梁的分类方式很多，就桥梁结构的受力而言，总离不开拉、压、弯三种基本受力方式，而在力学上可归纳为梁式、拱式、缆索承重式三种基本体系以及它们之间的各种组合。下面从受力特点、建桥材料、适用跨度、施工条件等方面来阐述桥梁各种体系的结构。

1）梁式桥

梁式桥是一种竖向荷载作用下无水平反力的结构，如图2-22所示。由于外力（恒载和活载）作用方向与承重结构的轴线接近垂直，故与同样跨径的其他结构体系相比，梁内产生的弯矩最大，通常需要抗弯能力强的材料（钢、钢筋混凝土等）来建造。目前公路上应用最广的是预制装配式钢筋混凝土和预应力混凝土简支梁桥，如图2-22（a）、（b）所示。这种桥梁的特点是结构简单，施工方便，对地基承载能力的要求不高。前者常用在20m以下，后者跨径一般也不超过50m。当跨度较大时，可根据地质、通航等条件修建钢筋混凝土或预应力混凝土的悬臂梁桥或连续梁桥，如图2-22（c）、（d）所示。此外，也可修建钢桥，如图2-22（e）所示。图2-22（f）所示的T形刚构适合修建较大跨径的混凝土桥，常用跨径为40～50m，现已很少用。

如图2-22（g）所示的是目前国内建造较多的连续刚构桥，通过将主梁做成连续梁体与薄壁柔性桥墩固结而成。由于墩梁固接节省了大型支座的昂贵费用，减少了墩基础的工程量，改善了结构在水平荷载（如地震荷载）作用下的受力性能，因此它的跨径要比连续梁和T形刚构长得多，是目前单孔在300m以内优先考虑的桥形。

2）拱式桥

拱式桥的主要承载结构是拱圈或拱肋，如图2-23所示。在竖向荷载作用下，拱的两端支撑处（拱脚处）除有竖向反力外，还有水平推力，如图2-23（b）所示。正是这个水平推力显著降低了荷载引起的拱圈（或拱肋）内的弯矩，因此，与同跨径的梁式桥相比，拱截面的弯矩和变形要小得多。鉴于拱式桥的承重结构以受压为主，通常可用抗压能力强的圬工材料（如砖、石、混凝土）和钢筋混凝土来建造。

拱式桥分为上承式［图2-23（a）］、中承式［图2-23（c）］和下承式［图2-23（d）］。拱的跨越能力很大，外形比较美观，在条件许可的情况下，拱式桥往往是一种经济合理的桥形。

3）刚架桥

刚架桥是梁（或板）和立柱（或竖墙）固结形成的一种刚架结构。由于两者是刚性连接，在竖向荷载作用下，柱脚具有水平反力，如图2-24所示，梁部产生弯矩的同时还有轴力，其受力状态介于梁式桥与拱式桥之间。因此，对于同样的跨径，在相同荷载作用下，刚架桥的正弯矩要比一般梁式桥的小。根据这一特点，刚架桥的建筑高度可以做得小些，适用于需要较大桥下净空和建筑高度受到限制的情况，如立交桥、跨线桥等。

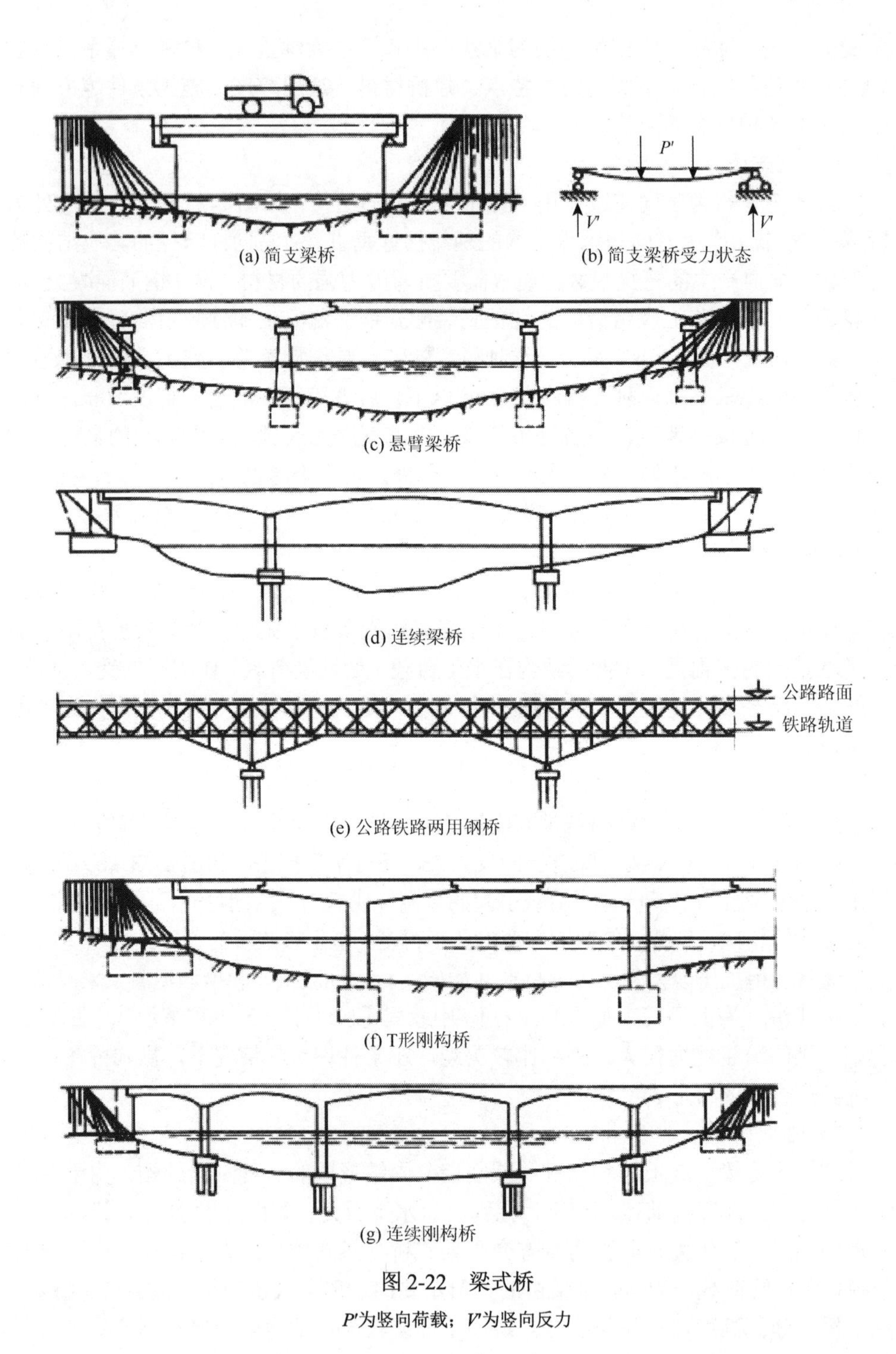

图 2-22　梁式桥

P'为竖向荷载；V'为竖向反力

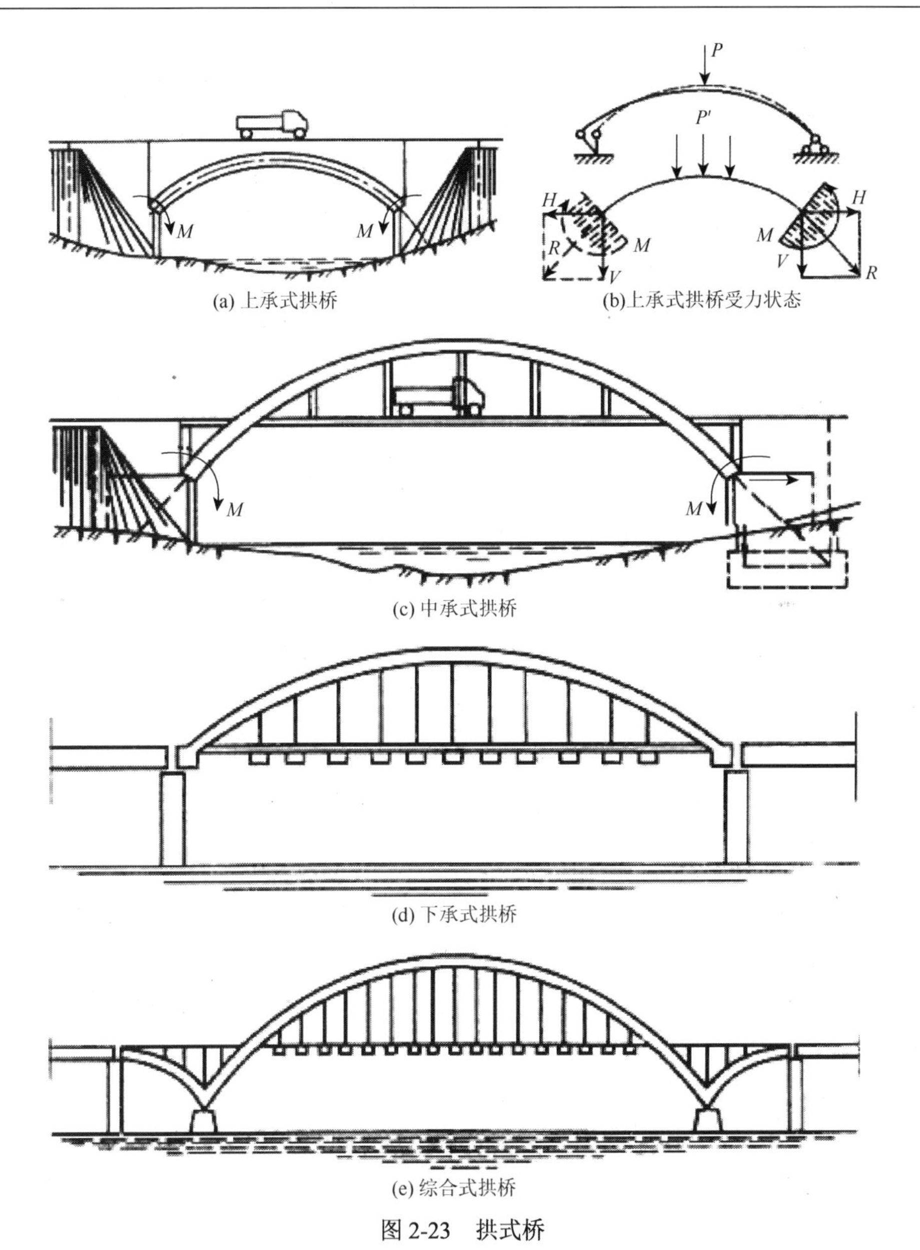

(a) 上承式拱桥　(b)上承式拱桥受力状态

(c) 中承式拱桥

(d) 下承式拱桥

(e) 综合式拱桥

图 2-23　拱式桥

P、P'为竖向荷载；V为竖向力；H为水平推力；R为拱脚合力；M为拱脚弯矩

4）承重桥

缆索承重桥包括悬索桥和斜拉桥两种。

悬索桥，又称吊桥，是所有桥梁中起源最早的一种桥梁形式之一。传统的悬索桥均用悬挂在两边塔架上的强大缆索作为主要承重结构，如图 2-25 所示，通过吊杆使缆索承受很大的拉力，因此常需要在两岸桥台后方修筑巨大的锚碇结构。

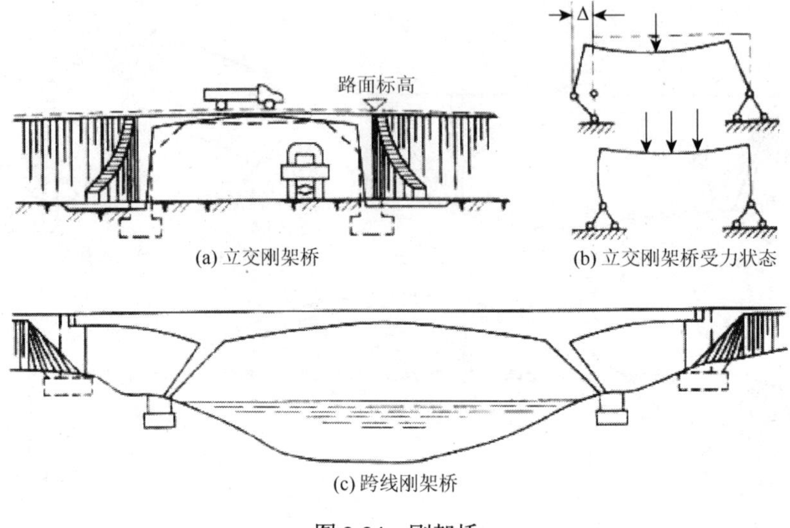

(a) 立交刚架桥
(b) 立交刚架桥受力状态
(c) 跨线刚架桥

图 2-24 刚架桥

悬索桥也是具有水平反力（拉力）的结构。现代悬索桥广泛采用高强度钢丝编制的钢缆，以充分发挥其优异的抗拉性能，跨越其他桥形无法相比的特大跨度。悬索桥的另一特点是成卷的钢缆易于运输，结构的组成构件较轻，便于无支架悬吊拼装。在我国西南山岭地区和遭受山洪泥石冲击等危险的山区河流上，当修建其他桥形有困难时，往往采用悬索桥。

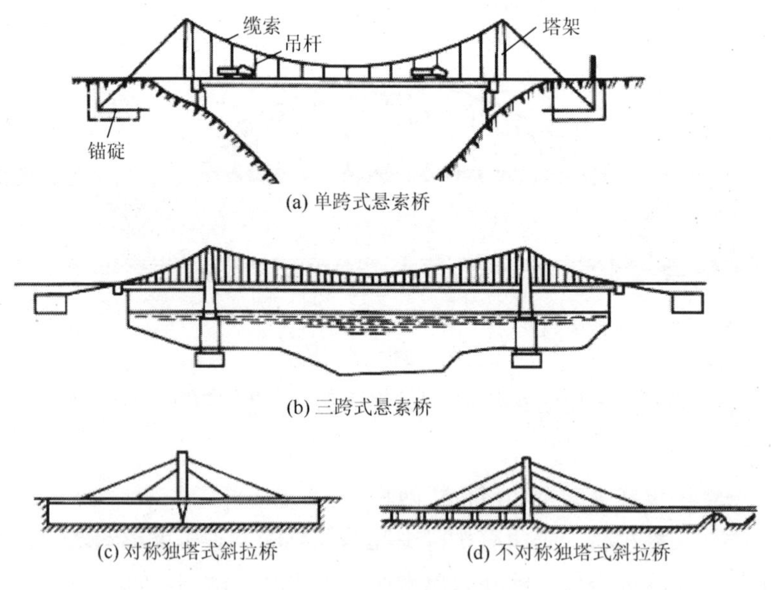

(a) 单跨式悬索桥
(b) 三跨式悬索桥
(c) 对称独塔式斜拉桥
(d) 不对称独塔式斜拉桥

图 2-25 缆索承重桥

图2-25（a）为山区跨越深沟或河谷的单跨式悬索桥，图2-25（b）则是在大江或湖海上跨越深水区的三跨式悬索桥。

斜拉桥又称斜张桥，由斜索、塔柱和主梁组成，它利用高强度的钢材制成的斜索将主梁多点吊起，并将主梁的恒载和车辆荷载传至塔柱，再通过塔柱基础传至地基。因此，主梁就像一根多点弹性支撑的连续梁一样工作，而且斜索索力的水平分量对主梁产生预应力，从而使主梁的尺寸大大减小，结构自重显著减轻，既节省了结构材料，又大幅度增加了桥梁的跨越能力。此外，斜拉桥的结构刚度要比悬索桥大，因此，在相同的荷载作用下，结构的变形要小，而且抵抗风振的能力也比悬索桥好，这也是斜拉桥在可能达到的大跨度情况下比悬索桥优越的重要因素。

常用斜拉桥是三跨双塔式结构，但在实际结构中根据河流、地形、通航要求等情况可采用对称或不对称的双跨独塔式斜拉桥，如图2-25（c）、（d）所示。

5）组合体系桥

根据结构的受力特点，由几种不同体系的结构组合而成的桥梁称为组合体系桥。图2-26（a）为一种梁和拱的组合体系，其中梁和拱都是主要承重结构，两者相互配合共同受力。由于吊杆将梁向上托住，这样就显著减少了梁中弯矩；同时，由于拱和梁连接在一起，拱的水平推力就传给梁来承受，这样梁除了受弯以外还要受拉。这种组合体系桥能跨越比一般简支梁更大的跨度，而对墩台没有推力作用，因此对地基的要求就与一般简支梁一样。图2-26（b）为拱置于梁的下方，通过立柱对梁起辅助支撑作用的组合体系桥。

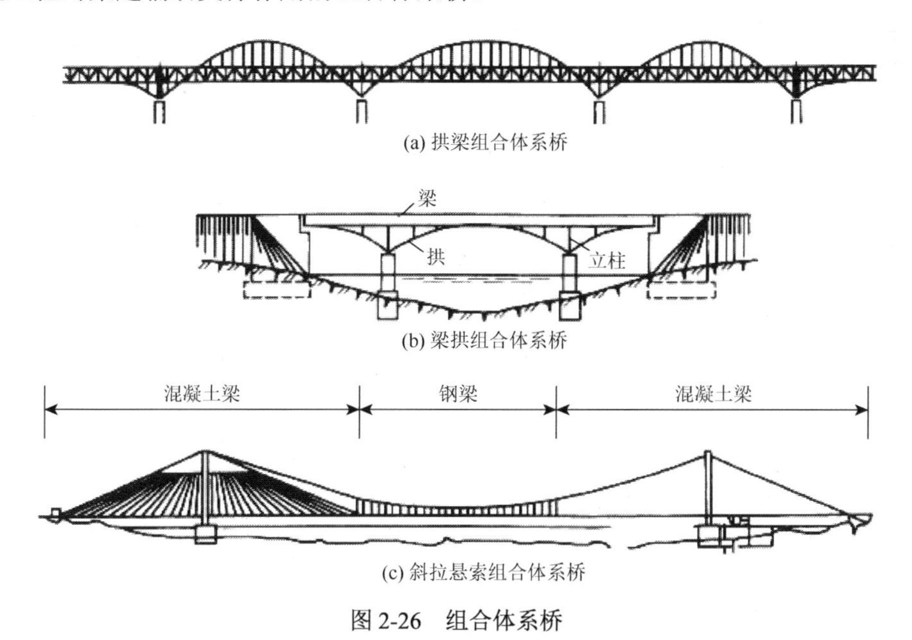

(a) 拱梁组合体系桥

(b) 梁拱组合体系桥

(c) 斜拉悬索组合体系桥

图2-26 组合体系桥

2. 桥梁的其他分类方法

除了上述按受力特点划分成不同结构体系外，人们习惯按桥梁的用途、主要承重结构的材料等其他方面来分类。

1）按用途分类

有公路桥、铁路桥、公铁两用桥、农用桥、人行桥、渡槽桥及其他专用桥梁（通过管路、电缆等）。

2）按承重结构所用的材料分类

有木桥、钢桥、圬工桥（包括砖、石、混凝土桥）、钢筋混凝土桥和预应力混凝土桥。工程建设中运用最广泛的是钢筋混凝土桥、预应力混凝土桥和圬工拱桥。

3）按跨越障碍的性质分类

有跨河桥、跨线桥（立体交叉）、高架桥和栈桥。高架桥一般指跨越深沟峡谷以代替高路堤的桥梁。为将车道升高至周围地面以上并使其下面的空间可以通行或作其他用途（如堆栈、店铺等）而修建的桥梁，称为栈桥。

4）按上部结构的行车道位置分类

有上承式桥、中承式桥、下承式桥。桥面布置在主要承重结构以上者称为上承式桥，桥面布置在承重结构之下的称为下承式桥，桥面布置在桥跨结构中部的称为中承式桥。

5）按桥梁全长和跨径不同分类

有特殊大桥、大桥、中桥和小桥。根据《公路工程技术标准》(JTG B01—2003）规定，划分见表 2-11[2]。

表 2-11　桥梁划分标准　　（单位：m）

桥涵分类	多孔跨径总长 L	单孔跨径 l_K
特殊大桥	$L \geqslant 1000$	$l_K \geqslant 150$
大桥	$100 \leqslant L < 1000$	$40 \leqslant l_K < 150$
中桥	$30 \leqslant L < 100$	$20 \leqslant l_K < 40$
小桥	$8 < L \leqslant 30$	$5 \leqslant l_K < 20$
涵洞	$L < 8$	$l_K < 5$

2.6　钢结构的特点与应用

2.6.1　钢结构的特点

钢结构是钢材制成的工程结构，通常由型钢和钢板等制成的梁、桁架、柱、板等构件组成，各部分之间用焊缝、螺栓或铆钉连接，有些钢结构还部分采用钢丝绳或钢丝束。

钢结构具有下列优缺点：

（1）材质均匀，可靠性高。钢材组织均匀，接近于各向同性匀质体。钢材由钢厂生产，控制严格，质量比较稳定。钢结构的实际工作性能比较符合目前采用的理论计算结果，所以钢结构可靠性较高。

（2）强度高，重量轻。钢材强度较高，弹性模量也高，因而钢结构构件小而轻。当今有多种强度等级的钢材，即使是强度较低的钢材，其密度与强度的比值一般也小于混凝土和木材，从而在同样受力情况下钢结构自重小，可以做成跨度较大的结构。由于杆件小，所占空间少，也便于运输和安装。

（3）塑性和韧性好。钢结构的抗拉和抗压强度相同，塑性和韧性均好，适合承受冲击和动力荷载，有较好的抗震性能。

（4）便于机械化制造。钢结构由轧制型材和钢板在工厂制成，便于机械化制造，生产效率高，速度快，成品精确度较高，质量易于保证，是工程结构中工业化程度最高的一种结构。

（5）安装方便，施工期限短。钢结构安装方便，施工期限短，可尽快地发挥投资的经济效益。

（6）密封性好。钢结构的密封性较好，容易做成密不漏水和密不漏气的常压和高压容器结构及大直径管道。

（7）耐热性较好。结构表面温度在 200℃以内时，钢材强度变化很小，因而钢结构适用于热车间。但结构表面长期受辐射热达 150℃时，应采用隔热板加以防护。

（8）耐火性差。钢结构耐火性较差，钢材表面温度达 500℃以后，其强度和弹性模量显著下降，600℃时几乎降到零。当耐火要求较高时，需要采取保护措施，如在钢结构外面包混凝土或其他防火板材，或在构件表面喷涂一层含隔热材料和化学助剂等的防火涂料，以提高耐火等级。

（9）耐锈蚀性差。钢结构耐锈蚀性较差，特别是在潮湿和有腐蚀性介质的环境中，容易锈蚀，需要定期维护，增加了维护费用。

2.6.2　钢结构的应用范围

由于钢材和钢结构有上述特点，钢结构常用于各种工程结构中。其应用范围大体如下：

1. 重型工业厂房的承重骨架和吊车梁

承重骨架和吊车梁应用于冶金企业的炼钢、轧钢车间，重型机械厂的铸钢、水压机、锻压、总装配车间等，这些车间的高度和跨度一般都比较大，有的柱距也比较宽，有大吨位吊车，或是设备振动厉害，或是热工车间，结构表面温度较高。例如，上海锅炉厂的重型容器车间，主跨 36m，厂房高度为 40m，双层桥式吊车的上层为 2 台起重量 400/80t 吊车，如图 2-27 所示。

图 2-27　上海锅炉厂重型容器车间

2. 大跨度建筑的屋盖结构

大跨度建筑的屋盖结构应用于公共建筑中的体育馆、大会堂、影剧院等和工业建筑中的飞机装配车间、大型飞机检修库等。例如，广州白云机场大型客机检修库，其屋盖结构采用跨度为 80m 的高低整体式折线形网架，设有多支点悬挂吊车，网架沿大门一边设反梁，高低跨交界处设加强杆，使网架高度增大，如图 2-28 所示。

图 2-28　广州白云机场大型客机检修库

3. 大跨度桥梁

跨度较大的铁路和公路桥梁多采用钢结构。例如，南京长江大桥为铁路公路两用双层桥，正桥长 1576m，钢梁共 10 孔，其中有 9 孔为 3×160m 三跨连续桁架，采用了 16Mnq 低合金钢，如图 2-29 所示。

图 2-29　南京长江大桥

上海市南浦大桥，主桥为双塔双索面斜拉桥，全长 846m，采用钢梁与钢筋混凝土板相结合的组合梁结构，中跨跨长 423m，桥塔高 150m，为折线 H 型钢筋混凝土结构，每座桥塔两侧各以 22 对钢索连接主梁，索面呈扇形，如图 2-30 所示。

图 2-30　上海南浦大桥

4. 多层和高层建筑的骨架

该结构应用于工业建筑中的多层框架、民用建筑中跨度较大的多层框架和高层框架。我国已建成多幢四五十层的钢结构高层建筑，固定式采油平台也多用多层钢框架。例如，北京京广大厦，地上 53 层，地下 3 层，总高度 208m，其平面形状为扇形，结构体系为框架-剪力墙结构，如图 2-31 所示。在开采我国近海石油的过程中，建造了近海采油平台，图 2-32 为 20 世纪 80 年代初建成的渤海埕北油田固定式采油平台。

图 2-31　北京京广大厦

图 2-32　渤海埕北油田固定式采油平台

5. 塔桅结构

输电线路塔架、无线电广播发射桅杆、电视播映发射塔、环境气象塔、排气塔、卫星或火箭发射塔等高耸结构常采用钢结构。例如，1988 年建成的高 260m 的大庆广播电视塔，其中塔架高 160m，天线桅杆高 100m（图 2-33），塔身为六边形空间桁架结构，底宽 60m，顶宽 8m；在标高 147～168m 处设有 4 层塔楼，直径 20.6m，供发射、机房、节目控制、气象、消防、环保和游览使用；钢材除平台和钢管桩为 A3F 外，采用 A3 钢，并用焊接和高强度螺栓连接。1977 年建成的北京环境气象塔，高 325m，具有 5 层纤绳桅杆结构，杆身为三角形，边宽 2.7m，如图 2-34 所示。图 2-35 为上海宝山钢铁总厂 200m 钢烟囱的支持塔架，也是塔桅结构在工业建筑上的应用例子之一。

图 2-33　大庆广播电视塔

图 2-34　北京环境气象塔

图 2-35　宝钢烟囱塔架

6. 容器和大直径管道等壳体结构

该结构应用于储液罐、储气罐、大直径输油（气）和输煤浆管道、水工压力管道、囤仓以及炉体结构等。例如，1987 年在北京建造的利蒲（Lipp）钢板筒式粮仓，高 20m，直径 8～10m，筒体由薄钢板卷边咬口连接而成，连续螺旋形咬口卷边对筒体起加劲作用，因无焊接工序，筒体制造安装简易，可由专门设备完成，如图 2-36 所示。

图 2-36　北京利蒲（Lipp）筒式粮仓

7. 移动式结构

如水工闸门、各种起重机、射电望远镜、移动式采油平台等。

8. 可拆卸、搬移的结构

如装配式活动房屋、流动式展览馆、军用桥梁等，采用钢结构特别合适。

9. 轻型结构

跨度不大且屋面轻的工业和商业房屋常采用冷弯薄壁型钢结构或小角钢、圆钢组成的轻型钢结构[6]。

复习思考题

1. 什么是混凝土？混凝土强度指标指的是什么？共分多少个等级？
2. 建筑物的基础按构造形式如何分类？
3. 建筑物按主要承重结构所用的材料分为哪几类？
4. 烟囱的分类与组成是什么？
5. 桥梁的基本组成是什么？
6. 按桥梁的基本结构体系如何分类？
7. 钢结构的特点有哪些？

第 3 章　拆除爆破技术设计

3.1　爆破设计施工、安全评估与安全监理的规定

依据《爆破安全规程》（GB 6722—2014），爆破设计施工、安全评估与安全监理有以下规定。

3.1.1　一般规定

（1）爆破设计施工、安全评估与安全监理应按 GA990 和 GA991 执行。

（2）爆破设计施工、安全评估与安全监理应由具备相应资质和从业范围的爆破作业单位承担。

（3）爆破设计施工、安全评估与安全监理负责人及主要人员应具备相应的资格和作业范围。

（4）爆破作业单位不得对本单位的设计进行安全评估，不得监理本单位施工的爆破工程。

（5）从事爆破设计施工、安全评估与安全监理的爆破作业单位，应当按照有关法律、法规和《爆破安全规程》的规定实施爆破设计施工、安全评估与安全监理，并承担相应的法律责任。

3.1.2　爆破设计施工

1. 设计依据

（1）进行爆破设计应遵守《爆破安全规程》的规定及有关行业规范、地方法规的规定，按设计委托书或合同书要求的深度和内容编写。

（2）设计单位应按设计需要提出勘测任务书。勘测任务书的内容应当包括：

①爆破对象的形态，包括爆区地形图、建（构）筑物的设计文件、图纸及现场实测、复核资料；

②爆破对象的结构与性质，包括爆区地质图、建（构）筑物配筋图；

③影响爆破效果的爆体缺陷，包括大型地质构造和建（构）筑物受损状况；

④爆破有害效应影响区域内保护物的分布图。

（3）设计人员现场踏勘调查后形成的报告书，试验工程总结报告，当地类似工程的总结报告以及现场试验、检测报告，均应作为设计依据。

（4）爆破工程施工过程中，发现地形测量结果和地质条件、拆除物结构尺寸、材质完好状态等与原设计依据不相符或环境条件有较大改变，应及时修改设计或采取补救措施。

（5）凡安全评估未通过的设计文件，应按安全评估的要求重新设计；安全评估要求修改或增加内容的，应按要求修改补充。

2. 设计文件

（1）爆破工程均应编制爆破技术设计文件。

（2）矿山深孔爆破和其他重复性爆破设计，允许采用标准技术设计。

（3）爆破实施后应根据爆破效果对爆破技术设计做出评估，构成完整的工程设计文件。

（4）爆破技术设计、标准技术设计以及设计修改补充文件，均应签字齐全并编录存档。

3. 技术设计内容

（1）爆破技术设计分说明书和图纸两部分，应包括以下内容：

①工程概况，即爆破对象、爆破环境概述及相关图纸，爆破工程的质量、工期、安全要求；

②爆破技术方案，即方案比较、选定方案的钻爆参数及相关图纸；

③起爆网路设计及起爆网路图；

④安全设计及防护、警戒图。

（2）合格的爆破设计应符合下列条件：

①设计单位的资质符合规定；

②承担设计和安全评估的主要爆破工程技术人员的资格及数量符合规定；

③设计文件通过安全评估或设计审查认为爆破设计在技术上可行、安全上可靠。

（3）复杂环境爆破技术设计应制定应对复杂环境的方法、措施及应急预案。

4. 施工组织设计

（1）施工组织设计由施工单位编写，编写负责人所持爆破工程技术人员安全作业证的等级和作业范围应与施工工程相符合。

（2）施工组织设计应依据爆破技术设计、招标文件、施工单位现场调查报告、业主委托书、招标答疑文件等进行编制。

（3）爆破工程施工组织设计应包括的内容如下：

①施工组织机构及职责；

②施工准备工作及施工平面布置图；

③施工人、材、机的安排及安全、进度、质量保证措施；

④爆炸物品管理、使用安全保障；

⑤文明施工、环境保护、预防事故的措施及应急预案。

（4）设计施工由同一爆破作业单位承担的爆破工程，允许将施工组织设计与爆破技术设计合并。

3.1.3　安全评估

（1）需经公安机关审批的爆破作业项目，提交申请前，均应进行安全评估。

（2）爆破安全评估的依据：

①国家、地方及行业相关法规和设计标准；

②安全评估单位与委托单位签订的安全评估合同；

③设计文件及设计施工单位主要人员资格材料；

④安全评估人员现场踏勘收集的资料。

（3）爆破安全评估的内容应包括：

①爆破作业单位的资质是否符合规定；

②爆破作业项目的等级是否符合规定；

③设计依据的资料是否完整；

④设计方法、设计参数是否合理；

⑤起爆网路是否可靠；

⑥设计选择方案是否可行；

⑦存在的有害效应及可能影响的范围是否全面；

⑧保证工程环境安全的措施是否可行；

⑨制定的应急预案是否适当。

（4）A、B 级爆破工程的安全评估应至少有 3 名具有相应作业级别和作业范围的持证爆破工程技术人员参加；环境十分复杂的重大爆破工程应邀请专家咨询，并在咨询专家组意见的基础上，编写爆破安全评估报告。

（5）爆破安全评估报告内容应该翔实，结论应当明确。

（6）经安全评估通过的爆破设计，施工时不得任意更改。经安全评估否定的爆破技术设计文件，应重新编写，重新评估。施工中如发现实际情况与评估时提交的资料不符，需修改原设计文件时，对重大修改部分应重新上报评估。

3.1.4　安全监理

（1）经公安机关审批的爆破作业项目，实施爆破作业时，应进行安全监理。

（2）爆破安全监理的主要内容如下：

①爆破作业单位是否按照设计方案施工；

②爆破有害效应是否控制在设计范围内；

③审验爆破作业人员的资格，制止无资格人员从事爆破作业；

④监督民用爆炸物品领取、清退制度的落实情况；

⑤监督爆破作业单位遵守国家有关标准和规范的落实情况，发现违章指挥和违章作业，有权停止其爆破作业，并向委托单位和公安机关报告。

（3）爆破安全监理单位应在详细了解安全技术规定、应急预案后认真编制监理规划和实施细则，并制定监理人员岗位职责。

（4）爆破安全监理人员应在爆炸物品领用、清退、爆破作业、爆后安全检查及盲炮处理的各环节上实行旁站监理，并做监理记录。

（5）每次爆破的技术设计均应经监理机构签认后，再组织实施。爆破工作的组织实施应与监理签认的爆破技术设计相一致。

（6）发生下列情况之一时，监理机构应当签发爆破作业暂停令：

①爆破作业严重违规经制止无效时；

②施工中出现重大安全隐患，须停止爆破作业以消除隐患时。

（7）爆破安全监理单位应定期向委托单位提交安全监理报告，工程结束时提交安全监理总结和相关监理资料[5]。

3.2　拆除爆破方案设计

爆破单位承接爆破工程项目，应在进行现场勘察、总体方案的可行性研究、签订工程合同的基础上进行具体的技术设计。

3.2.1　现场勘察

接到拆除任务后，首先要进行现场勘察，其内容包括：

（1）甲方要求，包括工程内容、质量要求、工期要求、安全要求；

（2）周边环境，包括场地条件、周边建（构）筑物、管线（地下、地面）和设施、需重点保护对象；

（3）拆除爆破对象的自身结构、材质、完好程度、薄弱环节和可能影响拆除爆破的内、外部构造；

（4）当地公安部门对拆除爆破的有关规定和要求。

3.2.2　总体方案的可行性研究

现场勘察后应进行爆破总体方案的可行性研究，其中要考虑以下几个因素：

（1）爆破方式选择，如钻孔爆破、水压爆破、聚能切割或者静态膨胀剂破碎；

（2）对预处理和钻爆的工作量、施工难度，特别是施工安全进行分析评估；

（3）对周围环境的有害影响进行预测和评估；

（4）可能发生的意外及风险费用；

（5）定出工程等级；

（6）定出工程造价及工期。

3.2.3　签订工程合同

拆除爆破合同的签订，除要符合建筑工程合同的各项要求，相关条款也要符合《爆破安全规程》（GB 6722—2014）和《民用爆炸物品安全管理条例》的相关规定。拆除爆破工程一般都需实行安全评估、施工监理和现场监测，重大工程还应实施责任保险。

3.2.4　拆除爆破技术设计

技术设计是在现场勘察的基础上，确定拆除爆破总体方案后进行的设计计算，并编制具体的爆破设计方案，其内容包括：

（1）工程概况及周边环境。包括拆除爆破的建（构）筑物的基本情况、结构特点、周围建筑及管线、相邻保护设施的情况及拆除工程的目的与要求。

（2）爆破设计方案。详细描述设计方案的思想和内容，包括爆破方式、爆破部位、倒塌方式、起爆顺序等，详细分析方案选择的依据和原则，评估所选方案的可行性。

（3）爆破参数选择。爆破参数是技术设计的基本内容，也是方案选定之后，使之付诸实践的基本参数，其内容包括炮孔布置、最小抵抗线、炮孔间（排）距和深度、药量计算、装药结构、填塞长度等。

（4）起爆网路设计。首先确定起爆方式，然后根据选用的起爆系统进行起爆网路的设计计算，并应在设计书中标明起爆器材、连接方式和起爆网路图。

（5）爆破安全及防护设计。准确地预测方案实施过程中可能产生的有害效应，并采取有效的防护措施是工程成功的关键，其内容包括：根据保护对象允许的地面质点振动速度确定最大一段起爆药量和一次爆破的总药量；预测拆除物塌落触地振动以及采取的减振、隔振措施；对于高耸构筑物，如烟囱、水塔类特别要注意，其爆破后可能产生后坐、残体滚落、前冲及二次飞溅，必须采取可靠的预防措施；对爆破飞石的防护则根据需要搭设近体防护和保护性防护，严格控制飞石在允许范围内；同时对被爆建（构）筑物采取必要的防尘、降尘措施，做好爆后及时冲洗降尘的准备工作。

（6）爆破人员及警戒方案。根据《爆破安全规程》（GB 6722—2014）的要求，爆破工程应设立现场指挥部，应由具有公安部核发的中、高级爆破工程技术人员安全作业证的技术人员担任爆破负责人，同时列出所有爆破作业人员名单，包括爆破员、保管员、押运员及安全员。

技术设计要列出周边地面布置平面图，提出警戒范围和要求，标明安全距离及警戒点布置和人员配备，并规定相应的爆破警报信号。

3.3　拆除爆破参数设计

在拆除爆破的技术设计中，正确选择爆破设计参数是一个非常重要的内容，爆破参数的选择是否恰当，将直接影响爆破效果和爆破安全。目前，在拆除爆破工程设计中，大多数爆破设计参数的选择是根据以往设计施工的经验数据，在一定范围内选取经验参数，采用经验公式进行设计计算。因此，参照类似结构和材料的拆除爆破工程实施的效果进行比较设计是十分有效的方法，有经验的爆破工程师都有这样的经历和积累。有必要时，需要进行小型爆破试验或是局部试爆，然后进行设计参数的调整和修改。

建（构）筑物拆除爆破的对象是建筑结构的构件，一般采用钻孔方法实施爆破。主要的爆破设计参数包括最小抵抗线 W、炮孔间距 a、炮孔排距 b、炮孔深度 L、爆破单位体积的用药量 q 以及单孔装药量 Q_i 等。爆破设计的几何参数主要根据结构的尺寸来确定。

3.3.1　最小抵抗线

最小抵抗线 W 是所有爆破工程设计中最基本的设计参数。在拆除爆破工程中，由于爆破的部位是建筑结构的构件，最小抵抗线的确定在大多数情况下，是由要爆破的构件的几何形状和尺寸确定的。同时，要考虑爆破体的材质、钻孔直径和要求的破碎块度大小等因素进行调整选定。在城市或厂矿车间内不同旧建（构）筑物的爆破拆除中，最小抵抗线值一般情况下均小于 1m。

爆破的构件是钢筋混凝土梁柱时，W 值就是梁柱断面中小尺寸边长的一半，即 $W=0.5B$，B 为梁柱断面短边的长度。实践经验表明，B 小于 30cm，即 W 小于 15cm 时，这种薄壁结构或梁柱的爆破飞石需要采用严密的覆盖防护才能控制。因此，薄壁结构物应考虑采用其他施工方法进行破碎。对于拱形或圆形结构物，如铁路机车转盘外围的混凝土墙、烟囱筒壁的爆破等，为使爆破部位破碎均匀，药包至两侧临空面的抵抗线不一样，药包指向外侧的最小抵抗线 W 应取（0.65～0.68）B，指向内侧的最小抵抗线应取（0.32～0.35）B，如图 3-1 所示。

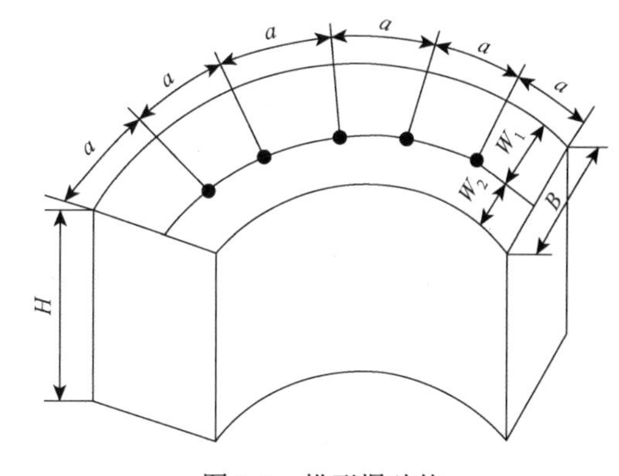

图 3-1　拱形爆破体

H 为拱形体高度；B 为拱形体的宽度；W_1 为拱形体外侧最小抵抗线；W_2 是拱形体内侧最小抵抗线；a 为炮孔间距

当爆破对象为大体积的圬工（如桥墩、桥台、建筑物或重型机械设备的混凝土基座等），最小抵抗线的选取取决于要破碎的块度尺寸，尽管爆破破碎的块度还与炮孔间距 a、排距 b 和药量分配有关。若要求爆破破碎块度不宜过大，最小抵抗线 W 可取如下值：

混凝土圬工　$W=30\sim50\text{cm}$　（3-1）

浆砌片石、料石圬工　$W=50\sim70\text{cm}$　（3-2）

钢筋混凝土墩台帽　$W=(3/4\sim4/5)H$；H 为墩台帽厚度　（3-3）

若爆破后采用机械方法清碴，W 可以选取较大值。因此，要考虑机械吊装和运载能力确定爆破破碎的块度大小或重量设计，确定 W 值。

最小抵抗线的选择原则上是在满足施工要求与安全的条件下，选用较大的 W 值。

3.3.2　炮孔间距和排距

一次爆破要通过多个炮孔的药包爆破的共同作用来实现，因此，相邻两个炮孔之间的距离 a 是个重要的爆破设计参数。在爆破大体积或大面积圬工体时，往往还需要布置多排炮孔，因此相邻两排炮孔之间的排距 b 也是一个重要设计参数，a 和 b 值的选择是否合理，对爆破效果和炸药能量的充分利用有直接影响。

根据一定埋深情况下装药爆破的破坏影响范围、爆破破碎作用的几何相似率，合适的炮孔间距可以获得两个药包共同作用的最佳破碎效果。炮孔间距 a 与最小

抵抗线 W 成正比变化，其比值 $m = a/W$ 称为密集系数。它随 W 的大小、爆破体材质和强度、结构类型、起爆方法和顺序、爆破后要求的破碎块度、要求保留部分的平整程度等因素而变化。

当 $m<1$，即 $a<W$ 时，炮孔间距过小时，爆破后破裂面会沿炮孔连线方向裂开，容易形成大块。因此，只有在要求切割出整齐轮廓线的光面爆破中，才选取 a 小于 W。

为了获得好的爆破破碎拆除效果，一般均应取 a 大于 W。在满足施工要求和爆破安全的条件下，应力求选用较大的 m 值。因为比值 m 越大，钻孔工作量越少。实践表明，对各种不同建筑材料和结构物，可以采用下列公式计算炮孔间距：

混凝土圬工　$a = (1.0\sim1.3)W$　（3-4）

钢筋混凝土结构　$a = (1.2\sim2.0)W$　（3-5）

浆砌片石或料石　$a = (1.0\sim1.5)W$　（3-6）

浆砌砖墙　$a = (1.2\sim2.0)W$，W 为墙体厚度的一半　（3-7）

混凝土地坪切割　$a = (2.0\sim2.5)W$，W 等于炮眼深度 l　（3-8）

预裂切割爆破　$a = (8\sim12)d$，d 为炮孔直径　（3-9）

上述公式中，a 值的上下限取值要根据建筑材料的质量和 W 值的大小变化。一般情况下，材质差的，抵抗线大时取大值；材质好的，抵抗线小时取小值。混凝土地坪破碎爆破，如机场跑道的拆除，由于是垂直地面钻孔，钻孔深度就是药包的最小抵抗线。若是超强（多层）配筋的钢筋混凝土结构物，如地下工事的顶板拆除，其 a 值将比上述取值的下限还要小。因此，上述公式的取值范围需要使用者通过现场试验爆破进行调整。

混凝土切割爆破时，残留的混凝土要不被破坏，这时需要采用较密布孔的分离切割爆破，考虑切割面平整度的要求和混凝土的强度，一般取

$$a = (0.5\sim0.8)W \tag{3-10}$$

还可以用上述公式按预裂爆破设计参数计算炮孔间距 a，进行设计校核。

多排炮孔一次起爆时，排距 b 应略小于炮孔间距 a。根据材质情况和对破碎块度的要求，可取

$$b = (0.6\sim0.9)a \tag{3-11}$$

3.3.3 炮孔直径和炮孔深度

在拆除爆破工程施工中，炮孔直径 d 是由钎头直径决定的，拆除爆破使用的钎头直径一般为 36mm、38mm、40mm、42mm、44mm 不等，因此炮孔直径 d 多采用 38～42mm。

炮孔深度 L 也是影响拆除爆破效果的一个重要参数。合理的炮孔深度可避

免出现冲炮或坐炮，使炸药能量得到充分利用，获得良好的爆破效果。设计的炮孔深度原则上应大于最小抵抗线 W 的长度，同时应尽可能避免钻孔方向与药包的最小抵抗线方向重合。炮孔装药后的堵塞长度 L_1，要大于或等于最小抵抗线 W。

$$L_1 \geqslant (1.0 \sim 1.2)W \tag{3-12}$$

实践表明，炮孔深的爆破效果好，炮孔利用率高，爆破破碎方量大，还可缩短每延米的平均钻孔时间，从而加快施工进度和节省费用。但炮孔深度的确定受爆破体的几何形状的约束，不可能任意加深。原则上应尽可能设计深度大的炮孔，如拟爆破的是柱梁，应从柱梁的短边钻进。但是，建筑结构的梁柱的短边，往往是承受抗弯强度的地方，钢筋配比量大，有的钢筋密集到无法钻进，这时不得不从梁柱的长边钻进，这时炮孔的深度就不能太深。

一般说来，在拆除爆破施工中，为便于钻孔、装药及填塞操作的顺利进行，炮孔深度 L 不宜超过 2m。

炮孔深度 L 与爆破体的长、宽和高度 H 有关，在确保炮孔深度 $L>W$ 的前提下，当爆破体底部有临空面时，取

$$L = (0.5 \sim 0.65)H \tag{3-13}$$

底部无临空面时，取

$$L = (0.7 \sim 0.8)H \tag{3-14}$$

孔底留下的厚度应等于或略小于侧向抵抗线，这样才能保证下部的破碎，又能防止爆炸气体从孔底冲出，产生坐炮，使爆破体侧面和上部得不到充分破碎。

3.3.4　单位炸药消耗量

单位炸药消耗量 q 是爆破每立方米或每吨介质的炸药消耗量，单位为 kg/m^3 或 kg/t。同样它也是拆除爆破设计中的一个重要参数。单位炸药消耗量大，炸得破碎，碎片也容易抛得远。因为爆破对象多种多样，材质不同，爆破要求的目的不同，所以单位炸药消耗量的选择要十分谨慎。选择不合适不仅影响爆破效果，有时还会产生爆破事故。用药量大，过远的飞石会造成伤害；装药少了，炸不开，要爆破的建筑物不倒，成为新的危楼。

在拆除爆破工程中，除了大体积圬工构筑物爆破时炮孔比较深，大多数都用比较浅的炮孔爆破。浅孔爆破由于堵塞长度小，炸药爆破的能量利用率低，为了达到工程要求的破碎度，不得不增加用药量。但是炮孔长度有限，增加了装药量的长度，堵塞长度就更少了，就会有更多的能量不能用于破碎。因此在爆破体材质及强度一样时，为获得同样的破碎度，随着爆破对象的几何尺寸不同，单位炸药消耗量是随最小抵抗线和炮孔深度而变化的。一般情况下，抵抗线大，炮孔深

度也大时，可以选用较小的单位炸药消耗量 q 值。若抵抗线小，炮孔浅，单位炸药消耗量 q 值就要取大值。

选择确定单位炸药消耗量，可以采用的方法有以下几种。

1）查表法

根据爆破体的材质、强度、最小抵抗线、临空面条件等，按表 3-1 和表 3-2[7] 选取单位炸药消耗量 q。为了进一步验证该值的准确性，可对欲爆破部位所有炮孔的计算药量进行累计，求出爆破的总药量 $\sum Q_i$，总药量 $\sum Q_i$ 和相应炮孔爆破部位的体积 V 之比（$\sum Q_i / V$）称为总体积炸药消耗量或平均单耗。对比 $\sum Q_i / V$ 和初步选取的 q 值的大小，如果二者相近，说明所选 q 值得当。

2）工程类比法

在工程地质条件、爆破方法、爆破参数等相近的条件下，选取类似工程的单位炸药消耗量作为参考，然后根据查表法介绍的步骤再做进一步的验证。

3）试爆法

在重要的拆除爆破工程中，尤其是对爆破体的材质和原施工质量不清楚的情况下，要根据小范围的局部试爆来决定单位炸药消耗量（q）值。

表 3-1　单位炸药消耗量（q）及平均单耗（$\sum Q_i / V$）

爆破对象		W/cm	q/(g/m^3)			$\sum Q_i / V$ /(g/m^3)
			一个临空面	两个临空面	多个临空面	
混凝土圬工强度较低		35～50	150～180	120～150	100～120	90～110
混凝土圬工强度较高		35～50	180～220	150～180	120～150	110～140
混凝土桥墩及桥台		40～60	250～300	200～250	150～200	150～200
混凝土公路路面		45～50	300～360			220～280
钢筋混凝土桥墩台帽		35～40	440～500	360～440		280～360
钢筋混凝土铁路桥板梁		30～40		480～550	400～480	400～480
浆砌片石或料石		50～70	400～500	300～400		240～300
钻孔桩桩头	ϕ1.0m	50			250～280	80～100
	ϕ0.8m	40			300～340	100～120
	ϕ0.6m	30			530～580	160～180
浆砌砖墙	厚约 37cm	18.5	1200～1400	1000～1200		850～1000
	厚约 50cm	25.0	950～1100	800～950		700～800
	厚约 63cm	31.5	700～800	600～700		500～600
	厚约 75cm	37.5	500～600	400～500		330～430
混凝土大块二次爆破	体积 = 0.08～0.15m^3				180～250	130～180
	体积 = 0.16～0.4m^3				120～150	80～100
	体积 > 0.4m^3				80～100	50～70

表 3-2　钢筋混凝土梁柱单位炸药消耗量（q）及平均单耗（$\sum Q_i / V$）

W/cm	q/(g/m^3)	$\sum Q_i / V$ /(g/m^3)	布筋情况	爆破效果	防护等级
10	1150～1300	1100～1250	正常布筋	混凝土破碎、疏松、与钢筋分离，部分碎块溢出钢筋笼	II
	1400～1500	1350～1450	单箍筋	混凝土粉碎。脱离钢筋笼，箍筋拉断，主筋膨胀	I
15	500～560	480～540	正常布筋	混凝土破碎、疏松、与钢筋分离，部分碎块溢出钢筋笼	II
	650～740	600～680	单箍筋	混凝土粉碎。脱离钢筋笼，箍筋拉断，主筋膨胀	I
20	380～420	360～400	正常布筋	混凝土破碎、疏松、与钢筋分离，部分碎块溢出钢筋笼	II
	420～460	400～440	单箍筋	混凝土粉碎。脱离钢筋笼，箍筋拉断，主筋膨胀	I
30	300～340	280～320	正常布筋	混凝土破碎、疏松、与钢筋分离，部分碎块溢出钢筋笼	II
	350～380	330～360	单箍筋	混凝土粉碎。脱离钢筋笼，箍筋拉断，主筋膨胀	I
	380～400	360～380	布筋较密	混凝土破碎、疏松、与钢筋分离，部分碎块溢出钢筋笼	II
	460～480	440～460	双箍筋	混凝土粉碎。脱离钢筋笼，箍筋拉断，主筋膨胀	I
40	260～280	240～260	正常布筋	混凝土破碎、疏松、与钢筋分离，部分碎块溢出钢筋笼	II
	290～320	270～300	单箍筋	混凝土粉碎。脱离钢筋笼，箍筋拉断，主筋膨胀	I
	350～370	330～350	布筋较密	混凝土破碎、疏松、与钢筋分离，部分碎块溢出钢筋笼	II
	420～440	400～420	双箍筋	混凝土粉碎。脱离钢筋笼，箍筋拉断，主筋膨胀	I
50	220～240	200～220	正常布筋	混凝土破碎、疏松、与钢筋分离，部分碎块溢出钢筋笼	II
	250～280	230～260	单箍筋	混凝土粉碎。脱离钢筋笼，箍筋拉断，主筋膨胀	I
	320～340	300～320	布筋较密	混凝土破碎、疏松、与钢筋分离，部分碎块溢出钢筋笼	II
	380～400	360～380	双箍筋	混凝土粉碎。脱离钢筋笼，箍筋拉断，主筋膨胀	I

3.4　炮孔布置与分层装药

3.4.1　炮孔布置

合理地设计炮孔方向和布置炮孔对保证拆除爆破效果至关重要。炮孔布置要考虑多种因素的影响，诸如爆破体的材质、几何形状和尺寸、结构物的类型、施工条件等。

一般说来，考虑爆破体临空面的状况，炮孔方向分为垂直炮孔、水平炮孔和倾斜炮孔三种。当爆破对象有水平临空面时，一般采用垂直向炮孔，因为钻孔作业效率高、劳动作业强度低，钻孔质量容易保证。有的地坪基础拆除爆破工程，由于基础的厚度方向有限，为了增加有效的炮孔长度和填塞长度，提高炸药爆破的能量利用率，可以选择倾斜炮孔，如机场跑道的拆除。倾斜炮孔的方向可以采用固定的或可变的角度支架进行控制。如果爆破对象是柱和墙体，只能选择垂直于柱和墙面进行钻孔，这时就不得不进行水平向钻孔。水平向钻孔劳动强度大，需要用支架来控制钻机的凿进方向。倾斜炮孔和水平向钻孔方向的偏离将会影响爆破效果。如果相邻两个炮孔底端接近，其间距小于设计的炮孔间距，将使局部的单位炸药消耗量变大，单位炸药消耗量过大容易造成飞石。如果相邻两个炮孔底端相距过大，其间距大于设计的炮孔间距，将使局部的单位炸药消耗量变小，爆破效果差。因此在施工条件允许时应尽可能设计垂直炮孔。

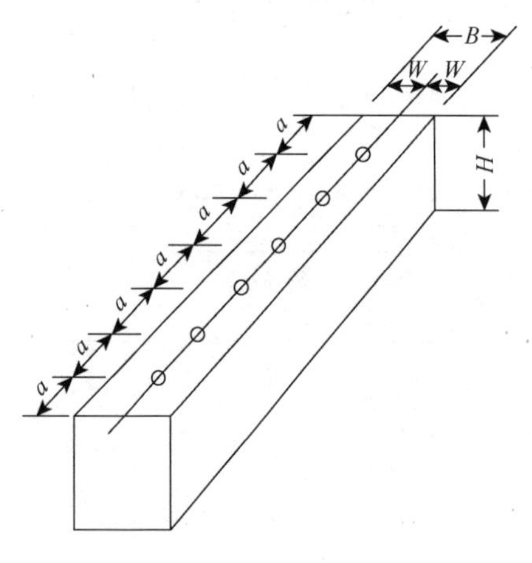

图 3-2　梁柱体炮孔布置

炮孔布置的原则应是力求炮孔排列规则与整齐，使药包均匀地分布于爆破体中，以保证爆破后破碎的块度均匀或切割面平整。

在爆破梁柱体或是小断面尺寸的基座时，一般在结构物的中线上布置一排炮孔，如图 3-2 所示，如果尺寸大（大于或等于 70cm），可以布置两排孔，两排炮孔可以平行布置，也可以交错布置。

在进行切割爆破时，为防止损伤保留部分的边角，可在邻近爆破体的边缘处布置 1～2 个不装药的炮孔，也称导向孔，如图 3-3 和图 3-4 所示，有利于切割面沿预定的方向形成。导向孔距爆破体边缘和主炮孔（即装药炮孔）的距离要小于设计的炮孔间距 a，其值可控制在（1/3～1/4）a 范围内。相邻导向孔之间的距离可控制在（1/2～1/3）a 范围内。

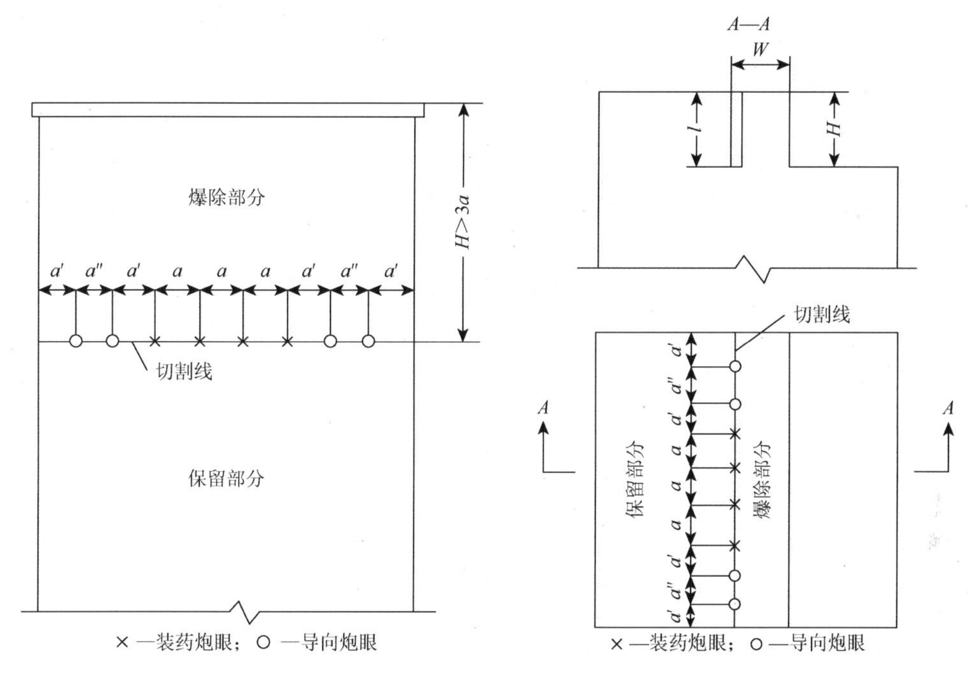

图 3-3　预裂切割爆破孔布置

图 3-4　光面切割爆破孔布置

当大体积或大面积的圬工体要求全部爆破拆除时，需要布置多排炮孔，前后排间或上下排间的炮孔可布置成方形或三角形（梅花形）排列，三角形交错布孔方式有利于炮孔间的介质充分破碎，如图 3-5 所示。为满足爆破振动安全设计要求，可采用微差延期起爆技术，逐排分段起爆。

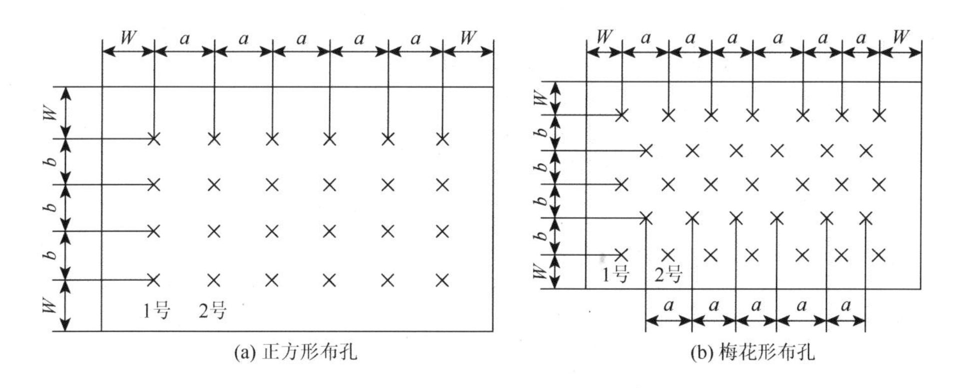

图 3-5　多排炮孔平面布置

3.4.2 分层装药

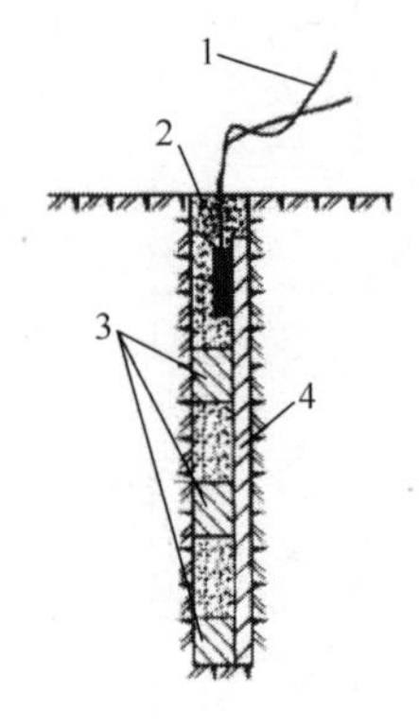

图 3-6 分层装药

1 为雷管脚线；2 为炮泥；3 为药包；4 为导爆索

当炮孔深度 $l \geqslant 1.5W$ 时，应设计分层装药，如深度比较大的墙体的钻孔爆破、梁体减弱爆破解体等。分层装药设计是将计算出的单孔装药量 Q_i 分成两个或两个以上的药包。分层药包的分配原则是：两层装药时，上层药包为 $0.4Q_i$，下层药包为 $0.6Q_i$；三层装药时，上层药包为 $0.25Q_i$，中层药包为 $0.35Q_i$，下层药包为 $0.4Q_i$。

设计分层装药时，最上层药包的堵塞长度不小于最小抵抗线，或等于炮孔间距。

分层药包的起爆可以在每个药包中安装起爆雷管，如有导爆索时，可将各个分层药包按设计的间距绑扎在相应长度的导爆索上，采用预裂爆破的装药结构，如图 3-6 所示。

3.5 拆除爆破装药量计算

3.5.1 爆破破碎的药量计算

拆除爆破设计中，药量的计算大多基于经验公式，即单孔装药量与爆破体积 V 成正比，即

$$Q_i = qV \tag{3-15}$$

式中，Q_i 为单孔装药量，kg；V 为单孔负担体积，m^3；q 为单位炸药消耗量，kg/m^3。

q 值选取主要取决于被爆体材质的强度和要求的破碎程度，此外还需考虑临空面、爆破器材的性能以及填塞质量等因素。因此，q 值的选取可以参照表 3-1 和表 3-2。但准确值最好取自现场试爆。

其他不同结构条件下的单孔装药量 Q_i 的药量计算公式还有以下形式：

$$Q_i = qWaH \tag{3-16}$$

$$Q_i = qabH \tag{3-17}$$

$$Q_i = qBaH \tag{3-18}$$

$$Q_i = qW^2L \tag{3-19}$$

式中，B 为爆破体的宽度或厚度，m，$B = 2W$；H 为爆破体的高度，m；L 为炮孔深度，m；q 为单位炸药消耗量，kg/m^3。

其中，式（3-17）适用于多排布孔时中间各排炮孔的药量计算，这些炮孔只

有一个临空面；式（3-18）适用于爆破体较薄，只在中间布置一排炮孔时的药量计算；式（3-19）适用于钻孔桩头爆破的药量计算，在桩头中心向下钻一个垂直炮孔，桩头爆破是多面临空条件下的爆破，式中的 W 为桩头半径。

3.5.2　爆破切割的药量计算

混凝土切割爆破可以采用式（3-16）进行药量计算。对混凝土结构物要进行部分切除（图 3-4），可以布置一排密孔，炮孔间距小于最小抵抗线，式（3-16）中的 H 是要切割的厚度。混凝土切割爆破单位用药量 q 可参照表 3-3 选取。

表 3-3　混凝土切割爆破单位用药量 q

材质情况	临空面	W/cm	q/(g/m^3)	$\frac{\sum Q_i}{V}$/(g/m^3)
强度较低的混凝土	2	50～60	100～120	80～100
强度较高的混凝土	2	50～60	120～140	100～120

若要对大体积或大面积的混凝土结构物进行分离破碎，也可以类似岩石介质采用预裂爆破的方法先进行切割分离，这时炮孔装药量可按下式计算：

$$Q_i = q_1 aB \tag{3-20}$$

式中，B 为预裂部位的厚度或宽度，m；q_1 为预裂面单位面积炸药消耗量，g/m^2。q_1 可根据材质情况参照表 3-4 选取，表中 $\sum Q_i / S$ 为预裂面单位面积的平均炸药用药量。

表 3-4　混凝土预裂爆破单位面积用药量 q_1

材质情况	W/cm	q_1/(g/m^2)	$\frac{\sum Q_i}{S}$/(g/m^2)
强度较低的混凝土	40～50	50～60	40～50
强度较高的混凝土	40～50	60～70	50～60
厚 20～30cm 的混凝土地坪	30～60	100～150	

3.5.3　水压爆破拆除的药量计算

圆筒形的水池或罐体是采用水压爆破拆除的典型结构物。圆筒形的水池或罐体是轴对称结构，将水池或罐体充满水，装药设置在轴对称中心线一定水深的位置，装药爆炸产生的冲击波通过水传递到筒壁，当筒壁受到的冲击波的冲量大于筒壁的极限破坏强度时，则水池或罐体结构发生破坏。

1. 冲量准则公式

工程实践表明，冲量准则公式是使用最多的药量计算公式，而且爆破结果与设计之间的符合程度比较高。

冲量准则公式是利用薄壁圆筒的弹性理论，把水压爆破产生的水中冲击波看成是冲量作用的结果，同时应用结构物在等效静载作用下产生的位移与在冲量作用下产生的位移相同的原理，得出的药量计算公式。它通常适用于薄壁容器结构（$\delta / R \leqslant 0.1$），其结果比较符合实际。

冲量准则基本公式如下：

$$Q = K\delta^{1.6}R^{1.4} \tag{3-21}$$

式中，Q 为药包重量，kg；K 为药量系数，一般情况下，根据爆破对象、材料和要求的破碎程度等，取 $K=2.5 \sim 10$，对钢筋混凝土结构，取 $K \geqslant 4$；R 为圆筒形容器通过药包中心的截面内半径，m；δ 为圆筒形容器壁厚，m。

简化的冲量准则公式为

$$Q = K(K_2\hat{\delta})^{1.6}\hat{R}^{1.4} \tag{3-22}$$

式中，K 为与结构物材质、强度、破碎程度、碎块飞掷距离等有关的系数。对一般混凝土或砖石结构，视要求破碎程度取 $K=1 \sim 3$。对钢筋混凝土，视要求的破碎程度和碎块飞散距离选取：混凝土局部破裂，未脱离，基本无飞石，$K=2 \sim 3$；混凝土破碎，部分脱离钢筋，碎块飞散 20m 以内，$K=4 \sim 5$；混凝土被炸飞，主筋被炸断，碎块飞散距离为 20～40m，$K=6 \sim 12$。K_2 为与结构物内半径 $\hat{R}$ 和壁厚 $\hat{\delta}$ 的比值有关的坚固性系数，当为薄壁时 $(\hat{\delta}/\hat{R} \leqslant 0.1)$，$K_2=1$；其余情况 $K_2 = 0.94 + 0.7(\hat{\delta}/\hat{R})$，$\hat{\delta}/\hat{R}$ 越大，则表示壁越厚或膛越小，结构物越坚固。

对于非圆筒形结构物，采用等效内径和厚度的概念，令

$$\hat{R} = (S_R/\pi)^{1/2} \tag{3-23}$$

$$\hat{\delta} = \hat{R}\left[\left(1+\frac{S_\delta}{S_R}\right)^{1/2} - 1\right] \tag{3-24}$$

式中，$\hat{R}$ 和 $\hat{\delta}$ 分别是等效内径和等效壁厚，m；S_R 为通过药包中心结构物内空间的水平截面积，m^2；S_δ 为通过药包中心结构物壁体的水平截面积，m^2。

2. 考虑注水体积和材料强度的药量计算公式

$$Q = K_a\sigma\delta V^{2/3} \quad （单个药包） \tag{3-25}$$

$$Q = K_a \sigma \delta V^{2/3}\left(1+\frac{n-1}{6}\right) \quad （多个药包） \tag{3-26}$$

式中，Q 为总装药量，kg；V 为注水体积，m^3；n 为药包个数；σ 为构筑物结构材料的抗拉强度，MPa，混凝土结构材料的抗拉强度列于表3-5；δ 为容器形构筑物壁厚，m；K_a 为装药系数，使用2号岩石硝酸铵类炸药时，采用敞口式爆破 $K_a = 1$，封口式爆破 $K_a = 0.8$。

表3-5　混凝土结构材料的抗拉强度　（单位：MPa）

混凝土强度等级	抗拉强度	混凝土强度等级	抗拉强度
C7	0.5	C25	1.9
C10	0.8	C30	2.1
C15	1.2	C40	2.5
C20	1.6		

3. 考虑结构物截面面积的药量计算公式

1）钢筋混凝土水槽的药量计算公式

$$Q = fS \tag{3-27}$$

式中，Q 为装药量，kg；S 为通过装药中心平面的槽壁断面积，m^2，若槽壁较薄，槽壁断面积小于槽壁内水的断面积时，取壁内水的水平断面积；f 为爆破系数，即单位面积炸药消耗量，kg/m^2，对于混凝土，$f = 0.25 \sim 0.3$，对于钢筋混凝土，$f = 0.3 \sim 0.35$，群药包装药时，$f = 0.15 \sim 0.25$。

2）截面较大的结构物的装药量计算公式

$$Q = K_c K_e S \tag{3-28}$$

式中，K_c 为单位爆破面积用药量，kg/m^2，对于混凝土，$K_c = 0.2 \sim 0.25$，对于钢筋混凝土，$K_c = 0.3 \sim 0.35$，对于砖，$K_c = 0.18 \sim 0.24$；K_e 为炸药换算系数，黑梯炸药为1.0，铵梯炸药为1.1，铵油炸药为1.15；S 为通过药包中心的结构物周壁的水平截面面积，m^2。

3）切割小截面结构物（如管子）的装药量计算公式

$$Q = C\pi D\delta \tag{3-29}$$

式中，D 为管子的外径，cm；δ 为管壁厚度，cm；π 为圆周率；C 为装药系数，敞口式爆破 $C = 0.044 \sim 0.05 g/cm^2$，封口式爆破 $C = 0.022 \sim 0.03 g/cm^2$。

4. 考虑结构物形状尺寸的药量计算公式

1）短筒形结构物药量计算公式

$$Q = K_b K_c K_e \delta B^2 \tag{3-30}$$

式中，K_b为与爆破方式有关的系数，封闭式爆破取$K_b = 0.7 \sim 1.0$，敞口式爆破取$K_b = 0.9 \sim 1.2$；K_c为与材质有关的用药系数，爆破每立方米结构物所需药量：砖结构$K_c = 0.15 \sim 0.25$，混凝土结构$K_c = 0.2 \sim 0.4$，钢筋混凝土结构$K_c = 0.5 \sim 1.0$，用下限碎块飞散可控制在10m以内，取上限可达20m左右；K_e为炸药换算系数，2号岩石硝酸铵类炸药为1.0，黑梯炸药为1.0，铵油炸药为1.15；δ为结构物的壁厚，m；B为结构物的内直径或边长，若截面为矩形则为短边长，m。

适用范围：$\delta < B/2$，$B \leqslant 3\text{m}$。

2）长筒形结构物药量计算公式

$$Q = K_b K_c K_d K_e \delta B L \tag{3-31}$$

式中，K_d为结构调整系数，对于矩形截面$K_d = 0.85 \sim 1.0$，圆形和正方形截面$K_d = 1.0$；L为结构物的高度，m；K_b、K_c、K_e、B的含义同式（3-30）。

适用范围：$\delta < B/2$，$B \geqslant 1\text{m}$。

3）不等壁非圆形容器药量计算公式

$$Q = K_b K_c K_e V \tag{3-32}$$

式中，V为被爆体的结构体积，m^3；K_b、K_c、K_e的意义同前。

另外，还有根据能量原理结合量纲分析而提出的能量准则公式和考虑到薄壳型结构特点而提出的壳体理论公式。

式（3-25）～式（3-32）均属于经验公式，其中式（3-25）和式（3-26）以注水体积和介质的抗拉强度作为计算药量的自变量；式（3-27）～式（3-29）以爆破体的横截面积作为计算药量的自变量；式（3-30）～式（3-32）则以爆破体的体积作为计算药量的自变量。这些经验公式是在特定条件下通过大量实践提出的，虽然具有一定局限性，但是只要满足使用条件，这类公式还是简便可行的。

3.6　拆除爆破网路设计

拆除爆破起爆网路的特点是雷管数量多，起爆时差要求准确。一座大型建筑物的爆破拆除需要布置多个炮孔进行爆破，有的多达数千甚至上万个药包。要确保每个雷管能安全准爆，爆破网路设计和施工质量十分重要。为此，拆除爆破起爆网路设计一般采用电起爆网路和非电导爆管起爆网路。拆除爆破禁止采用导火索起爆，也不采用导爆索起爆方法，因为导爆索传爆会有大量炸药在空中爆炸，空气冲击波对周围环境的危害和干扰大。

3.6.1　电起爆网路

拆除爆破采用电力起爆系统要严格按设计网路施工，校核起爆电源的输出功率，确保流经每个雷管的电流强度大于《爆破安全规程》的要求和工程设计值，拆除爆破工程多采用起爆器作为起爆电源。

1. 电起爆网路的连接形式

电起爆网路的连接形式分为串联、并联、混联三种。混联又分为串并联、并串联等多种形式。图3-7～图3-10分别为各种连接形式。

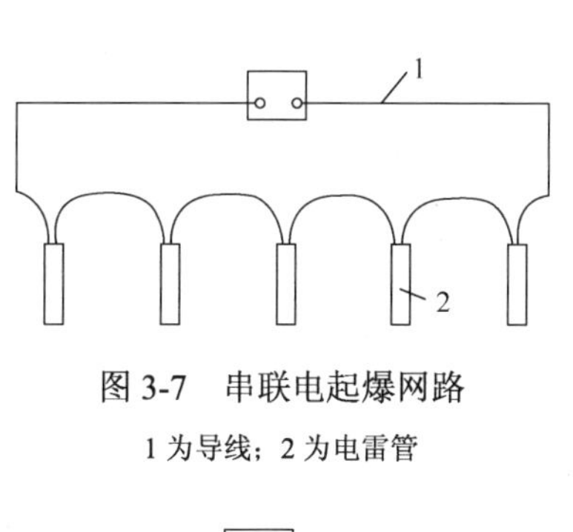

图3-7　串联电起爆网路

1为导线；2为电雷管

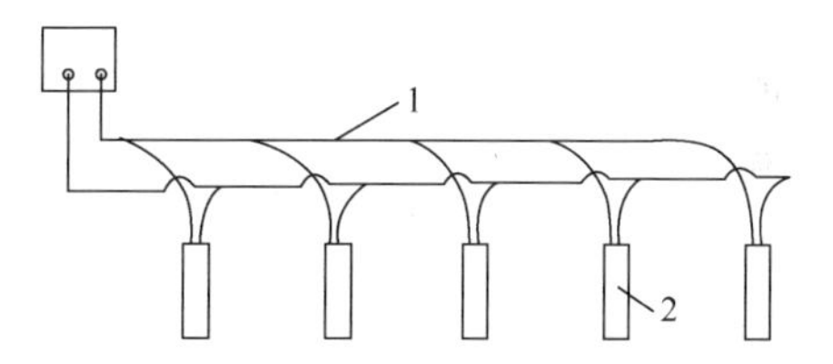

图3-8　并联电起爆网路

1为导线；2为电雷管

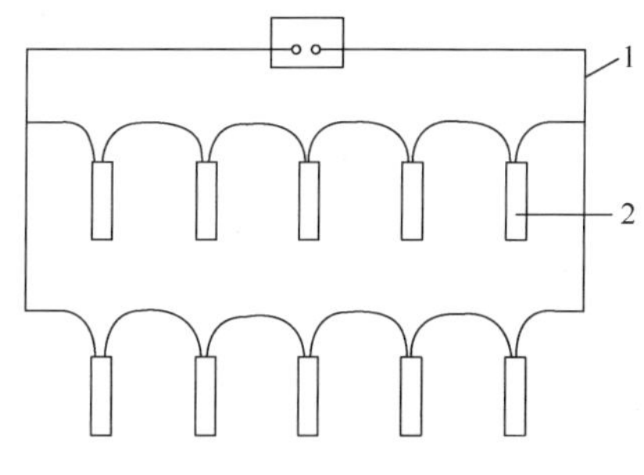

图3-9　串并联电起爆网路

1为导线；2为电雷管

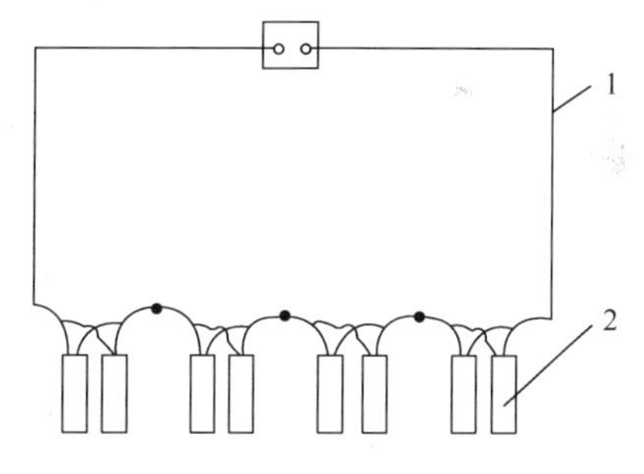

图3-10　并串联电起爆网路

1为导线；2为电雷管

2. 电起爆网路的计算

1）串联

串联是将电雷管一个接一个成串地连接起来，再与电源相连接的方法，如图3-7所示。其优点是连线简单，操作容易；所需总电流少；电线消耗量小。缺点是网路中若有一个电雷管断路，会使整个网路断路，产生拒爆。

电起爆网路总电阻为

$$R = R_{\mathrm{m}} + nr \tag{3-33}$$

式中，R 为电起爆网路总电阻，Ω；R_m 为导线电阻，Ω；r 为雷管电阻，Ω；n 为串联电雷管数目。

电起爆网路总电流为

$$I = \frac{U}{R} = \frac{U}{R_m + nr} \tag{3-34}$$

式中，U 为电源电压，V。

通过每个雷管的电流必须满足下列条件：

$$i = I = \frac{U}{R_m + nr} \geqslant i_0 \tag{3-35}$$

式中，i_0 为每个电雷管的准爆电流，A。

2）并联

并联是将所有电雷管的两条脚线分别连在两条线上，然后再与电源相连接的方法，如图 3-8 所示。其优点是不会因为其中一个雷管断路而引起雷管拒爆。缺点是电起爆网路总电流大，连接线消耗量多，检查时漏接一个雷管不易发现。

电起爆网路总电阻为

$$R = R_m + \frac{r}{m} \tag{3-36}$$

式中，m 为并联电雷管数；其他符号意义同前。

电起爆网路总电流为

$$I = \frac{U}{R} = \frac{U}{R_m + \frac{r}{m}} \tag{3-37}$$

通过每个雷管的电流 i 必须满足下列条件：

$$i = \frac{I}{m} = \frac{U}{mR_m + r} \geqslant i_0 \tag{3-38}$$

3）混联

混联又分为串并联和并串联。串并联是将若干个电雷管串联成组，然后再将若干串组又并联在两根导线上，再与电源连接，如图 3-9 所示。并串联一般是在每个炮孔中装两个电雷管且并联，再将所有炮孔中的并联雷管组串联，最后通过导线与电源连接，如图 3-10 所示。

电起爆网路总电阻为

$$R = \frac{nr}{m} + R_m \tag{3-39}$$

电起爆网路总电流为

$$I=\frac{U}{\frac{nr}{m}+R_m} \tag{3-40}$$

通过每个雷管的电流为

$$i=\frac{I}{m}=\frac{U}{nr+mR_m} \tag{3-41}$$

式中，n 为组内串联的电雷管个数或串联的组数；m 为组内并联的电雷管个数或并联的组数。

目前，电起爆网路由于易受杂散电流、静电、感应电、射频电和雷电等外来电流的干扰以及连线比较复杂，故在拆除爆破中，只用于雷管数目相对较少的情况，或者用于激发导爆管起爆网路，组成以导爆管起爆网路为主，电力起爆网路为辅的混合起爆网路。

3. 数码电子雷管起爆网路

数码电子雷管起爆系统基本上由三部分组成：数码电子雷管、编码器和起爆器。

（1）数码电子雷管（PBS）。在生产过程中，在线计算机为每发雷管分配一个识别（ID）码，打印在雷管的标签上并存入产品原始电子档案。ID 码是雷管上可以见到的唯一标志，使用时由编码器对其予以识别。依据 ID 码，电子雷管计算机管理系统可以对每发雷管实施全程管理，直到完成起爆使命，其结构示意图如图 3-11 所示。

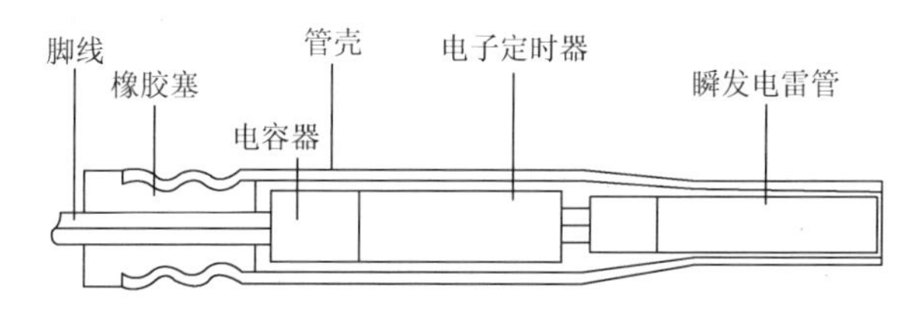

图 3-11　数码电子雷管结构示意图

（2）编码器。编码器的功能是在爆破现场对每发雷管设定所需的延期时间。操作方法是：首先，将雷管脚线接到编码器上，编码器立即读出该发雷管的 ID 码；然后，爆破技术人员按设计要求，用编码器向该发雷管发送并设定所需的延期时间。

（3）起爆器。起爆器的作用是控制整个爆破网路编程与触发起爆。起爆器的控制逻辑比编码器高一个级别，即起爆器能够触发编码器，起爆网路编程与触发起爆所必需的程序命令均设置于起爆器内。一只起爆器可以管理 8 只编码器。每只编码器回路最大长度为 2000m，起爆器与编码器之间的最大起爆线长度为 1000m。数码电子雷管起爆网路示意图如图 3-12 所示。

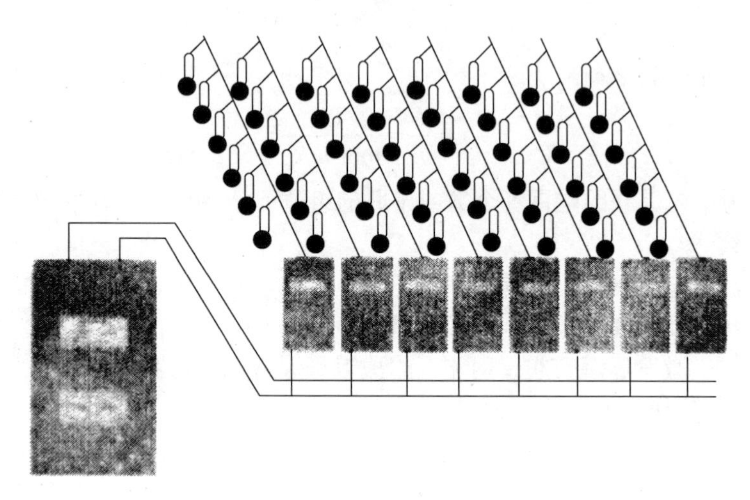

图 3-12　数码电子雷管起爆网路示意图

起爆器通过双绞线与编码器连接，编码器置于距爆区较近的位置，爆破技术人员在安全地带对起爆器进行编程。起爆时，起爆器会自动识别连接的编码器，首先将它们从休眠状态唤醒，然后分别对各个编码器及编码器回路的雷管进行检查。起爆器从编码器上读取整个网路中的雷管数据，再次检查整个起爆网路，起爆器可以检查出每只雷管可能出现的错误，如雷管脚线短路、雷管与编码器连接正常与否。起爆器将检测出的网路错误存入文件并打印出来，帮助爆破技术人员找出错误原因和发生错误的位置[3]。

3.6.2　非电起爆网路

导爆管起爆网路是以塑料导爆管为主体的非电起爆网路。其优点是操作简单，使用安全、可靠；能抗雷电、杂散电流、交变感应电和射频感应电；可以实现毫秒延期、半秒延期或秒延期起爆，并且起爆段数和炮孔数不受雷管段数限制；导爆管运输安全。缺点是不能用仪表检测网路的连接质量；延期段数过多，采用孔外延期网路时易被爆破振动、空气冲击波和个别飞散物破坏。

非电导爆管起爆网路起爆量大，网路连接施工方便，目前在拆除爆破工程中用得最多。非电导爆管起爆网路连接多采用束（簇）接和四通连接的方法。大型起爆网路设计采用复式交叉的起爆网路。非电导爆管起爆网路的起爆点火可以采用电力起爆或导爆管击发点火方法，两种方法都可以实现准时起爆[3]。

1. 导爆管起爆网路的组成

导爆管起爆网路由塑料导爆管、导爆管雷管、起爆元件和连接元件组成。

2. 导爆管起爆网路的连接形式

1）簇联法和并簇联法

簇联法将各药包的导爆管汇集在一处，再与起爆元件相连，也称“一把抓”，如图 3-13 所示。如果炮孔数量较多，可把若干个炮孔的导爆管用“一把抓”的方法构成一小束。每一小束导爆管均匀地捆绑在传管雷管（一个或两个）四周，构成一中束。以此类推，也称并簇联法，如图 3-14 所示。

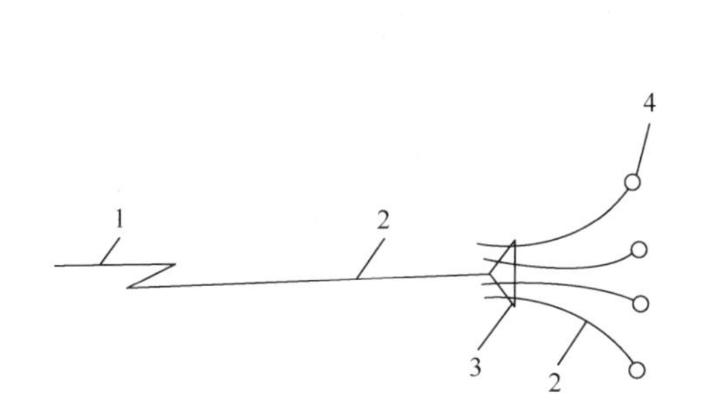

图 3-13　簇联法

1-主线；2-支线；3-连接块；4-雷管

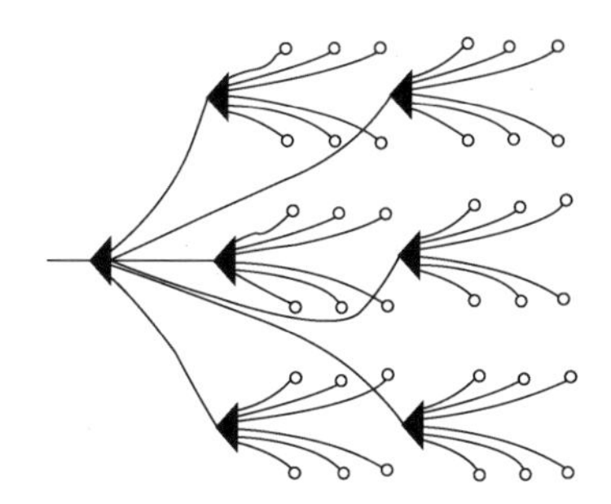

图 3-14　并簇联法

2）串联法

串联法是把各起爆元件依次串联在传爆雷管上，每个传爆雷管的爆炸完全可以击发与其连接的分支导爆管，如图 3-15 所示。串联时，利用雷管延期时间的累加性，构成网路分段起爆的基础。同段导爆管雷管的串联，累加组成等时间差起爆；不同段导爆管雷管的串联，累加组成不等时间差起爆。

3）并串联法

并串联法是将若干簇联束串联在一起组成的复合网路，如图 3-16 所示。这是工程中常用的一种起爆网路。

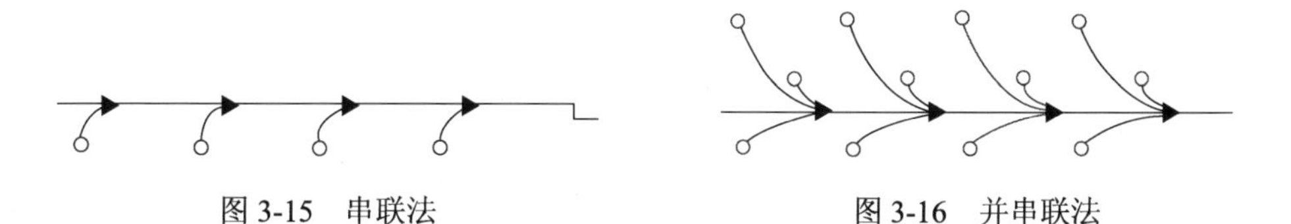

图 3-15　串联法

图 3-16　并串联法

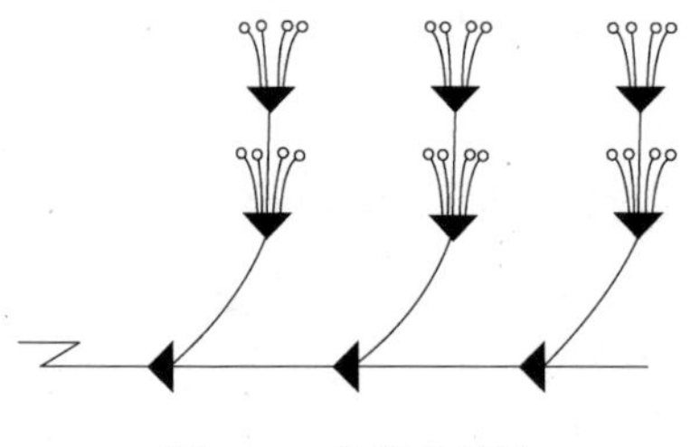

图 3-17　分段并联法

4）分段并联法

为了适应药包数量多而又分散的特点，在并串联法的基础上演变出了分段并联法，即将各个并串联分支依次并联在一支主导爆管上，如图 3-17 所示。

5）闭合网路

利用四通连接四根导爆管相互传爆的特点，可以使每个雷管相互连接起来，同时每一个炮孔起爆雷管都有两个以上的方向可以传爆，大大提高了起爆的可靠度，如图 3-18 所示。

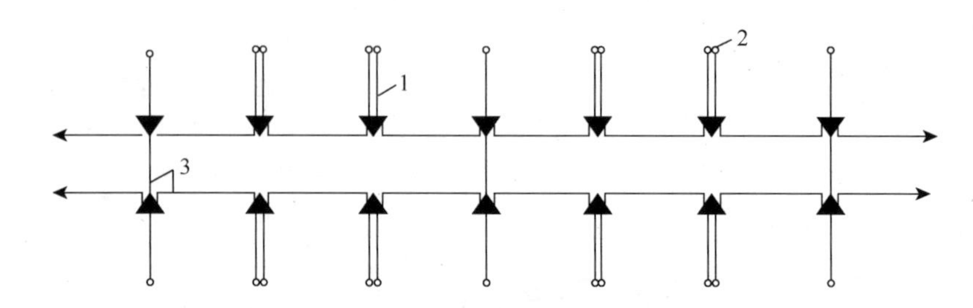

图 3-18　闭合网路连接示意图

1-导爆管；2-炮孔；3-网路连接导爆管

6）复式交叉起爆网路

孔内起爆雷管可用单雷管或双雷管，各支路连接点的传爆雷管采用双雷管。当孔内起爆雷管为双雷管时，两个雷管分别与两个支路连接点相接，各个连接点又分别与前后支路连接点交叉连接。起爆网路的传爆方式为双雷管、双向传爆，形成了各支路传爆连接点数至少为两个的导爆管复式交叉起爆网路，如图 3-19 所示。

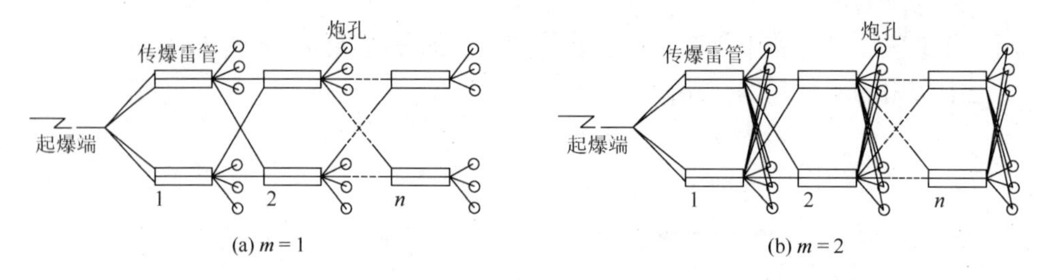

图 3-19　复式交叉起爆网路示意图

m 为孔内雷管数量

3. 导爆管起爆网路的延期

导爆管起爆网路的延期有孔内延期、孔外延期及其组合形式——孔内外延期多种类型。

1）孔内延期

根据设计的炮孔起爆顺序将不同段别的导爆管雷管分别置于各个炮孔内，按雷管的段别分次顺序起爆。

2）孔外延期

炮孔内全部装填瞬发雷管，若干炮孔连接成一个支路，各支路之间在孔外用毫秒延期雷管连接成接力式起爆网路。若孔外雷管是同一段别的，称为等间隔延期起爆；各支路炮孔数量较多时，宜组成闭合式网路，如图 3-20 所示。

3）孔内外延期

孔内装填同一段别的毫秒导爆管雷管，但各支路之间的雷管段别可以不同。孔外采用同一段别的毫秒导爆管雷管以簇联法连接，如图 3-21 所示。孔内各支路装三种段别的毫秒雷管，其延期时间为 $i<j<k$，孔外用 l 段毫秒雷管将 i、j、k 段别的雷管簇连在一起。值得注意的是，孔外雷管段别应小于或等于孔内雷管的最小段别，否则会产生串段。

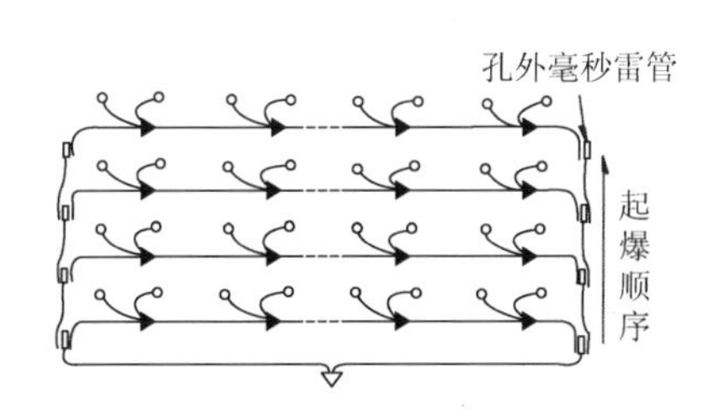

图 3-20　分支路孔外延期起爆网路示意图

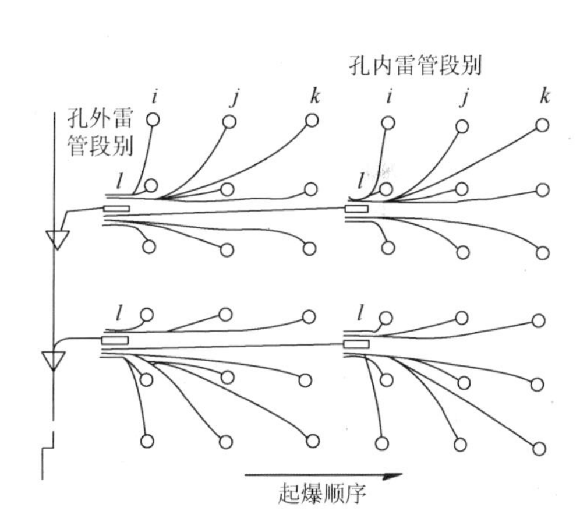

图 3-21　孔内外延期起爆网路示意图

拆除爆破起爆网路，一般采用孔内延期闭合网路，可靠性最好。炮孔集中的地方用簇联法。大型起爆网路设计若采用孔内外延时技术，第一响的雷管不宜采用瞬发雷管，应采用延期雷管，起爆的时间应大于孔外延时的累计时间。当第一个药包起爆时，所有的药包已获得点火信号在炮孔内延期等待。不然，第一响药包爆破的飞片可能会打坏正在传播起爆信号的导爆管或雷管，造成拒爆事故。

3.7　拆除爆破安全设计

拆除爆破安全设计包括的内容主要是爆破实施过程中由于爆破作用产生的危害因素的控制和防护设计。它们是爆破造成的震动和由于建（构）筑物解体构件下落撞击地面的震动、爆破时的飞石、爆破时的粉尘污染和噪声。

3.7.1　爆破振动

建（构）筑物拆除爆破时使附近地面产生震动的原因，一是被拆建（构）筑物构件中药包爆炸所产生的震动，二是由于建筑物塌落解体对地面冲击造成的地面震动。

炸药爆破除了破坏介质，还有部分能量经地面传播产生震动，要通过人为的措施阻止它的产生是困难的，但控制一次爆破的装药量，采用延期爆破技术等手段，减小地面震动的强度，可以使震动不致引起相邻建筑物和设备的损坏。大量测量数据和工程实践表明，震动造成建筑物、结构物受损的程度与地面震动速度的大小相关性最好。若以地面质点震动速度 V 描述震动强度，计算地面质点震动速度可采用下式计算：

$$V = K\left(\frac{\sqrt[3]{Q}}{R}\right)^{\alpha} \tag{3-42}$$

式中，K、α 为系数，K 主要反映炸药性质、装药结构和药包布置的空间分布及地震波传播途径介质性质的影响，α 取决于地震波传播途径的地质构造和介质性质；Q 为最大一段齐爆药量，kg；R 为观测点至药包布置中心的距离，m；V 为震动速度，cm/s。

建（构）筑物拆除爆破采用的是小药量装药。药包量小，数量多，但它们分散在不同楼层和不同部位的梁柱，炸药爆破有较多能量散失在对介质的破碎过程中，所以炸药的爆破作用经过建（构）筑物基础后引起的地面震动比矿山爆破、基础拆除爆破引起的震动强度要低，衰减要快，震动速度衰减常数 K 要小。拆除爆破方法的 K、α 值可参考表 3-6，也可通过类似工程选取或现场试验确定。

表 3-6　K 值和 α 值与岩性的关系

岩性	K	α
坚硬岩石	50～150	1.3～1.5
中硬岩石	150～250	1.5～1.8
软岩石	250～350	1.8～2.0

求出 K、α 后可推算得到爆破安全允许距离为

$$R=\left(\frac{K}{V}\right)^{1/\alpha}Q^{1/3} \tag{3-43}$$

从而对爆破作业进行优化和控制，确保爆破施工安全。

由于爆破振动的影响是一个十分复杂的波动问题，要考虑周围建（构）筑物的结构强度、累积损伤程度，用一个参量的标准讨论建筑物受震动破坏问题是困难的。因此，需要在拆除爆破工程实践中不断积累数据，以给出不同条件下的经验参数。

3.7.2　塌落震动

塌落震动是建（构）筑物在爆破拆除后塌落至地面的撞击造成的地面震动。随着高大建（构）筑物拆除项目的增多，塌落震动引起了人们的重视。显然，这种震动作用不宜简单地和爆破振动的大小相比。对于同一建筑物，不同的爆破拆除方案，塌落后的解体尺寸和下落过程都会在不同程度上影响塌落时的地面震动。有的设计方案，以少量装药一次爆破可以拆毁一座高大建筑物，这时虽然爆破造成的震动不大，但塌落的震动则不可忽视。当然，好的设计方案可通过合理布药，控制结构物拆除的解体尺寸，达到减小塌落震动的目的。

建（构）筑物爆破拆除的塌落过程一般不是整体下落撞击地面，而是被分解成许多大小各不相同的破碎构件，依次下落撞击地面并相互撞击，上层构件的撞击作用要经过已着地的下层构件传给地面，其过程相当复杂。研究建筑物爆破拆除塌落对地面的撞击作用，不妨看成许多不同块度的落体对地面撞击的叠加。

实测数据表明，落锤至地面的撞击作用造成的地面震动与它的质量和下落高度有关，影响下落物体撞击地面形成震动传播的因素还与地层介质的力学性质有关；与撞击落点距离远的地方，震动强度小；距离近的地方，地面震动强度大。若以地面震动速度表示强度，采用无量纲相似参数分析方法，集中质量（冲击或塌落）作用于地面造成的震动速度 V_{t} 有以下关系：

$$V_{\mathrm{t}}=K_{\mathrm{t}}[(MgH/\sigma)^{1/3}/R]^{\beta} \tag{3-44}$$

式中，V_{t} 为塌落引起的地面震动速度，cm/s；M 为下落构件的质量，t；g 为重力加速度，$\mathrm{m/s^2}$；H 为构件中心的高度，m；σ 为地面介质的破坏强度，MPa，一般取 10MPa；R 为观测点至冲击地面中心的距离，m；K_{t} 和 β 为衰减参数。

建（构）筑物拆除爆破塌落震动与结构的解体尺寸和下落的高度有关。由于

高度是改变不了的，为了减小对地面的撞击作用，控制下落建筑物解体的尺寸十分重要。根据数座高烟囱爆破拆除实测数据整理分析给出式（3-44）中的衰减参数 $K_t = 3.37$，$\beta = 1.66$。

例如，砖烟囱高 35m，密度 2.0t/m^3，体积 100m^3。计算给出距离烟囱倒塌中心一侧 50m 处烟囱塌落着地可能产生的震动速度为 0.69cm/s；距离 30m 处计算震动速度 1.6cm/s。一座 100m 高的钢筋混凝土烟囱需要拆除，钢筋混凝土密度为 2.6t/m^3，体积为 500m^3。计算给出距离烟囱倒塌中心一侧 50m 处烟囱塌落着地可能产生的震动速度为 3.44cm/s。

地震波是在地层中传播的一种扰动，它是一个随时间和空间衰减的波动。描述波动特征的基本参数是震动幅值和震动频率，爆破振动和塌落震动波不是单一频率的谐波，爆破振动波的频谱分析说明谱峰代表的主频率比其他分量重要。大量拆除爆破工程的爆破振动监测数据表明，爆破振动的主频一般在 20～30Hz，距离远的地方振动频率低。建筑物塌落振动的主频较低，一般在 10Hz 左右，因此塌落振动的主振频率更接近于建（构）筑物结构的自振频率，应当引起足够的重视。

3.7.3　爆破飞石

建（构）筑物爆破拆除施工中要严格控制和防止飞石的危害影响。由于拆除爆破的炮孔深度浅，填塞长度小，爆破的部位多是多面临空的梁柱墙体，最小抵抗线小；为了破碎钢筋混凝土结构物，选择的单位耗药量大，在没有有效的防护遮挡措施条件下，爆破时的碎块有可能飞散很远，防护不当，会造成对邻近的房屋和设备的损坏及人员的伤害。

设计错误产生的飞石主要是由于装药量过大，因此，要慎重地选择爆破药量计算公式中的单位耗药量参数。如果设计错误，再厚的覆盖都是无济于事的。

拆除爆破中对个别飞石距离的计算比较困难，可根据选择的单位耗药量参数估算飞石速度：

$$R = \frac{v^2}{2g} \tag{3-45}$$

式中，R 为飞石距离，m；v 为飞石速度，m/s；g 为重力加速度，m/s^2。

根据摄影观测资料，飞石速度 $v = 10 \sim 30\text{m/s}$，在一般防护措施严密时取小值，无防护时取大值。因为 $v = 10 \sim 30\text{m/s}$，飞石距离 $R = 5 \sim 46.8\text{m}$。根据实测结果，在无防护条件下，飞石距离 $R = 50\text{m}$ 左右。

由于飞石产生的因素难以判定，拆除爆破都要进行防护，常用的飞石防护措施有以下几种。

1）直接覆盖防护

这是直接覆盖在爆破体上的防护，是防止爆破碎块飞散的重要屏障。用做覆盖防护的材料有草袋（或草帘）、废旧轮胎编制的胶帘、荆笆（竹笆）或铁丝网等。覆盖防护时要用细铁丝将防护材料连接成一体，以增强防护效果。

2）近体防护

这是在爆破体近距离处设置的防护，也称间接防护。设置距离一般为 1～3m。它能遮挡从覆盖防护物中飞出的爆破碎块。近体防护一般采用挂有防护材料的围挡排架。排架的高度根据爆破时可能出现的飞石高度确定。

直接覆盖的防护材料和近体防护的排架在阻挡飞石的运动中被砸碎、破坏和击倒，它们吸收了碎块的动能，有效降低了碎块飞出的速度，减小了碎块的飞散距离。

3）保护性防护

对在爆破危险区内或爆破点附近的机具设备或设施，可以在要保护的物体上进行架空式的遮盖防护，这种防护称为保护性防护。

爆破拆除时建筑构件在倒塌着地破坏时产生的个别飞石是很难准确估计和设防的。钢筋混凝土柱梁在折断过程中、倒塌着地破碎产生的碎片以及地面被溅起石块的飞散都可能造成伤害。因此建筑物拆除爆破施工中，除了采取防护措施，要确定安全警戒范围。

3.7.4　爆破空气冲击波与爆破噪声

城市拆除爆破大都采用的是浅孔、小药量分散装药、分段毫秒延时起爆，空气冲击波危害不是非常明显。但必须对炮孔做好填孔和覆盖防护。

$$R_k = 25\sqrt[3]{Q} \tag{3-46}$$

爆破噪声是空气冲击波的延续，一般认为空气冲击波的超压峰值小于 0.02MPa 以后，空气冲击波蜕变成噪声，一般噪声强度以分贝（dB）表示，《爆破安全规程》（GB 6722—2014）规定城镇爆破中每一个脉冲噪声应控制在 120dB 以下，美国标准为 90dB，国内大城市要求控制在 80dB 以下。

城市拆除爆破控制噪声和控制空气冲击波一样，宜采取以下措施：

（1）不用导爆索起爆网路，在地表空间不应有裸露导爆索；

（2）不用裸露爆破；

（3）严格控制单位炸药消耗量、单孔药量和一次起爆药量；

（4）实施毫秒延时爆破；

（5）保证填塞质量和长度；

（6）加强覆盖。

3.7.5 爆破粉尘及减尘降尘措施

1. 爆破粉尘产生的原因

城市建（构）筑物爆破拆除时的粉尘污染是一个国内外尚未解决的问题。这是因为粉尘的产生和散播是爆破本身具有的物理现象。炸药爆炸，炮孔周围介质产生粉碎性破碎，混凝土在断裂过程中也产生粉尘。爆炸气体的膨胀速度为10^2m/s，因而粉尘运动的速度高，即使在下雨天，由于雨滴的速度小一个量级，爆破拆除时仍是粉尘飞扬的景象。其次是建（构）筑物触地时产生的冲击作用引起地面尘土和多年沉积与附着在旧建筑物上的灰尘飞扬。

2. 减尘降尘防治措施

分析拆除爆破中粉尘产生的原因，要想完全克服和控制爆破粉尘的污染是困难的，但控制和减小粉尘污染是可能的。下面是一些可以采用的降尘措施：

（1）清除钻孔和预拆除施工中堆积的碎块渣土。

（2）炮孔充水爆破，利用爆炸冲击波作用下水的雾化捕捉粉尘的效果，可以使用较大孔径的炮孔，使用抗水类炸药和起爆材料。这种装药结构可以提高炸药能量的利用率。

（3）对整个楼体，特别是要对爆破的承重砖混墙体、地板进行淋水、喷洒使其湿透，这样就可以大大减少墙体爆破和倒塌过程中产生的粉尘。楼顶蓄水在建筑物倒塌过程中会随之下泄，扩散覆盖在坍塌物上，能有效地防止污染物的扩散。

（4）水袋幕帘防尘是对拟爆破的梁柱墙体的四周布设水袋防尘，在水袋内安装药包，利用药包爆破或飞石击破水袋，喷流和雾化的水吸附炮孔爆后产生的粉尘。

（5）水雾和泡沫除尘是利用增加爆破拆除区域内空气湿度的方法，让小尘粒增大成为大尘粒，大尘粒不易扬起，从而可以有效地降低爆破拆除中的扬尘，达到这一目的要通过在水袋中加入表面活性物质爆破造雾，或利用泡沫的黏附性这些特征，增加泡沫与尘粒的接触面和接触的频率，利用泡沫的附着力，对粉尘进行捕捉，或者对粉尘源进行覆盖，从根本上隔断粉尘的传播与扩散，从而达到降尘目的。

复习思考题

1. 拆除爆破技术设计包括哪些内容？

2. 拆除爆破安全与防护设计包括哪些内容?
3. 拆除爆破设计参数包括哪些内容?
4. 拆除爆破单位炸药消耗量的确定方法是什么?
5. 水压爆破拆除冲量准则装药量计算公式的原理是什么?
6. 数码电子雷管起爆系统的基本组成有哪些?
7. 导爆管起爆网路的组成与网路形式有哪些?
8. 爆破振动与塌落震动强度的影响因素有哪些?
9. 常用的飞石防护措施有哪些?

第4章　爆破工程施工组织与项目管理

施工组织就是根据爆破工程项目的特点，从人力、资金、材料、机械和施工方法这五个主要因素进行科学合理的安排，使之在一定的时间和空间内，实现安全、有组织、有计划、均衡地施工，使整个工程在施工中达到时间上耗费少，质量上精度高，经济上成本低的目的。

施工组织的目的是为了保证施工过程的安全性、连续性、协调性、均衡性和经济性。因此必须做好以下工作：

（1）确定开工前必须完成的各项准备工作；

（2）制定确保周围环境安全的爆破方法、参数和管理措施；

（3）计算工程数量、合理布置施工力量，确定劳动力、机械台班、各种材料、构件等的需要量和供应方案；

（4）确定施工方案，选择施工机具；

（5）安排施工顺序，编制施工进度计划；

（6）确定工地上的设备停放场、料场、仓库、办公室、预制场地等的平面布置；

（7）制定确保工程质量及安全生产的有效技术措施。

把上述各项问题加以综合考虑，并做出合理的决定，形成指导施工生产的技术经济文件，即是施工组织设计。它本身是施工准备工作，而且是指导施工准备工作、全面安排施工生产活动、控制施工进度、保证施工质量与安全的基本依据，对施工生产起决定性作用。

4.1　施工组织设计

施工组织设计一定要体现爆破安全方面的爆破方案、钻爆参数、管理体系和保障措施等内容。

4.1.1　施工组织设计的内容

施工组织设计文件是爆破施工单位进行施工组织的重要指导文件，是对拟建工程施工全过程实行科学管理的重要手段，一般由文字说明和图表两部分组成，根据《爆破安全规程》要求，应包括以下内容。

1）文字说明

（1）工程概况及施工方法、设备、机具概述；

（2）施工准备；

（3）钻孔工程的设计及施工组织；

（4）装药及填塞组织；

（5）起爆网路敷设及起爆站设置；

（6）安全警戒与撤离区域及信号标志；

（7）预防事故的措施；

（8）爆破指挥部的组织；

（9）爆破器材购买、贮存、加工、使用的安全制度；

（10）工程进度计划。

2）图表说明

（1）工程进度图；

（2）主要材料计划表；

（3）主要施工机具、设备计划表；

（4）临时工程表；

（5）施工总平面布置图；

（6）必要的断面施工布置图。

4.1.2　施工组织设计的编制程序

（1）分析设计资料，选择施工方案和重点项目的施工方法。

（2）编制工程进度图。

（3）计算人工、材料、机具需要量，制定供应计划。

（4）临时工程，供水、供电等计划。

（5）工程运输组织。

（6）施工布置平面图。

（7）编制技术措施和计算技术经济指标。

（8）编写说明书。

爆破工程的施工组织设计编制应突出三个方面：施工方案；施工进度计划；施工布置平面图。这三个重点表现了施工组织设计中的技术、时间和空间三大要素，其他方面的设计以这三要素为依据。

4.2　施工方案的编制

施工方案是施工组织设计中最重要的内容，也是决定整个工程全局的关键。其内容包括施工方法的确定、施工机具的选择、施工顺序的安排。

4.2.1　施工方法的确定

爆破施工方法的确定取决于工程特点、工期要求、施工条件等因素，应选择最安全、最先进、最合理、最经济的施工方法。

编制施工方法时要重点突出其安全性，能够在现有条件下确保施工和周围环境的安全，对采用新技术、新工艺和对施工质量起关键作用的项目或技术较复杂、工人操作要求高的工序，在施工方案中应详细说明施工方法和技术措施，对重要的分项工程要单独编制施工作业设计。同时，还应明确指出施工的质量标准及确保质量与安全的措施。

4.2.2　施工机具的选择

施工机具的选择应以满足施工方法的需求为基础，并应注意以下几点：

（1）只能在现有的或可能获得的机械中进行选择。

（2）所选的机具必须满足施工的要求。

（3）选择机具时，要考虑互相配套，充分发挥主机的作用。

（4）必须从全局出发，所选机具应在尽可能多的项目中使用。

4.2.3　施工顺序的安排

安排施工顺序，必须仔细分析各种不同施工顺序的前提条件和实施效果，经过选择，确定最佳顺序，其原则如下：

（1）在满足合同工期要求的前提下，分期分批施工。

（2）科学处理施工道路与开挖区域的关系，减少相互影响。

（3）一般应按从上到下、交叉平行或流水作业的原则进行安排。

（4）尽量布置较多的工作面，并考虑适当的预备工作面。

（5）安排施工顺序应考虑机械的布置，保持均衡生产。

（6）必须考虑水文、地质、气候的影响。

4.3　施工进度计划的编制

施工进度计划是控制各项施工活动的依据，是施工管理的重要指标。

4.3.1　施工进度计划编制的依据

（1）工程的全部施工图纸及有关水文、地质、气象和其他技术经济资料。
（2）合同规定的开工、竣工日期。
（3）主要工程的施工方案。
（4）劳动定额和机械使用定额。
（5）劳动力、机械设备的供应情况。

4.3.2　施工进度计划编制的步骤

（1）研究施工图纸和有关资料及施工条件。
（2）划分施工项目，计算实际工程数量。
（3）编制合理的施工顺序和选择施工方法。
（4）计算各单位时间（周、旬或月）的实际工作量。
（5）确定各施工过程的人、机、料数量。
（6）设计和绘制施工进度图。
（7）检查与调整施工进度。

4.4　施工平面图的设计

施工平面图设计是施工的空间组织，是对施工过程所需的临时道路、设备维修、仓库、生活设施等，进行空间的特别是平面的科学规划与设计，并以图的形式加以表达。爆破工程项目中的施工场地规划与一般土建工程不同，应重点防范爆破产生的个别飞石、烟尘、震动等因素对周围环境的影响，避免或减轻施工造成的危害。

4.4.1　施工平面图设计的依据

（1）工程平面图。
（2）施工进度计划和主要施工方案。

（3）各类临时设施的性质、形式、尺寸。
（4）机修车间、停车场地的规模和设备数量。
（5）水源、电源资料。
（6）有关设计资料。

4.4.2　施工平面图设计的原则

（1）在保证施工顺利的前提下，尽量减少占用面积。
（2）管理机构应便于全面指挥，生活场地应便于工人休息和文化活动。
（3）应使各场所避免因爆破施工而遭到破坏。
（4）应符合保安和消防的要求，并慎重考虑，避免自然灾害的影响。
（5）与爆破安全警戒统筹安排。
（6）场地布置应与施工方法、施工进度、工艺流程和机械设备相适应。

4.4.3　施工平面图设计的步骤

（1）分析有关调查资料，确定爆破安全的区域。
（2）考虑各种材料的合理堆放。
（3）布置水、电线路。
（4）确定各临时设施的布置和尺寸。
（5）确定临时道路位置、长度和标准。

4.4.4　施工平面图的内容

（1）爆破施工区段或爆破作业面划分及其程序编制。
（2）爆破和清运交叉循环作业时，应制定减少施工作业干扰的措施。
（3）有碍爆破作业和无用的建（构）筑物的拆除与处理方案。
（4）现场施工机械配置方案及其安全防护措施。
（5）进出场临时道路的布置。
（6）风水电供给方案，施工器材、机修场地布置。
（7）施工用爆破器材的现场临时保管、药包制作与临时存放场所安排及安全保卫措施。
（8）施工现场安全警戒岗哨、避炮防护设施与工地警卫值班设施布置。
（9）施工现场防洪与排水措施安排。

4.5　施工项目管理要求

爆破工程施工项目的管理是爆破施工单位根据签约的合同在确保安全的前提下，按质按量顺利完成施工项目，并取得相应利润的一项重要措施。其管理内容涉及从投标直至交工的整个生产过程。

4.5.1　施工项目管理的内容

在施工项目管理的全过程中，包括以下内容：

（1）建立施工项目管理组织。

（2）进行施工项目管理规划。

（3）进行施工项目的目标控制。

（4）对施工项目的生产要素进行优化配置和动态管理。

（5）施工项目的合同管理。

（6）施工项目的安全管理。

（7）施工项目的信息管理。

4.5.2　施工项目目标管理的确定

目标管理是把经济活动和管理活动的任务转换为具体的目标加以实施和控制，通过目标的实现，完成经济活动的任务。施工项目的目标管理办法是这样确定的：

（1）确定施工项目组织内各层次、各部门的任务分工，即对完成施工任务提出要求，又对工作效率提出要求。

（2）把项目管理的任务转换为具体的目标。

①落实目标的责任主体；

②明确目标主体的责、权、利；

③落实对目标责任主体进行检查、监督的上一级责任人及手段；

④落实目标实现的保证条件。

（3）对目标的执行过程进行调控。

（4）对目标完成的结果进行评价。

4.5.3　施工项目管理的组织

施工项目管理的组织一般以施工项目经理部为主。项目经理部要根据施工项目的规模、复杂程度和专业特点来配置，一般应包括项目经理、总工、总经济师、总会计师和技术、质量、统计、计划、测试、行政等人员，主要业务部门如下：

（1）经营核算部门，主要负责预算、合同、索赔、资金收支、成本控制与核算、劳动分配等工作。

（2）工程技术部门，主要负责生产调度、进度控制、文明施工、技术管理、施工组织设计、计量、测量、试验、统计等工作。

（3）物资设备部门，主要负责材料的询价、采购、计划供应，管理、运输、工具管理、机械设备的租赁配套使用等工作。

（4）监控管理部门，主要负责工程质量、安全管理、消防保卫、环境保护等工作。

4.5.4 施工项目经理

项目经理是指受施工单位法人委托对施工项目全过程全面负责的管理者。

1. 对施工项目经理的要求

（1）参加过项目经理班的培训；

（2）掌握施工技术知识、经营知识、管理知识、法律和合同知识、施工项目管理知识；

（3）具有相关施工项目管理的实践经验。作为爆破工程项目的经理，一般应由从事过 3 年以上爆破工作，无重大责任事故，熟悉爆破事故的预防、分析和处理，并持有“安全作业证”的爆破工程技术人员担任。

2. 项目经理的职责

1）一般职责

（1）贯彻执行国家和工程所在地政府的有关法律、法规和政策，执行企业的各项管理制度；

（2）严格财经制度，加强财经管理，正确处理国家、企业与个人的利益关系；

（3）执行项目承包合同中由项目经理负责履行的各项条款；

（4）对工程项目施工进行有效控制，执行有关技术规范和标准，积极推广应用新技术，确保工程质量和工期，实现安全、文明生产，努力提高经济效益。

2）爆破职责

（1）主持制定爆破工程的全面工作计划并负责实施；

（2）组织爆破业务、爆破安全的培训工作和审查爆破作业人员的资质；

（3）督促爆破作业人员执行安全规章制度，组织领导安全检查，确保工程质量和安全；

（4）组织领导爆破工程的设计、施工和总结工作；
（5）主持制定重大或特殊爆破工程的安全操作细则及相应的管理条例；
（6）参与爆破事故的调查和处理。

3. 项目经理的权限

（1）组织项目管理班子；
（2）以企业法人代表的身份处理与所承担的工程项目有关的外部关系，受委托签署有关合同；
（3）指挥工程项目建设的生产经营活动，调配并管理进入工程项目的人力、资金、物资、机械设备等生产要素；
（4）选择施工作业队伍；
（5）进行合理的经济分配；
（6）企业法人授予的其他管理权力。

4.6 安 全 保 证

在爆破工程项目管理中安全保证是最重要的工作，安全工作做好了，项目可以赢利并给单位带来良好声誉；反之会使单位蒙尘，项目亏损。项目经理部应该把安全当作头等大事来抓。

4.6.1 安全管理的内容

所谓爆破安全包括以下四个方面的含义：
（1）安全使用爆炸物品，在运输、使用、保管和加工过程中严格遵守安全操作规程。
（2）精心设计、精心施工确保爆破周围企业、民房、建筑物、结构物等的安全。
（3）施工中保证人员、机械设备的安全。
（4）管理好爆炸物品，严格执行爆炸物品安全管理条例，杜绝因爆破器材丢失、流失造成严重后果。

4.6.2 安全管理体系

为保证爆破安全，项目经理部必须建立完整的安全管理体系，成立由项目经理挂帅、爆破工程师负责的安全领导小组，各班组都有专职安全员，负责日常的安全教育、督促、检查等工作。

4.6.3　安全技术

安全技术包括安全防护和爆破安全两个方面，对在爆破影响区域内无法迁移的结构、设施、建筑物应采取必要、有效的防护措施；在爆破安全方面应合理选择爆破参数和起爆顺序；必要时逐孔（药包）确定装药量、装药（线）密度、填塞长度等，避免产生爆破有害效应。

4.6.4　安全措施

作好安全工作首先是制定各种安全措施、制度，如爆破器材的发放、使用制度，炸药加工和装药填塞安全操作细则，安全管理、日常安全教育制度，岗位安全责任制等。做到层层把关，人人负责。

4.7　合 同 管 理

4.7.1　施工合同类型

1）总价合同

总价合同即按商定的总价承包工程，在合同执行过程中，承包单位不得要求变更承包价。这种合同适用于爆破工程规模小、工期短、任务明确的工程，如各类爆破拆除工程。

2）单价合同

承包单位按建设单位开列的工程细目的工程量清单投标报价，中标后，双方签订合同，工程付款根据所完成的工程数量按清单的单价结算。目前公路、铁路的土石方爆破施工合同广泛采用这类合同。

3）成本加酬金合同

成本加酬金合同即按工程实际发生的成本，加上事先商定的管理费和利润，来确定工程总价。这类合同适用于开工前工程内容不详或抢险救灾等爆破工程。

4.7.2　合同的主要条款

爆破工程的施工合同，可参照住房和城乡建设部及各部门的相应合同范本条款增减，一般应包括：

（1）标的。标的是指当事人双方权利和义务共同所指的对象。

（2）数量和质量。数量和质量是指对标的的计量和标的的质量标准。

（3）价款。当事人一方向交付标的物的另一方支付的价金。

（4）履行期限、地点和方式。

（5）违约责任。

（6）仲裁方式。

4.7.3　合同的订立、变更、解除

爆破属于专业技术性强、风险高的工程类别。实践表明，在爆破施工过程中经常遇到业主提供的工程资料发生变化需变更设计；在重大政治、社会活动期间需暂停爆破施工；重点工程需报请相应级别的公安部门审批并请专家评估；因爆破安全问题与周边企事业单位或户主发生了民事纠纷等情况。因此，在合同的订立及实施过程中，应实事求是，本着互利、协商一致的原则补充变更合同中有关条款，甚至解除合同。

4.7.4　分包合同

由于爆破行业的特殊性，具有爆破资质的企业没有建筑资质，具有建筑资质的企业没有爆破资质，所以在爆破工程中分包的情况比较多。按照国际惯例，获得整个工程合同的承包人，可以将该工程按专业性质或工程范围再分包给若干家分包人承担实施任务，称为一般分包合同；或业主也可以将爆破分部或分项工程直接授予指定的分包人，称为指定分包合同。

1）一般分包合同

（1）分包合同由承包人制定，即由承包人挑选分包人；

（2）分包合同必须事先征得业主的同意和监理工程师的书面批准；

（3）应对合同总的执行没有影响，强调承包人不能将全部工程分包出去，自身要执行主体工程合同；

（4）承包人并不因分包而减少其对分包工程在承包合同中应承担的责任和义务。

2）指定分包合同

（1）指定分包合同需经业主和承包人共同批准；

（2）在标书中，应明确写出指定分包的项目和指定分包人的名单，监理工程师应注意，指定分包合同文件应与总包合同文件的内容实质相一致；

（3）指定分包人应当向承包人承担如同承包人向业主所承担的同样的义务和责任。

4.8　质 量 控 制

4.8.1　爆破工程控制质量的步骤

工程项目控制质量的步骤一般如下：

（1）采集质量数据；

（2）数据整理；

（3）进行统计分析，找出质量波动的规律；

（4）判断质量状况，找出质量问题；

（5）分析影响质量的原因；

（6）拟定改进质量的对策、措施。

4.8.2　施工单位的质量控制措施

（1）认真学习和复核设计图纸，吃透设计意图，并做好逐级的技术交底工作。

（2）建立和健全各级质量检验、监理机构，坚持专业检查和群众性检查相结合，贯彻班组自检互检制度。

（3）严格执行国家施工验收规范和有关操作规程，如各类“施工技术规范”“施工验收规范”“质量检验评定标准”等。

（4）及时填报各项工程验收报表，特别是隐蔽工程的验收签证、施工日志等，建立技术档案，保存原始资料。

（5）建立和健全试验机构，充实试验人员，认真做好炸药、雷管等原材料、运输装卸、钻孔机械及振动测试等机械、仪器设备的检验工作。

（6）搞好施工机械、仪器的检修工作，保持机械、仪器设备的完好和精度。

（7）做好质量事故的分析，找出原因，采取预防措施，尽可能把质量问题消除于出现之前。

4.9　施工项目成本

爆破施工项目成本是指施工单位完成某工程项目所支付的生产费用总和，主要由人工费、材料费、机械使用费、其他直接费和间接费等构成。

项目成本管理是根据工程项目的要求，对项目成本实施、组织、控制、核算、分析和考核等进行的管理活动。成本管理的内容包括成本预测、成本计划、成本控制、成本核算、成本分析和考核。

4.9.1　成本预测

工程项目的成本预测是在调查研究和掌握成本核算资料的基础上，通过对掌握的数据、资料、情报及工程进度的因果关系的分析，或根据以往经济效益良好的爆破工程，对工程项目成本进行预计和测算，以指明工程项目成本降低的方向、途径，保证成本计划的目标达到最优。

4.9.2　成本计划与实施

成本计划是工程项目在计划期内，以货币形式确定完成工程任务所需费用支出和成本降低的任务指标，以及降低成本的措施和方案。成本计划是企业实现经营目标的重要手段，是控制成本支出的依据，是贯彻责任制的基础。

成本计划的组成：直接工料成本计划、辅助成本计划、管理费用成本计划、成本降低计划、成本计划的文字说明。

成本计划的实施，首先是将成本计划的指标分解，按成本管理责任制的要求，指标逐级分解为若干小指标，落实到各职能部门和实施单位。成本计划指标分解后，应根据分工原则，明确各自的责任范围。然后确定成本计划管理体制，管理应贯彻“统一领导，分级管理”的原则。例如，项目经理部—承包单位工程的工程队—具体操作的工班。

4.9.3　成本控制及方法

成本控制是指成本管理人员在生产经营活动中，对成本形成过程中发生的偏差进行事前的预防、事中的监督和纠正，使成本限制在成本计划的范围内，并最终达到成本目标。

成本控制包括：事前成本控制，主要是进行有效的成本预测和成本计划，确定合理的目标成本；日常成本控制，是在成本的实际形成过程中，根据事先制定的成本目标，按照管理办法，对实际发生的各项成本和费用进行计量、监督、指导和调节，以保证实现目标成本；事后成本控制，是对工程施工过程所发生的成本与计划之间的差异及原因进行汇总分析，找出成本变化规律和改进措施，为以后施工的成本管理提供经验。

日常成本控制，即施工期间的成本控制，其具体方法有偏差控制法和分析表法：

（1）偏差控制法，是依据计划成本，找出实际成本在计划成本之间的偏差，分析产生偏差的原因与发展趋势，并及时采取措施减少或消除不利的偏差。

（2）分析表法，是利用表格的形式调查、分析、研究施工成本的一种方法。常用的分析表有日成本分析表、成本日报或周报、月成本计算及最终预测报告等。

4.9.4 成本核算

工程项目成本核算是指以工程项目为核算范围，对施工生产过程中的各项耗费进行审核、记录、汇集和核算。

目前，我国爆破施工企业内部结构不同，成本核算的形式和内容也不尽相同，一般是以成本的责任者为对象，按其职责和权限，记录、汇集责任者的可控成本，考核其节约或浪费的程序。分析责任，并与物质利益相结合。

4.9.5 成本的分析和考核

工程项目施工成本分析是指对项目成本构成和影响成本因素的分析。通过分析找出成本变化规律，影响成本的关键因素，与同行的差距及改进措施，为今后成本管理提供指导方向和降低成本的途径。

成本考核是根据对成本的核算和分析结果的考核。考核分定期考核和竣工考核两种。根据预先确定的考核评价指标对成本项目进行逐项指标的考核，采用与计划指标的对比方法，确定成本管理的水平。

4.10 进度控制

进度控制是依据进度计划，对工程实行控制，以达到预期的进度目标。进度计划的表达方式有横道图法、垂直图法和网络图法。在爆破工程项目中多采用横道图法。

4.10.1 横道图法

横道图法由两大部分组成：左面部分是以分部分项工程为主要内容的表格，包括相应的工程量、定额和劳动量等计算依据；右面部分是指示图表，它是由左面表格中的有关数据经计算得到的。指示图表用横向线条形象地表示出分部分项工程的施工进度，线的长短表示施工期限；线的位置表示施工过程；线上数字表示劳动力数量；线的不同符号表示作业队或施工段别；线长表示各阶段的工期和总工期。这种表达方式比较简单、直观、易懂，容易编制，但有以下缺点：分项工程（或工序）的相互关系不明确；施工日期和施工地点无法表示，只能用文字说明；工程数量实际分布情况不具体；仅反映出平均施工强度。各承包单位也可以根据实际情况和需要采用其他方法。

4.10.2　施工项目进度控制

1）施工进度计划的实施

施工进度计划的编制，是施工项目的事前进度控制；施工进度计划的实施，是事中进度控制。实施施工进度计划要做好以下三项工作：

（1）编制月（旬）作业计划和施工任务书。

（2）做好记录、掌握现场施工实际情况。

（3）做好调度工作。

2）施工进度的检查

进度检查是计划执行信息的主要来源，是施工进度调整和分析的依据，是进度控制的关键。

进度计划的检查方法主要是对比法，即将实际进度与计划进度进行对比，从而发现偏差，以便调整或修改计划，最好是在图上对比。

3）利用网络计划调整进度

用网络计划对进度进行调整，一种较为有效的方法是采用“工期—成本”优化原理，就是当进度拖延后，要逐次缩短那些有压缩可能，且费用最低的相关工序。但千万注意由于爆破工程的高风险性，赶工期时，不应以损害安全为代价。

4.11　竣 工 验 收

4.11.1　竣工验收的规定

一般招标文件竣工验收规定如下：

1）交工验收和交工证书

本合同工程已经实质上完工，并合格地通过了按合同规定的各项交工检测、检验，且已按《工程竣工验收办法》规定编制好竣工图表和施工资料后，承包人可就此向监理工程师提出交工验收并发给交工证书的申请，同时抄送业主（如果尚有少量因受季节影响或其他原因暂不能施工或完成，但并不影响工程使用的一些附属工程或剩余工作时，需附有在缺陷责任期内尽快完成这些未完工作的书面保证）。监理工程师在收到申请后，应在14天内审核并报业主，业主在收到该申请后的21天内应组织交工验收。交工验收由业主主持，由质监、设计、管养等有关部门和监理工程师参加，组成交工验收小组，按《工程竣工验收办法》进行，并写出交工验收报告报上级主管部门。

如果经交工验收认为工程质量合格，业主应在此项验收工作完毕后14天内向承包人签发交工证书。证书中写明按合同规定本合同工程的交工日期（即验收小组决定的签发交工证书的日期，此日期一般应为承包人提出申请的日期），同时办理合同工程的移交管养工作。交工证书签发并移交管养后，承包人即不再负责对本工程的照管和维护——本工程即进入缺陷责任期。

对交工验收可能出现的例外情况，作如下处理：

（1）如果业主未能在上述规定的时间内组织交工验收，则业主应从规定期限最后一天的次日起承担延期验收的工程照管和养护费用；或发给交工证书的工程不能立即移交管养时，承包人仍应继续负责工程照管和养护，监理工程师在与承包人和业主协商后，应确定将与此相关的工程照管与养护费用补偿额加到合同价格上，并通知承包人，抄送业主。

（2）如经交工验收认为工程质量虽合格，同意验收，但某些工程影响使用，尚需整修和完善，且不同于缺陷责任期内的缺陷修复，则应缓发交工证书，限期修好，待整修和完善工作完成，经监理工程师复查认可，达到质量要求并报请交工验收小组核批后，再发给交工证书。

（3）如经交工验收认为工程质量达不到合格标准，则监理工程师应根据交工验收小组的意见，在验收工作完毕后7天内向承包人发出指令，要求承包人对不合格工程认真返工重做或补救处理。承包人在完成上述不合格工程的返工与补救工作后，应重新提出交工验收申请，经交工验收小组验收认为达到合格标准后才发给交工证书。

组织办理交工验收和签发交工证书的费用由业主承担。但达不到合格标准的交工验收费用由承包人承担。

2）单项工程的交工

上述程序与处理办法也适用于合同规定有单独完工的单项爆破工程。

3）竣工文件

承包人应按各地区、各部门的《工程竣工验收办法》的规定及其附件的内容和要求编制竣工图表和施工文件。各分部（项）工程的竣工图须在有关工程完工后陆续提交监理工程师审查，全部工程完工后，在全部工程的交工证书签发之前，承包人须向业主提交 6 整套监理工程师认为完整、合格的竣工文件。在缺陷责任期内应补充竣工资料，并在签发缺陷责任证书之前提交。

4）竣工验收与鉴定书

当建设项目工程全部完工并合格地通过交工验收后，业主应汇总各合同段工程的交工验收报告，向上级主管部门提出竣工验收的申请。竣工验收由上级主管部门主持，由建设、质监、设计、管养、业主以及各合同段的监理工程师等有关部门代表组成竣工验收委员会，按施工合同的技术要求及相关技术规范的规定进行，对建设项目的管理、设计、施工、监理等方面做出综合评价，写出竣工鉴定书。

组织办理竣工验收的费用，由业主承担。

4.11.2　竣工验收的程序

1）施工单位作好竣工验收的准备

（1）做好施工项目的收尾工作。

（2）组织绘制竣工图，准备工程档案资料，编制移交清单。

（3）组织编制竣工结算表。

（4）准备工程竣工通知书、工程竣工报告、工程竣工验收证明书、工程保修证书。

（5）准备好工程质量评定的各项资料。

2）进行工程初验

施工单位提交验收申请后，监理和建设单位应根据工程承包合同、验收标准进行审查，若认为可以进行验收，则应组织验收班子对竣工的工程项目进行初验。

3）正式验收

正式验收应根据工程项目的规模大小、隶属关系和重要性，由主管部门或政府部门组成验收委员会或验收小组来执行。验收委员会或验收小组应由银行、物资、环保、劳动、统计、消防及其他有关部门组成，建设单位、接管单位、施工单位、勘察设计单位、施工监理单位参加验收工作。

施工管理涉及的问题很多，而且爆破工程施工管理工作的实践性很强，又有一定的特殊性，因此可在具体工作中参考使用[2]。

复习思考题

1. 拆除爆破施工进行前的准备工作有哪些？
2. 拆除爆破施工组织设计的内容有哪些？

3. 拆除爆破施工顺序安排的原则是什么?
4. 拆除爆破施工平面图的内容有哪些?
5. 拆除爆破施工项目管理的内容有哪些?
6. 对施工项目经理的基本要求有哪些?
7. 安全管理包括四个方面的具体内容是什么?
8. 施工单位对拆除爆破工程竣工验收应做好的准备工作有哪些?

第 5 章　基础工程拆除爆破

大型块体和基础破碎拆除爆破的目的：一方面是要将块体和基础破碎并清理装运走，另一方面为了安全起见又要对爆破的药量与爆破次数加以控制。为解决这一矛盾，提出如下处理原则：

（1）周围环境比较简单时，如在离爆破体 50m 以内没有建筑物、交通要道和过往车辆行人的情况下，可采用较大的孔距和稍大的药量进行爆破。但如果孔距过大，则破碎效果不好，为此可采用梅花形布孔以及微差、挤压爆破等。

（2）周围环境比较复杂时，如 20～30m 以内有重要建筑物或其他设施以及有器械、仪表等固定物品，此时对爆破安全的要求将特别严格。因此应做细致的工程设计，并采用小孔网参数、小药量和分散装药以及妥善防护，只有这样才能既达到破碎目的又确保安全。

（3）当工程目的和安全要求发生矛盾时，则要慎重考虑和反复比较后再确定具体实施方案。如工程较大而又要求达到一定的破碎块度时，除正确的设计和严格防护外，还应考虑重要设施或仪表等是否临时搬迁，因此应作经济和工期比较。

5.1　大型块体与基础拆除爆破

5.1.1　布孔参数

1）孔径

大型块体与基础的拆除一般均采用小孔径、浅孔爆破方式。孔径一般为 $\phi38$～42mm，切割爆破孔径可小至 $\phi32$mm。

2）孔深

孔深一般不大于 2～3m，条件许可时，也可增大至 4～5m。孔深主要与孔底边界条件有关，也应考虑钻孔效率。孔深 $L = KH$，式中 K 为经验系数，H 为厚度，K 可按表 5-1 选取。

表 5-1　经验系数 *K*

底部边界条件	K	备注
有自由面	0.6～0.7	与飞散方向有关
为土质垫层	0.65～0.75	
下有施工缝	0.75～0.85	余留＞10cm

3）炮孔方向

炮孔分为垂直孔、水平孔和倾斜孔三种，考虑到钻孔方便，尽量采取垂直孔。

4）最小抵抗线

一般钢筋混凝土的最小抵抗线 W 取 0.3～0.5m，砌石取 0.5～0.8m。W 的选取除考虑装药量、安全、结构本身断面尺寸外，钢筋布置形式也很重要，配筋率高时，W 应相应小。对室内无法采用机械而需人工清理时，W 应小于 0.3m。

5）炮孔间距

炮孔应尽量均匀分布，达到爆破块度均匀的目的。炮孔间距 a 常取（1.0～1.5）W。

6）炮孔排距

炮孔可布置成矩形或梅花形。排距 b 取（0.8～1.0）W。若为一次齐发起爆，b 取小值；若为分次起爆，b 可取至 W。每段起爆的排数 N 不宜大于 4 排。

5.1.2 药量计算

单孔装药量 Q（单位为 kg），可按体积公式计算：

$$Q = qV \tag{5-1}$$

对于多排炮孔，也可按下列公式计算：

$$Q = qWaH \quad \text{（适用于多排布孔的第 1 排炮孔）} \tag{5-2}$$

$$Q = qabH \quad \text{（适用于多排布孔的其他几排炮孔）} \tag{5-3}$$

式中，q 为炸药单耗，g/m^3，可参考表 5-2 选择；a 为炮孔间距，m；b 为炮孔排距，m；W 为最小抵抗线，m；H 为基础厚度，m。

表 5-2　单位炸药消耗量 q

材质情况	W/cm	q/(g·cm^3)	材质情况	W/cm	q/(g·cm^3)
强度较低混凝土	35～60	100～150	普通钢筋混凝土	30～50	280～340
强度较高混凝土	35～60	120～140	布筋较密钢筋混凝土	30～50	360～420

机械无法进入的室内基础，可选择较大的炸药单耗，实施加强松动爆破，以便于人工清渣。

炮孔深度 $L > 2W$ 时，为达到破碎均匀、减少飞石的目的，宜采取分层装药。分层以两层为宜，上层装药 0.4Q，下层装药 0.6Q，相邻两层装药间距应大于 20cm；当两层尚不能满足均匀破坏要求时，可采取相邻炮孔层间错开装药方法。

5.1.3　切割爆破设计

1）大型块体与基础切割爆破

大型块体与基础切割爆破常用于部分拆除、部分保留的场合及分割大块，其原理同预裂爆破。

2）预裂切割爆破

钢筋混凝土由于钢筋的牵连作用，预裂效果不明显。对于素混凝土，预裂切割爆破单孔药量可按下式计算：

$$Q = \lambda a H \tag{5-4}$$

式中，a 为炮孔间距，m；H 为基础预裂部位的厚度，m；λ 为单位面积炸药消耗量，g/m^2，可按表 5-3 选择。

表 5-3　预裂切割爆破单位面积炸药消耗量

材质情况	a/cm	λ/(g/m^2)	材质情况	a/cm	λ/(g/m^2)
强度较低的混凝土	40～50	50～60	片石混凝土	40～50	70～80
强度较高的混凝土	40～50	60～70	混凝土地坪	20～50	100～150

5.1.4　爆破网路

在室内或周围环境有限制时，宜采用导爆管毫秒延时起爆网路。

5.1.5　爆破安全与防护

1）爆破振动

一般采取延时爆破减少一次齐爆药量，或在基础周围开挖一定宽度的沟槽，以减轻爆破振动的影响。

2）爆破飞石

一般采取覆盖措施防止爆破飞石、空气冲击波的危害及爆破粉尘污染。常用的覆盖材料有草袋、竹笆、荆笆、胶皮带、胶袋帘、土袋。

3）爆破冲击波

爆破冲击波在封闭空间传播受到约束，不能自由传播。虽然填塞良好的浅孔爆破的空气冲击波很弱，但爆破时也必须将周围所有门窗和通道打开，进行卸压。

5.1.6 苏州某酒店地下室地板拆除爆破工程实例

1. 工程概况

苏州某酒店地下室为两层，需部分拆除顶板、隔墙、柱子、底板，要求不能损害保留的地下室结构。钢筋混凝土底板厚度为 1.2～2m，底标高约–6m，水泥标号 C40～C50，底板每立方米含钢筋量较大，共需拆除 8000m^3。周边环境：南侧距离交通次干道 8m，北侧为保留的地下室结构。

2. 总体方案

沿保留界面人工风镐凿开宽 30cm、深 20cm 的沟槽并把钢筋烧断，在沟槽内钻孔，采用不耦合装药沿保留界面进行预裂爆破成缝，将破碎区与保留区分割开来，此后在破碎区钻孔实施爆破，靠近分割缝附近按弱松动爆破控制。

3. 具体拆除方法

（1）地下室底板开槽及预裂缝的施工。沿预留界面人工用风镐先开槽，宽度为 30cm，深度为 20cm，用气割把上层钢筋全部烧断，施工示意图如图 5-1 所示。

（2）预裂孔孔距取 20cm，孔深为底板厚度减 10cm。不耦合装药结构如图 5-2 所示，单孔药量按式（5-4）计算，单位炸药消耗量按表 5-3 选取。

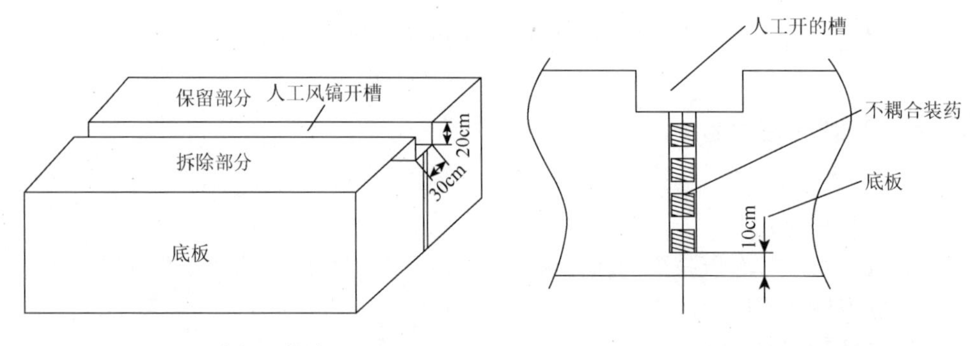

图 5-1 底板开槽施工图

图 5-2 底板开槽装药示意图

（3）基础爆破采用松动爆破，单孔装药量按式（5-1）计算。

孔深取：底板厚度–20cm。保持装药中心在底板梁的中心位置。底板爆破参数如表 5-4 所示。

表 5-4　底板爆破参数一览表

厚度/mm	排距/mm	孔距/mm	孔深/mm	单孔药量/g	炸药单耗/(kg/m^3)
1200	500	600	1000	700	1.9～2.1
1800	600	600	1600	1300	1.9～2.3
2000	600	600	1800	1500	1.9～2.3
预裂孔		200		200～300	

（4）起爆网路设计。为确保起爆网路的安全可靠，采用复式孔内半秒延期雷管与孔外毫秒延期雷管相结合的导爆管起爆网路。一次齐爆的药量可以根据周边环境进行控制。

（5）爆破安全防护。

①爆破振动控制。为安全起见，采用孔内高段、孔外低段的毫秒延时起爆技术，将一次齐爆药量控制在 10kg 以下（个别部位 3kg）。

②针对爆破飞石，主要采取离体搭设封闭式防护棚，如图 5-3 所示，具体要求如下：护架下层高度距底板上表面不小于 2m；下层钢管的排距×行距约为 0.4m×2m，并且用扣件将其固定在立杆上；铺设竹笆时，竹笆与竹笆之间需搭接 20cm，并用铁丝绑牢；铺设顶层钢管主要是压住竹笆层，铺设排距×行距约为 1m×1m，并用扣件将其固定在立杆上；顶上第一道覆盖材料由下而上为竹笆—密目安全网；顶上第二道和第三道覆盖材料均为竹笆；侧面的覆盖材料由里到外为竹笆—密目安全网。

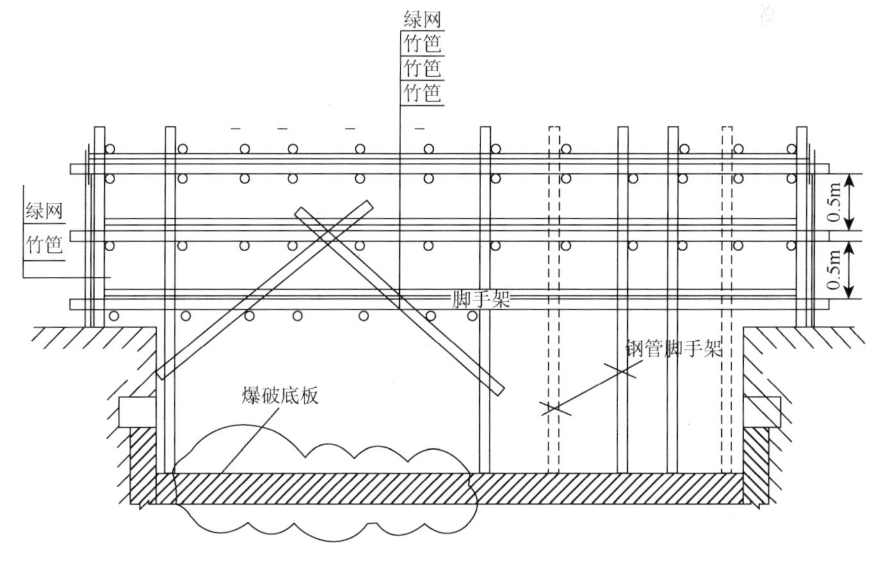

图 5-3　封闭式防护棚施工示意图

③粉尘及冲击波危害控制措施。爆破前 1 天在底板上洒水；在防护棚的外面覆盖绿网，爆前在防护棚绿网上洒水，让防护棚湿透，以过滤粉尘；爆后清凿和清理渣土过程中，通过洒水防止产生扬尘。

4. 爆破效果

由于工期很紧，在 50 天内共进行 8 次爆破，保留结构完整无损，最大飞石距离为 50m，未发生任何安全事故。爆破后，爆碴隆起 1m 左右，爆破块度不大于 30cm，不足之处为因下部 20cm 处钢筋网较密，未能爆破到底，留有 20cm 左右的根底[1]。

5.2 地坪拆除爆破

5.2.1 地坪爆破的主要特点

地坪是指混凝土、钢筋混凝土、片石或块石加水泥砂浆等铺筑的公路路面、飞机跑道、广场地坪、楼底板等。多数厚度不超过 50cm，厚度大于 50cm 的地坪可参照基础拆除爆破设计。由于材料强度较高，人工机械破碎困难，一般厚度大于 20cm 的地坪应选择爆破法破除。地坪爆破的主要特点如下：

（1）地坪厚度小、面积大，因而炮孔深度浅，孔间距小，布孔密，增加了钻孔工作量和炸药消耗量；

（2）材质和厚度难以把握，给设计和钻孔带了较大困难，影响爆破效果；

（3）一般只有一个自由面，钻孔方向与最小抵抗线方向一致，再加上孔浅，容易发生冲炮，造成安全事故。

5.2.2 布孔参数

1）钻孔方向

一般钻孔为垂直孔，但对于较薄或强度大的地坪，可采用倾斜孔，角度以 60° 左右为宜。

2）孔深

$L=(0.7\sim0.8)H$，H 为地坪厚度，m；倾斜孔 $L'=L/\sin\alpha$，α 为倾角。

混凝土路面通常存在施工缝，布置炮孔时孔位距施工缝 50～80cm；当基层需保护时，炮孔深度为地坪厚度的 85%。

3）炮孔间距

一般采取梅花型布孔，孔距 $a=(0.8\sim1.0)L$，排拒 $b=0.87a$。

5.2.3　药量计算

单孔装药量采用体积法公式：

$$Q = qabH \tag{5-5}$$

式中，q 为单位炸药消耗量，g/m^3，一般对于钢筋混凝土取 900～1200g/m^3；对于混凝土取 800～900g/m^3；对于石质取 900～1000g/m^3；对于三合土混凝土取 600～800g/m^3。

5.2.4　起爆与防护

为提高爆破效果，一般应采取齐发起爆网路，为减少震动，可分片分段起爆。由于炮孔太浅，应保证填塞质量，同时炮孔口堆码沙袋以防止冲炮。

5.2.5　工程实例

1. 某公司地下停车场车道拆除爆破工程

1）概况

某公司地下停车场的弯车道需部分拆除后改建为直车道。车道为钢筋混凝土结构，厚 0.35m，钢筋为 ϕ8@200 双层双向布设。爆破体周围是已经建成的厂房和办公楼，需重点保护目标为上面二楼和三楼的弧形玻璃。

2）爆破设计

采用垂直孔，孔深 L 取 25cm，间距为 25cm，排距为 22cm。为减少炮孔，每两排孔之间间隔增为 50cm，单孔装药 30g。

安全防护：以车道两侧高 0.4～2.4m 的挡墙作支撑，上面铺设钢管及一层竹架板作离体防护，炮孔上压一层土袋。为减少爆破振动和一次防护材料用量，每车道分 3 次爆破。

3）爆破效果

钢筋与混凝土完全分离，上层钢筋鼓起 20～50cm，无飞石，周围建筑设施完好无损。

2. 用低爆速炸药切割停车场地坪

1）概况

拟拆除停车场位于某研究所工作区，南面离办公楼 15m，西面离实验室 12m，东面离建材库 4～8m，北面与办公室不相连。地坪长 50m，宽 25m，厚 10～20cm，其下为厚 30cm 的灰土垫层，总拆除面积约 1000m^2。

2）爆破器材

采用黑索今（RDX）炸药加入添加剂，装成ϕ15～20mm的药卷，密度为0.8～0.9g/cm^3，爆速小于3000m/s，用瞬发雷管起爆。

3）爆破参数

孔距为25～30cm，孔深大于板厚2～3cm，采用空隙装药，药位于混凝土地坪下2～3cm的灰土垫层中，装药量为4～8g/孔。

4）爆破效果

地坪形成平整的断裂缝，缝宽1～5cm，拆除混凝土板回收利用率80%以上。对周围建筑无任何损害，办公室玻璃安然无恙[1]。

5.3　基坑支撑拆除爆破

5.3.1　支撑拆除爆破的特点

基坑钢筋混凝土支撑系统由灌注桩（连续墙、SMW工法等）、围檩（压顶梁）、支撑梁、混凝土栈桥（板）等组成。爆破主要针对混凝土支撑梁、混凝土栈桥梁、围檩，栈桥板因较薄（一般厚20～30cm）可采用机械破碎。有时灌注桩、混凝土连续墙及混凝土压顶梁也需爆破拆除。支撑拆除爆破有如下特点：

（1）支撑从浇筑到拆除时间短，因此其强度、完整性很好；

（2）需爆破的支撑均有完整的图纸，浇筑时可现场实地观察，对混凝土强度、布筋等做到心中有数；

（3）支撑大部分位于市区，周边环境对爆破要求很高，爆破设计、施工应精确无误，安全控制把握度高，有的还对爆破噪声、扬尘等控制提出很高要求；

（4）支撑拆除工期很紧，一次爆破量可能很大，支撑爆破与楼房施工交叉进行，而且多数为关键工序，对工期要求很高。

5.3.2　布孔参数

钢筋混凝土支撑系统构件，按照爆破布孔可分为以下几种基本形式：

1）支撑梁

孔垂直向下，孔深L取2/3～3/5梁高，一般可稍深一些，使飞石向下飞散为佳。孔距取0.6～0.9m，抵抗线W取0.25～0.4m，排距取0.8～1.2m，如图5-4所示。

2）围檩

靠灌注桩侧，孔边距为0.15～0.2m，其余布孔方式同支撑梁，如图5-5所示。

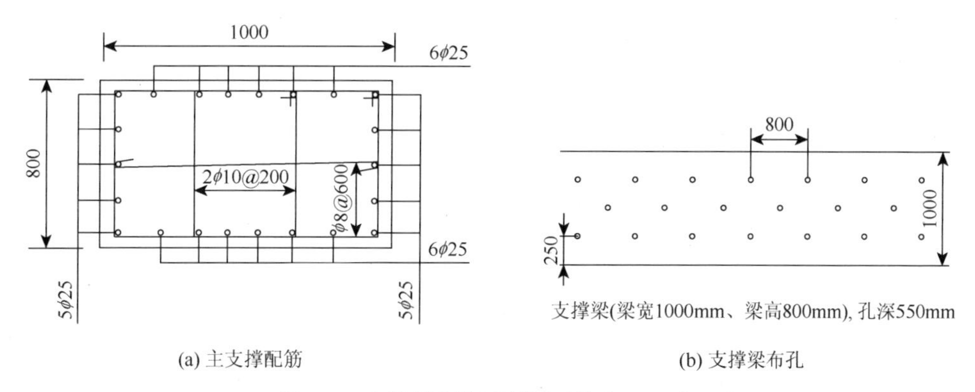

(a) 主支撑配筋　(b) 支撑梁布孔

图 5-4　支撑梁布孔示意图（单位：mm）

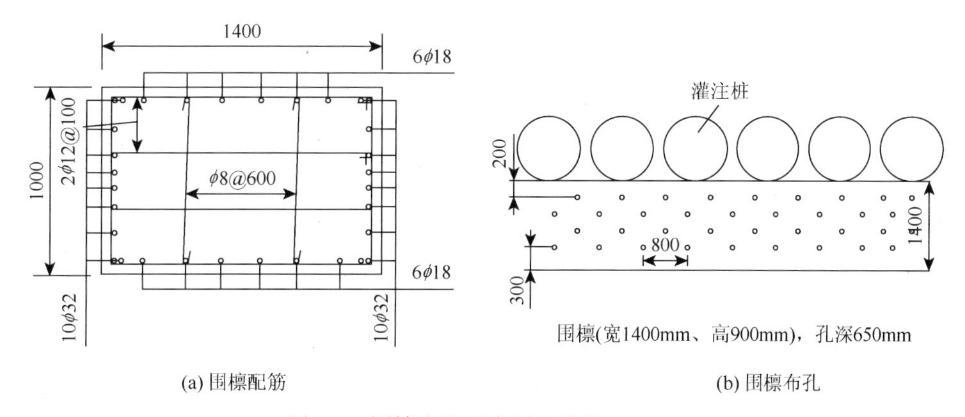

(a) 围檩配筋　(b) 围檩布孔

图 5-5　围檩布孔示意图（单位：mm）

3）冠梁

孔深应加深至离爆破面 10～15cm 处，靠土侧孔边距 0.15～0.25m，其余布孔同支撑梁，如图 5-6 所示。

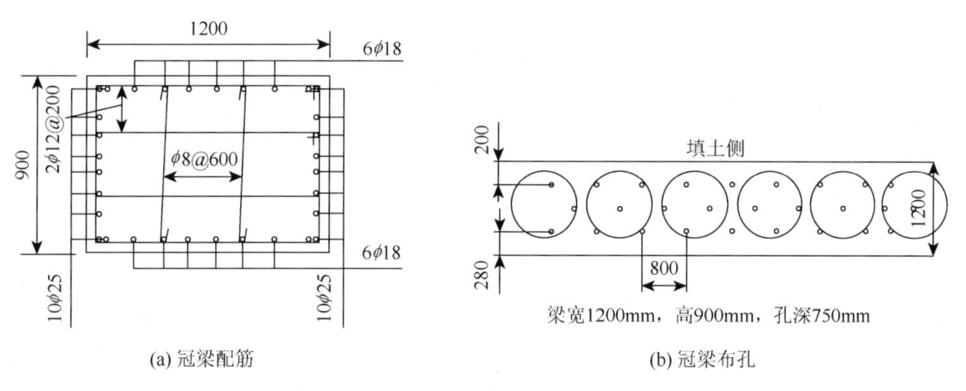

(a) 冠梁配筋　(b) 冠梁布孔

图 5-6　冠梁布孔示意图（单位：mm）

4）梁结点

因钢筋含量很高，所以布孔应加密，炸药单耗增加，孔深 L 一般较同高度的梁体增加 5～10cm，抵抗线 W 取 0.2～0.3m，孔距 a、排距 b 均取 0.4～0.6m，如图 5-7 所示。

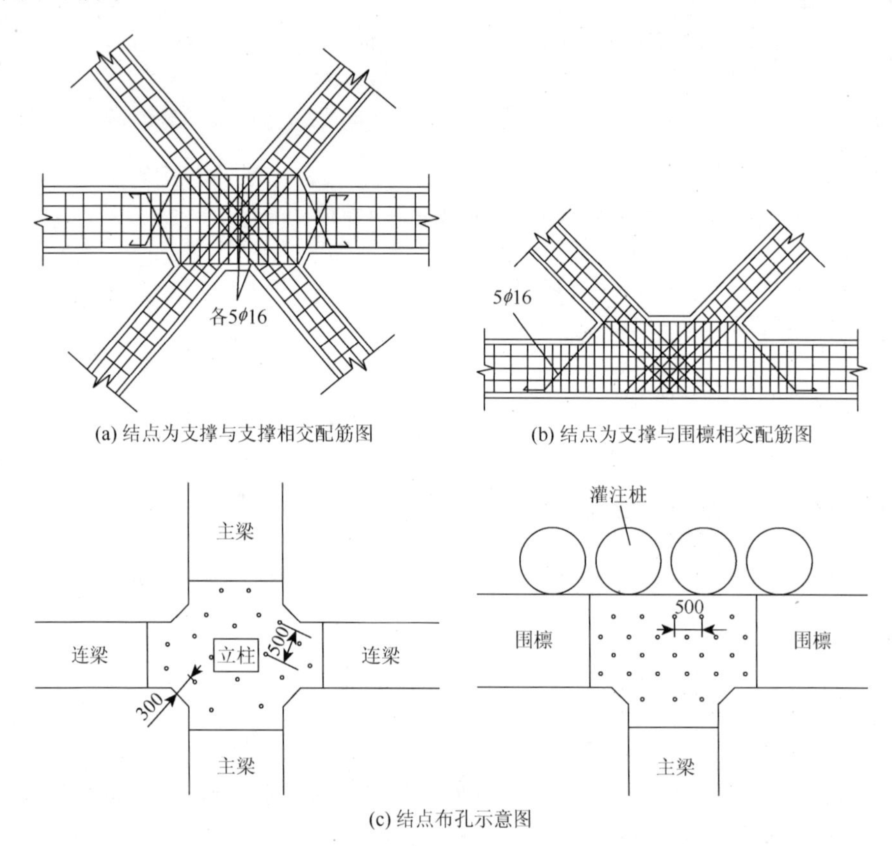

(a) 结点为支撑与支撑相交配筋图　(b) 结点为支撑与围檩相交配筋图

(c) 结点布孔示意图

图 5-7　结点布孔示意图（单位：mm）

5）灌注桩和连续墙

爆破孔一般由坑内向坑外呈水平向。灌注桩按照桩直径不同可布置 1～2 排孔，孔距 0.5～0.8m，孔深 $(2/3\sim3/5)H$ 。

连续墙沿竖直向均匀布孔，按梅花形布设，孔距 $a=0.5\sim0.6\text{m}$ ，排距 $b=0.86a$ ，孔深 $L=(2/3\sim3/5)H$ ，当连续墙两侧均临空时取小值。

5.3.3　药量计算

支撑爆破的药量计算常用改进的体积公式，即先按平均炸药单耗计算单个梁的全部药量，而后依据钢筋分布方式确定单孔药量。

对支撑梁：

$$Q = qaS/n \tag{5-6}$$

式中，Q 为单孔装药量，g；a 为孔距，cm；S 为支撑梁的断面积，m^2；n 为排数；q 为炸药平均单耗，g/m^3，可参照表 5-5 选取。

表 5-5　炸药平均单耗 q 值表　　（单位：g/m^3）

项目	支撑梁	围檩	冠梁	灌注桩	连续墙
配筋率为 1.0%	700	900	800	1100	900
配筋率为 1.5%	850	1020	900	1300	1000
配筋率为 2%	900	1125	1000		1200
配筋率为 3%	1100	1450	1200		1500

注：当配筋率在两档之间时，可采取插值法。

对于结点，由于钢筋相互穿过且结点加筋，致使结点处钢筋密度增加很多，炸药单耗应较相邻最大配筋增加 20%～30%。定好单个结点的全部药量后，再分配到各个炮孔。

5.3.4　起爆网路

因支撑拆除爆破多在市区进行，且一次爆破量、雷管用量均较大，一般采用半秒孔内延期与毫秒孔外延期相结合的非电毫秒延时起爆网路，按区域连接方式可分为两类。

（1）四通连接方式。孔内统一装 HS5、HS6 等半秒延期导爆管雷管，孔外采用 MS3、MS5 等毫秒雷管延期，同段起爆药包间采用四通相连，连接方式为网格式闭合网路，通常 20 个左右的导爆管雷管组成一个区域闭合网路，该网路中的每只引爆雷管应保证至少向两个方向传导爆轰波，可起到双重保险作用，如图 5-8 所示。

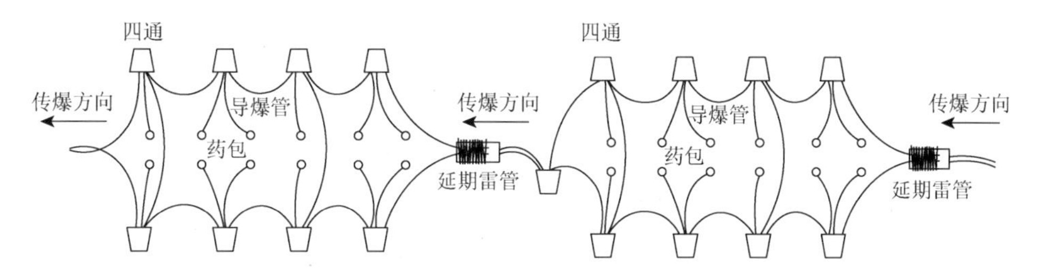

图 5-8　支撑爆破导爆管网格式闭合起爆网路示意图

（2）簇联方式是多级孔外与孔内延期相结合的导爆管簇联起爆网路。其中孔内统一装 HS5、HS6 等半秒延期导爆管雷管，孔外采用 MS3、MS5 等毫秒雷管延期，延期雷管采取双发雷管并绑方式，如图 5-9 所示。

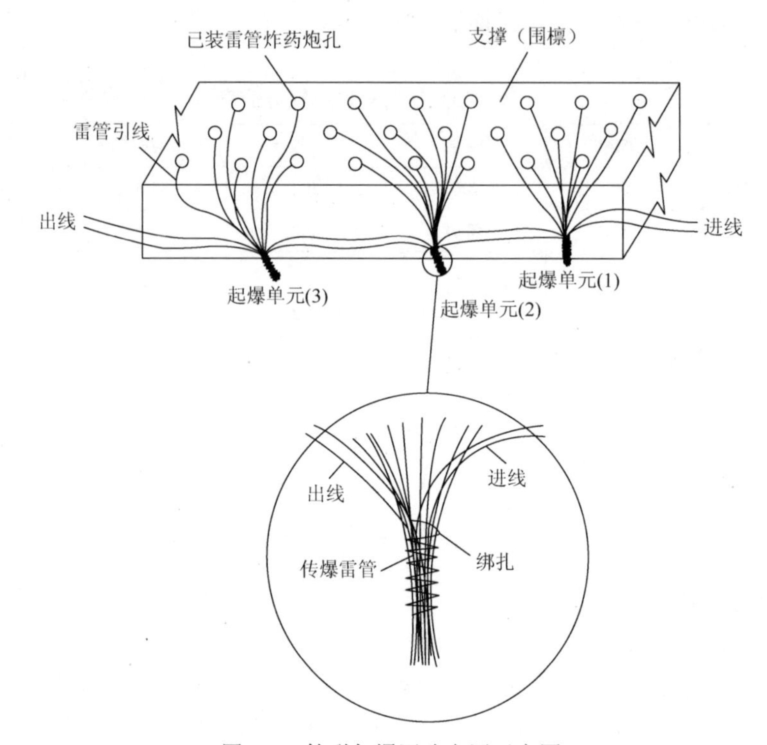

图 5-9　簇联起爆网路布置示意图

考虑到国产 MS3、MS5 毫秒雷管的标称秒量在 HS5、HS6 半秒雷管的上、下规限之内，一些单位在孔内采用高段毫秒雷管，可以改善炮孔间的起爆顺序，更好地控制飞石距离。

为确保准爆和控制爆破危害，应注意以下几点：

（1）为确保爆破网路传播稳定不中断，接力间每段需有两枚毫秒延期雷管引爆；

（2）采用四通连接同段起爆雷管，应采取双线闭式网路；

（3）为防止相同分段引起共振及爆破振动波叠加，可将两种不同毫秒起爆雷管交错连接。

5.3.5　爆破防护

由于支撑爆破大多处于市区，周围建筑、人员、车辆很多，爆破飞石危害较大，而且爆破安全警戒范围大多由飞石影响决定，因此支撑爆破中飞石控制尤其重要。

无防护状态下，首道支撑飞石飞散距离按下式确定：

$$R = 70q^{0.58} \tag{5-7}$$

式中，R 为飞石距离，m；q 为炸药单耗，kg/m^3。

爆破飞石的控制主要从以下几方面考虑：

（1）离体防护。由于支撑形式比较单一，经大量实践证明在被爆支撑周围2m以外搭设全封闭竹笆防护棚方式，可有效缩短飞石飞散距离，甚至可保证飞石不飞出防护棚。防护棚示意图如图5-10及图5-11所示。

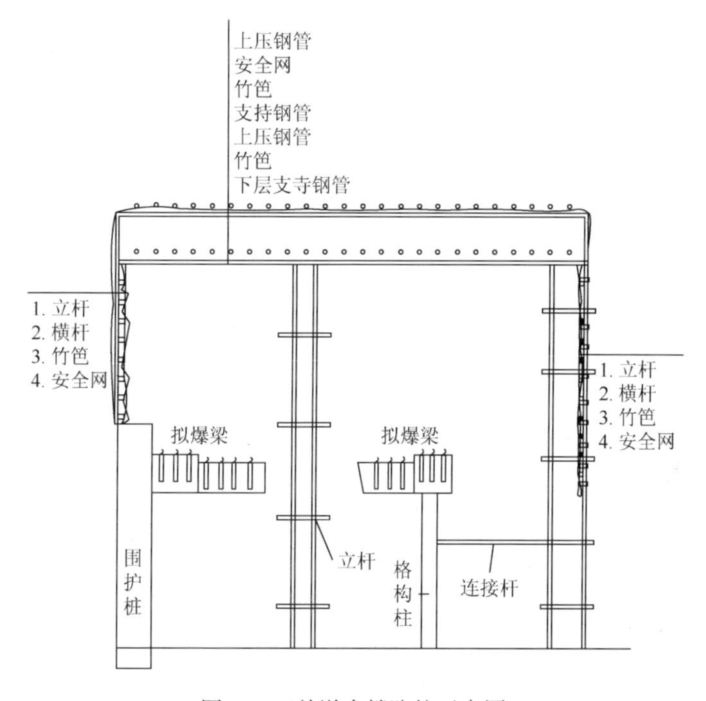

图5-10　首道支撑防护示意图

（2）控制飞石飞散方向。通过适当加大孔深，使飞石向坑底（下）飞散；调整起爆顺序，使飞石向一侧飞散等。

（3）减少装药。对靠近危险地域的支撑，可局部减少装药量，达到控制飞石的目的。

（4）加强施工管理。由于支撑爆破一次爆破孔数很多，如何确保填塞长度、填塞质量，避免个别孔装药过浅甚至冲炮而造成超常规爆破飞石，是爆破飞石控制的关键之一。

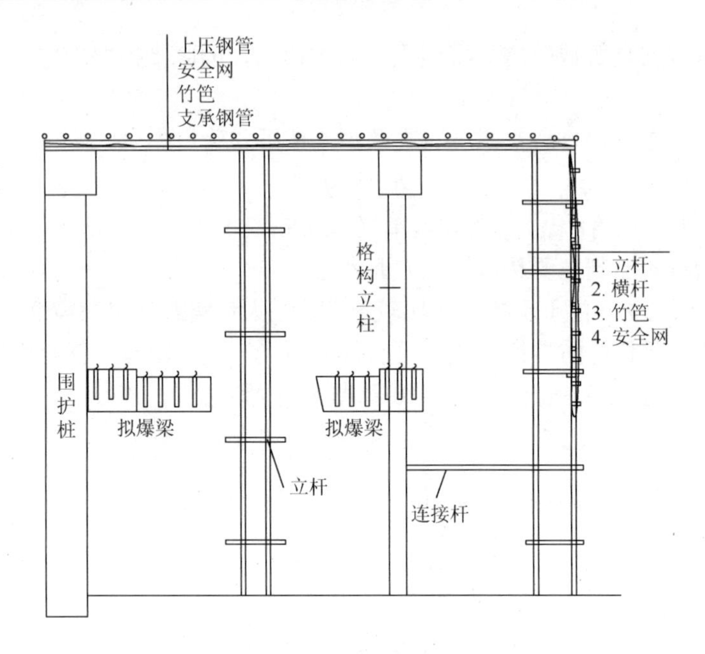

图 5-11　下部支撑防护示意图

5.3.6　鹏欣水游城支撑拆除爆破工程实例

1. 工程概况

鹏欣水游城基坑长 170m，宽 150m，最大挖土深度 21m，土方量 $50\times10^4m^3$。围护采用灌注桩形式，支撑采取钢筋混凝土梁结构。基坑内垂直向设四道钢筋混凝土支撑，中心标高为–2.5m、–6.5m、–11m、–16.5m，其中首道支撑包括冠梁、支撑梁、系梁及栈桥；二至四道支撑包括围檩、支撑梁、系梁；垂直向设钢格构立柱，使支撑与灌注桩形成整体的立体围护系统。为方便施工，在基坑内设置了四个出土平台，并设计了运输栈桥，在首道支撑上部周围设置了部分堆料平台。

按照设计要求，整个钢筋混凝土支撑在施工中应按照地下结构的施工进度同步拆除，整个需拆除的钢筋混凝土量约 15 000m^3。经综合考虑，支撑梁采取爆破法拆除；栈桥板、堆料平台板等采取机械破碎法拆除。

该工程周边情况复杂，北侧七层混合结构居民楼距离爆破点不足 7m，东侧老式砖木结构民房距爆破点约 10m，西侧距中华路 8m，南侧距建康路 8m，周围环境如图 5-12 所示。

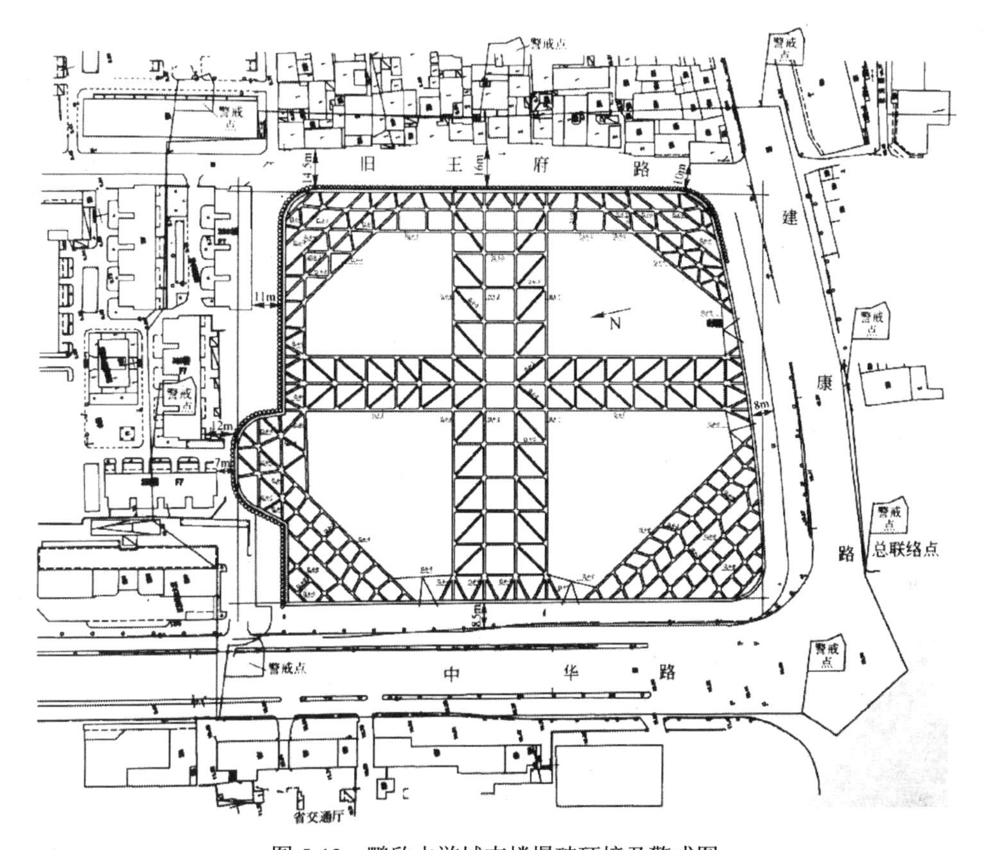

图 5-12　鹏欣水游城支撑爆破环境及警戒图

2. 爆破参数

最小抵抗线 W：$W = 200 \sim 300\text{mm}$；

孔距 a：$a = 700 \sim 900\text{mm}$；

排距 b：$b = 100 \sim 300\text{mm}$；

孔深 L：$L = (2/3 \sim 3/5)H$；

单孔药量 Q：

$$Q = KaBH/n \tag{5-8}$$

式中，Q 为单孔药量，g；K 为炸药单耗，g/m^3；a 为孔距；n 为排数；B 为梁宽，m；H 为梁高，m。

其布孔参数和装药量综合列于表 5-6。

表 5-6　支撑爆破布孔参数及装药量表

类别	截面 $B \times H$/(m×m)	W/m	a/m	b/m	L/m	单孔装药量/g	炸药单耗/(g/m^3)
ZC1	0.6×0.8	0.25	0.9	0.10	0.55	150	694
ZC2	1.0×0.7	0.25	0.9	0.25	0.50	175	833

续表

类别	截面 $B\times H$/(m×m)	W/m	a/m	b/m	L/m	单孔装药量/g	炸药单耗/(g/m³)
ZC3	0.9×0.9	0.25	0.9	0.20	0.65	175	720
ZC4	1.0×1.0	0.25	0.9	0.25	0.70	225	750
WL	1.3×0.9	0.20	0.9	0.23	0.65	300	1140

注：结点药量增加 20%。

炮孔采取预埋方式，埋孔参数如图 5-13 所示。

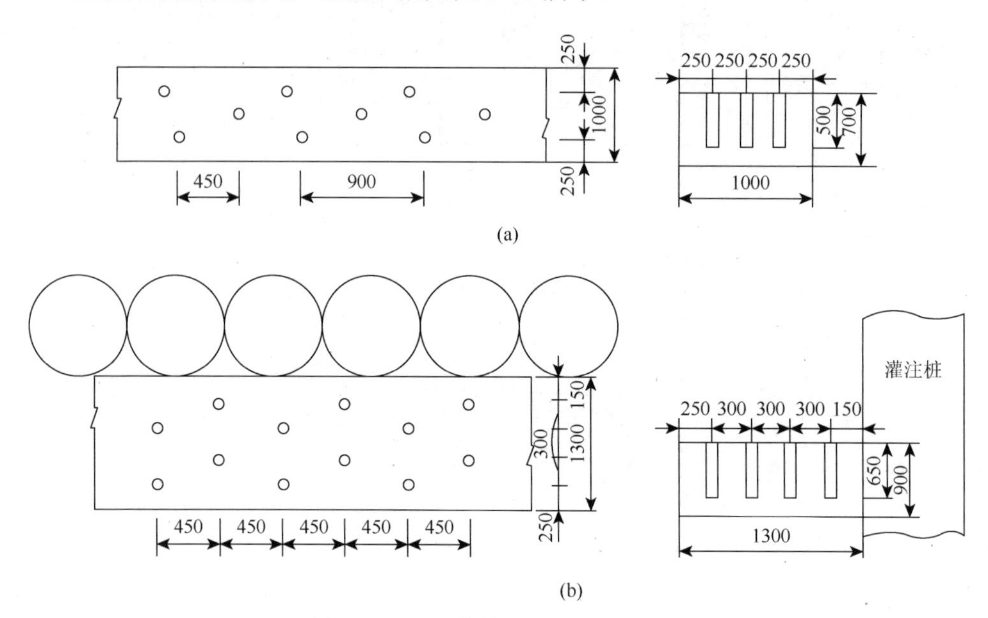

图 5-13　埋孔参数图（单位：mm）

（a）支撑梁布孔示意图：梁宽 1000mm、梁高 700mm、孔距 900mm、孔深 500mm；（b）围檩布孔示意图：梁宽 1300mm、梁高 900mm、孔距 900mm、孔深 650mm

3. 起爆网路

每道支撑分四次进行爆破，孔内采用秒延期导爆管雷管起爆，导爆管雷管用四通联成复式网路，通过横向、纵向交叉搭接，形成多路保险；段间采用毫秒雷管实现多段延时起爆系统分别起爆，使一次起爆药量控制在安全范围内。

4. 安全控制

1）爆破震动

爆破震动效应按以下公式控制：

$$V = K\left(\frac{\sqrt[3]{Q}}{R}\right)^{\alpha} \tag{5-9}$$

本次爆破重点保护目标是北侧七层混合居民楼和东侧老式砖木结构民房，它们距离爆破点分别为 7m 和 10m。最大一次起爆药量小于 1kg 时，则有

$R=7\text{m}$ ，$Q=1.0\text{kg}$ ，$V=1.50\text{cm/s}$ ；

$R=10\text{m}$ ，$Q=1.0\text{kg}$ ，$V=0.78\text{cm/s}$ 。

其值满足规范要求，实际爆破中，主要从两方面解决爆破振动问题：

（1）从需保护体本身着手，摸清各自特点，制订相应的防护目标。通过查找国内外相关资料并参考上海支撑爆破参数结合南京地区建筑特点及南京拆除爆破资料，确定各自的地震抗力参数。最终确定混合建筑居民楼爆破振动速度小于 1.5cm/s、砖木结构住宅房为 1cm/s、各类管线取 2.5cm/s。

（2）通过综合采取孔内孔外延时技术、导爆管毫秒延时起爆技术、预切割技术等，将每次起爆约 1000kg 的炸药量分为数百小段起爆，瞬时单次起爆药量控制在 6kg 以下，其中关键部位药量不大于 1kg，使爆破产生的震动大大减小，满足了爆破振动控制要求。

2）爆破飞石

爆破飞石危害控制措施如下：

（1）采取多打孔的方法，将爆破药量均匀分布在支撑混凝土中，使爆破能量尽可能多地应用于破碎支撑混凝土中，相应地减少爆破飞石能量，降低产生的爆破飞石的速度。

（2）由于该工程范围很大，基坑平面约$(150\times170)\text{m}^2$，因此可通过调整布孔位置及起爆顺序，将飞石飞散方向控制在基坑内侧，则可保证飞石不出基坑，不会危害周围建筑；另外，通过增加装药深度使飞石向下方飞散，从而达到飞石不飞出基坑的目的。

（3）加强防护，阻拦可能产生的爆破飞石，确保飞石不危害周围保护目标；根据现场情况，设置了爆破防护棚，将整个爆破体置于防护棚内，防护棚外用二至三层竹笆及一层安全网遮盖，并外压钢管。实践证明，爆破后防护棚完好如初，拦住了全部可能外飞的飞石，确保了爆破安全。

5. 爆破施工

爆破施工可分为预埋孔、清补孔、装药、填塞、连线、起爆 6 个阶段。

预埋孔在支撑梁浇筑时进行，清补孔在爆破装药前完成。当支撑结构的混凝土强度值达到设计要求（80%）时，即可进行爆破。一般爆破装药至完成时间不超过 12h。从炸药进场至爆破完成，需设置装药警戒区域，除爆破作业人员外，其余人员禁止入内。

炸药装入炮孔后，上部空余孔部分需进行填塞，填塞材料采用中粗砂，填塞应密实，不得漏填或半填，填塞作业用木棍进行。

爆破网路连线由技术熟练的爆破员按设计进行，完工后爆破技术人员需进行全面检查，完成后所有人员退出装药区域。

安全警戒距离取 40m，其中 20m 内室内人员应撤离。提前一小时开始疏散室内人员，提前半小时撤离施工人员（施工现场由甲方负责），提前 10min 清理周边行人、车辆，提前 5min 中断周边交通。爆破结束爆破员检查无误后解除警戒。

6. 支撑爆破安全警戒

对支撑爆破安全警戒起决定作用的主要是飞石危害。按照国家标准《爆破安全规程》（GB 6722—2014），城市拆除爆破飞石控制标准应为 100～150m。而该工程因地处繁华地段，周围即使 100m 处也有上百家单位，数万人需要疏散。经过充分论证，参考外地经验，将安全范围调整为 20～40m，其中室内 20m 范围内人员撤离，使需疏散的居民减少到不足 100 户。在实际操作中，几次爆破后，除老弱病残外，超过 10m 以外室内人员不再疏散，只是每次爆破前确保通知到每户人家，以免惊慌，并将疏散次数由最初计划的 16 次减少到 8 次，大大降低了爆破对周围居民的影响，提高爆破社会效益。

7. 爆破效果

爆破按支撑层数分四期进行，其中第四层支撑于 2006 年 11 月 16 日首次爆破成功，2007 年 4 月 9 日爆破完成。消耗雷管约 100 000 发，消耗炸药超过 13t，平均每次爆破量约 1000m^3，单次最大爆破量 1600 余 m^3，缩短工期 50 天，降低成本约 30%，减少误工 40 000 人工，爆破效果良好[1]。

复习思考题

1. 基础拆除爆破布孔参数如何选取?
2. 基础拆除爆破时降低震动、冲击波强度和减少飞石飞散距离的安全措施有哪些?
3. 地坪爆破布孔参数如何选取?
4. 基坑支撑拆除爆破起爆网路如何设计?
5. 基坑支撑拆除爆破飞石的安全防护措施有哪些?

第 6 章　建筑物拆除爆破

6.1　爆破方案选择

用爆破法拆除建筑物，是一种既经济又安全的方法。它可以节省时间、劳力、设备和投资，同时可以把高空作业变为地面或底层作业。而且由于能准确预报倒塌时间，所以安全性好，它不像机械与人工拆除那样，造成被拆除建筑物周围长期处于危险状况。

建筑物的拆除爆破，主要是依据失稳原理，即破坏建筑物的局部或大部分承重构件，使其失去承载能力，导致建筑物整体失去平衡，在自重的作用下定向倒塌或原地坍塌，达到解体拆除的目的。

建筑物往往处于人口稠密、建筑物密集、水电气管线纵横交错的地区。为了不损坏周围建筑物与管线，拆除爆破设计的首要任务是根据作业环境、场地大小以及结构类型等，正确地选择爆破拆除方案及失稳所必需的破坏高度和宽度；其次是进行柱、梁、墙等构件的爆破设计。

在人口稠密的闹市区或车辆来往频繁的交通要道附近，用爆破法拆除高层楼房时，需要制定严格的安全措施，控制爆破振动、冲击波、噪声等危害，还要进行防护，以免飞石伤人。

为确保建筑物拆除爆破工程安全顺利地进行，爆破前，必须对建筑物的结构和受力情况进行仔细认真的分析，摸清其结构类型及全部承重构件的部位与分布，探明材质情况和施工质量；了解爆破点周围的环境和场地情况，从而根据实际情况和拆除任务与安全要求，确定出合理的、切实可行的拆除爆破方案。根据不同的情况，建筑物爆破拆除方案通常有下列 5 种。

6.1.1　定向倒塌

当爆破点四周有一个方向的场地较为开阔，允许楼房一次爆破“定向倒塌”时，任何类型的砖混结构和钢筋混凝土结构楼房的拆除均可采用这种方案。这种拆除方案的优点是钻爆工作量小，拆除效率高；爆破时，除事先破坏底层阻碍倒塌的隔断墙外，只需爆破最底层的内承重墙、柱和倒塌方向及其左右两侧三个方向的外承重墙、柱，即可在重力转矩 M 的作用下达到“定向倒塌”的目的，如图 6-1 所示。这种拆除方案的主要缺点是要求楼房倒塌方向必须具备较为开阔的场地，倾倒方向场地的水平距离不宜小于 2/3～3/4 楼房的高度。一般刚度好的楼房，倒塌距离大一些；刚度差的楼房，倒塌距离小一些。

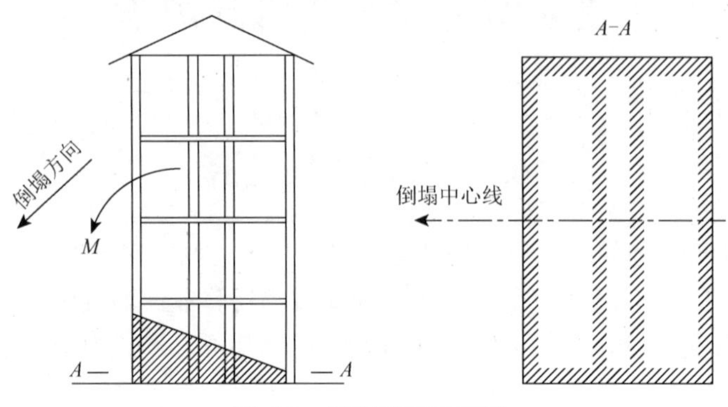

图 6-1　定向倒塌示意图

6.1.2　单向折叠倒塌

当爆破点四周均无较为开阔的场地或四周任一方向场地的水平距离均小于 2/3 或 3/4 楼房的高度时，为控制楼房的倒塌范围，任何类型的砖混结构和钢筋混凝土结构楼房的拆除均可考虑采取“单向折叠倒塌”爆破方案。这种爆破拆除方式系自上而下对楼房每层大部分的承重结构加以破坏，如图 6-2（a）中所示的阴影部分。其破坏方法类似“定向倒塌”方式，但必须利用延期间隔起爆技术，自上而下顺序起爆，迫使每层结构在重力转矩 M_1、M_2、M_3 和 M_4 的作用下，均朝同一方向连续折叠倒塌。

如果隔一层或数层炸毁一层，称为简化式单向折叠倒塌，如图 6-2（b）所示。此方法相比于前述连续折叠倒塌方案，可以减少钻爆工作量，但要求倒塌场地要相应大一些。

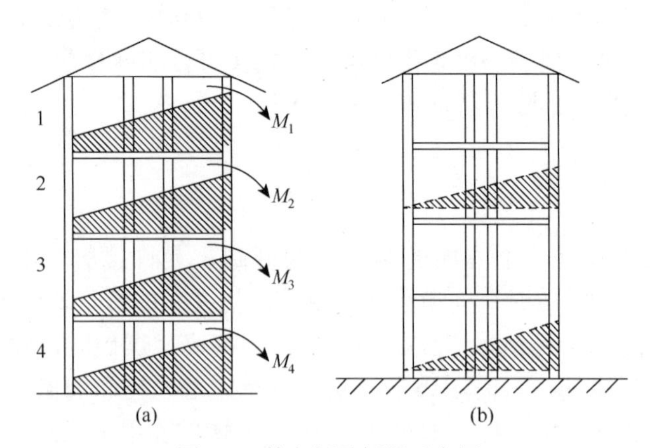

图 6-2　单向折叠倒塌示意图

这种爆破拆除的主要优点是倒塌范围相对小些，楼房坍塌破坏得较为彻底；缺点是钻爆工作量较大，而且倒塌一侧场地的水平距离要求接近或等于 1/2～2/3 楼房的高度。显然，这种方案是在定向倒塌方案的基础上派生出来的，在设计方法上与定向倒塌相同。

6.1.3　双向折叠倒塌

若楼房四周任一方向地面水平距离均小于 2/3 楼房高度时，为控制楼房倒塌范围，任何类型的砖混结构和钢筋混凝土结构楼房的拆除均可采用“双向交替折叠倒塌”爆破方案。这种爆破拆除方式类似“单向折叠倒塌”，但不同之处是，自上而下顺序起爆时，上下层结构一左一右地交替定向连续折叠倒塌。图 6-3（a）中所示的阴影部分即为交替顺序爆破部位。此种爆破拆除方案的主要优缺点也类似前一种，其优越性是倒塌范围又相对小一些，但倒塌两侧场地的水平距离不宜小于 1/2 楼房的高度。图 6-3（b），为简化双向折叠倒塌。

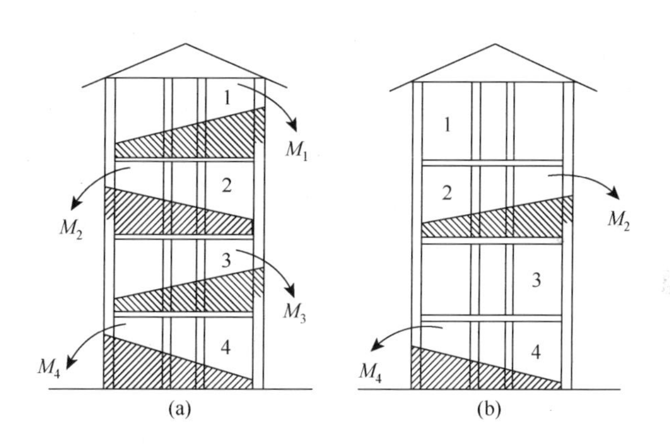

图 6-3　双向折叠倒塌示意图

6.1.4　内向折叠坍塌

“内向折叠坍塌”爆破拆除方式类似“原地坍塌”，其区别和特点主要是自上而下对楼房的每层内承重构件，如墙、柱和梁等予以充分破坏，从而在重力作用下形成内向重力转矩，如图 6-4 的 M 和 M'。图中阴影部分为爆破部位，在一对重力转矩作用下，导致上部构件和外承重墙、柱向内折叠坍塌，但必须采用延期间隔起爆技术，自上而下顺序起爆，方可形成楼房结构层层连续向内折叠坍塌的破坏方式。若外承重墙较厚或其中有钢筋混凝土承重立柱时，也应在顺序起爆过程中爆破至一定高度，使之疏松后形成铰支，从而确保其顺利向内折叠倒塌；通常外承重构件应迟于内承重构件起爆。这种爆破拆除方式的主要优缺点类似“双向交替折叠倒塌”，不同之处是坍塌范围相对小些，楼房四周的场地水平距离要求具备 1/3～1/2 楼房的高度即可。

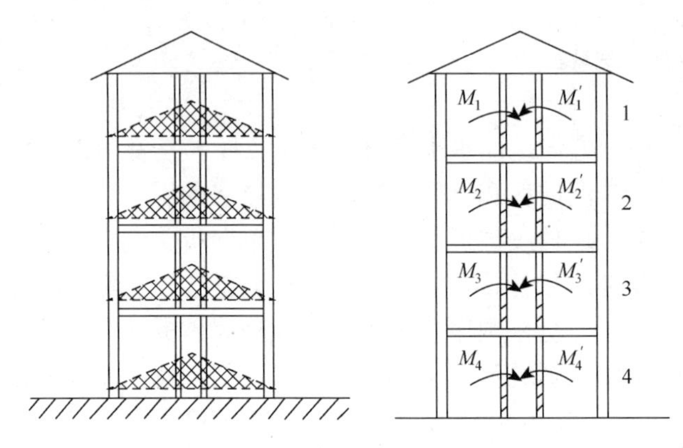

图 6-4　内向折叠坍塌示意图

6.1.5　原地坍塌

若楼房四周场地的水平距离均小于 1/2 楼房的高度，而砖结构的每层楼板又为预制楼板时，这种类型结构楼房的拆除便可采用“原地坍塌”爆破方案。爆破时，除事先将最底层阻碍楼房坍塌的隔断墙进行必要的破坏，只需将最底层的内承重墙和四周的外承重墙予以充分破坏至足够高度，则整幢楼房便可在自重作用下达到“原地坍塌”的目的，如图 6-5 所示。这种坍塌破坏方式钻爆工作量小、拆除效率高，其四周场地的水平距离有 1/3～1/2 楼房的高度即可。实践经验表明，采用上述“原地坍塌”爆破拆除方式有一定的局限性，通常适用于爆破拆除砌筑预制楼板的砖结构楼房，即楼房整体结构刚度较低的楼房；若砖结构楼房的楼板为整体灌注的钢筋混凝土楼板时，采用“原地坍塌”爆破拆除方式往往达不到楼房整体坍塌的目的，当底层的内外承重墙炸毁后，出现上部楼房结构整体垂直下坐而不坍塌的现象，仅仅上层楼板和墙体产生一些裂缝而已。对于这种类型的砖结构楼房的爆破拆除方案，可根据其周围的场地条件，从前三种坍塌破坏方式中选择或采用“内向折叠坍塌”爆破拆除方案。

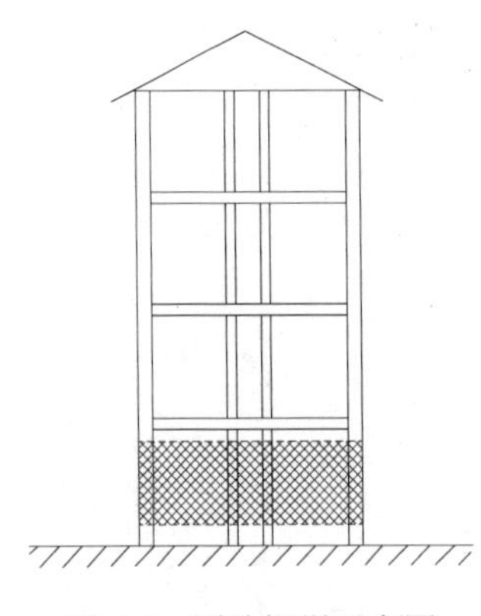

图 6-5　原地坍塌示意图

6.2　爆破技术设计

6.2.1　爆破设计原则

建筑物的承重结构是由基础、墙、柱、梁、楼梯及尾架等构件互相连接组成的。根据失稳原理，为了使房屋准确、可靠、安全地倒塌，必须明晰结构物特点，抓住接点要害，采用切梁、断柱、倒墙的方法，炸毁结构物的所有承重构件，破坏结构的强度，降低结构的刚度，摧毁结构整体的稳定性，最终导致结构重心偏移，在自重作用下形成倾覆力矩，迫使建筑物按设计方式倒塌。为此，爆破工程实践中常做如下处理：

（1）一般均在建筑物的承重柱、墙的受力接点处布设炮眼。对于钢筋混凝土框架，则只需在柱上穿凿一定高度的炮眼装药爆破，使其中的混凝土充分破坏，就会使立柱失去刚度，在自重作用下失稳倒塌。

（2）对钢筋混凝土承重主梁，可在梁的两端或梁柱连接处布设炮眼，使其炸毁，构成切梁效应，在上层结构自重下压状态下随梁断裂塌落。对于立柱，则在距地面一定高度处的底部和梁柱连接处的顶部分别布设炮眼，装药炸毁，使立柱失稳倾倒。

（3）对于柱间接梁、联系梁及承重墙，也需布设一定数量的炮眼，装药后用毫秒微差先行起爆，使其与主体结构脱离。随之进行整个框架的起爆，使主体框架顺利倒塌。

（4）对于影响和阻碍框架坍塌的内外墙，以及墙中的承重柱、门、窗、窗与窗间的墙体，均需布眼，且下排炮眼应和窗台平齐，一般布 2～3 排，使爆破高度达到承重墙厚的 1.5～3.0 倍。也就是说，只需炸开 0.6～1.5m 高的洞口，就可确保砖墙倒塌。

（5）室内和地下室中的承重构件和楼梯，应在装药后与楼房同时起爆或超前起爆，予以彻底炸毁，为顺利倒塌创造可靠的条件。

6.2.2　临界炸毁高度的计算

高层建筑物采用定向倒塌，就是把建筑物的底部炸出一个具有足够长度和高度的开口，这样就破坏了结构的平衡状态，使其在自重作用下，形成一个倾倒力矩，迫使建筑物按预定方向倒塌。

对于钢筋混凝土框架结构，其承重立柱的失稳是整个框架倒塌的关键。应用爆破法炸毁立柱，为了减少飞石，一般仅把立柱中的混凝土炸碎，使之脱离钢筋骨架，而不是把钢筋也同时炸断，这样，未炸断的裸露钢筋对结构仍有一定的支撑力。因此还必须使钢筋在其上部建筑物自重的压力作用下失稳，才能保证建筑物顺利倒塌，这就是力学中所说的压杆稳定问题。

在材料力学中所讲的压杆稳定问题，是在已知压杆的材料、形状、支承状况和长度的情况下，求临界载荷。而这里是已知压杆——钢筋的材料、形状、支撑情况和载荷大小，求钢筋失稳时的最小长度，即失稳时需要炸毁的最小高度，简称为临界炸毁高度。正确选定临界炸毁高度 H_{lj}，是既省工又能确保立柱失稳的关键。

要计算临界炸毁高度，首先必须判别钢筋在建筑物自重作用下是属于哪一类型的压杆，然后才可应用相应的公式进行计算。对于受压杆件，根据柔度值（或称细长比）λ，将压杆分为 3 种类型：小柔度杆、中柔度杆和大柔度杆，如图 6-6 所示。

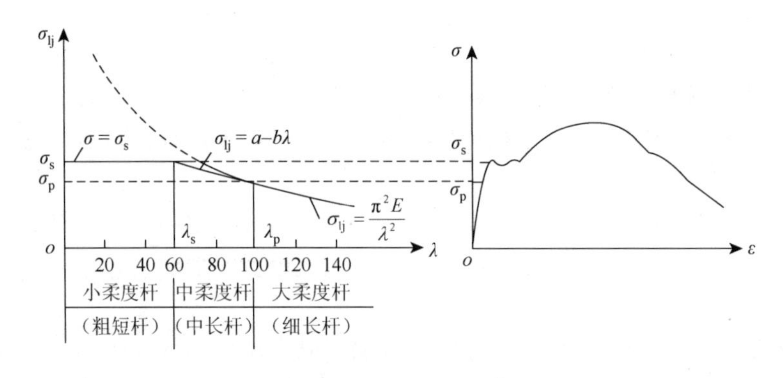

图 6-6　按柔度值对压杆进行分类

从图 6-6 可以看出：当 $\lambda < \lambda_s$ 时属于小柔度杆，或称粗短杆；$\lambda_s \leqslant \lambda < \lambda_p$ 时，属于中柔度杆，或称中长杆；$\lambda \geqslant \lambda_p$ 时，属于大柔度杆，或称细长杆。从受力情况分析，上述情况可表示如下：

（1）当实际作用在钢筋上的应力 $\sigma > \sigma_s$ 时，即每根钢筋上所受的压应力大于钢筋所能承受的屈服极限 σ_s 时，钢筋必然发生压缩破坏，从而导致结构失稳。上式也可写成：

$$p/n > \sigma_s A \tag{6-1}$$

式中，p 为作用在立柱上的压力，N；n 为立柱内的钢筋根数；σ_s 为钢筋的屈服极限，Pa；A 为单筋的横截面面积，m^2。

这种情况属于粗短杆的压缩破坏，一般比较少见。如果出现这种情况，也存在求临界炸毁高度的问题，因为只要切口刚一炸开，裸露钢筋便立即被压坏，立柱就随之失稳下坐。

（2）当作用在钢筋上的应力 σ 小于钢筋的屈服极限 σ_s，即 $\sigma \leqslant \sigma_s$，或表示为每根钢筋上所受到的压力 p/n 小于单筋所能承受的压力时，即

$$p/n \leqslant \sigma_s A \tag{6-2}$$

此时钢筋处于细长杆受压状态，要计算其失稳长度可用欧拉公式，即

$$p = \frac{\pi^2 EI}{(\mu l)^2}$$

$$l = H_{lj} = \frac{\pi}{\mu}\sqrt{\frac{EI}{p}} \tag{6-3}$$

式中，p 为单筋所受压力，N；H_{lj} 为临界炸毁高度，m；l 为单筋失稳长度；I 为钢筋横截面惯性矩，对于圆形钢筋 $I = \frac{\pi d^4}{64}$，m^4，d 为钢筋直径，m；E 为钢筋的弹性模量，$E = 2.1\times10^5\mathrm{MPa}$；$\mu$ 为长度系数，其取值可见表 6-1。

表 6-1　约束情况与支座系数（长度系数）μ

项目	序号 1	序号 2	序号 3	序号 4	序号 5
约束情况	一端自由 一端固定	两端铰链	一端不能转动 一端固定	一端不能横向移动，一端固定	两端只能沿轴向相对移动
计算简图	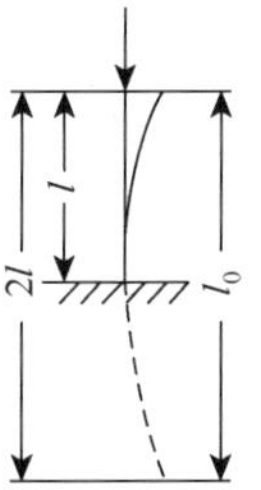		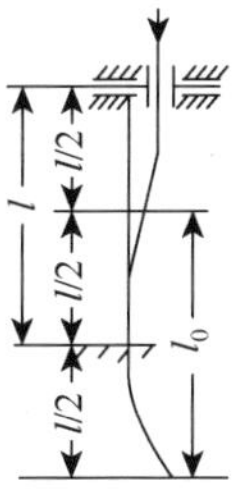	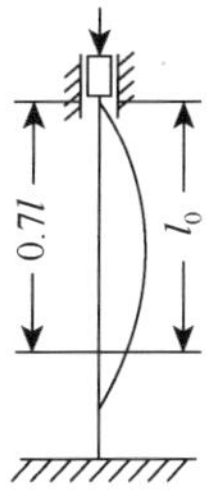	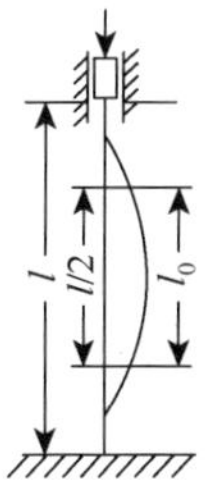
μ	2	1	1	0.7	0.5

对于钢筋混凝土立柱，当中间一部分混凝土被炸毁而脱离钢筋后（图 6-7），立柱中的单根主筋可视为一端固定、一端自由的细长压杆，所以这里选取 $\mu = 2$，得

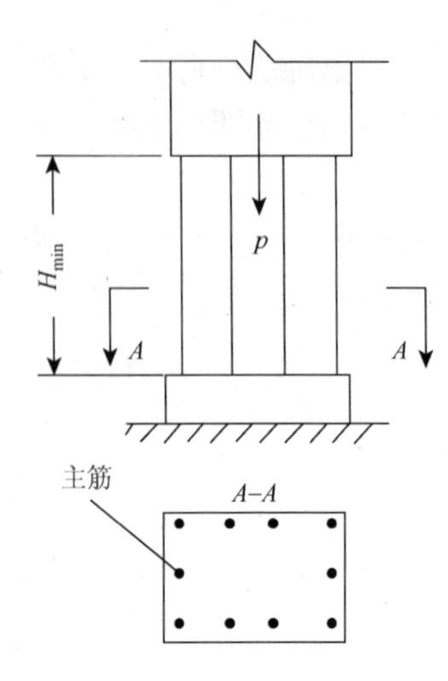

图 6-7　立柱破坏高度

$$H_{lj} = \frac{\pi}{2}\sqrt{\frac{EI}{p}} \tag{6-4}$$

又根据柔度的定义，可求出一端固定、一端自由压杆的临界炸毁高度：

$$\lambda = \frac{\mu l}{i} \tag{6-5}$$

$$i = \sqrt{I/A} \tag{6-6}$$

故

$$\lambda = \mu l\sqrt{A/I} \tag{6-7}$$

式中，λ 为柔度或称细长比；A 为单筋横截面面积，cm^2，对于圆形钢筋

$$A = \frac{1}{4}\pi d^2 \tag{6-8}$$

式中，i 为惯性半径，cm。于是得

$$\lambda = \mu l\sqrt{\frac{A}{I}} = 2l\sqrt{\frac{\frac{1}{4}\pi d^2}{\frac{\pi d^4}{64}}} = \frac{8l}{d} \tag{6-9}$$

$$l = H_{lj} = \lambda d/8 \tag{6-10}$$

从图 6-6 还可以看出，当 $\sigma = \sigma_p$ 时，即在 λ_p 点时，对于用普通碳素钢制成的钢筋，$\lambda_p = 100$，则

$$H_{lj} = \frac{\lambda d}{8} = \frac{100d}{8} = 12.5d \tag{6-11}$$

所以，细长压杆的炸毁高度应大于或等于 12.5d，方可保证立柱失稳。当 $\lambda = \lambda_p$ 时，$H_{lj} = 12.5d$；当 $\lambda > \lambda_p$ 时，可用式（6-4）求 H_{lj}。

（3）当 $\sigma_p < \sigma < \sigma_s$，即 $\sigma_p A < \frac{A}{n} < \sigma_s A$ 时，压杆属于中长杆。对于中长杆的临界炸毁高度要用雅兴斯基公式计算：

$$\sigma_{lj} = a - b\lambda$$

$$\frac{p}{nA} = a - b\lambda = a - b\cdot\frac{2l}{d}$$

故

$$l = H_{lj} = \frac{a}{2b}\cdot\left(a - \frac{p}{nA}\right) \tag{6-12}$$

式中，a、b 为与材料有关的常数，参考表 6-2。对于一般低碳钢，如 A3 钢，$a=304\text{MPa}$，$b=1.118\text{MPa}$，于是便可求出 H_{lj} 值。从柔度定义出发，也可得到 H_{lj} 值。

表 6-2　几种材料的柔度分界值及常数 *a*、*b*

材料/MPa	a/MPa	b/MPa	λ_1	λ_2
碳钢（A3 钢，$\sigma_{\text{b}}=373$，$\sigma_{\text{s}}=235$）	304	1.118	61.4	105
碳钢（$\sigma_{\text{b}}=471$，$\sigma_{\text{s}}=306$）	460	2.567	60	100
硅钢（$\sigma_{\text{b}}=510$，$\sigma_{\text{s}}=353$）	578	3.744	60	100
灰铸铁	332	1.454		
铬钼钢	981	5.296		55
强铝	373	2.143		50

$$\lambda_{\text{p}}=\pi l\sqrt{\frac{E}{\sigma_{\text{p}}}}=100$$

$$\lambda_{\text{s}}=\frac{a-\sigma_{\text{s}}}{b}=60$$

若取 $\lambda=60$，代入 $\lambda=\mu l\sqrt{\dfrac{A}{I}}$ 得

$$l=H_{\text{lj}}=\frac{\lambda}{\mu}\sqrt{\frac{I}{A}}=\frac{60}{2}\sqrt{\frac{\pi d^4}{64}\Big/\frac{1}{4}\pi d^2}=7.5d \tag{6-13}$$

即中长杆的临界炸毁高度 H_{lj} 为（7.5～12.5）d。

计算出的临界炸毁高度，只是满足了框架失稳时的必要条件，并非是充分条件。而要确保框架结构在立柱失稳后能顺利倒塌或坍塌，取决于框架下落时冲击地面后能否形成二次解体所需的高度，这便是充分条件。因为，计算出的临界炸毁高度是满足了在自重作用下裸露钢筋的失稳条件，从而造成立柱丧失承载能力。但当立柱下落时，下端碰到地面，若形成的冲击力不够大，这时框架本身便不可能破坏解体，它仍会以新的形式矗立在地面上，而不倒塌，这种情况已不乏其例，因此，必须对建筑物各构件在下落时的冲击破碎的可能性进行验算。

理论计算和现有的实践经验表明，为确保钢筋混凝土框架结构爆破时顺利坍塌或倾倒，并形成二次解体以获得良好的破碎效果，钢筋混凝土承重立柱的爆破破坏高度 H 宜按下列公式确定，即

$$H = K(B + H_{\min}) \quad (6\text{-}14)$$

式中，B 为立柱截面的边长，cm；$H_{\min}$ 为承重立柱底部最小爆破破坏高度，即临界炸毁高度，cm；K 为经验系数，$K = 1.5 \sim 2.0$。

立柱形成铰链部位的爆破破坏高度 H' 可按下式确定，即

$$H' = (1.0 \sim 1.5)B \quad (6\text{-}15)$$

式中，B 为立柱截面的边长，cm。

6.2.3　爆破参数选择

1）最小抵抗线 W

一般在小断面钢筋混凝土承重立柱的控制爆破中，应取最小抵抗线 W 等于断面中最小尺寸 B 的一半，即 $W = B/2$。实践表明，在大截面如 $80\text{cm} \times 100\text{cm}$、$100\text{cm} \times 100\text{cm}$ 及 $100\text{cm} \times 120\text{cm}$ 承重立柱的控制爆破中，宜取 $W = 25 \sim 50\text{cm}$。

2）炮孔间距 a

在四面临空的钢筋混凝土承重立柱和梁的爆破中，取炮孔邻近系数 $m = a/W = 1.2 \sim 1.25$ 为宜，即 $a = (1.2 \sim 1.25)W$。当减小 m 值时，势必会增加炮孔数量，增加钻孔工作量；当加大 m 值时，必然会减少炮孔数量，欲爆破相同数量的方量，则单孔装药量相应增大，结果使药包能量相对集中，不利于飞石的有效控制。

3）炮孔深度 L

当采用水平单排布孔时，对于正方形或圆形断面的钢筋混凝土立柱，炮孔深度 $L = (0.58 \sim 0.6)D$ 为宜，D 为正方形立柱边长或圆柱直径。

对于矩形截面的钢筋混凝土梁、柱，无论采用垂直还是水平单排布孔，$L = H - W$（式中 H 为梁、柱矩形截面的高度或长边尺寸）。

当采用水平多排布孔时，对于正方形或矩形大断面钢筋混凝土承重立柱，一般两侧边孔的炮孔深仍取 $L = H - W$，而中间炮孔的孔深 L 则取侧边边长的 $0.58 \sim 0.60$ 倍。

墙角的炮孔深度 L 应慎重确定，如果确定不当，不仅墙角结构难以炸塌，而且易产生飞石；若墙角两侧墙的厚度 δ 相等，则墙角孔深 L 可按下式确定：

$$L = (0.35 \sim 0.37)c \quad (6\text{-}16)$$

式中，c 为墙角内外角顶的水平连线长，cm，$c = \dfrac{\delta}{\sin 45°}$；$\delta$ 为墙体厚度，cm。

4）单孔装药量计算

对于梁、柱及承重墙的装药量可用前面介绍的有关公式进行计算，炸药单位装药量的选取参照表 3-1 和表 3-2。

6.2.4　布孔范围的确定及炮孔布置

布孔范围通常取决于所选择的控制爆破坍塌破坏方式。当采用“原地坍塌”破坏方式时，则需将楼房底层四周的外承重墙炸开一个相同高度的水平爆破切口，这种爆破切口的高度 h 不宜小于墙厚度 δ 的两倍，即 $h \geqslant 2\delta$，内承重墙的爆破高度可与外承重墙相同或略高一些。采用“内向折叠坍塌”破坏方式时，则主要是将每层楼房的内承重墙和与其垂直的内外承重墙炸开一定高度的水平爆破切口，切口的高度 h 自下层至上层可从 1.5 倍墙的厚度 δ 递增至 3.5 倍，即 $h=(1.5\sim3.5)\delta$。上述水平型的爆破切口，通常为“原地坍塌”和“内向折叠坍塌”爆破时的布孔范围。

作为布孔范围的另一类型的爆破切口，主要为类似梯形的切口，如图 6-8 所示，图中近似梯形的是三侧外承重墙的爆破切口展开后的形状，L 为爆破切口的展开长度，h 为高度，b 为炮孔排距。这种布孔范围的爆破切口，一般适用于楼房“定向倒塌”“单向折叠倒塌”或“双向交替折叠倒塌”的破坏方式。对于第一种破坏方式，爆破切口高度 h 不宜小于承重墙厚度 δ 的两倍，即 $h \geqslant 2\delta$；对于后两种破坏方式，切口高度 h 自楼房下层至上层可从 1.5 倍承重墙的厚度 δ 递增至 3.5 倍，即 $h=(1.5\sim3.5)\delta$。

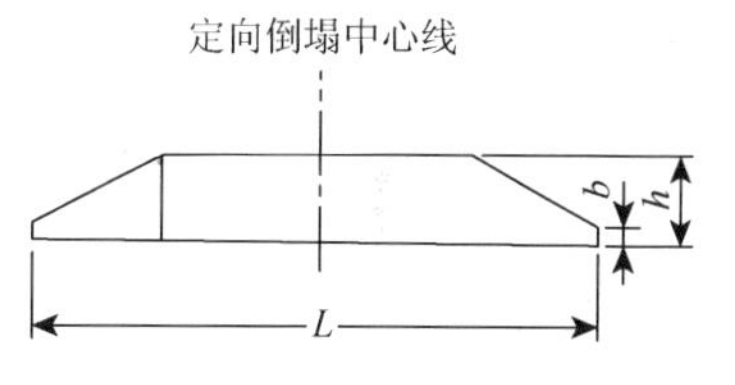

图 6-8　近似梯形爆破切口

无论采用哪一种坍塌破坏方式，若楼房为砖石与钢筋混凝土混合结构，则爆破切口的高度应以钢筋混凝土承重立柱的破坏高度为基准来确定。

布孔范围确定后，便可根据所选择的炮孔间距 a 和排距 b 进行布孔，一般大多采用梅花形交错布孔方式；凡是要求按预定方向倒塌的爆破，必须在爆破切口倒塌中心线的两侧对称均衡地布置炮孔；爆破切口最下一排炮孔距地面或室内地板不宜小于 0.5m，最小也不得小于最小抵抗线 W，通常确定为 0.5m 的目的有两个：一是为减小最下一排炮孔爆破时的夹制作用，二是为便于钻孔施工。一般房屋墙角的结构较为坚固，为确保将其炸塌，根据爆破切口的高度，墙角必须布置相应数量的炮孔，采用水平炮孔时，其方向应与内外墙角连线的方向保持一致，如图 6-9 所示。

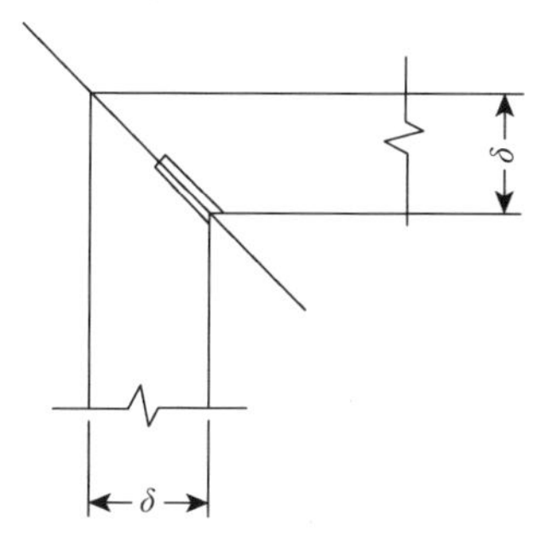

图 6-9　墙角孔平面布置

在进行“单向”“双向”和“内向”折叠倒塌爆破时，通常有一侧或两侧外承重墙不予爆破，但当外承重墙较坚固时，为使墙体顺利折叠倒塌，也可考虑对其进行爆破；通常只需在外承重墙内侧布置一定数量的炮孔，炸开一条切口后即可达到预定目的。炮孔布置如图 6-10 所示，一般布置三排炮孔，梅花形交错排列，炮孔间距 a 取 1 倍墙的厚度，即 $a=\delta$；排距 b 取 0.5 倍墙厚 δ，即 $b=0.5\delta$；上下排炮孔深度 L_2 取 3/7 墙的厚度 δ，即 $L_2=(3/7)\delta$，中间一排炮孔深度 L_1 取 $(4/7)\delta$，即 $L_1=(4/7)\delta$。单孔装药量可按式（3-17）计算，但式中的 H 应用 L_1 和 L_2 取代，单位用药量系数 q 值按减弱松动爆破要求确定即可。

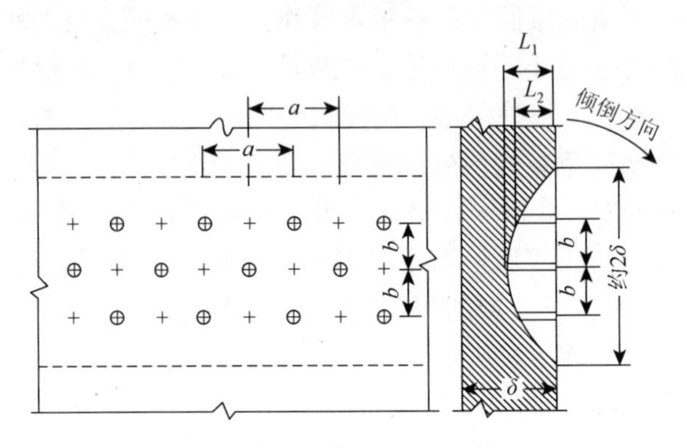

图 6-10　承重墙爆破切口的炮孔布置方式

上述爆破设计参数确定后，便可在钢筋混凝土承重立柱、梁的破坏高度或破坏范围内布置炮孔。对小截面立柱、梁，一般布置单排炮孔即可，其布置方法基本上有 4 种，如图 6-11 所示。图 6-11（a）为沿立柱中心线布孔，图 6-11（b）为沿立柱中心线左右相切布孔，图 6-11（c）为沿立柱中心线左右交错布孔，图 6-11（d）为沿立柱中心线上下垂直交错布孔。实践经验表明，钢筋混凝土梁和柱的控制爆破，只要邻近系数 m 选择合理，并严格按照设计要求钻孔，无论采用哪一种布孔形式，均能获得良好的爆破效果。

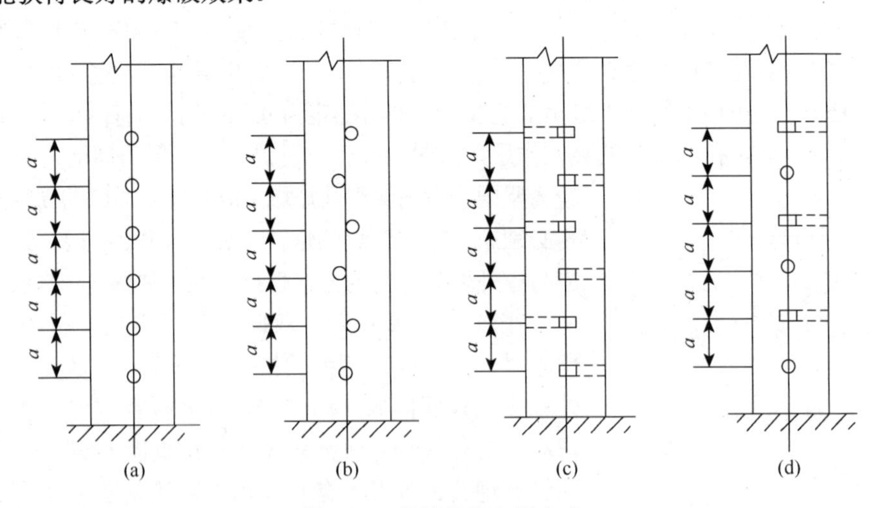

图 6-11　单排炮孔布置方式

对于大截面钢筋混凝土承重立柱的控制爆破，为使炸药在立柱爆破范围内合理分布，以利于钢筋骨架内的混凝土破碎均匀，与钢筋分离，并使飞石受到有效控制，一般沿立柱纵向可布置三排炮孔，即左右两排边孔和一排中心炮孔。

6.3　爆破施工和安全防护

建筑物爆破施工和安全防护的工艺、方法、技术要求与一般拆除爆破基本相同，本节就如下几点不同之处予以阐述。

（1）爆破时，为使建筑物顺利坍塌，作为准备工作事先宜将门窗拆除，此外，对阻碍或延缓坍塌的隔断墙也应事先进行必要的破坏，其破坏高度可与承重墙的爆破高度一致，一般半砖厚的隔墙可用人工破坏，一砖厚的可用机械法破坏。

（2）对楼梯的承重构件，如梁、柱或墙的破坏，应给予足够重视，可在建筑物爆破前用机械法事先加以破坏，只要将这类承重构件的材料强度和刚度稍加破坏即可，以保证楼房爆破时顺利坍塌。

（3）采用炮孔法爆破时，炮孔直径不宜小于40mm，以利于提高装药集中度并相对增加堵塞长度。

（4）在建筑物拆除爆破工程中，爆破钻孔最好在室内墙壁上进行，有利于控制可能出现的冲炮造成的危害；若墙体有两个临空面时，按要求钻孔和装药，使药包中心位于墙体中心线上，可将墙体炸塌，不会出现飞石。

（5）若拆除的建筑物有地下室，宜将地下室的承重构件，如墙、柱及板的主梁等予以彻底炸毁。爆破地下室可与建筑物爆破同时进行或超前或推迟进行，主要取决于爆破拆除方案。无论采用哪一种方案，有计划地炸毁地下室承重构件后，均有利于缩小楼房的坍塌范围，使上层结构的部分坍落物充填于地下空间。

（6）在砖墙上进行钻孔，宜用金属电钻，配以特制钻头，不仅操作省力、轻便、灵活，不需笨重的风动设备，而且可以避免风动凿岩机钻孔时造成的粉尘污染。特别是用爆破法拆除被损建筑物或地震后的危险建筑物时，使用电钻进行钻孔，有利于安全施工。用电钻钻好的炮孔，必须用掏勺将孔内的粉尘清除干净。

（7）在闹市区或居民稠密区进行楼房控制爆破拆除时，如同爆破钢筋混凝土框架一样，也应根据具体情况考虑在爆破点周围设置一侧或几侧围挡防护排架。

（8）通常建筑物内约有85%的空间充满空气，当建筑物爆破坍塌时，空气便受到急剧压缩并形成压缩喷射气流，使灰尘飞扬。因此，有条件时，在建筑物坍塌过程中应喷水消尘；无条件喷水时，则应发出安民告示，通知爆破点周围或下风方向一定范围内的居民临时关闭门窗。

（9）建筑物爆破坍塌后，有时存在一些不稳定因素，如个别或部分梁、板等构件仍未完全塌落，因此必须等待坍塌稳定后，一般在爆破后一小时左右，方可进入现场检查；若爆破后，建筑物有一部分没有坍塌，必须经爆破负责人许可，在爆破一小时以后进入现场处理。未处理前，需安排警戒人员看守，因为坍塌不完全现象的发生，往往是出现批量哑炮所导致的后果。

（10）爆破前，应对爆破振动、塌落体撞击地面产生的二次震动和空气冲击波安全距离 R_b 进行校核。爆破振动速度可按修正的萨道夫斯基公式进行计算：

$$V = K'K\left(\frac{\sqrt[3]{Q}}{R}\right)^{\alpha} \tag{6-17}$$

式中，K' 为系数，$K' = 0.25 \sim 1$，近爆源且爆破体临空面少取大值，反之取小值；K 为爆区介质常数，坚硬岩石 $K = 50 \sim 150$，中硬岩石 $K = 150 \sim 250$，软弱岩石 $K = 250 \sim 300$；Q 为一次起爆药量，延期爆破时为最大一段装药量，kg；R 为爆源中心至被保护物间的距离，m；α 为爆破地震波衰减指数，坚硬岩石 $\alpha = 1.3 \sim 1.5$，中硬岩石 $\alpha = 1.5 \sim 1.8$，软弱岩石 $\alpha = 1.8 \sim 2.0$。

塌落震动可按中国科学院工程力学研究所提出的塌落震动速度公式进行计算：

$$V = 0.08 \times \left(\frac{I^3}{R}\right)^{1.67} \tag{6-18}$$

式中，I 为触地冲量，$I = M(2gH)^{1/2}$；M 为塌落构件质量，kg；H 为塌落构件重心落高，m；g 为重力加速度，m/s^2；R 为目标点与塌落构件触地中心的距离，m。

空气冲击波安全距离 R_k，可按下式进行计算：

$$R_k = K_k \sqrt[3]{Q} \tag{6-19}$$

式中，K_k 为系数，人员在室内取 $K_k = 5$，在室外取 $K_k = 30$；Q 为最大一次起爆药量，kg。

6.4　工 程 实 例

6.4.1　攀钢二滩黏土矿综合商场爆破拆除

1. 工程概况

攀钢二滩黏土矿综合商场建于 20 世纪 70 年代初，由于该建筑已有多处裂缝，经有关单位鉴定，综合商场已属危险建筑物，需尽快拆除。

综合商场位于生活区中心，四周建筑物较多。商场北侧是一幢砖木结构的二层楼房，前几年矿里为了充分利用商场与楼房之间的空地，已用钢筋混凝土梁将商场与楼房连成一体，梁上面铺设预制板，下面砌筑隔墙，作为宿舍使用。商场东侧是二滩电站一幢四层宿舍楼，距离仅为 8m。商场南、西两侧紧靠公路，这两条公路是二滩电站 I 标生活区的唯一通道，公路下面西侧有一幢二楼的小卖部，南侧是二滩电站宿舍生活区。综合商场周围环境如图 6-12 所示，商场结构布置如图 6-13 和图 6-14 所示。这次需拆除的仅是综合商场，商场北侧的二层楼房要保留，商场南、西两侧公路需保持畅通。

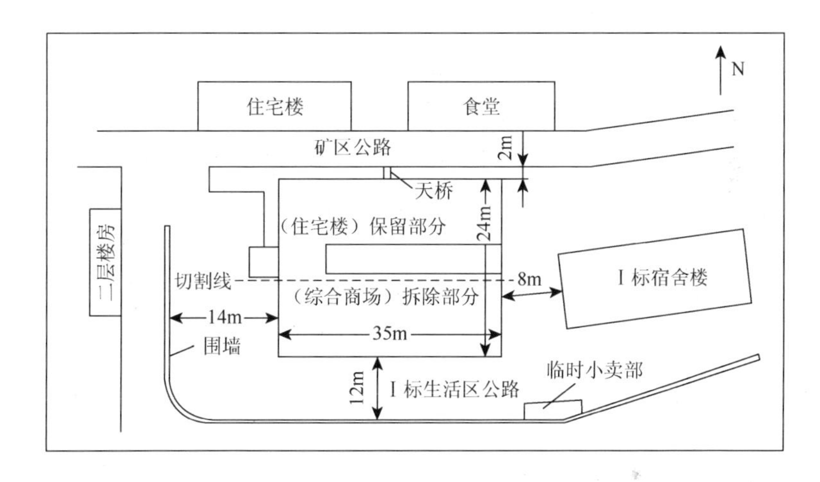

图 6-12　二滩黏土矿综合商场平面示意图

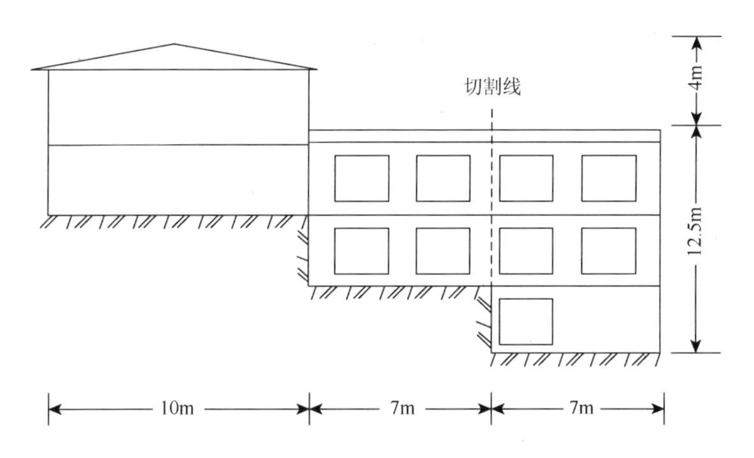

图 6-13　综合商场切割缝立面示意图（西立面）

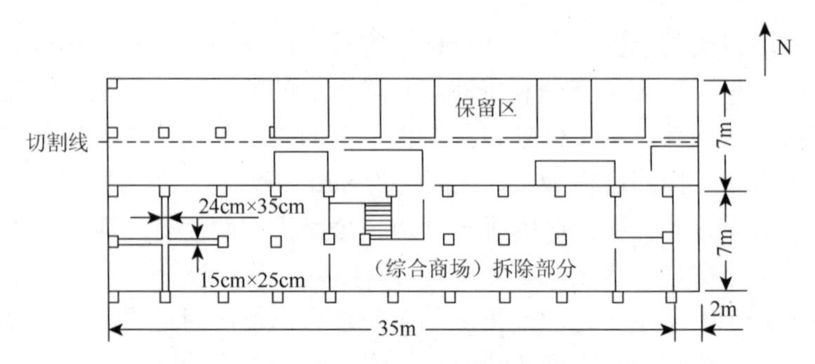

图 6-14　综合商场切割缝平面示意图（二楼）

2. 综合商场爆破拆除方案

由于综合商场后面的建筑物需要保留，则事先将综合商场与保留区内的连接梁、预制板从上到下完全切割出一条裂缝，使商场与保留区内建筑物完全脱离，以保证保留区内建筑物的安全。另外为了不影响商场两侧公路的畅通，则必须尽可能减少商场爆破后倒向公路的坍塌体，以便在短时间内能够将坍塌体清理完毕。根据以上要求，综合商场爆破拟采用“内向折叠坍塌”拆除方案。具体方法是先炸毁商场内的中间立柱，然后再起爆南、北两侧立柱，使之形成两个切口，利用毫秒延期起爆技术，在重力作用下形成倾覆力矩，使两侧立柱向中间倾倒。在立柱爆破的同时，与各立柱相连的纵、横梁也需要炸毁，梁的爆破部位主要是结点处和端部。此次爆破共分为 6 段，每层楼分为 2 段，每段间隔时间为 350～400ms。起爆顺序由上至下，即首先起爆三楼，其次是二楼，最后是一楼。

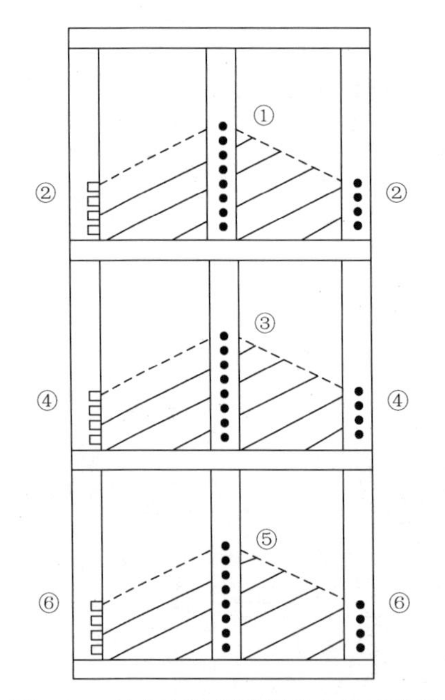

图 6-15　综合商场拆除爆破方案示意图

①～⑥表示雷管起爆顺序

商场内的隔墙也需要拆除，对于墙厚 20cm 的墙体可事先人工拆除，墙厚 40cm 的墙体以及外墙采用爆破方法拆除。

综合商场“内向折叠坍塌”爆破拆除方案如图 6-15 所示。

3. 爆破参数的选取

1）立柱

（1）商场南北两侧钢筋混凝土立柱，其截面为 24cm×37cm 。

最小抵抗线 W：$W = B/2$，$W = \frac{1}{2} \times 24 = 12\text{cm}$。

炮孔间距 a：$a = 1.5W$，$a = 1.5 \times 12 = 18\text{cm}$，取 20cm。

炮孔深度 L：$L = 2H/3$，$L = \frac{2}{3} \times 37 \approx 25\text{cm}$。

单孔装药量 Q：$Q = 20\text{g}$。

在一、二、三层楼南侧有立柱 33 根（每层楼有 11 根），北侧立柱一楼 9 根，二楼 11 根，三楼 11 根，合计 64 根立柱。其中二、三楼西北侧立柱共 8 根（每层楼 4 根），每根立柱布置 4 个炮孔。炮孔布置方式如图 6-15 所示。

立柱炮孔总数 N_{1-1}：$N_{1-1} = 64 \times 4 = 256$ 个。

立柱炮孔总装药量 Q_{1-1}：$Q_{1-1} = 256 \times 20 = 5120\text{g}$。

（2）商场中间的钢筋混凝土立柱，其截面为 $30\text{cm} \times 30\text{cm}$。

最小抵抗线 W：$W = B/2$，$W = \frac{1}{2} \times 30 = 15\text{cm}$。

炮孔间距 a：$a = 1.5W$，$a = 1.5 \times 15 = 22.5\text{cm}$，取 25cm。

炮孔深度 L：$L = 2H/3$，$L = \frac{2}{3} \times 30 = 20\text{cm}$。

单孔装药量 Q：$Q = 25\text{g}$。

在一、二、三层楼中间有立柱 33 根（每层楼有 11 根），西侧中间立柱二、三楼共 8 根（每层楼 4 根），合计 41 根立柱，每根立柱布置 8 个炮孔。炮孔布置方如图 6-15 所示。

立柱炮孔总数 N_{1-2}：$N_{1-2} = 41 \times 8 = 328$ 个。

立柱炮孔总装药量 Q_{1-2}：$Q_{1-2} = 328 \times 25 = 8200\text{g}$。

2）纵梁

商场内纵梁截面规格为 $24\text{cm} \times 35\text{cm}$。

最小抵抗线 W：$W = B/2$，$W = \frac{1}{2} \times 24 = 12\text{cm}$。

炮孔间距 a：$a = 1.5W$，$a = 1.5 \times 12 = 18\text{cm}$，取 20cm。

炮孔深度 L：$L = 2H/3$，$L = \frac{2}{3} \times 35 \approx 23.3\text{cm}$，取 25cm。

单孔装药量 Q：$Q = 25\text{g}$。

每条纵梁与立柱结点处布置 8 个炮孔，纵梁的端部，每端布置 3 个炮孔，纵梁的端部采取隔一条梁布置炮孔。

纵梁炮孔总数 N_2：$N_2 = 11 \times 8 \times 3$（中间结点）$+4 \times 8 \times 2$（西北侧中间结点）$+6 \times 3 \times 3$（南侧）$+2 \times 3 \times 3$（西北后侧）$+4 \times 3 \times 3$（北侧）$= 436$ 个。

纵梁炮孔总装药量 Q_2：$Q_2 = 436 \times 25 = 10\,900\text{g}$。

3）横梁

商场内横梁截面规格为$15\text{cm}\times 25\text{cm}$。

最小抵抗线W：$W=B/2$，$W=\dfrac{1}{2}\times 15=7.5\text{cm}$。

炮孔间距a：$a=1.5W$，$a=1.5\times 7.5=11.25\text{cm}$，取15cm。

炮孔深度L：$L=2H/3$，$L=\dfrac{2}{3}\times 25\approx 16.7\text{cm}$，取15cm。

单孔装药量Q：$Q=15\text{g}$。

每条横梁与中间立柱结点处布置6个炮孔，南、北两侧横梁与纵梁端部相交处，每端布置4个炮孔，横梁均采取隔一根柱布置炮孔。

横梁炮孔总数N_3：$N_3=(4\times 10+6\times 10)$（一楼）$+(4\times 10+6\times 10+6\times 4-3)\times 2$（二、三楼）$=342$个。

横梁炮孔总装药量Q_3：$Q_3=342\times 15=5130\text{g}$。

4）楼梯间横梁

楼梯间横梁共有4根，每根横梁布置6个炮孔，单孔装药量为30g。

楼梯间横梁炮孔总数N_4：$N_4=4\times 6=24$个。

楼梯间横梁总装药量Q_4：$Q_4=24\times 30=720\text{g}$。

5）墙体

墙体包括隔墙、外墙。对于20cm厚的墙采用人工拆除，对于40cm厚的墙采用爆破方法拆除。其爆破参数如下：

$W=20\text{cm}$；$a=40\text{cm}$；$b=35\text{cm}$；$L=25\text{cm}$；$Q=30\text{g}$。

（1）商场北侧承重隔墙、南侧外墙：墙体炮孔布置在立柱周围，共布置两排，每排布置6个炮孔，合计12个炮孔，即为1个小爆区。每隔1根柱子布置1个爆区，每层楼10个爆区，共计30个爆区，炮孔数为360个。

（2）楼梯间隔墙：楼梯间共有4堵隔墙，每堵隔墙布置3排炮孔，每排6个炮孔，炮孔数合计为72个。

（3）东西两侧外墙：东侧外墙长7m，炮孔布置从中间立柱开始，共布置4排炮孔，每排平均9个炮孔，3堵外墙合计炮孔数为108个。西侧外墙长14m，炮孔从中间立柱向两侧布置，共布置4排炮孔，每排平均18个炮孔，二、三楼合计炮孔数为144个，一楼有36个炮孔，西侧外墙合计炮孔数为180个。东西两侧外墙炮孔总数为288个。墙体炮孔布置方式如图6-16所示。

墙体炮孔总数N_5：$N_5=360+72+288=720$个。

墙体炮孔总装药量Q_5：$Q_5=720\times 30=21600\text{g}$。

6）炸药、雷管消耗总量

炮孔总数N：$N=N_1+N_2+N_3+N_4+N_5=(256+328)+436+342+24+720=2106$个。

炸药总量 $Q_{总}$：$Q_{总}=Q_1+Q_2+Q_3+Q_4+Q_5=(5.12+8.2)+10.9+5.13+0.72+21.6=51.67\text{kg}$。

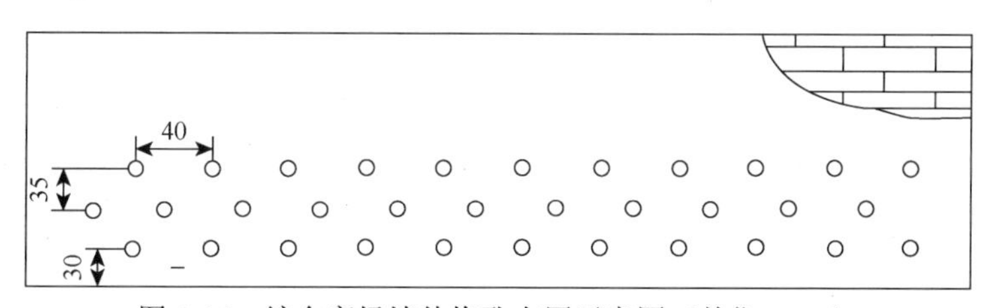

图 6-16　综合商场墙体炮孔布置示意图（单位：cm）

4. 起爆网路

综合商场爆破拆除设计所使用的炸药为 2 号岩石铵梯炸药，炸药共计 51.67kg，其中梁、柱炸药用量为 30.07kg，墙体炸药用量为 21.6kg。雷管选用非电毫秒延期雷管，雷管总数为 2106 发。起爆共分为 6 段，起爆顺序由楼上至楼下，每层楼分为 2 段。每层楼第一响爆破部位为中间立柱、中间立柱与纵横梁相交处、楼梯间的横梁与隔墙、东西两侧外墙。剩余炮孔为第二响（南、北两侧外墙，南、北两侧的横梁与纵梁端部相交处），见表 6-3。

表 6-3　综合商场爆破参数表

名称	结构参数 长（cm）×宽（cm）	爆破参数/cm				单孔装药量 Q/g	炮孔 数目/个	总装药量 $Q_{总}$/g	雷管 数量/发
		W	a	b	L				
外侧立柱	37×24	12	20		25	20	256	5.12	256
中间立柱	30×30	15	25		20	25	328	8.20	328
纵梁	35×24	12	20		25	25	436	10.90	436
横梁	25×15	7.5	15		15	15	342	5.13	342
楼梯间横梁	35×24	12	25		25	30	24	0.72	24
墙体（厚）	40	20	40	35	25	30	720	21.60	720
合计							2106	51.67	2106

雷管选用的段别分别为第 1 段（小于 30ms）239 发，第 10 段［(390±40)ms］316 发，第 14 段［(840±50)ms］445 发，第 16 段［(1200±110)ms］316 发，第 17 段［(1450±110)ms］474 发，第 18 段［(1700±110)ms］316 发。

起爆方法采用导爆索与非电导爆管雷管混合起爆，导爆索作为主线，每个导爆管雷管与主线相连。导爆管脚线为 3m，则每层楼需铺设主线约 100m。此次爆破导爆索消耗量需 300m，网路采用并联方式。

5. 爆破效果

综合商场爆破按设计实现了内向折叠坍塌。保留区内的建筑物未受到破坏，只有部分窗户玻璃被震坏。由于爆破冲击波的原因，保留区内的一根立柱（砖）

被破坏。距西侧十几米的小卖部二楼有一块玻璃被飞石打穿一个洞，四周其他的建筑物、高压线、Ⅰ标区宿舍均未受到任何破坏和影响。爆后商场门前的公路有部分飞石，铲运机刮了一遍，就保证了公路的畅通。爆堆基本都在爆前圈定的施工安全线内，且非常集中，破碎效果也较好。这次爆破完全达到了预期的效果。

注：城市拆除爆破因其爆体周边环境复杂，导爆索在空气中爆炸易产生强烈的冲击波，所以，不宜选用导爆索作为起爆线路。本例中窗户玻璃及保留立柱的破坏由此造成[8]。

6.4.2　昆明春城照相馆的控制爆破拆除

1. 概况

春城照相馆位于昆明市中心繁华地段青年路与长春路交叉处，为 20 世纪 70 年代所建。建筑高 19.2m、长 21.6m、宽 11.7m，面积 1516m^2，楼前南侧 2m 处有高压铁塔和交通岗亭，楼房第四层外 0.5m 处有高压电线，楼前仅 2m 处为人行道，其下埋有煤气管道，二楼外 2m 处架设有通信和电视电缆，楼房附近地下埋有自来水管道。楼前 20m 处为昆明现代时装大楼，商店鳞次栉比。楼斜对面 40m 处为昆明工艺美术大楼。楼右侧为西南商业大厦工地，楼后 70m 处为宿舍。该楼所处环境十分复杂，如图 6-17 所示。美亚房地产公司在此兴建长春花园大厦，为赶在雨季前完成基础工程，决定采用爆破方法拆除该楼房。

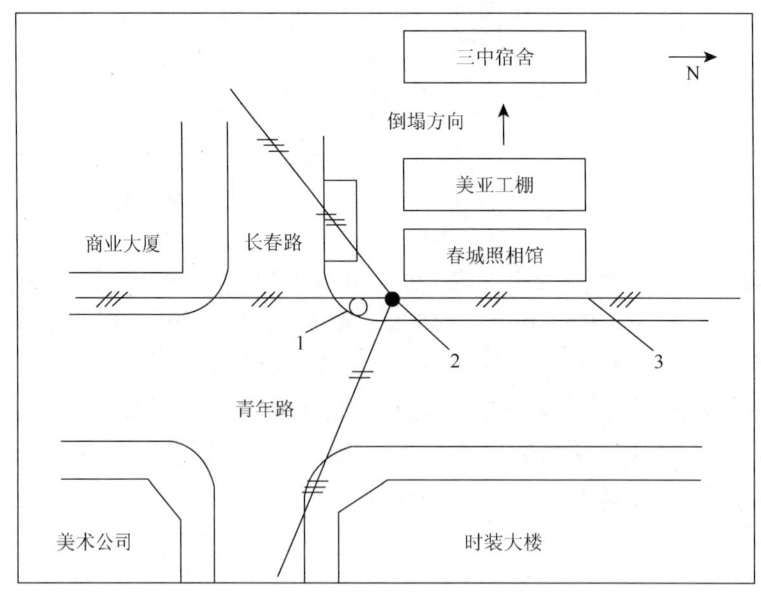

图 6-17　春城照相馆周围环境示意图

1 为交通岗亭；2 为高压铁塔；3 为高压电线

2. 爆破方案的确定

由于该楼已无施工图纸可考，经现场勘测绘出楼层平面图，其中底层如图6-18所示。

鉴于楼房西面为长春花园工地空场，而正面高压线距离很近，决定采用非电起爆系统向工地一侧定向倒塌的方案，以确保施工安全，避免危及高压电线以及高压电线对爆破网路的影响，也避免对煤气管道、自来水管道等管线和对青年路交通的影响。实施爆破方案时主要考虑以下3点：

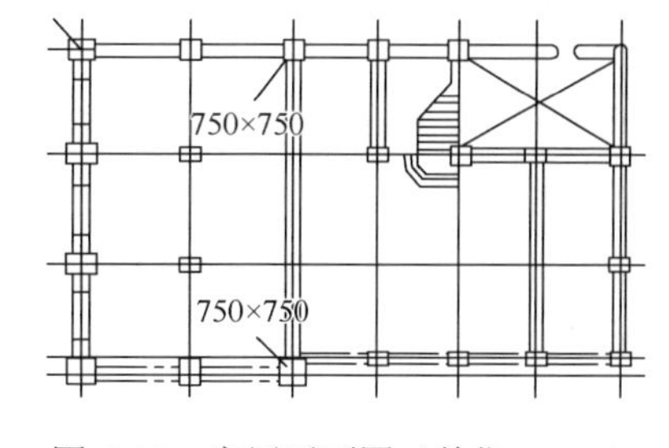

图6-18 底层平面图（单位：mm）

（1）将楼房承重柱（墙）爆破到一定的高度，造成楼房在自重作用下的偏心失稳。

（2）利用半秒延期起爆，即先爆破靠工地一侧，然后再向青年路一侧爆破，使楼房形成倾覆力矩，在临街面形成转动铰链，达到定向倒塌的目的。

（3）在起爆承重柱（墙）的同时，爆破楼房上部的刚性结点，如楼梯间、圈梁等，以使楼房彻底解体，如图6-19所示。

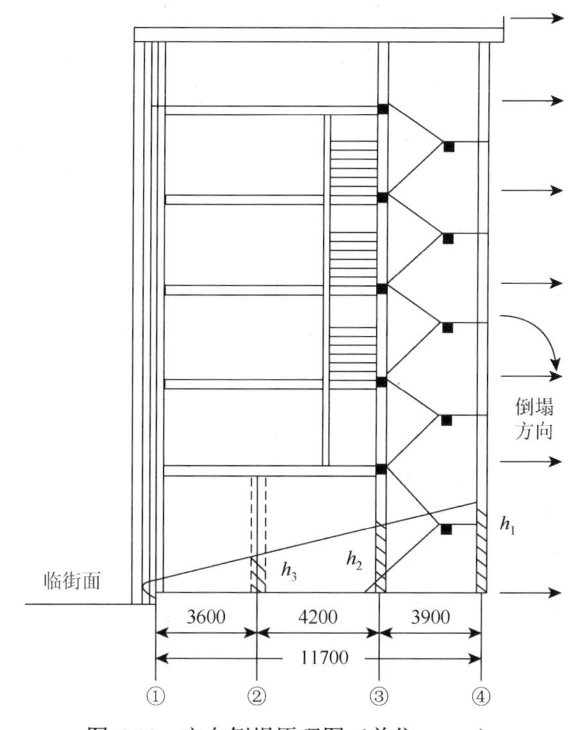

图6-19 定向倒塌原理图（单位：mm）

h_1为④排立柱的破坏高度；h_2为③排立柱的破坏高度；h_3为②排立柱的破坏高度

3. 主要爆破技术参数的确定

1）承重柱的破坏高度

承重柱偏心失稳是楼房框架定向倒塌的关键。用爆破方法破坏主柱可按压杆理论计算出失稳主柱的破坏高度（炸高）。该楼房主柱高为 22m，断面为 75cm×75cm 钢筋混凝土，根据现场勘查，柱内为 20cm×10cm 的钢筋网，单根钢筋直径 $d=12\text{mm}$，单筋横截面面积 A 和截面惯性力矩 J 分别为

$$A=\frac{\pi d^2}{4}=\pi\times\frac{1.2^2}{4}\approx 1.13\text{cm}^2$$

$$J=\frac{\pi d^4}{64}=\pi\times\frac{1.2^4}{64}\approx 0.1\text{cm}^4$$

单根主柱承重量为 $P=2.09\times10^5\text{N}$，主筋数量为 10 根，假定在最小破坏高 $H_{\min}$ 范围内，混凝土被粉碎并脱离钢筋骨架，则实际作用于各主筋上的压力荷载为 P/n，即

$$\frac{P}{n}=\frac{2.09\times10^5}{10}=2.09\times10^4\text{N}$$

钢筋的容许应力 $[\sigma_\text{p}]=200\text{MPa}$，则单根主筋所承受的压力荷载为

$$[\sigma_\text{p}]A=2\times10^4\times1.13=2.26\times10^4\text{N}$$

由于 $\frac{P}{n}<[\sigma_\text{p}]\cdot A$，根据欧拉公式，选柔度 $\lambda=100$，即 $h=12.5d$ 作为最小破坏高度 $H_{\min}$：

$$P_\text{m}=\frac{\pi^2 EJ}{4h^2}=\frac{\pi^2\times2\times10^6\times0.1}{4\times(12.5\times1.2)^2}=21.9\times10^3\text{N}$$

式中，P_m 为临界荷载，N；E 为钢筋弹性模量，MPa；h 为压杆高度（暴露出钢筋骨架高度），m。

由于 P_m 大于实际荷载 P/n，即 $P_\text{m}>P/n$，可得压杆高度：

$$h=\frac{\pi}{2}\sqrt{\frac{EJn}{P}}=\frac{\pi}{2}\sqrt{\frac{2\times10^{11}\times0.1\times10^{-8}\times10}{2.09\times10^4}}=0.154\text{m}$$

计算出的 h 值可作为最小破坏高度 $H_{\min}$，通过上式计算得出承重柱最小破坏高度 $H_{\min}=h=0.154\text{m}$。理论计算和现有实践经验表明，为确保钢筋混凝土结构爆破后顺利倒塌，承重主柱的爆破破坏高度 H 用下式计算：

$$H=K(B+H_{\min})$$

式中，B 为主柱截面的边长，m；K 为经验系数，选 $K=1.5$。算得 $H=1.5\times(0.75+0.154)\approx1.36\text{m}$。

由于该楼房经过抗震加固，为保险起见，选 $H = 2.1\text{m}$，即 $h_1 = H = 2.1\text{m}$。主柱形成铰链部位的爆破高度按下式计算：

$$H' = (1.0 \sim 1.5)B$$

选小值 $H' = B = 0.75\text{m}$。

根据炮孔排距 $b = 40\text{cm}$，$h_2 = h_1 - b = 2.1 - 0.4 = 1.7\text{m}$，$h_3 = h_2 - b = 1.7 - 0.4 = 1.3\text{m}$。

2）爆破参数的选取

（1）对于立柱，参数选取如下：

①最小抵抗线 W：$W = \dfrac{B}{2} = \dfrac{75}{2} = 37.5\text{cm}$；

②炮孔深度 L：采用水平炮孔时，对于正方形主柱，$L = 0.58\text{m}$，$B = 43.5\text{cm}$；

③炮孔间距 a：$a = (1.2 \sim 1.5)W$，选 $a = 1.2W = 45\text{cm}$；

④单孔装药量 Q：$Q = qabW$，式中，q 为单位用药量系数，选 $q = 700\text{g}/\text{m}^3$，算得 $Q = 700 \times 45 \times 40 \times 37.5 = 47.25\text{g}$，取 $Q = 50\text{g}$。

（2）对于承重墙，参数选取如下：

①最小抵抗线 W：取砖墙厚度的 1/2，$W = \dfrac{\delta}{2} = \dfrac{37}{2} = 18.5\text{cm}$；

②炮孔间距 a：$a = 1.2W = 1.2 \times 18.5 = 22.2\text{cm}$，取 22cm；

③炮孔排距 b：$b = 0.85a = 18.7\text{cm}$，取 20cm；

④单孔装药量 Q：$Q = qabW$，取 $Q = 20\text{g}$/孔。

为减少承重墙的用药量，先用风镐人工凿除整个墙面积的 1/3～1/2。对二楼至六楼的楼梯间、圈梁结点，按单排炮孔布置，药包布置在钢筋混凝土的中部，其用药量按只炸碎混凝土、不炸断钢筋的原则布置。

3）爆破延时的时间选择

为使楼房向工地一侧坍塌，爆破延时的选择是十分重要的，根据有关资料和经验，决定采用半秒差非电雷管。主立柱共有 4 排，所以选用 1～4 段雷管作为延时，从第一段起爆（0s）到全部药包起爆为延时，共 1.5s。

4. 爆破效果

此次爆破总装药量为 27.8kg，炮孔总数为 748 个，在不停水、电、气的情况下实施。起爆后两秒钟，整个楼房按预定方向倒塌，爆堆较集中，高度为 5.8m，高压电线、通信电缆、煤气管道、自来水管、交通岗亭等均安然无恙，对面商店及四周建筑无一波及，爆破后两分钟交通恢复正常，整个爆破达到了预期目标[9]。

6.4.3　宣威电厂厂房爆破拆除

1. 工程概况

云南电力集团某电厂因改扩建需拆除一座旧厂房，该厂房长 140m，宽 70m，高 41.69m，占地面积 9800m²，建筑面积 53 900m²。

在旧厂房的西北方向 21m 处为正在运行的新厂房，属重点保护对象，在西南方向 45m 处为变电所，60m 处为正在运行的冷却塔，东南方向为一块较宽阔的场地（即前期已拆除建筑群所留下的空地），周围环境如图 6-20 所示。

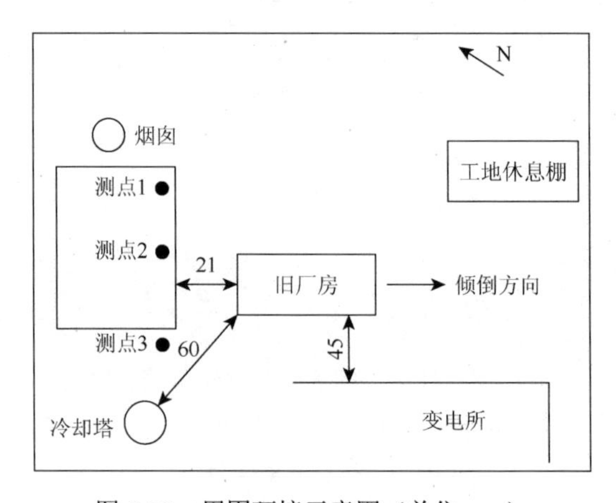

图 6-20　周围环境示意圈（单位：m）

厂房东北侧为锅炉房，西南侧为汽机房，中间为煤仓间，属钢筋混凝土框架和排架组合结构。四期改扩建中每期间无纵梁连接，锅炉房地坪以上标高 + 8m 处为锅炉操作平台，平台上无结构物，屋顶为钢结构屋架，上铺 8cm 厚混凝土预制板，屋架与立桩顶端用地脚螺栓固接。煤仓间 + 21.9m 标高有 18 个漏斗仓，屋顶为现浇板屋面，如图 6-21 所示。

2. 爆破方案的确定

根据拆除建筑物所处的环境，爆破拆除设计初步确定了 3 种方案：第一方案采用“定向倒塌向内倾倒”，即先起爆厂房中间一层的 B、C、D 轴线立柱，然后起爆厂房两侧第一层的 A、E 轴线立柱，当第一层的 A、E 轴线前四排立柱起爆后，再起爆二层以上的 B、C、D 轴线的前四排立柱。这样从里到外、由下而上、从东南方向向西北方向顺序起爆，使整个厂房向东南方向倒塌，这样能更好地控制西北侧的塌落范围和触地震动，保护新厂房。第二方案采用“原地坍塌”方案，

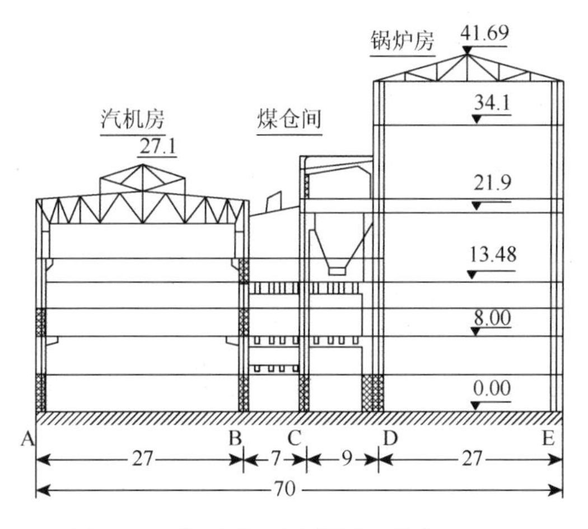

图 6-21　爆破方案示意图（单位：m）

即当一、二层底部立柱完全被爆破破坏后，在厂房自重作用下使厂房倒塌。但厂房塌落后产生的震动较大。第三方案采用向前期已拆除建筑群留下的空地一侧“定向倒塌”方案，此方案能充分利用已拆除余下的空地，倒塌范围除新厂房一侧受限外几乎不受限制，然而因倒塌方向与新厂房平行，震动有可能影响到新厂房更大的范围。通过对三个方案的比较，最后决定采用第一方案。

3. 爆破设计参数的选取

1）厂房立柱爆破高度的确定

厂房立柱失稳高度计算：根据一端固定、一端自由的压杆欧拉公式求得。

锅炉房立柱失稳计算：

$$H_{\min}=\frac{\pi}{2}\sqrt{\frac{EJN}{P}}=\frac{\pi}{2}\sqrt{\frac{E\pi d^4 N}{64P}}=0.69\text{m}$$

汽机房立柱失稳高度计算：

$$H_{\min}=\frac{\pi}{2}\sqrt{\frac{EJN}{P}}=\frac{\pi}{2}\sqrt{\frac{E\pi d^4 N}{64P}}=0.89\text{m}$$

式中，E 为钢筋的弹性模量，$E=2.2\times10^5\text{MPa}$；$d$ 为钢筋直径，取最大值 28mm；N 为钢筋根数，分别为 20 和 16 根；P 为质量，$P=31.68\text{t}$。

根据以前爆破拆除大量楼房的经验和参考有关厂房爆破的资料，同时考虑到整座厂房的充分解体，因此厂房爆破高度分别为第一层取 3.9m，第二层取 2.4m，第三层取 1.8m，第四层取 0.9m，最后一层取 0.9m，如图 6-21 所示。

2）装药量计算

对于不同立柱，根据断面结构尺寸和最小抵抗线原理，单孔装药量可见表 6-4。

表 6-4 不同立柱单孔装药量表

断面尺寸/cm²	单孔装药量/g	最小抵抗线/m	断面尺寸/cm²	单孔装药量/g	最小抵抗线/m
50×180	160	25	60×120	130	30
50×120	110	25	60×100	110	30
50×100	100	25	40×40	30	20
60×130	140	30	30×50	30	15

对于大截面规格（500mm×1800mm）的立柱，采用导爆索连接，每个炮孔装 4 个药包，药包捆绑在导爆索上。

此次爆破总炮孔数共 3300 个（不含预处理炮孔，如锅炉房、汽机房内平台立柱和部分梁结点处疏松爆破部位），总装药量为 360kg，其中最大一段起爆药量为 25kg。

3）起爆网路及延时时间

考虑到电厂厂房远离城区、导爆索网路的连接方便以及传爆可靠，整个起爆网路采用导爆索与导爆管雷管联合起爆网路，每一层为一环形网路，环形网路中间各立柱轴线均布置 1 根导爆索，各轴线 1/3、2/3 处均横跨连接两根导爆索，上下层形成复式闭合回路。为确保传爆的可靠性，炮孔内药包用导爆索连接，用导爆管雷管引爆，最后用 2 发电雷管起爆整个网路。第一层先起爆 B、C、D 轴，然后起爆 A、E 轴，第二、三、四层在第一层相应位置延时一个段别。根据经验，延时时间确定为 400ms，总延时时间为 3.2s。

4. 爆破效果

建筑爆破后向东南方向倾倒 6m，外侧两排立柱均向内侧倾倒。爆堆形状呈凸形，爆堆均匀且破碎充分，漏斗坠地后壁体基本“龟裂”。爆堆最高点为 11.2m，整个厂房无后坐现象，正在运行的新厂房完好无损。整个清渣工作只用了 25 天，为厂房改扩建赢得了时间。

注：城市拆除爆破因其爆体周边环境复杂，导爆索在空气中爆炸易产生强烈的冲击波和噪声，所以，现在城市拆除爆破基本上禁止使用导爆索作为起爆线路。

复习思考题

1. 建筑物拆除爆破常见的 5 种倒塌方式是什么？需满足的基本条件是什么？
2. 建筑物拆除爆破时对承重结构爆破处理的方法有哪些？
3. 钢筋混凝土承重立柱爆破破坏高度的确定方法有哪些？
4. 建筑物拆除爆破时爆破振动与塌落震动的计算方法是什么？

第 7 章　烟囱与水塔拆除爆破

7.1　爆破方案的确定及其设计原理

应用控制爆破拆除烟囱、水塔等，最常用的爆破方案有 3 种——定向倒塌、折叠式倒塌和原地坍塌。

在制定爆破拆除方案时，首先必须到现场进行实地勘察与测量，仔细了解烟囱或水塔周围的环境与场地情况，以及烟囱或水塔的结构特征与几何尺寸等，从而确定是否具备上述爆破拆除方案所要求的必要条件。如果不具备这种条件，则应排除爆破法拆除的可能性；如果具备这种条件，则根据具体情况初步确定烟囱或水塔的控制爆破拆除方案，首先考虑定向倒塌，其次是折叠式倒塌，最后才是原地坍塌。为使最终制定的爆破方案经济合理、安全可靠和切实可行，下一步则应搜集烟囱或水塔的原始设计和竣工资料，并与实物认真核对，查明构造、材质、刚度、筒壁厚度、施工质量和完好程度或风化、破损情况，要准确地测量其实际高度，并把以上的实际资料一一注明在核对的图纸上。在充分掌握上述实际资料的基础上，根据拆除任务和爆破安全的具体要求，便可最终确定烟囱或水塔的控制爆破拆除方案。

7.1.1　定向倒塌

定向倒塌的设计原理主要是在烟囱、水塔倾倒一侧的底部，将支撑筒壁炸开一个大于周长 1/2 的爆破切口，如图 7-1 所示，从而破坏其结构的稳定性，使整体结构失稳和重心产生位移，在自重作用下形成倾覆力矩，迫使烟囱或水塔按预定方向倒塌在一定范围之内。因此，选用该方案时，必须有一定宽度的狭长场地，长度应不小于其高度的 1.1～1.3 倍，宽度应大于其最大外径的 2.5～3.0 倍。对于钢筋混凝土烟囱、水塔或强度好的砖砌烟囱、水塔，其倒塌的水平距离

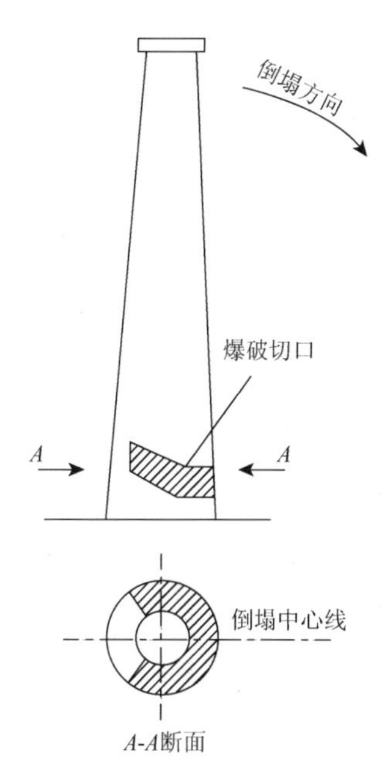

图 7-1　烟囱的定向倒塌

要求大一些。对于强度差的砖砌烟囱、水塔的倒塌水平距离要求相对小一些，约等于 0.5～0.8 倍的烟囱或水塔高度，横向宽度要求大一些，可达最大外径的 2.8～3.0 倍。通过对大量资料的分析，烟囱或水塔倒塌范围的大小主要与其自身的高度、强度、结构形式、地面状况、风化破损程度以及爆破切口的尺寸等多种因素有关。

由于整体刚度大，爆破拆除钢筋混凝土烟囱或水塔支撑，只能采用定向倒塌方式。一般这种结构在倒塌过程中不会出现断裂与后坐现象，系整体倒塌，倒塌撞击地面后，有时混凝土全部破碎并脱离钢筋骨架，有时在骨架上还残留部分或大部分混凝土，这主要与建筑物的高度和倒塌速度有关。

7.1.2 折叠式倒塌

折叠式倒塌可分为单向折叠和双向交替折叠倒塌两种方式，其基本原理与定向倒塌相同。根据周围场地的大小，除在底部炸开一个切口外，还要在烟囱或水塔中部的适当部位炸出一个或一个以上的切口，使其由顶部开始朝两个或两个以上的同向或反向分段折叠倒塌在原地附近，如图 7-2 所示。起爆顺序是先爆上切口，后爆下切口。起爆时间是上切口起爆后，当其倾斜到 20°～25°时，再起爆下切口，间隔 1s 左右。

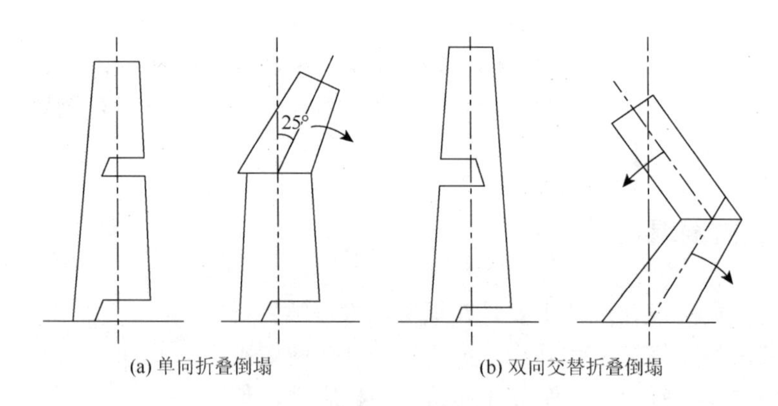

图 7-2　烟囱折叠式倒塌示意图

采用折叠式倒塌，首先要确定分几段折叠，这主要视周围场地的开阔情况而定。如场地开阔，段数可少分一些；场地狭窄，应多分几段。如场地有 1/2 高度的开阔地时，一般分二段为宜。若选的段数过多，技术要求复杂，而且要搭架进行高空作业，这样既不安全，投资又大。如无 1/2 高度的开阔地，应采用原地坍塌方案。

7.1.3　原地坍塌

原地坍塌的设计原理主要是在烟囱、水塔底部，将其支撑筒壁整个周长炸开一个足够高度的爆破切口，从而借助于其自重的作用、重心下移产生的重力加速度以及对地面的冲击，导致烟囱、水塔原地坍塌破坏。该方案仅适用于刚度低的砖砌烟囱或砖结构支撑的水塔爆破拆除，且周围场地应有大于其高度 1/6 的开阔地。原地坍塌方案技术难度较大，稍有失误便会形成向任意方向倒塌的可能。例如，1981 年在南非共和国，邻近某发电厂厂房采用“原地坍塌”方式爆破一座高大烟囱时，在烟囱垂直坍塌过程中，其未坍毁部分突然倾斜倒塌，结果砸毁了发电厂的厂房和设备，造成数百万美元的损失。实践经验表明，如欲准确无误地实现烟囱、水塔“原地坍塌”的破坏方式，还需辅以其他必要的技术措施。

7.2　爆破技术设计

7.2.1　爆破切口的确定

1. 切口形状

爆破切口是为了创造失稳条件，因此切口形状的优劣将直接影响烟囱、水塔定向倒塌的准确性。目前，国内在爆破拆除烟囱、水塔时，常用的爆破切口形状有长方形、梯形、倒梯形、斜形、反斜形、反人字形等 6 种，如图 7-3 所示。其中梯形、斜形和长方形切口应用较多，效果较好。

2. 切口高度 H

切口高度 H 是烟囱、水塔拆除爆破设计中的重要参数。砖砌体切口高度一般不宜小于爆破部位壁厚 δ 的 1.5 倍，通常取 $H=(1.5\sim3.0)\delta$。实践证明，爆破切口适当高一些，可防止其在倾倒过程中出现偏转，但过高则增加了钻爆工作量，因此要合理确定。钢筋混凝土结构物的切口高度可用前述的求临界炸毁高度的计算方法确定，但按此法计算的 H 值一般偏小，这样在倾倒的初始阶段，切口的上下沿将相撞，有可能在倾倒过程中发生偏转，为此可采用如下经验公式：

$$H=(1/6\sim1/4)D \tag{7-1}$$

式中，D 为筒壁底部直径，m；H 为切口高度，m。

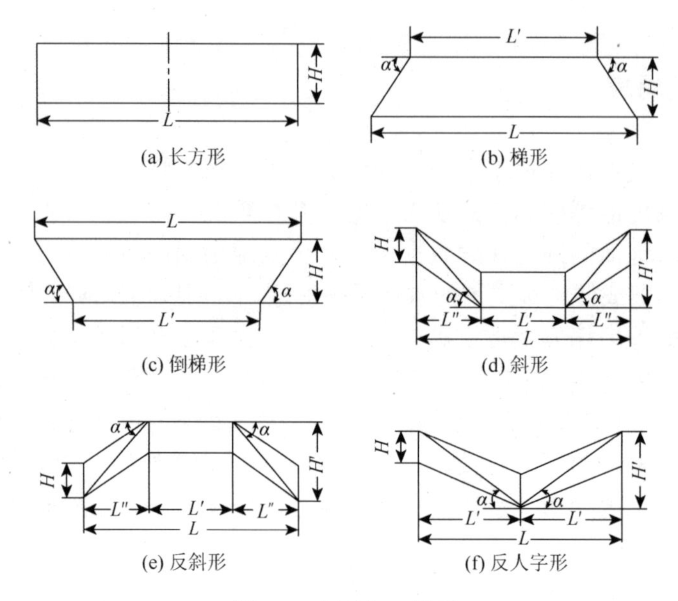

图 7-3　爆破切口类型

L 为切口水平长度；L'为斜形切口水平段长度；α 为倾角；L''为斜形切口倾斜段水平长度；H 为切口高度；H'为切口矢高

3. 切口弧长 L

切口弧长 L 的大小，对倒塌的方向和距离均有一定的影响。根据目前的实践经验，爆破切口弧长可由下式确定：

烟囱　　$(1/2)\pi D \leqslant L \leqslant (2/3)\pi D$　　（7-2）

水塔　　$(1/2)\pi D \leqslant L \leqslant (3/5)\pi D$　　（7-3）

式中，D 为筒壁底部直径，m。

斜形切口倾斜段的倾角取 $\alpha = 35° \sim 45°$；斜形切口的水平段长度 $L' = (0.36 \sim 0.4)L$，两侧倾斜段的水平长度 $L'' = (0.3 \sim 0.32)L$；斜形切口的矢高 $H' = L'' \tan\alpha$ 或 $H' = (1/2)L\tan\alpha$，如图 7-3 所示。

4. 定向窗

为了确保烟囱或水塔能按设计的倒塌方向倒塌，除了正确选取爆破切口的形式和参数以外，有时在切口爆破之前，预先在爆破切口两端用爆破方法或风镐各开挖出一个窗口，窗口内的残渣要清除干净，钢筋要切断，窗口要挖透，这个窗口叫作定向窗，作用是将保留部分与爆破切口部分隔开，使切口爆破时不会影响保留部分，更能保证正确的倒塌方向，如图 7-4 所示。有时可利用烟囱原有的出灰口作为定向窗。采用爆破法开挖定向窗时除可保证准确的倒塌方向外，还可验证用药量是否合适以及降低切口爆破时一次起爆的药量。开定向窗的大小既要能保证倾倒前的稳定性，又要保证倾倒时失稳。一般定向窗高度可取 $(0.8\sim1.0)H$，即等于或稍小于切口高度，宽度一般在 1.5m 左右。

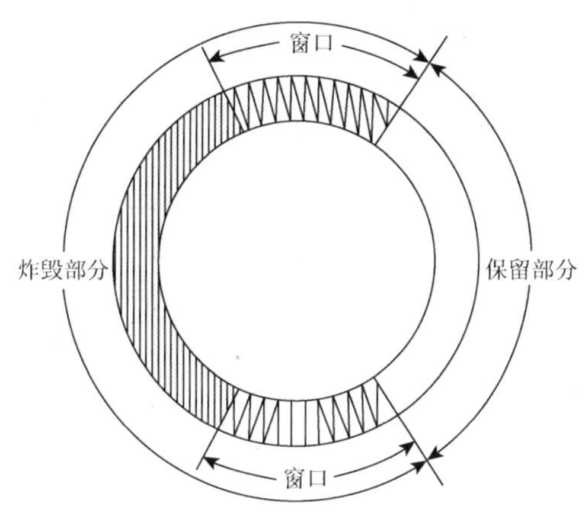

图 7-4　开定向窗示意图

7.2.2　爆破设计参数的选择

1. *炮孔深度 L*

圆筒式烟囱、水塔的爆破切口可视为类似一个拱形结构，爆破时筒壁的内侧受压，外侧受拉，而砖砌体和混凝土均属于脆性介质，抗拉强度远远小于其抗压强度，所以外侧的爆破漏斗比内侧易于形成。因此，要确保内外侧同时炸毁，药包位置应靠近内侧，当从外侧钻孔时，其孔深取壁厚的 0.65～0.68 倍（D 大于 3m）或 0.69～0.72 倍（D 小于 3m）。

2. *炮孔间距 a 和排距 b*

炮孔间距 a 的确定主要和孔深 L 有关，应使 a 小于 L。为防止产生冲炮，应确保炮孔装药后的填塞长度 $L_1 \geqslant a$。此外，炮孔间距 a 还与构筑物的材质以及风化腐蚀程度等因素有关。砖结构一般取 $a=(0.8\sim0.85)L$；若有风化腐蚀现象时，$a=(0.85\sim0.9)L$。钢筋混凝土结构一般取 $a=(0.8\sim0.95)L$。若上下排炮孔采用梅花形交错布孔方式，一般取排距 $b=0.85a$。

为确保烟囱爆破拆除后按预定方向倒塌，烟囱爆破切口部位的耐火砖内衬可采用钻孔装药方法与外壁同时爆破，也可提前单独爆破或人工敲掉。提前单独爆破一般破坏内衬周长一半即可。

3. 单孔装药量 Q

采用浅孔爆破拆除烟囱、水塔时，单孔装药量可按 $Q=qab\delta$（δ 为壁厚）计算。砖砌烟囱、水塔的单位炸药消耗量 q 值的选取可见表 7-1。若砖结构中每间隔六行砖砌筑一道环形钢筋时，表 7-1 中的 q 值需增加 20%～25%；每间隔十行砖砌筑一道环形钢筋时，q 值需增加 15%～20%。钢筋混凝土烟囱的 q 值可参照表 7-2 选取，该表的 q 值仅适用于钢筋混凝土筒壁中有两层钢筋网时的药量计算；若有三层钢筋网，则 q 增加 20%，具体可视筒体强度而定。

表 7-1　砖砌烟囱、水塔单位炸药消耗量 q

壁厚 δ/cm	砖数	q/(g/m³)	$\frac{\sum Q}{V}$/(g/m³)
37	1.5	2100～2500	2000～2500
49	2.0	1350～1450	1250～1350
62	2.5	880～950	840～900
75	3.0	640～690	600～350
89	3.5	440～690	420～460
101	4.0	340～370	320～350
114	4.5	270～300	250～280

表 7-2　钢筋混凝土烟囱、水塔单位炸药消耗量 q

壁厚 δ/cm	q/(g/m³)	$\frac{\sum Q}{V}$/(g/m³)
50	900～1000	700～800
60	660～730	530～580
70	480～530	380～420
80	410～450	330～360

4. 我国部分 120m 高钢筋混凝土烟囱的结构及爆破参数

我国部分 120m 高烟囱的爆破切口见图 7-5，爆破拆除基本参数见表 7-3。

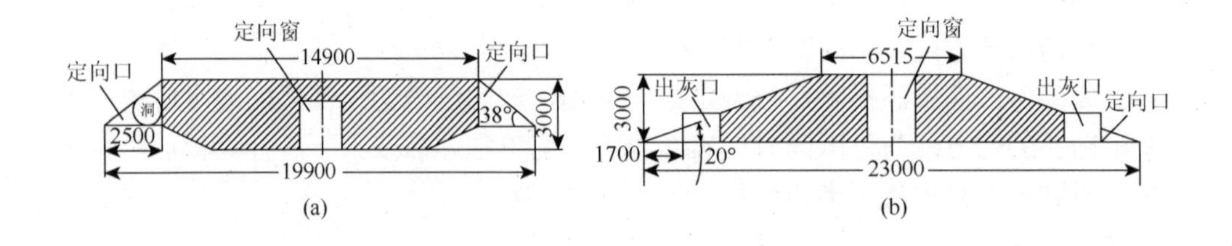

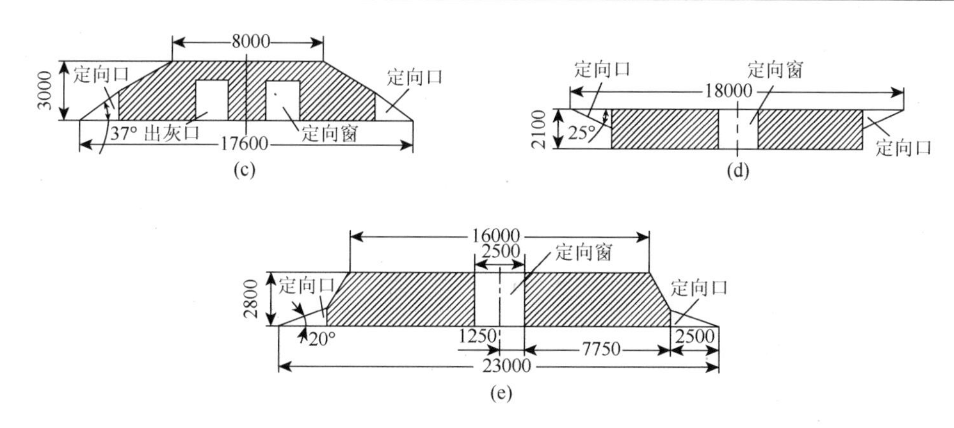

图 7-5　我国部分 120m 高烟囱的爆破切口示意图（单位：mm）

（a）广东茂名石化公司三、四部炉 120m 烟囱切口；（b）广东茂名石化公司沸腾炉 120m 烟囱切口；
（c）辽宁鞍钢二发电厂 120m 烟囱爆破切口；（d）广西合山电厂 120m 烟囱切口；
（e）云南宣威电厂 120m 烟囱爆破切口

表 7-3　部分 120m 高烟囱的爆破拆除基本参数表

烟囱的基本参数	广东茂名石化公司三、四部炉烟囱	广东茂名石化公司沸腾炉烟囱	辽宁鞍钢二发电厂烟囱	广西合山电厂烟囱	云南宣威电厂烟囱
底部外直径/m	10	12	9.2	10	12
顶部外直径/m	5.0	3.2	5.4	4.1	6.2
壁厚/mm	500	500	500	500	500
底部混凝土横断面面积/m^2	15.7	18.85	14.44	15.7	18.85
钢筋尺寸/mm	外立筋 ϕ25 内立筋 ϕ14	外立筋 ϕ25 内立筋 ϕ14	外立筋 ϕ25 内立筋 ϕ14	外立筋 ϕ25 内立筋 ϕ14	外立筋 ϕ25 内立筋 ϕ14
重心高度/m	45	38	42	43.4	39.8
爆破切口形式	正梯形［图 7-5（a）］	正梯形［图 7-5（b）］	正梯形［图 7-5（c）］	倒梯形与长方形组合［图 7-5(d)］	正梯形［图 7-5（e）］
爆破切口圆角/(°)	231	220.4	220	216	220
定向窗夹角/(°)	38	20	36.87	25	20
切口高度/m	3	3	3	2.1	2.8
起爆至触地时间/s	12.9	11.8	12	11.3	
拆除时间	1995.12	1996.1	1998.9.30	2001.8.18	2001.10.30
施工单位	广东宏大爆破工程有限公司	广东宏大爆破工程有限公司	鞍钢修建公司	北京铁峰爆破工程公司	云南天宇爆破技术有限公司

7.3　爆破施工及安全技术措施

由于烟囱、水塔的拆除爆破大多在工业、民用建筑物密集的地区进行，为确保周围建筑物与人身安全，除严格遵守爆破施工与安全的有关规定外，还应注意以下有关问题：

（1）设计前必须对被拆除对象与周围环境进行详细的调查，如了解有无倾斜与裂缝、有无内衬、周围建筑物坚固程度如何、地下水以及管线网路的埋设情况等，以便为设计提供可靠的依据。

（2）在周围环境较复杂的情况下，对定向倒塌的方向和中心线需用经纬仪测量，并准确地将倒塌中心线定位于烟囱、水塔支撑的爆破部位上。

（3）必须严格按设计进行施工，炮孔既要指向烟囱、水塔圆筒的中心，又要垂直于结构物的表面。

（4）应清除烟囱爆破部位隔热层间的粉煤灰，以防止引起粉煤灰燃烧、爆炸或飞扬，粉煤灰爆炸有可能会导致烟囱倾倒的方向发生改变。

（5）对于高大烟囱、水塔倒塌的方向，一定要采取防护措施，避免或减少地面上的碎块溅出，安全警戒范围要适当增大。

（6）起爆前应确切地掌握当天的风向和风力，如有与烟囱、水塔倒塌方向不一致的风向且风力超过三级时，应停止起爆，以防倒向发生偏转或反向倒塌。

7.4　工 程 实 例

7.4.1　云南宣威电厂 80m 高钢筋混凝土烟囱爆破拆除

1. 工程概况

宣威电厂因改建工程，需拆除一座 80m 高的钢筋混凝土烟囱。该烟囱底部外半径 R_1 为 4.8m，顶部外半径 R_2 为 3.3m，壁厚 δ 为 40cm，4m 标高以下为单筋布设（ϕ18mm）。内衬为单层红砖，隔热层厚 8cm，钢筋混凝土总方量 394m^3，自重 1050t。烟囱周围环境如图 7-6 所示。

2. 爆破方案设计

1）烟囱倒塌方式及切口位置确定

根据烟囱周围环境，通过查阅烟囱的原始设计资料和现场实测获得的烟囱结构、各部位尺寸、相邻建筑物的方位和距离等数据，并充分考虑业主提出的爆

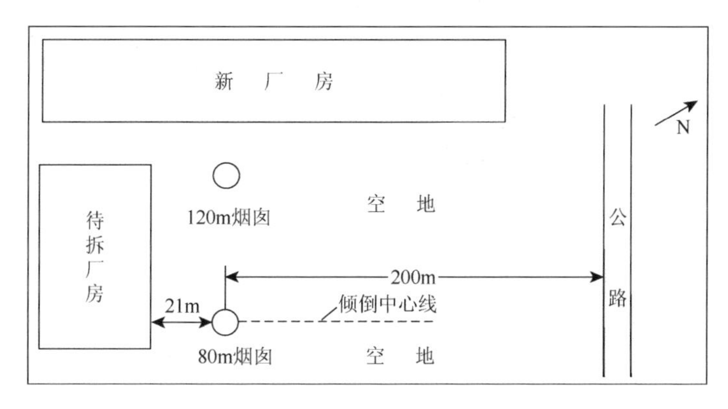

图 7-6　烟囱周围环境示意图

破拆除质量、安全和工期要求，经反复比较，烟囱爆破采用定向倒塌方式。爆破切口位置布置在距地面 60cm 以上，中线为两个出灰口中间。倒塌方向如图 7-6 所示。

2）切口形式及尺寸

根据以往多次爆破拆除烟囱的经验以及参考国内外有关 80m 钢筋混凝土烟囱爆破拆除资料，此次爆破方案的爆破切口形式为梯形切口。切口对应的圆心角为 220°，烟囱外周长 $L = 30\text{m}$，故切口长度为 18.3m，切口高度取 2.4m，夹角 α 为 45°，如图 7-7 所示。

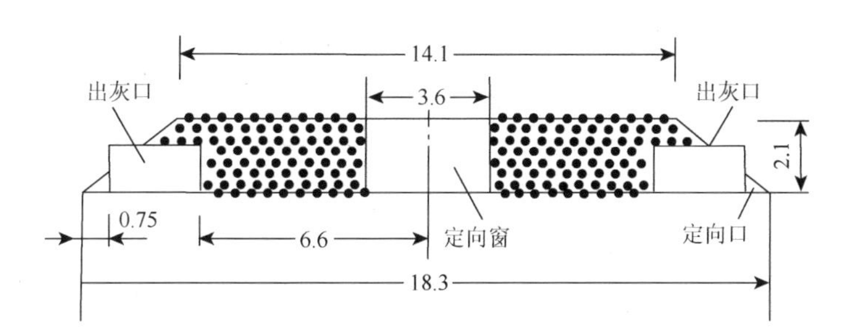

图 7-7　爆破切口炮孔布置示意图（单位：m）

3）爆破参数确定

（1）炮孔直径 d：采用风动凿岩机钻孔，炮孔直径为 40mm。

（2）最小抵抗线 W：$W = 0.5\delta = 0.5 \times 40 = 20\text{cm}$。

（3）炮孔间距 a：$a = 1.5W = 1.5 \times 20 = 30\text{cm}$。

（4）炮孔排距 b：$b = a = 30\text{cm}$。

（5）炮孔深度 L：$L = 0.65\delta = 0.65 \times 40 = 26\text{cm}$。

（6）炮孔总数 N：$N = 284$个。

（7）炸药单耗 q： $q = 1200\text{g}/\text{m}^3$ 。

（8）单孔装药量 Q： $Q = qab\delta = 43.2\text{g}$ ，实际取 45g。

（9）总装药量 $Q_{总}$： $Q_{总} = 45N = 45 \times 284 = 12\,780\text{g} = 12.78\text{kg}$ 。

4）定向窗

为了保证烟囱的顺利倒塌，在起爆前，爆破切口两端各开设 1 个高 0.75m、底边长 0.75m 的三角形作为定向口，将立筋切断；并在倒塌中心部位进行试爆，开一个高 2.1m、宽 3.6m 的定向窗，将立筋切断，如图 7-7 所示。另外，由于爆破切口内的出灰口边框钢筋较密，需在起爆前将边框钢筋混凝土预先爆破，并将立筋切断，以利于烟囱倾倒。

5）起爆网路

采用导爆索与导爆管混合起爆网路，用瞬发导爆管雷管一次起爆所有炮孔。爆破共用雷管 284 发，炸药 12.78kg。

6）施工方法

因烟囱倒塌落地高差大，为确保临近建筑和人员、设备安全，应保证烟囱严格按预定方向倒塌，既要有精确的方案设计，又要有准确无误的施工组织。

（1）精确确定烟囱定向倒塌方向及其中心线，并准确定位烟囱的爆破切口部位。

（2）对开口尺寸、布孔位置严格按设计用红色油漆标示在筒身上，以利于准确钻孔。

（3）钻孔时，要求钻杆应指向烟囱圆心，不得偏斜，确保炮孔方向垂直于烟囱表面，保证炮孔深度。

7）安全防护措施

为了防止飞石，在整个爆破切口部位挂一层麻袋和一层草席，并用铁丝绑牢。

3. *震动校核*

1）爆破振动校核

根据萨道夫斯基公式

$$V = K'K\left(\frac{\sqrt[3]{Q}}{R}\right)^{\alpha} \tag{7-4}$$

式中，Q 为装药量，取 12.78kg；K 和 α 为与地形地质条件有关的系数与衰减指数，该工程中取 $K = 150$ ，$\alpha = 1.5$ ；K' 为爆破拆除修正系数，取 $K' = 0.4$ ；R 为爆心与建筑物之间的距离， $R = 140\text{m}$ ；V 为爆破引起的质点垂直震动速度，cm/s。

经计算，爆破引起的震动速度 $V = 0.13\text{cm}/\text{s}$ ，对距爆破点 140m 的新厂房不会产生不良影响。

2）烟囱塌落震动校核

塌落震动对周围建筑物的影响，按照中国科学院工程力学研究所提供的塌落震动速度公式计算：

$$V' = 0.08 \times (I^3 / R)^{1.67} \qquad (7\text{-}5)$$

式中，I 为触地冲量，$I = M(2gH)^{1/2}$；M 为塌落构件质量，kg；H 为塌落构件重心落差，m；R 为目标点与构件触地中心的距离，m。

求得烟囱倒塌触地在新厂房产生的震动速度为 $V' = 0.28\text{cm/s}$，故不会对新房产生不良影响。

4. 爆破效果分析

此次爆破效果很好，烟囱完全按预定方向倒塌，爆堆集中，块度破碎，距烟囱 140m 的新厂房实测得爆破振动速度为 0.16cm/s、塌落震动速度为 0.26cm/s，均未超出爆破安全规程要求，不会对新厂房产生任何不良影响。在切口闭合瞬间，烟囱上部约 1/3 处出现折断，这是由于烟囱下落时，在切口闭合后烟囱下坐产生反作用力且烟囱已使用几十年、强度已显著降低所致。

7.4.2　倾斜水塔爆破拆除

1. 工程概况

军区某部水塔修建于 1975 年，因东北侧开挖建筑基坑，水塔地基下陷，水塔整体已向东北方向偏斜 32cm，存在严重的安全隐患，决定采用爆破方法将其拆除。

该水塔坐落在某团部院内，北侧距居民住宅楼 4.5m，东侧距围墙 6m，东南侧距通讯修理所 12.5m，西侧距团部办公楼 43.6m、距汽车连宿舍楼 39.5m，南侧为空地，通讯修理所内放有精密的仪器、仪表，周围环境十分复杂，如图 7-8 所示。无原始的设计资料和图纸，经现场勘测，水塔高度为 33m，总重量约 168t。水塔结构分筒体和储水池两部分，其中筒体总高度为 27m，由 200 号砂浆砖砌体砌成。筒体分上下两部分，上部分筒体高 24m，壁厚 24cm，外直径 3.76m；下部分筒体壁厚 40cm，外直径 3.92m。储水池高 6m，由钢结构焊接而成。水塔结构尺寸如图 7-9 所示。

2. 爆破方案设计

根据水塔周围环境以及结构情况，爆破拆除方案确定为定向倒塌，倒塌方向为西南向。由于水塔基础不稳且整体向东北向倾斜，因此在设计爆破切口时，需

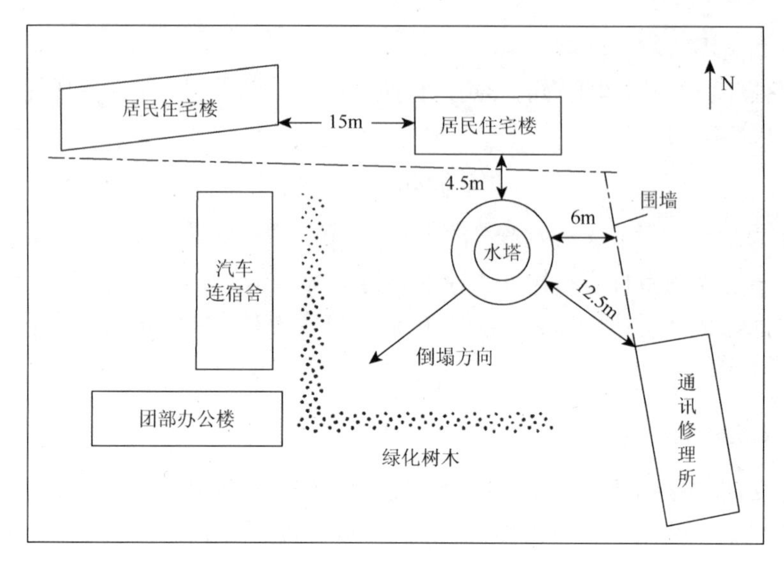

图 7-8　水塔周围环境示意图

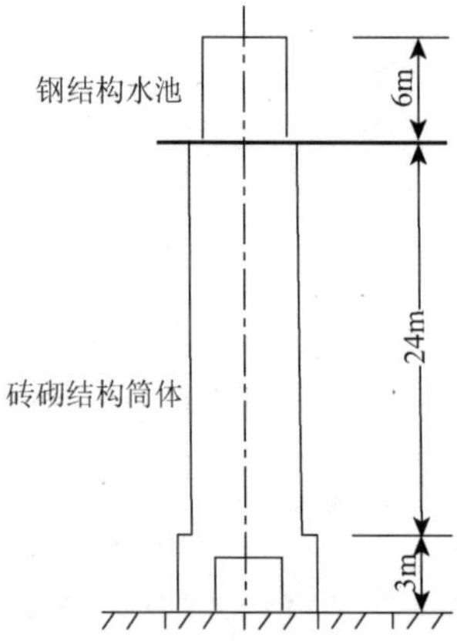

比通常拆除水塔的爆破切口略大一些。这样可以加快水塔倒塌速度，以保证水塔按预定方向顺利倒塌。

1）爆破切口位置及尺寸

由于水塔砌体上、下部分壁厚不一致，壁厚变化处结构上会出现弱面，对定向倒塌会造成不利影响。因此，切口位置布置在距地面 3m 以上的筒壁。根据爆破经验和查阅水塔爆破的有关资料，确定此次爆破的切口形式为正梯形。由于水塔为砖砌体，可假定它不抗拉，只承受压力。支撑截面中心线 y' 的右侧为抗压区，根据计算，爆破切口对应的圆心角最大可为 275°。考虑到水塔已使用较长时间，其强度有所降低，爆破实际取 240°，爆破切口长度为 7.9m，爆破切口高度取 1m，如图 7-10 和图 7-11 所示。

钢结构水池　6m
砖砌结构筒体　24m
3m

图 7-9　水塔结构尺寸图

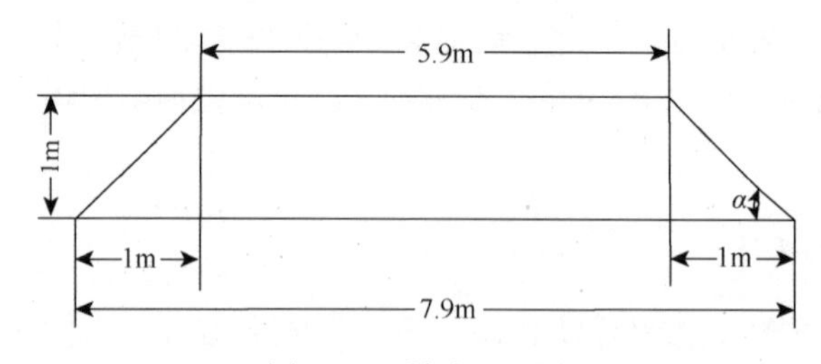

图 7-10　爆破切口图

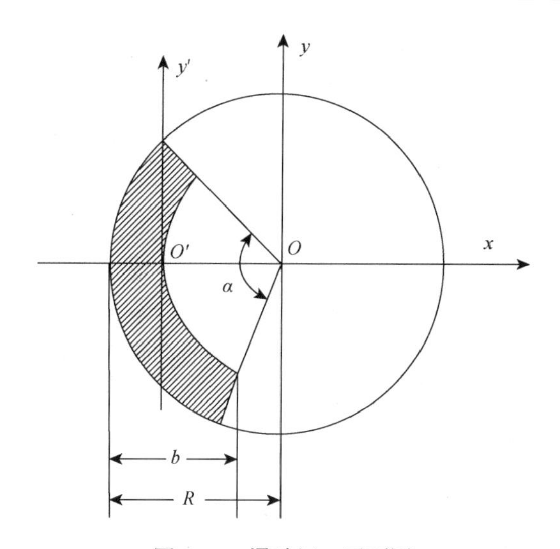

图 7-11　爆破切口平面圈

R 为水塔的半径；b 为受压区宽度；α 为保留截面的圆心角

2）爆破参数的确定

（1）炮孔直径 d：采用电钻钻孔，炮孔直径为 32mm；

（2）最小抵抗线 W：$W = 0.5\delta = 0.5 \times 24 = 12\text{cm}$，式中 δ 为壁厚；

（3）炮孔间距 a：$a = 2W = 2 \times 12 = 24\text{cm}$；

（4）炮孔排距 b：$b = a = 24\text{cm}$；

（5）炮孔布置方式：炮孔呈梅花形交错布置；

（6）炮孔深度 L：$L = 0.6\delta = 0.6 \times 24 = 14.4\text{cm}$，实际取 14cm；

（7）炮孔总数 N：$N = 165$ 个；

（8）炸药单耗 q：$q = 1800\text{g/m}^3$；

（9）单孔装药量 Q：$Q = qab\delta = 24.8832\text{g}$，实际取 25g；

（10）总装药量 $Q_{总}$：$Q_{总} = NQ = 4125\text{g} = 4.125\text{kg}$。

3）起爆网路

由于水塔周围无较大的杂散电流，因此起爆方法采用电雷管起爆法。起爆网路采用串联方式，每孔内装一发瞬发电雷管，起爆器使用 YJ-新 1500 型强力起爆器。

3. 爆破效果

起爆后，水塔准确按照设计方向倒塌，全过程持续了约 4s。倾倒大约 30°时，上部钢结构储水池脱离筒体开始下落，触地后没有造成前冲或侧翻。水塔坍塌物范围长 20m、宽 4～5m、后坐 2.5m，解体效果好。由于装药合理和采取了有效的防护措施，个别飞石的飞散距离不超过 20m，无明显震感，周围建筑的玻璃、仪器和仪表完好无损[10]。

复习思考题

1. 烟囱、水塔拆除爆破的倒塌方式和使用条件有哪些?
2. 烟囱、水塔拆除爆破时常用爆破切口的形状有哪些?
3. 圆筒形烟囱、水塔爆破拆除开设定向窗的作用和意义是什么?

第 8 章　桥梁拆除爆破

8.1　爆破方案的确定

爆破拆除桥梁应根据桥梁的结构特点、水深、流速、附近环境情况及拆除的目的和要求灵活选择。

（1）对于处于新建水库库区的桥梁，为了使其不阻碍库区航道，可在截流蓄水前，爆破桥梁的桥墩桥台，或爆破上部结构，使桥梁倒塌，并使堆积高度低于设计允许最大高度，而不考虑爆破破碎的块度。

（2）为了使被拆桥梁不阻塞河道，则应爆破桥梁的全部上部结构和桥台，并根据清碴的条件和能力，满足一定的块度要求。

（3）桥下无水或水较浅时，可先将桥炸倒，然后再进行爆破解体和破碎。水面较宽、水流较大时，则应先爆破破坏上部结构，然后破碎桥墩、桥台。

（4）桥梁附近无建筑物，人员、车辆稀少，且施工工期紧迫时，可采用外部集中药包爆破。而桥梁处于建筑物稠密区时，则应采用炮孔法爆破，坚持多钻孔、少装药的原则，并应采取有效的安全防护措施。

（5）对原有的桥梁进行改造时，只需进行局部爆破，如只拆除上部结构，而保留桥墩和桥台。除了必须防止爆破对保留部分的直接影响外，还应做到纵向和横向的均衡卸载，以保证保留部分的稳定。

8.2　爆破技术设计

8.2.1　桥台的爆破

桥台设在桥梁的两端，与路堤衔接。桥台通常是用块石或预制混凝土块砌成的，也有混凝土现浇的。图 8-1 为 U 形桥台示意图。

1. 内部集中装药爆破

（1）装药设置在路基与桥台结合部开挖的垂直药室内，如图 8-2 所示。

药孔深度 L 应大于桥台的厚度 δ 。破坏半径 R 等于桥台厚度 δ 。装药间距 a 等于破坏半径 R 的 2 倍，即 $a=2R$ 。装药量 Q 按下式计算：

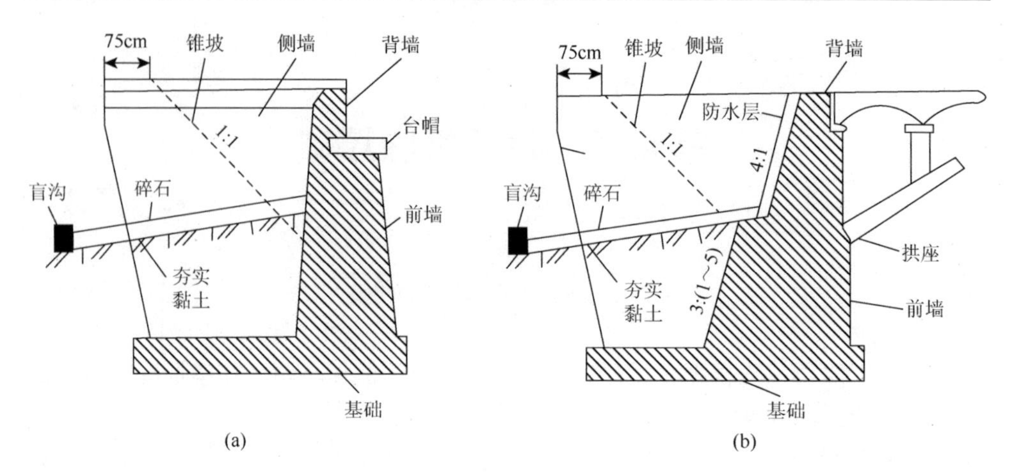

图 8-1　U 形桥台示意图

$$Q = ABR^3 \tag{8-1}$$

式中，Q 为单个装药量，kg；A 为材料抗力系数，见表 8-1；B 为填塞系数，见表 8-2；R 为破坏半径，m。

（2）装药设置在临水一侧开挖的水平药室内，如图 8-3 所示。药室深度 $L \geqslant \dfrac{2}{3}\delta$，$R=\delta$，$a=2R$，$Q=1.3ABR^3$。

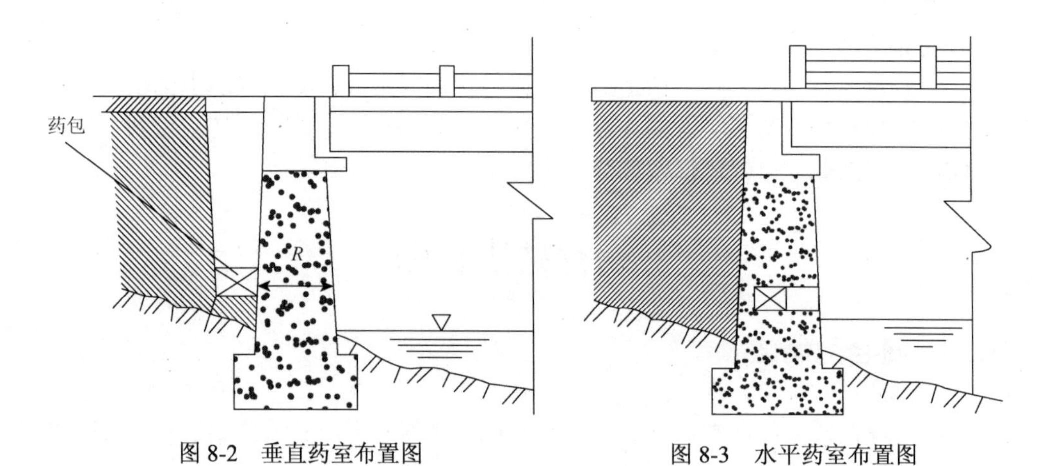

图 8-2　垂直药室布置图　　图 8-3　水平药室布置图

表 8-1　材料抗力系数 A 值

材料名称		A
石灰砂浆砌的砖墙	不坚固的	0.77
	坚固的	1.08

续表

材料名称	A
水泥砌的砖墙	1.24
料石砌的挡墙	1.45
混凝土	1.80
钢筋混凝土	5.00

表 8-2　填塞系数 B 值

装药设置位置	B	
	有填塞（土）	无填塞
装药设置在目标表面上	5.0（6.5）	9.0
装药设置在药龛中	4.5	6.0
装药设置在 $\frac{1}{3}\delta$ 的药室中	1.5	1.7
装药设置在 $\frac{1}{2}\delta$ 的药室中	1.15	1.3
装药设置在桥台、挡土墙后土壤中	1.5	1.7

2. 炮孔法爆破

根据施工条件可采用垂直炮孔或水平炮孔。爆破参数的确定如下：

1）最小抵抗线 W

最小抵抗线的大小应根据桥台的材质、几何形状尺寸、块度要求和环境条件等因素来确定。采用人工清碴时，可按下列取值范围选取：

混凝土　　$W = 0.4 \sim 0.6\text{m}$

浆砌块石　　$W = 0.5 \sim 0.8\text{m}$

钢筋混凝土　　$W = 0.3 \sim 0.5\text{m}$

采用机械清碴时，最小抵抗线可适当增大。

2）孔距 a 和排距 b

浆砌块石　　$a = (1 \sim 2.5)W$

混凝土　　$a = (1 \sim 2)W$

钢筋混凝土　　$a = (1 \sim 1.8)W$

多排炮孔同时起爆时，$b = (0.5 \sim 0.7)W$；多排炮孔逐排起爆时，$b = W$。

3）孔深 L

采用水平炮孔时，孔深取桥台厚度 δ 的 0.8～0.9 倍，即 $L = (0.8 \sim 0.9)\delta$。

采用垂直炮孔时，若桥台高度 H 不大，则孔深 L 取桥台高度 H 的 0.85～0.95 倍，即 $L=(0.85\sim0.95)H$；若桥台高度较大，则可视钻孔能力，分次钻孔和爆破。孔深 L 应大于最小抵抗线 W。

4）单孔装药量 Q

（1）多排垂直炮孔爆破时边孔装药量为

$$Q=qWaL \tag{8-2}$$

（2）多排垂直炮孔爆破时中孔装药量为

$$Q=qabL \tag{8-3}$$

（3）单排垂直炮孔爆破时单孔装药量为

$$Q=qa\delta L \tag{8-4}$$

（4）多排水平炮孔爆破时单孔装药量为

$$Q=qabL \tag{8-5}$$

式中，Q 为单孔装药量，g；q 为单位用药量，可见表 3-1 和表 3-2；W 为最小抵抗线，m；a 为孔距，m；b 为排距，m；L 为孔深，m；δ 为桥台厚度，m。

8.2.2　桥墩的爆破

桥墩处于两桥台之间。桥墩材料一般为浆砌块石、浆砌混凝土块、现浇混凝土或现浇钢筋混凝土。按其断面形状可分为墙式和柱式。柱式通常有单柱式和双柱式，双柱式有“H”形、“π”形等，其截面有正方形和圆形等，如图 8-4～图 8-6 所示。

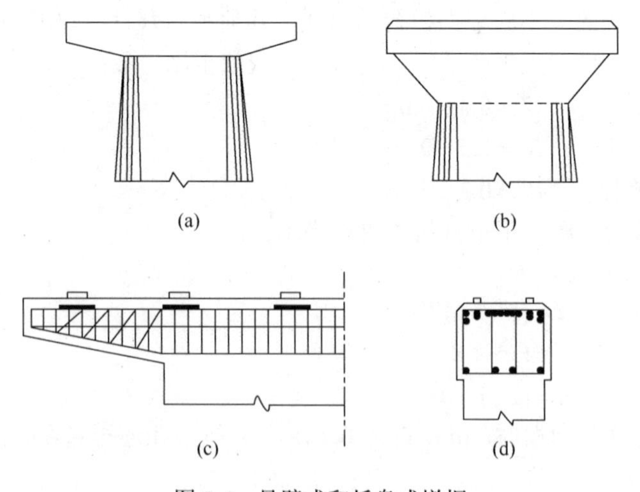

图 8-4　悬臂式和托盘式墩帽

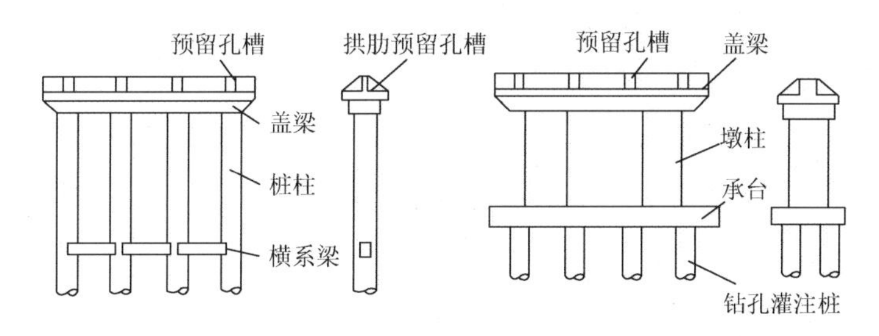

图 8-5　拱桥桩柱式桥墩

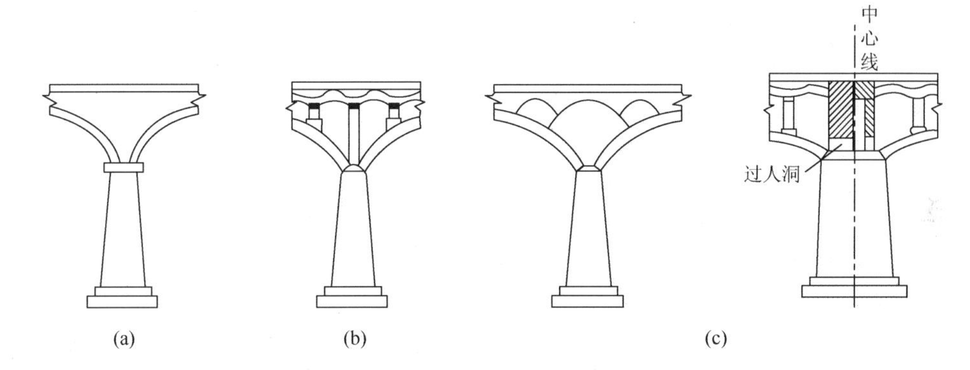

图 8-6　拱桥普通墩

1. 集中装药爆破

用集中装药爆破可分为以下两种：

（1）用外部集中装药爆破。装药设置在桥墩的外部，破坏半径 R 等于桥墩的厚度 δ（或正四棱柱的边长、圆柱的直径），装药间隔 $a=2R$。单个装药量按 $Q=1.3ABR^3$ 计算。

（2）用内部集中装药爆破。装药设置在事先开挖的水平药洞内，药洞深度 L 一般为桥墩厚度 δ 的 1/3～1/2，破坏半径 R 等于装药中心至桥墩较远一侧表面的距离，一般按 $R=\delta-L$ 计算，装药间距 $a=2R$，单个装药量按 $Q=1.3ABR^3$ 计算。

2. 炮孔法爆破

根据情况可钻垂直孔或水平孔。桥墩较高，且桥墩根部无水时，也可先将桥墩从根部炸倒，再钻孔进行二次爆破破碎。

1）最小抵抗线 W。

桥墩厚度较小时，$W=\delta/2$；爆破正四棱柱桥墩时，W 取截面边长 1/2，$W=B/2$，B 为正四棱柱边长。爆破圆柱形桥墩时，$W=D/2$，D 为圆柱的直径。

桥墩厚度较大时，对浆砌块石，$W=0.5\sim0.8\text{m}$；对混凝土，$W=0.4\sim0.6\text{m}$；对钢筋混凝土，$W=0.3\sim0.5\text{m}$。

2）孔距 a 和排距 b

孔距 a 和排距 b 的确定与爆破桥台相同。

3）孔深 L

钻垂直孔时，如桥墩高度 H 较小，$L=(0.85\sim0.95)H$；如桥墩较高，可根据钻孔能力确定孔深，分次钻孔和爆破。

钻水平孔时，如桥墩厚度 δ 较小，每孔只需设置单层装药时，$L=2\delta/3$；如桥墩厚度较大，每孔需设置双层或多层装药时，$L=\delta-W$。

4）单孔装药量 Q

（1）采用单排垂直炮孔爆破时，单孔装药量为

$$Q=qa\delta L \tag{8-6}$$

（2）采用多排垂直炮孔爆破时，边孔装药量为

$$Q=qWaL \tag{8-7}$$

中孔装药量为

$$Q=qabL \tag{8-8}$$

（3）采用多排水平炮孔爆破时，单孔装药量为

$$Q=qabL \tag{8-9}$$

（4）对于小截面的桩柱（四面或多面临空）爆破时，单孔装药量为

$$Q=qW^2L \tag{8-10}$$

式中，q 为单位用药量，可见表 3-1 和表 3-2。

8.2.3 桥拱的爆破

桥梁的上部结构形式多样，可分为拱式和直梁式。拱式根据拱圈材料的不同可分为砖拱圈、石拱圈、混凝土拱圈和钢筋混凝土拱圈。主拱圈最高点称为拱顶，主拱圈两端与支座连接处称为拱脚，两拱脚间的水平长度称为跨度，拱顶至两拱脚连线的竖向高度称为拱高，拱高与跨度之比称为高跨比。在竖向荷载的作用下，拱圈上的弯矩比相同跨度的梁的弯矩小得多，拱圈主要承受压力，且其抗压强度较高。但只要一处沿横向炸透拱圈的全截面，这一跨的上部结构便会坍塌，冲击地面时，会使拱圈特别是块石拱圈和砖拱圈解体和破碎。

1. 集中装药爆破

集中装药爆破分为以下几种：

（1）装药设置在拱顶上，破坏半径 R 不小于拱顶全厚 δ' 的 2 倍，即 $R \geqslant 2\delta'$ 。装药间距 $a = 2R$ 。

（2）装药设置在拱顶一侧开挖的药洞内，或设置在拱顶一侧腹拱内，紧贴主拱圈，破坏半径只等于拱圈厚度 δ ，即 $R = \delta$ 。装药间距 $a = 2R$ 。

（3）装药设置在桥墩上部的药洞内，破坏半径 R 大于装药中心至拱脚的距离，装药间距 $a = 2R$ 。爆破后可同时炸毁相邻两跨的主拱圈和共用桥墩的一部分。

（4）对于钢筋混凝土双曲拱桥，装药可设置在腹拱内的主拱圈的拱波上，并对正每根拱肋。破坏半径 R 等于拱肋高度 H 加拱波厚度 δ ，即 $R = H + \delta$ 。若拱肋间距 a' 较大，即 $a'/2 > H + \delta$ 时，则 R 取 $a'/2$ 。

爆破拱圈时的单个装药量按下式计算：

$$Q = 1.3ABR^3 \tag{8-11}$$

2. *炮孔法爆破*

对于砖拱圈和石拱圈，一般只需爆破 1～2 个截面，每个截面布设 2～3 排炮孔。爆破后，上部结构便会坍塌和解体。

对于混凝土和钢筋混凝土拱圈，通常需全面布孔爆破，以保证充分解体和破碎。

1）最小抵抗线 W

最小抵抗线取拱圈厚度 δ 的一半，即 $W = \delta/2$ ；如在拱顶处的桥面上钻孔，则 $W = \delta'/2$ ；如在拱波上对正拱肋钻孔，则 $W = (H + \delta)/2$ 。

2）炮孔深度 L

炮孔深度 L 一般取拱圈厚度 δ 的 2/3，即 $L = \dfrac{2}{3}\delta$ ；在拱顶上钻孔时，$L = 2\delta'/3$ ；在拱波上对正拱肋钻孔时， $L = 2(H + \delta)/3$ 。

3）孔距 a 和排距 b

孔距 a： $a = (0.8～1.0)L$ ； 排距 b： $b = (0.87～1.0)a$ 。

4）单孔装药量 Q

单孔装药量 Q 按下式计算：

$$Q = qab\delta \tag{8-12}$$

式中，q 为单位用药量，可见表 3-1 和表 3-2。对正拱肋钻孔时， δ 取拱肋高与拱波厚之和。

8.2.4　钢筋混凝土梁的爆破

钢筋混凝土梁式桥的上部结构主要由主梁和桥板组成。按梁的结构形式分为简支梁、悬臂梁和连续梁。按梁的截面形状不同主要有矩形梁、T 形梁和箱形梁等。爆破梁式桥的上部结构，主要是爆破主梁，桥板较薄通常不爆破。

1. 外部集中药包爆破

（1）装药设置在桥面上对准每根主梁，如图 8-7 所示，破坏半径 R 等于梁高度 H 加上桥板厚度 δ，即 $R=H+\delta$。

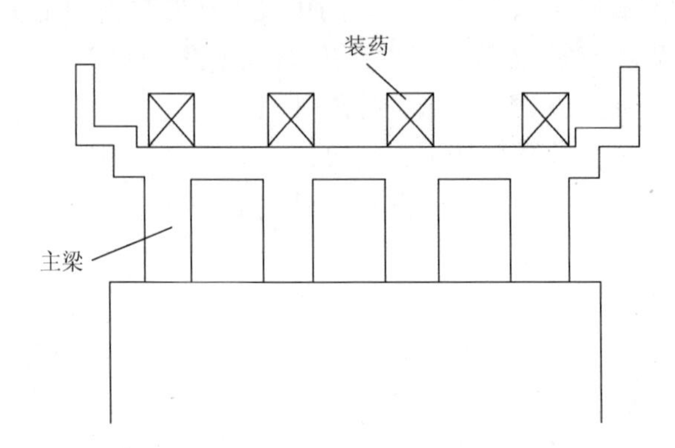

图 8-7　装药设在桥面上

（2）装药设置在桥墩上部主梁旁，如图 8-8 所示，破坏半径 $R=H+\delta$。

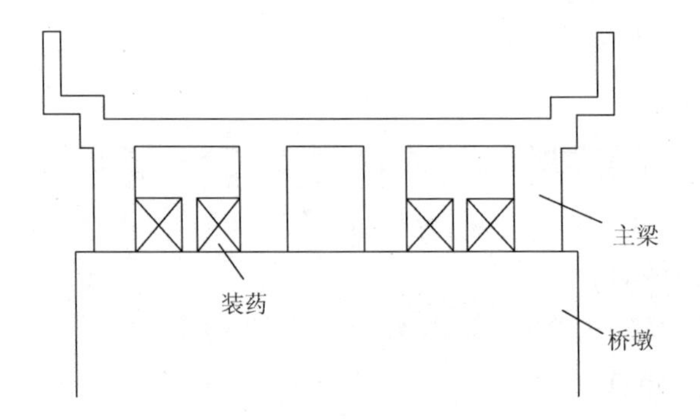

图 8-8　装药设在桥墩上

爆破主梁，单个装药量按 $Q=ABR^3$ 计算。爆破 1 根主梁的装药个数根据需要确定，如只需将梁炸断，使其塌入桥下，则每根主梁设置 1 个装药。爆破部位确定如下：对于简支梁桥，从跨中央炸断；对于悬臂梁桥，从伸臂梁两端支座与跨中之间炸断；爆破连续梁时，可从梁的两端爆破，爆破后只能炸散梁的混凝土，不能炸断钢筋，梁可能断而不塌，爆后再割断钢筋，梁即塌落。

2. 炮孔法爆破

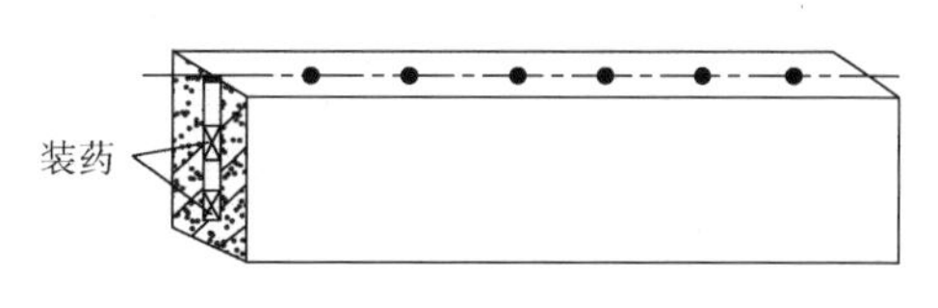

图 8-9　主梁上炮孔布置示意图

用炮孔法爆破主梁，通常从桥面上对准主梁轴线配置 1 排垂直孔，如主梁轴线上恰好有配筋时，则可在轴线两侧交错配置炮孔，如图 8-9 所示。

1）最小抵抗线 W

最小抵抗线等于主梁厚度 δ_L 的 1/2，即

$$W = \delta_L / 2 \tag{8-13}$$

2）孔深 L

孔深等于主梁高 H 加桥板厚 δ_B 再减去最小抵抗线 W，即

$$L = H + \delta_B - W \tag{8-14}$$

3）孔距 a

$$a = (1.2 \sim 2.0)W \tag{8-15}$$

4）单孔装药量 Q

单孔装药量 Q 按下式计算：

$$Q = q_3(H + \delta_B)\delta_L a \tag{8-16}$$

式中，q_3 为单位用药量，对厚度 δ_L 为 0.3～0.5m 的钢筋混凝土梁，q_3 取 600～750g/m^3；H 为主梁高度，m；δ_B 为桥板厚度，m；δ_L 为主梁厚度，m；a 为孔距，m。

8.3　工程实例

8.3.1　控制爆破拆除陇海线黑石关旧铁路桥

1. 工程概况

黑石关旧铁路桥位于河南省巩义市黑石关村，在陇海铁路西线 645～844km 处，横跨在黄河支流伊洛河上，全长 265.15m，为铁路单线钢桥。全桥有五孔钢梁，中间最大主跨长 88.7m，主跨两侧钢梁各长 49.5m，梁高 9.15m，宽 5.5m。结构为下承式桁架桥，主梁重 687t，边梁重 290t。靠近桥台的端梁长 32m，结构为上承式桁架桥，重 46t。桥墩有四座，中间两座（2 号和 3 号）为沉箱基础，墩身高出水面 8m，墩顶长 10m、宽 3m，侧面坡度为 10∶1。旁边两座（1 号和 4 号）为桩基，墩身尺寸与中间墩相同，高出河床地面约 6m。关于桥墩的结构材料无图纸资料可查，据当时参加施工的人员回忆，墩帽为钢筋混凝土，墩身为片石混凝土，掺有 10%～20%的毛石。总计需爆破拆除的方量为 800m^3。

该桥两侧有电气化输电线路和地方三相动力电线，跨河与桥面相平行。桥梁外缘东面离输电线最近距离只有 11m，西面最远相距为 16m。旧桥北面 60m 处是正在运行的新建铁路双线桥。桥东岸有沿江马路，路旁有通信和电力线路。离 1 号墩最近的是孝义镇长虹机械厂，相距有 30m。在 50m 外有村民一般住房，80m 外有土窑洞，具体环境详见图 8-10。

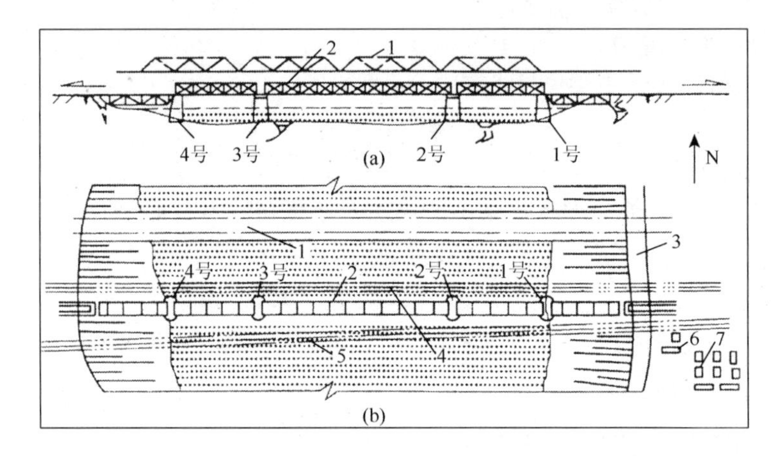

图 8-10　陇海线黑石关旧铁路桥示意图

(a) 旧桥立面示意图；(b) 旧桥平面示意图；1 为新桥线路；2 为旧桥铁路；3 为沿江公路；4 为电气化输电线；5 为动力输电线；6 为机械厂；7 为民房

伊洛河新铁路桥在 20 世纪 60 年代建成通车后，旧桥即废弃，为了防汛排洪的需要，有关部门决定在枯水期予以拆除。由于钢桥整体吊装拆卸困难，采用其他方法需要较多的机具设备，成本高，工期长，费工费力。为此，确定采用爆破炸除桥墩，使钢梁整体下落到河床地面再行解体的拆除方案。

采用爆破施工，必须确保附近建筑物与铁路设施的安全，主要有以下 3 个问题：

（1）桥墩炸碎，上部钢梁下落时不得滑移或倾倒，否则就会碰坏桥旁输电线路，影响陇海线运行。

（2）爆破必须保证桥北现运行铁路桥梁线路的运输安全，不得中断行车，不得对铁路设施造成损坏。

（3）桥东建筑物，尤其是村民住的土坯房和窑洞比较陈旧，爆破时不允动产生塌落破坏。

2. 爆破设计

根据工程要求和上述分析，对各桥墩的爆破参数进行了计算和选择，结果汇总于表 8-3。

表 8-3　设计成果汇总表

位置	墩号	炮孔数/个	孔延米/m	药包数/个	总药量/kg
桥东	1	314	443	922	38.09
中东	2	617	875.9	1779	95.56
中西	3	608	810.1	1630	87.08
桥西	4	438	834.6	1302	60.85
合计		1977	2963.6	5633	281.58

注：1.墩号由东至西顺编；2.炸药用 2 号岩石硝铵炸药。

3. 起爆方法

为了减小爆破地震效应，根据安全验算和设计成果，采用分段毫秒微差爆破。起爆系统采用非电导爆管网格式分段闭合网路，以毫秒雷管孔外激爆。每个桥墩为一个段区，各自构成一个单独的导爆管闭合网路，每个独立网路用毫秒雷管直接激发。起爆采用串并联电雷管激发网路。

4. 爆破效果

在利用铁路行车的间歇时间，一声炮响，桥墩炸塌，钢梁平稳下落，溅起一片水花。中间 2 号和 3 号桥墩的水面以上部分彻底炸碎，上部主跨钢梁已落到水面，支撑在桥墩根部，靠近 3 号墩的部分钢梁下缘已没入水中。1 号和 4 号墩面以上部分也被炸碎，部分残渣均匀堆积在根部[11]。

8.3.2　控制爆破拆除双曲拱桥

1. 工程概况

1）桥梁概况

该桥为永成至商丘公路上的蒋口乡双曲拱桥，建于 1968 年 7 月。由于公路加宽和桥已出现部分裂缝，故急需拆除重建新桥。全桥长 73m、宽 10m（通车路面 6.8m），桥面距自然河底为 8.0m，共有 2 个桩柱式桥墩和 2 个桥台（3 个节间）。每个节间跨度为 21m（六肋五波），矢跨比为 1∶6；拱肋与桥墩（台）连接形式是两侧为钢构、中间 4 根为直接搭接，每跨主拱的 6 根拱肋均为钢筋混凝土结构（断面尺寸均为 25cm×25cm），每根拱肋布有 5 根 ϕ16mm 的钢筋，拱圈由拱肋、拱波和填顶混凝土三部分组成，各拱肋间用钢筋混凝土横系梁连为整体，以增加桥的稳定性。桥墩由 3 个直径为 1.1m 的钢筋混凝土圆柱形桩柱支撑 1 个宽 1.3m、高 1.85m 的墩帽（横梁）组成；桥台除与拱肋连接处为钢筋混凝土外，其余均为浆砌料石，如图 8-11 所示。

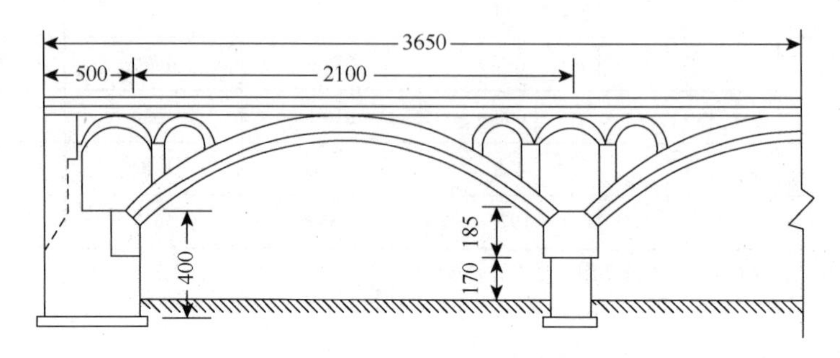

图 8-11　蒋口乡双曲拱桥侧面半立面图（单位：cm）

2）周围环境

河道为南北走向，河中无水，河道两岸的公路两侧为两个自然乡村，距桥头最近的民房为 23m，桥南侧 20m 处有一条与河道方向垂直的高压输电线路。

3）爆破拆除要求

将整个桥体拆除至河道的自然地面（桥墩部分拆除高度从拱脚向下不小于 2m）。严格控制爆破有害效应对周围民房、输电线路和庄稼产生的危害作用。清方形式为机械配合下的人工清方。

2. 爆破拆除方案

根据工程情况，做出了 3 种拆除方案：第一，桥台、桥墩和拱脚同时装药起爆；第二，桥墩、拱脚和拱顶同时装药微差起爆，桥梁倒塌后再处理桥台；第三，只爆破一侧桥台处的拱脚，待整个桥面塌落后再处理桥台和桥墩。通过对以上 3 种方案的分析，我们认为前两种方案可以利用桥面的自然防护控制爆破碎石的飞散距离，但是一次起爆的药量大，对民房的抗震能力有些担心，起爆线路复杂，对起爆器要求高，而且拱桥的水平推力很大，一旦一处起爆，整个桥梁很快就会倒塌，可能造成对后起爆线路的破坏，因此，决定放弃前两种方案。第三种方案只爆破一侧桥台处的拱脚（只炸断六根拱肋），因为拱桥的拱肋是主要的承重构件，而且上部结构自重大、拱肋基本为简支搭接，因此只要炸毁拱肋，该节间就会因自重大而塌落。当第一节间塌落后，第二节间失去平衡，形成单侧失稳，使第二节间塌落，同样第三节间也依次塌落。另外，因拱肋断面尺寸小，各节间上部结构在下落与落地时可以得到充分的解体。上部结构落下后，边清方、边处理桥台和桥墩，这样爆破省时省力、安全、经济。因此，决定采用第三种爆破拆除方案，即只爆破西侧桥台处的拱脚，待整个桥面塌落后再用钻孔法爆破拆除桥台和桥墩。

3. 爆破参数设计

1）拱肋爆破

（1）爆破参数如下：

在西桥台拱脚处的每一根拱肋中心线上部，按一字形布设 3 个垂直炮孔，6 根拱肋共布 18 个炮孔，如图 8-12 所示。

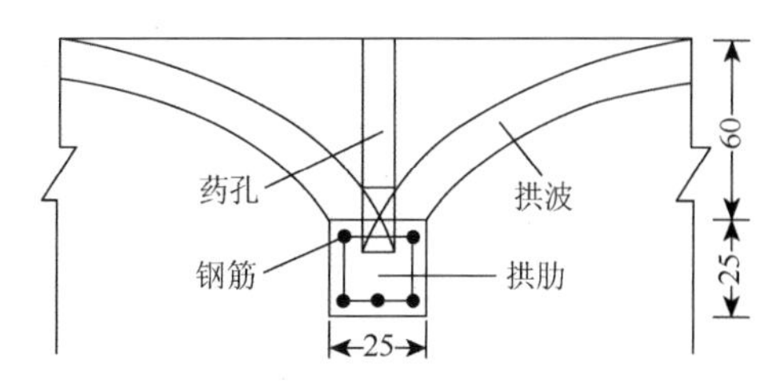

图 8-12　拱脚装药布置断面图（单位：cm）

①钻孔深度 L。$L=0.8H=0.8\times85=68\text{cm}$，实际钻孔深度取 65cm。式中，$H$ 为拱肋的厚度 25cm 加上拱肋线上部的混凝土厚度 60cm，破坏半径只取 20cm。

②孔距 a。$a=1.5R=1.5\times20=30\text{cm}$。

③单孔药量为

$$Q=ABR^3$$

式中，A 为材料系数，取 5；B 为填塞系数，取 1.15；R 为破坏半径，取 0.2m。计算得 $Q=46\text{g}$。

为了防止爆破碎块飞散太远，实际单孔药量为两侧拱肋（共 6 个炮孔）每孔取 25g，中间 4 根拱肋（共 12 个炮孔）由于有桥面的自然防护，每孔取 50g。6 根拱肋（18 个炮孔）的总药量为 750g。

（2）起爆方式：采用串联电起爆网路，同时起爆。

2）桥墩爆破

（1）爆破参数如下：

①圆柱形桩柱（ϕ1.1m）炮孔布置形式：共布置 4 层，每层间隔 90°布置 4 个水平孔，各层炮孔交叉布置。层距 $b=40\text{cm}$；孔深 $L=50\text{cm}$；单孔药量为 38g。

实际装药时，为了使桩柱的根部破坏彻底，便于清方，最底层装药为 50g/孔，上部三层均为 37.5g/孔。

②墩帽（横梁）布设 3 排垂直孔，孔距为 60cm，排距为 30cm，中间排孔深 150cm，两侧排孔深 110cm，如图 8-13 所示。装药量按炸药单耗 120g/m^3、集中计算总药量、逐孔合理分配的方式确定，即中间一排孔为两层装药，每层药量 60g，填塞长度 60cm；两侧两排孔均为一层装药，药量 30g。

（2）起爆方式：桩柱和墩帽采用 100ms 的时间差，微差起爆。

3）桥台爆破

（1）爆破参数如下：

桥台除与拱脚的接合部为钢筋混凝土外，其余部分均由料石砌成。针对料石钻孔难度大的特点，采取少钻孔、多装药的爆破方案，即按孔距为 2m 一字形布设 5 个垂直孔，孔深 2m，然后扩孔，采用集中装药的形式爆破桥台的料石部分。

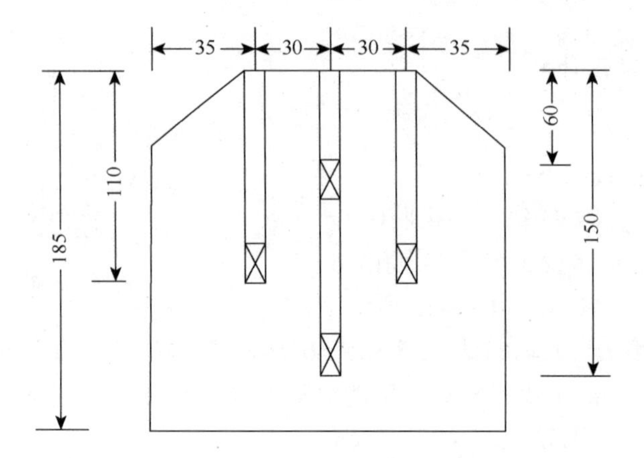

图 8-13　墩帽装药布置断面图（单位：cm）

钢筋混凝土部分沿中心线左右偏离 5cm 折线形布设垂直孔，孔距 60cm，孔深 90cm，共布孔 17 个，如图 8-14 所示。

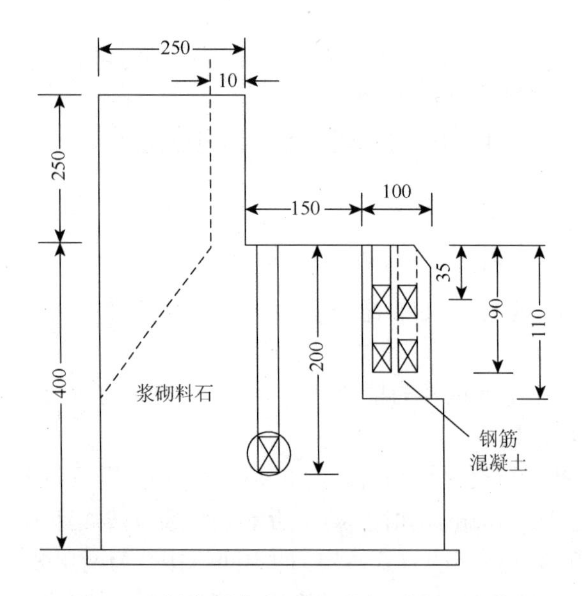

图 8-14　桥台装药布置断面图（单位：cm）

单孔药量：①混凝土部分，每孔药量取为 75g，分两层装药，下层为 45g，上层为 30g，填塞长度为 35cm。②料石部分，每孔药量取 7.0kg，共 5 个装药，总计药量 35kg。

（2）起爆方式：料石部分和钢筋混凝土部分采用 100ms 的时间差，微差起爆。

4. 爆破效果

(1)拱肋爆破。拱脚的 18 个药包起爆后，桥面的 3 个节间由西向东依次塌落；拱波的波顶全部折断，且沿拱肋的纵长方向折断成长短不一的大块（最长的 3.0m）；拱肋间隔 2～3m 将混凝土折出裂缝（部分钢筋暴露），上部结构全部解体碎裂，达到了拆除要求。西侧桥墩向西倾斜约 15°，东侧桥墩向西倾斜约 10°，爆破碎块最大飞散距离不到 10m。

(2）桥墩爆破。桩柱爆破后，16 根（ϕ20mm）竖筋略成弓形，钢筋网内的混凝土约有 40%抛出；墩帽爆破后，块度均匀，混凝土基本脱离钢筋网。桩柱和墩帽均不需二次破碎就可清方，爆破碎块最大飞散距离在 20m 以内。

(3）桥台爆破。爆破后，钢筋混凝土部分不需要二次破碎。料石部分有两块需二次破碎，其余部分均可人工清方。爆破碎块最大飞散距离 30m，由于飞散方向为河道方向，所以没有造成任何危害。

爆破振动校核

$$V = K\left(Q^{\frac{1}{3}} / R\right)^{\alpha} \tag{8-17}$$

式中，K 取 200；α 取 2；最大药量 $Q = 35\text{kg}$；$R = 23\text{m}$，计算得 $V = 4.0\text{cm/s}$，认为民房在安全范围内。

8.3.3 控制爆破拆除桥墩

1. 工程概况

需拆除的立交桥是 20 世纪 60 年代建成的，桥长 54m，桥面宽 6m，梁为两孔 20m 的钢筋混凝土 T 形梁，位于北编组场北道岔咽喉区。

2. 爆破方案的选择

根据桥墩周围复杂的环境和确保北编组场调车作业的安全，决定采用浅孔控制爆破原地坍塌拆除桥墩的方案，以控制爆破振动、飞石、空气冲击波和噪声危害。而且只进行一次爆破，因此爆破作业时间短，安全防护工作、行车封锁时间和行车干扰可相对减少。起爆网路采用多段非电毫秒雷管，可大大降低爆破振动对建筑物的危害，施工机械少，工艺简单。

3. 爆破参数的选择

根据桥墩的结构、形状、材质的尺寸、爆区周围的环境、行车安全、允许封锁时间等要求，墩帽和墩身采用不同的参数。

1）墩帽爆破的设计参数

根据墩帽为 C20 钢筋混凝土、距地面 7～8.8m、要求原地坍塌不允许损伤道岔的原则，选择最合理的爆破参数。

（1）单位用药量 q。

爆破块度要求小，不易砸伤钢轨和道岔，同时也便于人力搬动，因而采用 $q=1.0\text{kg/m}^3$ 。

（2）最小抵抗线 W。

最小抵抗线 W 是控制爆破设计中的一个重要参数，根据被爆体的几何尺寸、安全、利于钻孔和便于清方等方面综合考虑采用 $W=30\text{cm}$ 。

（3）炮孔间距 a。

爆破实践证明，合适的炮孔间距，可使相邻两炮孔共同发挥效力，促使爆体均匀破裂，为获得较好的破碎效果，炮孔间距 a 应大于 W。

一般情况：$a=mW$，式中 m 为炮孔密集系数，$m=1.0\sim1.8$ 。

采用 $m=1.33$，故 $a=40\text{cm}$ 。

（4）炮孔排距 b。

当多排炮孔从临近自由面的一排开始微差顺序起爆时，排距 b 实际上就是最小抵抗线，即 $b=W=30\text{cm}$ 。

（5）炮孔深度 L 和炮孔直径 d 的选用。

炮孔深度 L 是影响拆除爆破效果的一个重要参数，合理的炮孔深度可避免出现冲炮，使炸药能量得到充分利用，保证良好的爆破效果。

炮孔深度 L 取决于爆破体的几何尺寸、轮廓形状、钻孔直径、钻孔的难易程度、装药分布情况，一般 L 应大于 W。炮孔直径选用 $d=42\text{mm}$ 。

当布置垂直炮孔时，$L=(0.6\sim1.0)H$，式中 H 为墩帽高度，$H=1.1\sim1.8\text{m}$ 。

两端第一行炮孔深度采用 $L=0.62H$，即 $L=80\text{cm}(H=1.30\text{m})$ 。

两端第二行炮孔深度采用 $L=0.67H$，即 $L=100\text{cm}(H=1.5\text{m})$ 。

两端第三行炮孔深度采用 $L=0.82H$，即 $L=140\text{cm}(H=1.71\text{m})$ 。

中部炮孔深度采用 $L=H$，即 $L=180\text{cm}(H=1.80\text{m})$ 。

（6）炮孔布置。

合理地确定炮孔方向和布置炮孔，是保证拆除爆破效果的一项重要技术措施，设计时根据墩帽的几何尺寸、结构形状和材质、施工条件布设垂直炮孔，详见图 8-15。

2）墩身爆破的设计参数

墩身为 C14 混凝土，高 7m。根据原地坍塌不准损伤道岔的原则，选择最合理的参数。选用单位用药量 $q=0.6\sim1.0\text{kg}/\text{m}^3$ 。

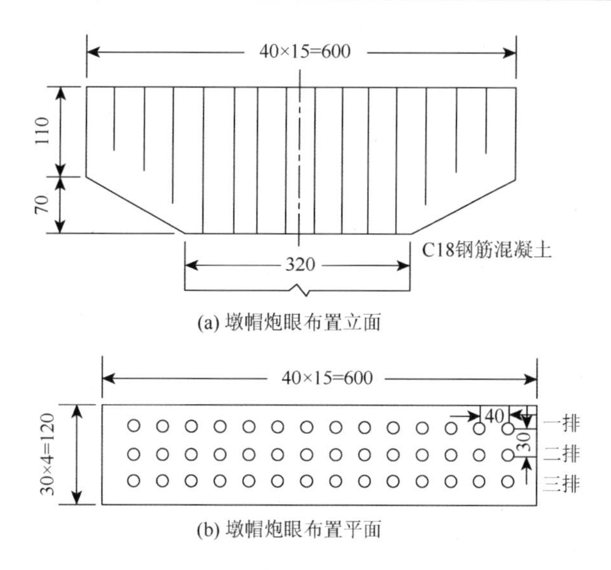

图 8-15　墩帽炮孔布置图（单位：cm）

最小抵抗线、孔距、排距均与墩帽相同。

炮孔深度 L 根据墩身的几何尺寸选取，上下相等厚度，即 $B=1.20\text{m}$（B 为厚度），选炮孔直径 $d=42\text{mm}$；炮孔布置根据墩身外观几何尺寸和材质，布置水平炮孔，详见图 8-16。

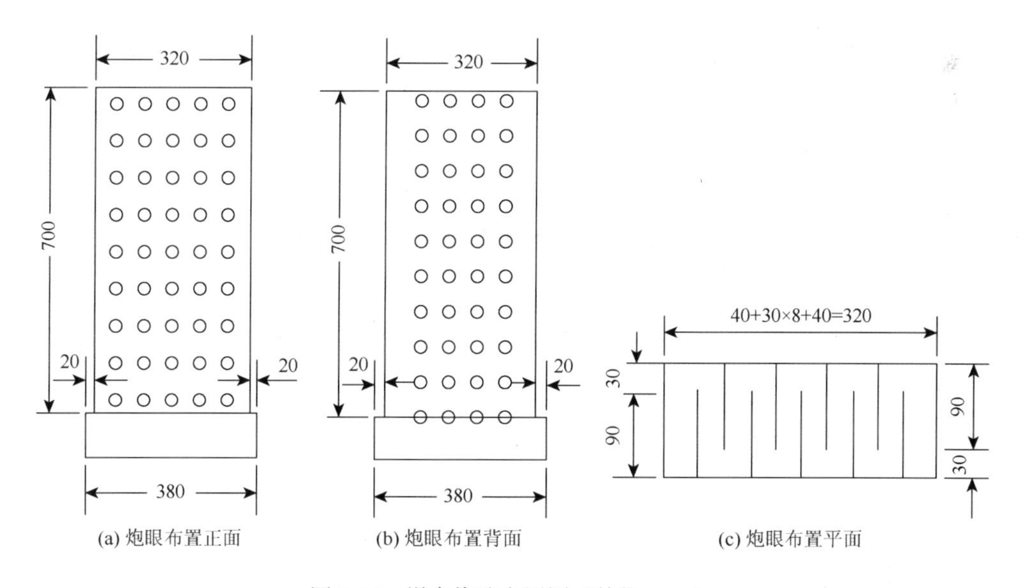

图 8-16　墩身炮孔布置图（单位：cm）

4. 用药量计算

$$Q = qaLW$$

式中，Q 为单孔装药量，kg；a 为炮孔间距，m；L 为炮孔深度，m；q 为单位耗药量，kg/m^3。

墩帽为 C20 钢筋混凝土，单位耗药量采用 $q = 1.0\text{kg/m}^3$。墩身为 C14 混凝土，采用 $q = 0.50 \sim 1.00\text{kg/m}^3$，墩身上部混凝土中埋有角钢支架，不易破碎，单位耗药量采用 $q = 0.67\text{kg/m}^3$，墩身中部加强孔 9 孔，采用 $q = 1.0\text{kg/m}^3$，墩身下部单位耗药量 $q = 0.60\text{kg/m}^3$。根据以上公式和确定的爆破参数，装药量的计算结果可见表 8-4。

表 8-4　装药量计算结果表

部位	最小抵抗线 W/cm	单位耗药量 q/(kg/m^3)	炮孔间距 a/cm	炮孔深度 L/cm	每孔药量 Q/g	炮孔个数 N/个	耗药量合计 $Q_{总}$ / g
墩帽	30	1.0	40	80	96	6	576
	30	1.0	40	100	120	6	720
	30	1.0	40	140	168	6	1008
	30	1.0	40	180	216	24	5184
	小计						7488
墩身	30	0.67	40	90	72	31	2232
	30	1.0	40	90	108	9	972
	30	0.6	40	90	65	45	2925
	小计						6129
合计						127	13 617

5. 装药及填塞

装药及填塞长度根据爆破方案、设计原则、炮孔深度、炮孔位置、单孔炮孔的耗药量、被爆体的材质等来确定。

1）装药

炮孔装药采用一层、二层、三层装药。

炮孔深度 $L > 2W$ 时，分两层间隔装药，其底部装药为单孔炮孔总装药量的 60%，上部装药量为 40%。当炮孔深度 $L > 3W$ 时，分 3 层间隔装药，其底部装药为单孔炮孔总装药量的 40%，中部装药量为 35%，上部装药量为 25%，装药前要检查并清理炮孔内的杂物，孔内粉末用高压风吹干净。装药密度要适中，要防止起爆药包中的炸药与雷管在装药的过程中脱接，造成瞎炮。

2）填塞

炮孔填塞是控制飞石的主要措施之一，填塞密实可使炸药发挥最佳的爆破能量，得到好的爆破效果。填塞长度 L 不小于最小抵抗线 W（即 $L \geqslant W$），填塞材料采用砂土与黏土拌制而成的混合物。在填塞过程中要经常检查起爆线路，防止因填塞损坏起爆线而引起瞎炮。

6. 起爆顺序和网路的设计

爆区采用非电塑料导爆管毫秒微差起爆。为最大限度地减少单响药量，采用孔内非电毫秒微差塑料导爆管起爆技术，以减少飞石、减弱爆破振动及空气冲击波对周围环境的影响。墩帽采用非电毫秒雷管 1～14 段，墩身采用 1～9 段。

7. 爆破效果

本次爆破无飞石，确保了人身、建筑物和行车的安全，爆破后，钢筋混凝土不需要二次爆破。从表 8-4 的数据看，单位平均耗药量为 0.34kg/m^3，钢筋混凝土单位耗药量是混凝土的 2.3 倍。

复习思考题

1. 爆破桥台装药设置方法与爆破参数的选择有哪些？
2. 爆破桥墩装药设置方法与爆破参数的选择有哪些？
3. 拱桥上部结构的爆破方法与爆破参数的选择有哪些？
4. 梁式桥上部结构的爆破方法与爆破参数的选择有哪些？

第9章　水 压 爆 破

9.1　水压爆破设计

水压爆破适用于能够灌注水的容器形构筑物，如油罐、水槽、水塔、碉堡等的爆破拆除。这类构筑物，如采用钻孔爆破，由于壁薄或有较密的钢筋网，钻孔爆破十分困难，也不安全。采用水压爆破，药包的数量少，爆破网路简单，只要设计合理，爆破时不会产生飞石和粉尘，震动、冲击波和噪声也会得到改善。它是一种经济、安全和快速的施工方法。

9.1.1　设计前的准备工作

在确定采用水压爆破和进行水压爆破设计以前，应准确地了解并且认真地研究以下技术资料：

（1）爆破体的结构，包括各部位的几何尺寸、材质、钢筋的分布情况、泄水条件和爆体的周围环境等。

（2）确定是否具有采用水压控制爆破的基本条件。例如，是否可以容水、有无严重漏水情况、水源条件等。

（3）破碎部位对破碎程度的要求，以及与其他施工程序的关系。

9.1.2　水压爆破设计的内容

水压爆破设计，主要是合理布置药包，包括药包的炸药量、药包的数量、每个药包的布设位置。对于球形、立方形容器，只需要在容器中心布置一个炸药包，使爆破容器的四壁承受均匀的荷载，就能达到良好的爆破效果。

1. 药包数量的确定

在水压爆破设计中，首先要确定药包的个数。当前较多的是依据被爆体的形状和容积大小来确定药包个数。我国爆破科学工作者根据大量的工程实践，将被爆体按容积分为4个等级：

（1）小容积。一般是指被爆体的容积小于 $1m^3$。其炸药（2 号岩石硝铵炸药）用量约为0.3～0.5kg，由于药量少，可使用一个药包，这种情况也叫小型水压爆破。

（2）中容积。容积在1～25m^3，炸药用量为1～3kg，药包个数为1～2个，少数特殊形状结构可用3个，此种称为中型水压爆破。

（3）大容积。容积在25～100m^3。这种容器一般周壁都比较厚，且配较粗钢筋。用药量一般为3～8kg，药包个数在1～3个左右，此种称为大型水压爆破。大型水压爆破应采用严密的防震、防飞石和排水措施。

（4）超大容积。当容积大于100m^3时，称为超大容积。一般所需炸药量大于8kg，药包个数也相应多一些，此种称为超大容积水压爆破。对此必须精心设计。

以上按容积大小分类来确定药包个数，仅作参考，还应视具体情况而定。

2. 药包位置的确定

大量的水压爆破实测资料表明，在水压爆破时，容器形建筑物的内壁压力是不均匀的，最大的压力位于与药包同一水平面上的各点上，如图9-1所示。主要是因为这些点距离药包中心最近，随着与药包中心距离的增大，爆破压力会逐渐降低，向上至水面处的压力等于零，在药包所处的水平面以上，其压力的变化呈曲线形。在接近容器底部时，压力出现回升现象，但是其值仍小于最大压力值。容器底部压力也呈曲线分布，在药包下压力最大。

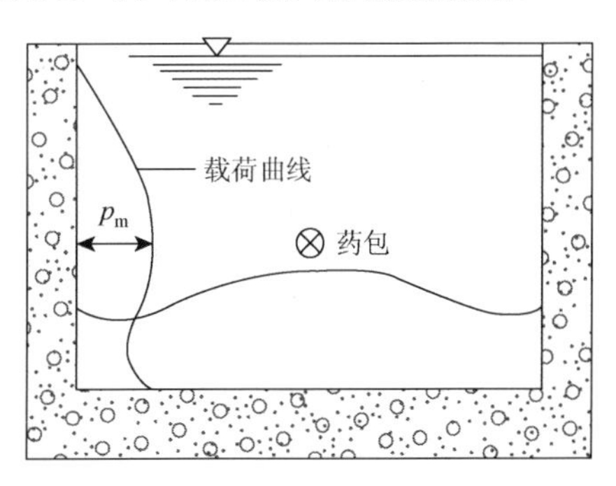

图9-1　内壁压力曲线图

炸药包所布设的位置恰当与否，将直接影响水压控制爆破的效果。药包位置主要取决于建筑物的形状、大小和强度，具体位置的确定应考虑以下几个原则：

（1）对于球形、圆形和正方形容器形建筑物，应尽可能采用集中药包方案，并应将药包放置在横断面的几何中心处。

（2）对于矩形容器形建筑物，当长宽比大于1.2时，可布置2个或2个以上的药包，使容器受到均匀的破碎作用，其药包间距为

$$a < 1.3R \tag{9-1}$$

式中，a为药包间距，m；R为药包中心至容器内壁的最短距离，m。

（3）对于圆筒式建筑物，当其高度与直径之比超过1.4时，应沿其竖直方向布置多层药包。

（4）对于那些周壁厚度不等的容器形建筑物，应采用偏炸药包布置方式。炸

药包位置应偏于固壁较厚的一侧。容器中心至偏炸药包中心的距离，如图 9-2 所示，偏炸距离按下式计算：

$$x = \frac{R(\delta_1^{1.43} - \delta_2^{1.43})}{\delta_1^{1.43} + \delta_2^{1.43}} \approx \frac{R\left(\delta_1 - \delta_2\right)}{\delta_1 + \delta_2} \tag{9-2}$$

式中，x 为偏炸距离，m；R 为容器中心至侧壁的距离，m；δ_1 为容器中厚壁的厚度，m；δ_2 为容器中薄壁的厚度，m。

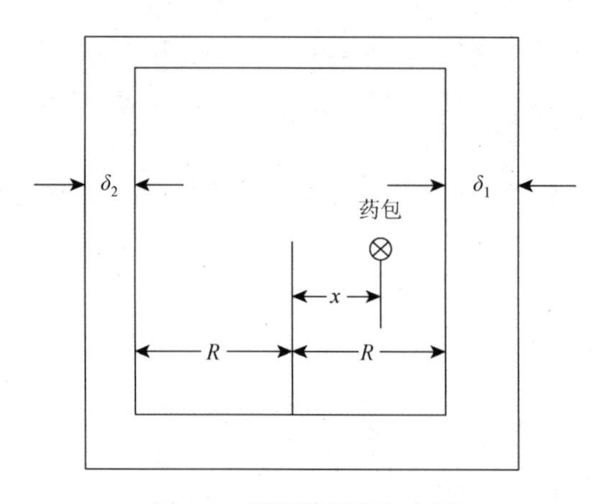

图 9-2　不同壁厚药包布置

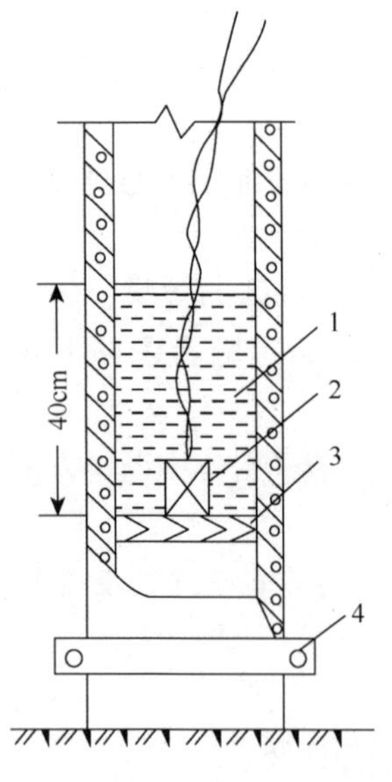

图 9-3　混凝土管爆破装药设置

1-水；2-装药；3-底板；4-铁箍

（5）对于圆形混凝土管的切割爆破，先要在管子的切割与保留部分的分界面外侧加一铁箍，如图 9-3 所示。在铁箍以上 15～20cm 处，压入底板并加以固定，形成水槽，按破坏要求，注入深 40cm 的水，能破坏分界面以上 60～80cm 的混凝土管，并取得良好的效果。注入水深度小于 40cm，则仅能产生裂缝，爆破时水柱飞散。水深超过 40cm，则爆破效果与水的深度无关。

这里必须说明的是，经过实践表明，采用上述公式计算的装药量，只适用于容器上部开口时的水压控制爆破；若将容器内注满水，并将上部开口加以封闭或对注满水的封闭式容器结构进行水压爆破时，为获得与上部开口的容器相同的破坏效果，且使飞石受到有效控制，则按上述公式计算出的药量应乘以系数 0.75～0.80，即相应减小 20%～25%的药量为宜。

3. 入水深度的确定

当对上述构筑物进行水压控制爆破，特别是采用开口式水压爆破时，药包爆破产生的高压气团冲出水面，形成一股上冲的水柱，水柱上升的高度与炸药量和药包的入水深度有关。当炸药量一定时，药包的入水深度 h 越小，水柱上冲的高度越高，这样会使爆炸时产生的能量损失过大，影响爆破质量，而且噪声大。上冲的水柱对周围环境是一种严重的干扰，更为严重的是如果冲到高压输电线，就有造成短路的危险。因此，选择适宜的药包入水深度是十分重要的。对于容器爆破，原则上应充满水，一般药包放在水面下水深的2/3处，即

$$h=(0.6\sim0.7)H \tag{9-3}$$

式中，h 为药包的入水深度，m；H 为注水深度，m。

当容器建筑物容积过大时也可不充满水，这时，应保证注水深度不小于容器中心至内壁的距离，并相应地降低药包在水中的位置，直至将药包放在容器的底部。其最小入水深度 $h_{\min}$，按下式计算：

$$h_{\min}\geqslant\sqrt[3]{Q} \tag{9-4}$$

式中，$h_{\min}$ 为最小入水深度，m；Q 为炸药包质量，kg。

当计算出的最小入水深度 $h_{\min}<0.4$m 时，则取 0.4m，即水压爆破时药包的入水深度不得小于 0.4m。

装药量的计算见 3.5.3 节[2]。

9.2　水压爆破的施工技术

水压爆破与钻孔爆破相比虽然具有许多优点，但也有其特定的使用条件，应严格按设计方案进行施工。

9.2.1　施工注意事项

施工注意事项如下：

（1）在水压爆破时，必须认真做好出入口和门窗等开口的封闭处理，除局部因施工需要必须在装药后封闭处理外，一般封闭处理应尽可能提前完成，并做到不渗水，且使封闭材料具有足够的强度。

封闭处理的方法很多，可采用钢板和钢筋锚固在建筑物壁面上，并用橡皮圈

作垫层以防止漏水；也可砌筑砖石并以水泥砂浆抹面进行封堵；还可浇灌混凝土或用木板夹填黏土夯实。不管采用哪种方法，封闭处理的部位仍是整体结构中的力学薄弱环节。因此，施工时还应采取必要的防护措施。

（2）起爆网路：对于水压爆破而言，为了提高起爆的安全可靠性，可采用电雷管，也可采用非电塑料导爆管雷管来引爆水中的炸药。起爆网路一般都应采用复式网路。网路连接应注意避免在水中出现接头，塑料导爆管内切勿进入水滴或杂物，以免传爆中断出现哑炮。

（3）炸药的选择：进行水压爆破时，应选用威力大、耐水性强的炸药，如 TNT、水胶炸药、乳化炸药等。炸药包在容器形构筑物中的固定方式，可采用悬挂式或支架式，要按设计位置加以固定，并将炸药包附加配重，以防悬浮或走位，影响水压爆破质量。

（4）爆破体底部基础处理：基础不允许破坏时，药包距离底面的位置，应大于水深的 1/3。一般放置在水深的 1/3～1/2 为宜。同时还要在底部铺设砂层作为防护层，砂层厚度与装药量和基础强度等因素有关，通常不小于 20cm。

底部基础部分不要求爆破，但允许局部破坏时，可按一般水压爆破进行布药。当底部基础要求与上部周壁一起爆破时，由于底部基础没有临空面，所以破碎效果一般不佳。特别是当底板较厚或分布有钢筋时，效果更差。因此，通常都是加大 20%～50%的炸药量，并将药包位置向下放。在加大用药量时，一定要对爆破振动、飞石等进行安全校核后确定。

（5）开挖临空面：水压爆破拆除建筑物，一般要求必须具备良好的临空面。但对某些情况，如地下工事，一定要注意将四周的临空面开挖出来，否则将严重影响爆破效果，并使爆破地震效应加剧。在开挖出临空面的侧沟内，不应该充水。

（6）严防水柱上冲：采用开口式水压爆破时，水柱上冲高度较大，有时可高达 10 多米。如爆体上空有高压线时，必须在爆破前安排临时停电。同时也应在水面上做些防护处理，以杜绝防护物被水冲起。

（7）贮水排泄处理：在炸药起爆后，爆破体中的贮水立即向外涌出，特别是一些高大的容器形建筑物，巨大的水流向四周排泄，如不做好防护，将会带来损失。因此，一定要创造一个良好的泄水环境。

9.2.2　水压爆破对外界的安全影响

水压爆破时对外界可能造成的安全影响主要有飞石、震动以及对地层的挤压作用。为了防止出现个别飞石，除应认真地校核药量和严格控制单位耗药量外，还必须对爆破体进行必要的覆盖防护，必要时还应设置围挡防护。实践证明，由于水压爆破的炸药量相对集中，其爆破振动效应较之相同药量的钻孔爆破要强烈。因此，对水压爆破产生的振动效应必须予以足够重视[2]。

9.3 工 程 实 例

9.3.1 钢筋混凝土工事水压拆除爆破

1. 工程概况

拆除的钢筋混凝土工事位于上海浦东开发区杨高路旁，周围环境比较复杂。被爆体东北侧距民宅 50m，东侧仅 2m 处有一埋深与被爆物底部高程相同的 ϕ300mm 的自来水管线，东南侧距民宅只有 30m，南侧距杨高路仅 3m，距当地施工棚 25m，如图 9-4 所示。因此，对爆破引起的震动及飞石等危害的控制要求较高。

被爆体为一矩形截面，大部分被埋入地平面以下，外形尺寸东西为 8.5m，南北为 8.92m，高为 2.87m，主体壁厚为 0.76m，内隔墙壁厚为 0.42m。有两个入口，其壁厚为 0.42m，顶盖厚为 0.87m。隐蔽部内为两个 5.5m×2.49m×2m 的隔间，如图 9-4 所示。

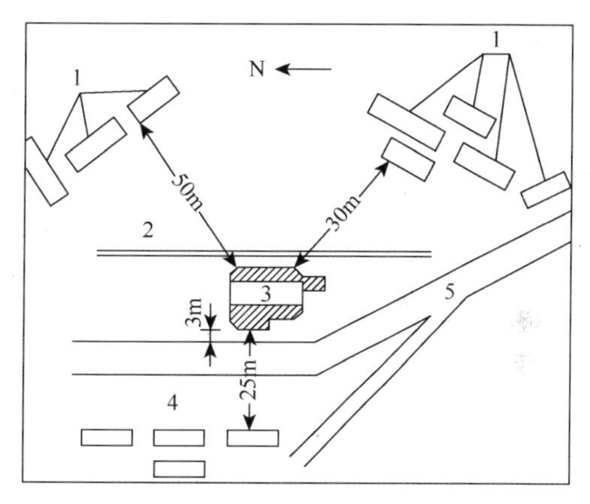

图 9-4 隐蔽部与周围环境关系图

1-住宅；2-自来水管线；3-隐蔽部；4-工棚；5-杨高路

工程要求爆破后，整个隐蔽部完全破碎，尽量使混凝土与钢筋脱离，以减少二次破碎量，便于人工清理。

该隐蔽部四壁及顶盖均配有里外两层 ϕ6mm 的钢筋，钢筋密度为 100mm × 100mm，两层钢筋之间有 ϕ2mm 的钢筋作为结构筋相连。如采用钻孔爆破法拆除，则钻孔困难、施工工期长、费用高，故采用水压爆破拆除。

2. 爆破方案及设计

1）爆破方案

由于被爆体有 2 个出入口，并且门框墙、隔墙、顶盖、四壁的钢筋混凝土厚度均不同，为使被爆体各部破碎均匀，并且考虑到多药包产生的地震效应比单药包弱等因素，决定此次爆破采用 8 个药包，每个大间内各放 3 个药包。

2）药量计算

水压爆破药量计算公式很多，且多为经验公式，经数个公式的计算、比较，最后采用冲量准则公式：

$$Q = K\hat{\delta}^{1.6}\hat{R}^{1.4} \tag{9-5}$$

式中，$\hat{\delta} = \hat{R}\left(\sqrt{1+\frac{S_\delta}{S_R}}-1\right)$；$\hat{R}=\sqrt{\frac{S_R}{\pi}}$；$K$ 为药量系数，根据爆破对象的材料和破坏程度等来确定，对于钢筋混凝土：$K=3\sim10$，取 $K=8$；S_R 为非圆形爆破体内容积的横截面积，m^2，$S_R=32.65m^2$；S_δ 为非圆形爆破体的横截面积，m^2，$S_\delta \approx 22.45m^2$；$\hat{R}$ 为非圆形构筑物的等效半径，m，$\hat{R}\approx 3.22m$；$\hat{\delta}$ 为非圆形构筑物的等效壁厚，m，$\hat{\delta}\approx 0.96m$。

所以，$Q = K\hat{\delta}^{1.6}\cdot\hat{R}^{1.4} = 8\times0.96^{1.6}\times3.22^{1.4}\approx 38.5kg$。

3）药包个数、药量分配及布置

此次爆破用 8 个药包，每个大间内各放 3 个药包，单个药包装药量为 6kg TNT，药包间距 $a=(1.2\sim1.4)R$，药包到四周墙的距离 R 为 1.245m，所以，a 取 1.5m。

其中两端设置 TNT 药包，中间为 2 号岩石炸药，按炸药换算系数 $e=1.15$ 计算，中间药包装药量为 6.9kg；小间内各放 1 个 1.8kg 的药包，用 2 号岩石炸药，增加 15% 为 2.07kg，为防止入口部释放能量，药包位置向里放置。由于顶部较厚（0.87m），同时考虑到注水的困难，故药包放在 0.9m 高处，具体布药位置如图 9-5 所示。

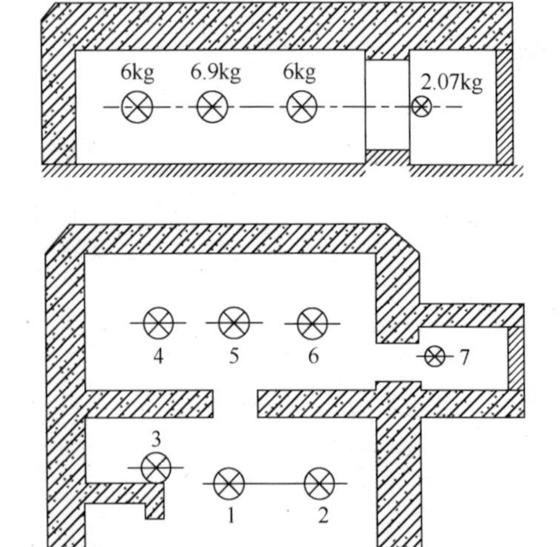

图 9-5　钢筋混凝土隐蔽部剖面图

1～8 分别为药包编号

4）药包的防水处理及网路连接

将定量的 2 号岩石炸药装在两层厚塑料袋内，周围用沥青进行防水处理，然后又包一层塑料袋，再用沥青进行防水处理。每个药包内装两发串联瞬发电雷管，引出的两根脚线处均做了防水处理。

在药包的固定方面，我们在预先选好的位置，用木三脚架作为支撑，并在其下悬吊一块用于配重的大石块。药包由里向外设置固定，同时将线路连接好，最后引出起爆线路。

此次爆破采用瞬发电雷管起爆。整个网路为串联形式，作为主起爆线路；另用军用导爆索将 8 个药包连接成串联导爆索网路，作为副起爆网路，最后用军用 78 式起爆器起爆。

5）隐蔽部两出入口的封闭处理

南面、北面两个出入口的封闭处理均用高标号水泥砂浆砌成 37cm 厚的墙。先砌南侧的出入口，待装药完毕再砌北侧出入口，然后在外墙又用高标号水泥浆粉一层，以防漏水。为了增加封闭的强度，在外墙又堆满沙袋和草包。

由于顶盖较厚、钢筋密度大、难以穿孔，电爆网路的导线由北侧出入口封闭墙的上部小孔引出，水同时由两个出入口封闭墙上部注入。

6）爆破地震的防护

前面讲到被爆体东侧 2m 处有一自来水管道，西侧 3m 处为建设好的杨高路，按中华人民共和国国家标准《爆破安全规程》的安全要求，如不采取相应的措施，这两处均可能遭到爆破振动的破坏。为了确保其安全，我们采取了以下两点措施：

（1）在被爆体南、西、北三侧，挖一条宽 0.6～0.8m、深度超过被爆体基础 0.4m 的减震沟，同时为被爆体创造了良好的临空面。

（2）在被爆体的东侧与自来水管线之间，挖一条长 40m、宽 0.5m、深 1.0m 的减震沟[13]。

3. 爆破效果

爆破后，顶盖及四周的墙完全破碎，顶盖与墙体分离，混凝土与钢筋基本脱离，不需二次破碎，底板也已破碎，只需人工清理便可达到预期要求。

关于飞石，东南方向个别飞石最远只有 10m（出入口方向），西北侧飞石最远为 6m，东北侧飞石最远为 15m，周围房屋及道路均未受影响，其他方向上最远飞石不超过 18m，10m 以内个别飞石较多，自来水管线未出现破裂和漏水现象，建筑物墙体均未出现裂缝。

9.3.2 水压爆破拆除七层大板楼

1. 工程概况

与长沙市五一路改扩工程相配套的绿化广场工程须将设计范围内的 7 座多层建筑爆破拆除，大板结构的湖南省新华书店职工住宅楼也在待拆之列。考虑到手工拆除安全性较差，炮孔拆除又因墙体厚度小，施工不便，而不宜采用，故决定使用水压爆破。

该楼建于 1989 年，长 38.8m，宽 12.8m，建筑面积 3270m^2。这是一座全装配式大板结构楼，主体 7 层，梯间 8 层，层高 3m，最大高度 23.9m。主体结构：南北外纵墙为 18cm 厚泡沫混凝土夹心外墙板；东西山墙为 27cm 厚泡沫混凝土夹心外加空心隔热外墙板；内墙为 14cm 厚复合内墙板；楼板为 10cm 厚预应力钢筋混凝土大楼板。整幢楼由上述结构及配套构件装配而成。抗震按烈度 7 度设防，整幢楼房结构坚固。

该楼所处环境东西方向十分不利。东山墙距南阳街民房 25m，西南方向与长沙市人民银行职工住宅楼之间只有 2.2m 的距离，南北方向场地宽阔，如图 9-6 所示。

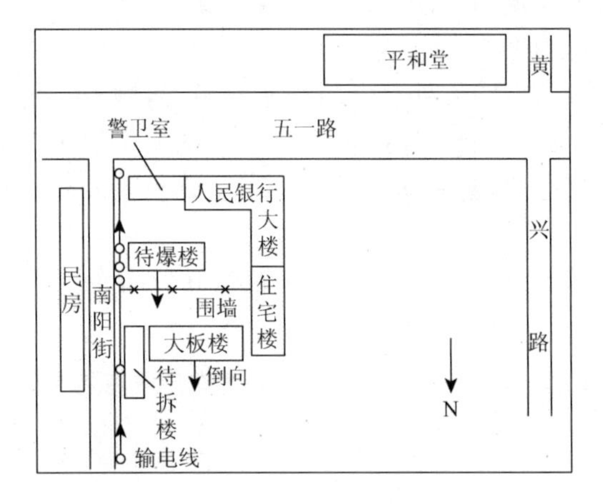

图 9-6　待爆大板楼周围环境示意图

2. 爆破方案及设计

1）爆破方案

根据楼房结构特点，在 1～3 层须炸毁墙体的部位砌筑贮水池并充水，然后将药包悬挂在水中适当位置，利用水中爆炸冲击波及初始气泡能的共同作用将墙体炸碎，形成切口。切口的高度安排成北高南低，以便使整体结构产生失稳而向北倾覆。在倾覆过程中上层结构体各部分以扭转力矩的差异在空中发生解体，触地瞬间砸成碎块。

各贮水池的高度，即爆破切口设计高度为 1.2～1.5m，贮水池宽度 1m。注水至池顶。各层水池及药包布置平面图如图 9-7 所示。

2）药量计算

水池水平断面为矩形，使用应用较为广泛的冲量准则公式计算药量：

$$Q = K\hat{\delta}^{1.5}\hat{R}^{1.4} \tag{9-6}$$

式中，Q 为贮水池中总药量，kg；K 为药量系数，取 11；$\hat{\delta}$ 为贮水池最厚边壁厚换算出的等双壁厚，m；$\hat{R}$ 为非圆形结构体的等效半径，m，如下：

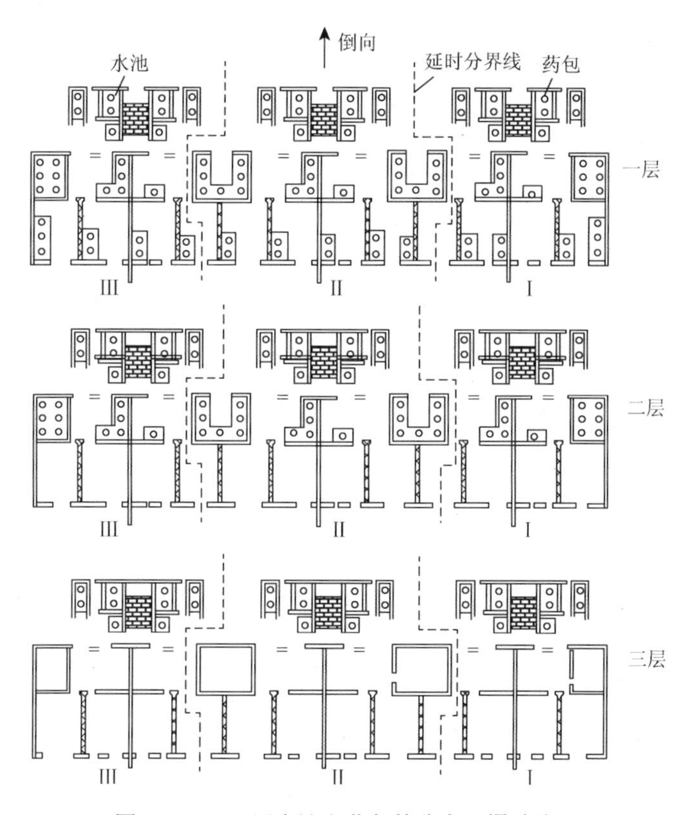

图 9-7 1～3 层水池和药包的分布及爆破分区

$$\hat{R}=\sqrt{\frac{S_{\mathrm{R}}}{\pi}},\hat{\delta}=\hat{R}\left(\sqrt{1+\frac{S_{\delta}}{S_{\mathrm{R}}}}-1\right) \tag{9-7}$$

式中，S_{R} 为容器内水平截面积，m^2；S_{δ} 为容器壁截面积，m^2。

将 3 种不同墙板厚度值 0.14m、0.18m、0.27m 分别代入上述公式，可以求得相应的药量，分别为 $Q=250\mathrm{g}$ 、$Q=300\mathrm{g}$ 、$Q=600\mathrm{g}$ 。

在选取 K 值时，根据实践经验和分析，使用了 K 值应用范围中的上限值。考虑到负荷对材料抗剪强度的影响，二楼所用的药量比一楼减少 15%，三楼所用药量比一楼减少 30%。

以上计算的药量由现场模拟爆破试验证明是有效的，实际爆破时按此规格制作药包。

此次爆破共砌筑大小贮水池 86 个，装水 268t，共用药 57.8kg，分设 196 个水中药包。

3）药包的布置及防水处理

为使墙体承受均匀压力和冲击，矩形贮水池中的药包成一线布置。

药包入水深度为0.7～1.0m，使用乳化炸药装入玻璃瓶，制成防水药包，并在导爆管接入玻璃瓶内的炸药包后，将瓶口用玻璃胶封闭。

4）起爆网路

为了减小爆破振动，采用了微差起爆技术。将整栋楼房的药包分编为3段微差串联网路，从东往西共分为3个爆破分区，如图9-7中的Ⅰ、Ⅱ和Ⅲ，各区之间起爆时间相隔50ms。

3. 爆破效果

爆破时，震动及噪声均较小，产生的碎块尺寸则较大。向北堆积的爆堆宽约15m，东西塌散宽度4～5m，近300t水在起爆后很快消失在碎块下面。爆破结果表明，高层大板结构楼房用水压爆破可以有效、安全地拆除[14]。

复习思考题

1. 水压爆破药包数量与药包位置如何确定？
2. 水压爆破施工的注意事项有哪些？

第 10 章　拆除爆破施工

10.1　拆除爆破作业流程

拆除爆破的作业流程如图 10-1 所示。

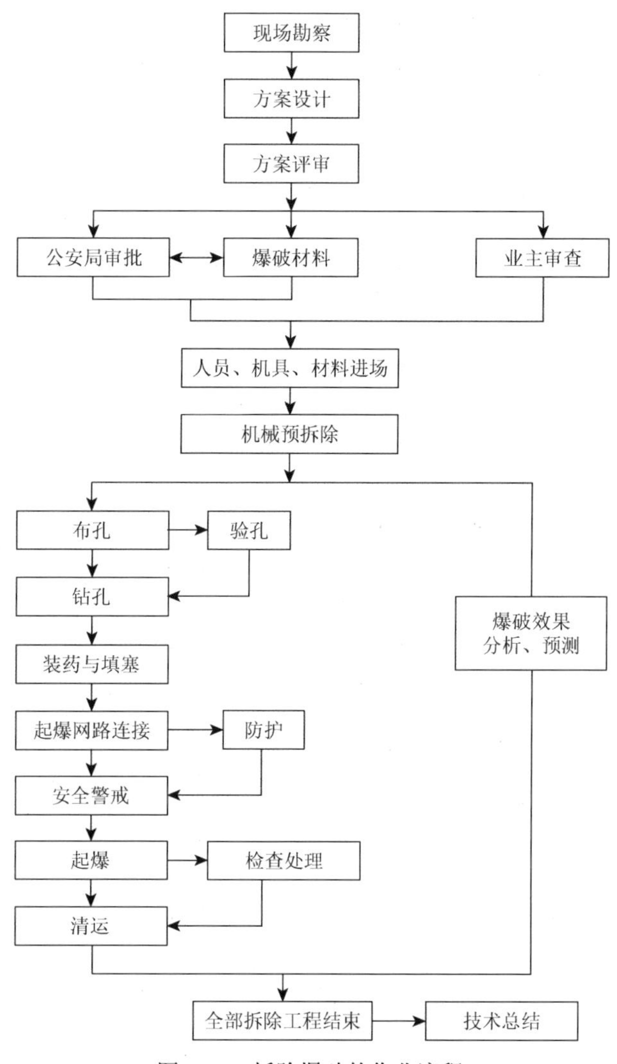

图 10-1　拆除爆破的作业流程

拆除爆破的作业程序可以分为以下 3 个阶段。

10.1.1　工程准备及爆破设计阶段

在进行拆除爆破设计前，除了尽可能收集被拆除建（构）筑物的建筑设计、施工验收等原始资料、图纸外，应对被拆除的建（构）筑物和施工现场周围的环境有较为详细的了解，并根据这些资料和施工要求进行爆破拆除可行性论证，提出爆破方案。

拆除爆破设计应包括爆破参数设计、起爆网路设计、防护设计和施工组织设计等内容。在进行爆破设计的同时，应着手进行施工准备，包括人员、机具和现场安排。爆破设计应报相关部门审查批准，必要时还应进行爆破安全评估。

10.1.2　施工阶段

建（构）筑物拆除爆破一般采用钻孔法施工。建（构）筑物拆除爆破的炮孔主要有柱孔、梁孔和墙孔。在钻孔前，应按照爆破设计标定孔位，即将孔位准确地标定在爆破体上。

在钻孔结束后应对钻孔逐孔检查，检查的主要内容为炮孔位置、深度、倾角等是否符合设计；有无堵孔、乱孔现象。在检查时应注意炮孔各方向的抵抗线值，防止局部出现抵抗线过小的情况。

预处理施工应由懂结构，且熟悉本次爆破各项参数的、有一定经验的技术人员负责，保证建（构）筑物在处理过程中和处理后的结构稳定。有些预处理可以在钻孔前进行，而承重部位的预处理以在钻孔完毕后实施为好，特别敏感而又非处理不可的部位可在起爆前突击处理，即预处理与拆除爆破施爆之间的时间应尽可能短。

在施工阶段，还应做好爆破器材的检查和起爆网路的试验工作。

10.1.3　施爆阶段

进入施爆阶段首先应成立爆破指挥部，负责拆除爆破施爆阶段的管理、协调和指挥工作。爆破实施阶段中装药、填塞、防护和联网阶段是拆除爆破施工技术中十分重要的阶段，在这时进入施工现场的应是经过培训的爆破作业人员，包括工程技术人员和爆破员。从爆破器材进入起，施工现场就应设置警戒区，全天候配备安全警戒人员。

应根据试验爆破和炮孔检查的结果确定炮孔的装药量。

装药必须按设计编号进行，药包与炮孔要对号入座，严防装错。药包要安放到位，尤其注意分层药包的安装。要选择合适的填塞材料，保证填塞质量，同时严格按设计要求进行起爆网路的连接和爆破防护工作。

爆破后必须等建（构）筑物倒塌稳定之后，检查人员方准进入现场检查。同时组织人员对爆破区周围的建（构）筑物和各种管线进行检查和处理。

10.2　爆破施工组织机构及职能

A 级、B 级拆除爆破和环境复杂的 C 级拆除爆破，应成立爆破指挥部，全面指挥和统筹安排爆破工程的各项工作。下设技术、施工、器材、安全四个组，各部门职能如下。

10.2.1　指挥部

爆破指挥部通常由总指挥、副总指挥和各组组长组成。指挥部的职能如下：

（1）全面领导和指挥爆破设计和爆破施工等各项工作；

（2）根据工程要求，确定爆破设计、施工方案和施工计划；

（3）组织检查工程的各项准备情况和施工质量，及时解决施工中遇到的各种实际问题；

（4）对全体施工人员进行安全教育，组织学习爆破安全规程，定期和不定期对施工安全进行检查；

（5）在严格检查爆破前各项工作并确认已达到设计要求后，按预定的起爆时间下达起爆命令，并发出起爆信号；

（6）检查爆破效果，做出施工总结。

10.2.2　爆破技术组

爆破技术组的任务如下：

（1）进行爆破设计；

（2）向全体施工人员进行技术交底；

（3）标定药孔位置；

（4）检查炸药、火工品的质量，必要时进行现场试验；

（5）对爆破施工进行技术指导，及时解决施工中遇到的各种技术问题。

10.2.3　爆破施工组

爆破施工组的任务如下：

（1）根据技术组标定的药孔位置，实施钻孔作业；

（2）测定导电线、电雷管的电阻或加工非电导爆管雷管，制作起爆体，检查电源；

（3）装药、填塞、敷设、检查起爆网路；

（4）进行覆盖防护作业；

（5）根据总指挥的命令实施点火；

（6）进行爆后检查，如发生拒爆，按照爆破安全规程的规定处理哑炮。

10.2.4　器材保障组

器材保障组的任务如下：

（1）负责爆炸物品的购买和运输工作；

（2）筹备、运输、保管非爆炸性器材、机具，保证各种油料、配件和防护材料的供给；

（3）保障爆破施工中所需的交通、通信和生活用品。

10.2.5　安全保卫组

安全保卫组的任务如下：

（1）负责爆炸物品的搬运、保管和发放工作，建立炸药雷管专用登记本，履行领发手续；

（2）组织实施安全防护作业；

（3）起爆前，负责派出警戒，爆破后，负责排除险情或做出险情标志；

（4）负责向爆破点附近的单位、居民和有关人员进行安全宣传和解释工作；

（5）负责事先向当地公安部门办理爆破施工审批手续，与公安部门协调组织戒严或实行临时交通管制工作。

10.3　爆破施工内容与工作顺序

爆破施工阶段的主要工作内容及工作顺序如下：

（1）根据爆破设计，将药孔标在实际构件的相应部位；

（2）实施钻孔作业：
（3）进行药孔检查，对特殊药孔做出标志；
（4）检查雷管和起爆器材，必要时做起爆网路的 1∶1 试验；
（5）制作药包并分类；
（6）装药、填塞；
（7）连接各条支路；
（8）检测起爆线路；
（9）覆盖防护材料；
（10）派出警戒；
（11）将起爆线路接至点火站；
（12）点火起爆；
（13）爆后检查；
（14）解除警戒；
（15）分析爆破效果，记录、整理资料。

10.4　进场前后的准备工作

在爆破工程进场施工前及开始施工后，为了确保施工安全，应对施工现场有较为详细的了解，对人员、设备及爆炸物品数量进行准备，主要应注意以下几点。

10.4.1　了解现场情况

（1）调查了解施工工地及周围环境的情况，包括施工工地内和邻近区域的水、电、气和通信管线的位置、埋深、材质和重要程度；邻近爆破区的建（构）筑物、交通道路、设备仪表或其他设施的位置、重要程度和对爆破的安全要求；附近有无危及爆破安全的电磁波发射源、射频电源及其他产生杂散电流的不安全因素。根据实际情况安排施工现场，并对必要部位采取相应措施，同时将这些资料提供给爆破设计人员，以保证在爆破设计中提出正确的安全措施。

（2）了解爆破区周围的居民情况，会同当地相关部门做好施工的安民告示，消除居民对爆破存在的紧张心理，妥善解决施工噪声、粉尘等扰民问题，取得群众的密切配合与支持，以确保施工的顺利进行。同时，对爆破时可能出现的问题做出认真的估计，提前防范，妥善安排，避免不应有的损失或造成不良影响。

（3）对拆除爆破体的技术资料及图纸，包括几何尺寸、材质、配筋情况、施工年代、施工质量、材料强度等进行校核。如有变化，应提交爆破设计工程师按实际情况进行设计。同时还应注意有无影响爆破安全和爆破效果的因素。例如，炮孔是否在施工缝隙位置，梁、柱四周临空面的情况等。

（4）了解爆破工程作业时间内的天气情况及爆区周围环境情况，包括车流和人流的规律，以确定合理的爆破时间。

10.4.2　施工现场准备

A 级、B 级、C 级、D 级爆破工程，应根据爆破施工组织设计文件要求和场地条件，对施工场地进行规划，并根据场地规划要求开展施工现场清理和准备工作。

施工场地规划涉及以下内容：

（1）爆破施工区段或爆破作业面划分及程序编排。爆破与清运需交叉循环作业时，应制定减少施工作业相互干扰的措施。

（2）有碍爆破作业的障碍物或废旧建（构）筑物的拆除与处理方案。

（3）现场施工机械配置方案及其安全防护措施。

（4）进出场主通道及各作业面临时道路布置。

（5）夜间施工照明与施工用风、水、电供给系统敷设方案，施工器材、机械维修场地布置。

（6）施工用爆破器材现场临时保管、施工用药包现场制作与临时存放场所安排及其安全保卫措施。

（7）施工现场安全警戒岗哨、避炮防护设施与工地警卫值班设施布置。

（8）施工现场防洪与排水措施安排。

爆破现场的供风一般多选用移动式空压机，大规模的爆破工程也可设立空压机站，加设高风包以稳定供风压力。移动式空压机或空压机站应尽量靠近用风地点，以减少送风损耗，保证供风压力。供风线路长时可敷设钢管送风，以减少压力损失。对邻近爆区的空压机、空压机站应采取防护措施，以保证其安全。

施工现场的用电一般用柴油发电机，有条件时可引用市电经变压后使用。供电量应满足通风、照明、维修及其他动力用电的需求。如果采用供电电源作为起爆电源，则供电量应考虑起爆时的容量；起爆站尽可能设置在发电机房或变压器附近。在架设供电线路时，可以考虑利用或保留照明线路来代替起爆网路中的区域线路。

施工现场的用水包括生活用水和施工用水（凿岩机除尘用水、机械冷却用水和道路消尘用水等）。能利用自来水的工地应将自来水主要用于生活用水，施工用水可以利用山泉水、地下水、河沟水或挖蓄水坑蓄水。除尘用水可在高处设贮水池，用水泵往高处抽水。当无自来水时，应建蓄水池，过滤消毒后作为生活用水。海岛施工淡水紧缺时，部分施工用水可多次重复使用。

爆破现场的场地使用要在整体上进行规划，做到施工与生活互不影响。属于施工人员办公、生活的临时设施，如办公室、住地、饭厅等，以及机械维修设备，应尽可能布置在爆破危险区以外；靠近爆区的供水、供电及供风管线应适当加以保护；临时炸药库的设置应尽量利用地形，选取既安全可靠，又便于存取的地方，其设置必须符合有关规定的要求，并须报公安机关审批。

10.4.3　施工现场的通信联络

为了及时处置突发事件，防止意外情况发生，确保爆破安全，同时有效地组织施工，项目经理部和爆破指挥部与爆破施工现场、起爆站、主要警戒哨之间应建立并保持通信联络；不成立指挥部的在起爆站和警戒哨之间也应建立并保持通信联络。

指挥长或爆破工作领导人应根据使用的通信联络工具制定通信联络制度和联络方法。

通信联络可使用小型无线电台、无线电话或便携式对讲机。在施爆阶段，手持式或其他移动通信设备进入爆区应先关闭。

10.4.4　施工人员准备

爆破工程应配备爆破作业人员、测量人员、领工员、钻机手、空压机手、电工、维修工、后勤人员以及其他杂工。

从事爆破施工的企业，必须设有爆破工作领导人、爆破工程技术人员、爆破段（班）长、安全员、爆破员；设立爆破器材库的，还应设有爆破器材库主任、保管员、押运员。

凡从事爆破作业的人员都必须经过培训，考核合格并持证上岗。不允许无证人员从事爆破作业，否则，将追究单位领导人的责任。

取得“爆破员作业证”的新爆破员，应在有经验的爆破员的指导下，实习 3 个月后方准独立进行爆破作业。爆破人员从事新的爆破工作，必须经过专门训练。

10.4.5　机械设备配置

爆破工程施工的主要机械设备是钻孔设备。钻孔机具选用风动、电动凿岩机（通常仅用于砖砌体的钻孔）或内燃凿岩机均可，所需数量应根据钻孔工作量、凿岩机效率和钻爆工期来确定，并考虑一定的备用量。为提高装药集中度和保证填塞质量，钻头直径以 38～42mm 为宜。

除钻孔机具外，还应准备爆破专用仪表和工具，如起爆器、剪刀等。

10.4.6　爆炸物品准备

根据设计要求，准备相应规格品种和数量足够的爆炸物品，并在施爆前对质量和性能进行必要的检验。

爆破作业是国家严格控制管理的行业。在开始施工前，必须获得当地相关部门的批准，并办理相关证件。这些证件包括“爆炸物品使用许可证”“爆炸物品安全贮存许可证”“爆炸物品购买证”和“爆炸物品运输证”。应到指定地点购买爆炸物品，按指定路线使用专用车辆运输爆炸物品。

从事爆破工作的人员、单位及其主管部门违反爆破安全管理规定的，都应追究责任，视情节轻重，分别给予批评教育、罚款、收回有关证件、行政处分，直至追究刑事责任。

10.5　施工现场管理

（1）拆除爆破工程应采用封闭式施工，将施工地段围挡，在明显位置设置施工牌，标明工程名称、施工地点、单位名称、主要负责人和作业有效期（表 10-1），同时在相应位置设置明显的警戒标志；在邻近交通要道和人行通道的方位和地段，应设置防护屏障。

表 10-1　爆破工地施工牌

<table>
<tr><td>工程名称</td><td colspan="4"></td></tr>
<tr><td>施工地点</td><td colspan="4"></td></tr>
<tr><td>建设单位</td><td colspan="4"></td></tr>
<tr><td>设计单位</td><td colspan="2"></td><td>负责人</td><td></td></tr>
<tr><td>监理单位</td><td colspan="2"></td><td>负责人</td><td></td></tr>
<tr><td>施工单位</td><td colspan="4"></td></tr>
<tr><td>工地负责人</td><td></td><td>联系电话</td><td colspan="2"></td></tr>
<tr><td>技术负责人</td><td></td><td>联系电话</td><td colspan="2"></td></tr>
<tr><td>安全员</td><td></td><td rowspan="4">证件号码</td><td colspan="2"></td></tr>
<tr><td>爆破员</td><td></td><td colspan="2"></td></tr>
<tr><td>爆破员</td><td></td><td colspan="2"></td></tr>
<tr><td>爆破员</td><td></td><td colspan="2"></td></tr>
<tr><td>爆破作业有效期</td><td colspan="4"></td></tr>
</table>

（2）A 级、B 级、C 级、D 级爆破的爆破设计经批准后，开工前 1～3 天应张贴施工通告。通告可以以标牌的形式竖立在作业地点，也可标示在封闭式施工的围墙上。施工通告内容包括工程名称、业主单位、设计单位、监理单位、施工单位、工程负责人、爆破作业时限等。

（3）对于重复爆破区域，应在危险区范围边缘和警戒点设置明显标志牌，注明爆破时间并标明危险警告。

（4）拆除爆破在装药前 1～3 天应发布爆破通告，爆破通告应以书面形式通知当地有关部门、周围单位和居民，同时以布告形式进行张贴。影响范围广的重要的爆破工程还应通过电视、广播和报纸等传媒进行发布。爆破通告内容包括爆破地点、爆破起爆时间、安全警戒范围、警戒标志、起爆信号等。

10.6　装药与填塞的基本规定

在拆除爆破工程中，装药、填塞和连接起爆网路是施爆阶段中的关键作业，直接影响施爆阶段的安全和整个爆破工程能否取得预期的安全和质量效果。在进行装药作业前，应由爆破技术人员进行技术交底；参加作业的爆破员应清楚和熟悉装药方式、装药结构和装药量，由有同类爆破施工经验的爆破员或爆破技术人员制作起爆体或起爆药包，同时安排人员做好装药的原始记录。在进行装药作业时，爆破技术人员必须在现场负责指导和监督。

10.6.1　装药

装药前应对作业场地、爆破器材堆放场地进行清理，装药人员应对准备装药的全部炮孔进行检查。不合格的孔可以采取补孔、补钻、清孔、填塞孔等处理措施。

从炸药运入现场开始，应划定装运警戒区，警戒区内严禁烟火；搬运爆破器材应轻拿轻放，尤其是起爆药包，应单独搬运，不能冲撞。

装药现场应有足够的照明设施保证作业安全。爆破装药现场不应用明火照明。用电灯照明时，在离爆破器材 20m 以外可装 220V 的照明器材，在作业现场使用电压不高于 36V 的照明器材。

炮孔装药时的注意事项如下：

（1）应使用木质或竹制炮棍。

（2）不应投掷起爆药包和敏感度高的炸药，起爆药包装入后应采取有效措施，防止后续药卷直接冲击起爆药包。

（3）若在雷管和起爆药包放入之前，装药发生卡塞，可用非金属长杆处理。装入起爆药包后，不应用任何工具冲击、挤压。

（4）在装药过程中，不应拔出或硬拉起爆药包中的导爆管、导爆索和电雷管脚线。

10.6.2　填塞

填塞是保证爆破成功的重要环节之一，装药后必须保证足够的填塞长度和填塞质量。禁止无填塞爆破。

拆除爆破中，填塞材料一般用黄土或黏土和砂子为 2∶1 的拌和料，要求不含石块和较大颗粒，含水量为 15%～20%，使填塞材料用手握住略使劲时能够成型，松手后不散，且手上不沾水迹。当装药填塞与起爆时间间隔较长，且天气较为干燥时，黄土在孔内易化成硬块并缩小，使填塞效果大为降低，应适当加些砂子以改善填塞效果，或采用水泥砂浆填塞，水泥砂浆的含水量应小于 30%。分层装药间隔段可用干砂填塞，孔口段填塞长度超过 40cm 时也可用干砂填塞。填塞长度小于 20cm 时应采用水泥砂浆填塞，必要时还应加速凝剂。

采用水炮泥（水袋）填塞时，其后面应用不小于 15cm 的炮泥将炮孔填满堵严。水平孔和上向孔填塞时，不应在起爆药包或起爆药柱至孔口段直接填入木楔。

不应捣固直接接触药包的填塞材料或用填塞材料冲击起爆药包。

炮孔填塞时要注意填塞料的干湿度，保证填塞严实，以免发生冲炮。发现有填塞物卡孔可用非金属杆或高压风处理。填塞水孔时，应放慢填塞速度，由填塞料将水挤出孔外。在使用机械和人工填塞炮孔时，填塞作业应避免夹扁、挤压和张拉导爆管、导爆索，并应保护雷管引出线。分层间隔装药应注意间隔填塞段的位置和填塞长度，保证间隔药包到位。

10.7　爆破警戒与信号

为确保爆破安全，在实施爆破前，必须制订安全警戒方案，做好安全警戒工作。在进行警戒之前，施工单位和当地公安机关、地方基层组织（如居民委员会、镇政府等）要联合发布告示，将起爆时间、警戒范围、警戒信号通知到受爆破影响的各户、各单位，让当地单位和居民有心理准备。

10.7.1　爆破进入装药阶段的安全警戒

爆破进入装药阶段，爆区中已有爆炸物品，从这时起，一直到起爆，爆区应实行全天候的警戒，禁止无关人员进入爆区；进出施工现场的爆破施工作业人员、防护作业施工人员、爆破技术员和指挥部成员应佩戴相应的证件、标志，并接受警戒人员的检查；严禁携带火种进入警戒区，严禁携带爆炸物品离开施工现场。外来人员需进入爆破作业区的，必须经指挥部领导同意，并有指挥部成员陪同才能成行。

装药警戒范围由爆破工作领导人确定，一般按施工时封闭作业区的范围确定。警戒区边界应设置明显标志并派出岗哨。较大规模或重要的爆破工程应请公安或保安部门执行警戒任务。

危险区内应派安全员巡视，检查施工现场安全情况，制止违章作业。

10.7.2　起爆前后的安全警戒

起爆前后的警戒按爆破指挥部安全保卫与警戒组确定的警戒范围、警戒方案实施。执行警戒的人员，应按指令到达指定地点并坚守工作岗位。各警戒点应与指挥部保持通信或信号联系，并按照指挥部的指令，按时进行清场撤离、封锁交通要道等工作。炮响后，在未发出解除警戒信号之前，警戒点岗哨应继续值勤，除爆后检查人员外，禁止任何人员和车辆进入危险区。

10.7.3　爆破信号与起爆

爆破工程在起爆前后要发布 3 次信号。信号可分声响信号和视觉信号两种，声响信号可使用发令枪发出各色信号弹，或拉警笛、警报器；视觉信号一般采用打信号旗的方法。各类信号均应使爆破警戒区域及附近人员能清楚地听到或看到。

第一次信号称预警信号。它在施爆前一切准备工作已完成后发出。该信号发出后爆破警戒范围内开始清场工作。

第二次信号称起爆信号。起爆信号应在确认人员、设备等全部撤离爆破警戒区，所有警戒人员到位，具备安全起爆条件时发出。起爆信号发出后，准许负责起爆的人员起爆。

第三次信号称解除信号。安全等待时间过后，检查人员进入爆破警戒范围检查、确认安全，方可发出解除爆破警戒信号。在此之前，岗哨不得撤离，不允许非检查人员进入爆破危险区范围。

10.8　爆 后 检 查

爆后由爆破工程技术人员和爆破员先对爆破现场进行检查，只有在检查完毕确认安全后，才能发出解除警戒信号和允许其他施工人员进入爆破现场。

爆破后不能立即进入现场进行检查，应等待一定时间，确保所有能起爆的药包均已爆炸以及爆堆基本稳定后再进入现场检查。

拆除爆破爆后应等待倒塌建（构）筑物和保留建筑物稳定之后，方准许检查人员进入现场检查。

爆后检查如果发现或怀疑有拒爆药包，应向指挥长汇报，由其组织有关人员做进一步检查；如果发现有其他不安全因素，应尽快采取措施进行处理；在上述情况下，不应发出解除警戒信号。

复习思考题

1. 工程准备阶段的工作内容与爆破设计内容有哪些?
2. 施爆阶段的工作内容是什么?
3. 爆破施工组的任务是什么?
4. 爆破施工内容与工作顺序有哪些?
5. 进场前后的准备工作内容有哪些?
6. 炮孔填塞如何保证质量?
7. 实施爆破时的信号规定有哪些?

第 11 章　拆除爆破中出现的安全技术问题

尽管拆除爆破工程都经过了严格的方案审查与评估，施工过程中也有严格的监理，但结果总有出乎人们意料的情况，如楼房炸了不垮，烟囱炸了不倒，甚至出现烟囱爆破倒地溅起飞石、楼房未炸先倒造成伤亡的重大安全事故，因此拆除爆破安全问题必须引起高度重视。

11.1　楼房类建筑物拆除爆破的安全技术问题

11.1.1　楼房类建筑物拆除爆破出现的安全问题

在楼房类建筑物拆除爆破中出现的安全事故及隐患不少，主要有以下几类。

1. 楼房预拆除（或预处理）时发生倒塌

案例 1　1986 年 5 月，某市拟爆破拆除一座 3 层的工业厂房，业主要求部分拆除，部分保留。施工单位在靠近大梁保留部分处，第一、二层用 50cm×50cm 的砖柱顶住大梁，第三层用圆木支撑，然后切断大梁（砸碎混凝土、切断钢筋），同时在已钻孔部分装药。在施工过程中，一跨 7m 多高的旧厂房突然垮塌，当场压死施工人员 4 人，压伤 3 人。一名下班路过的工人走近路穿过爆破警戒线，不幸被倒塌的厂房砸中死亡。

案例 2　2005 年 1 月 14 日下午，宜宾市拓展建设公司为宜宾广播电视大学一幢 6 层楼高的旧教学大楼实施定向爆破。16 时左右，在打孔过程中，该大楼西侧面突然发生局部坍塌，6 层高的楼房从右边垮塌了三分之一，垮塌面积约 $1800m^2$，正在现场作业的 11 名施工人员不幸被埋压在废墟中，其中 8 人不幸遇难[16]。

2. 楼房爆后不倒或部分倒塌变成危房

案例 3　2004 年 9 月 15 日下午两点，在上海市曲阳路 910 弄拆迁工地上，一座 20m 高的旧楼爆破拆除（图 11-1）。“轰隆”一声巨响过后，20m 高的大楼没有如愿倒下，而是成了“比萨斜塔”。工地项目负责人称没有倒塌的原因是投放的炸药量不足，并表示在一两天内机械拆除，附近居民对此深感不安[17]。

图 11-1　上海某高楼爆破未倒

案例 4　2001 年 7 月 23 日，长沙市湘江大道施工指挥部对湘江大道沿线的 8 栋房屋实施定向爆破。一声巨响之后，7 栋楼倒塌了，第 8 栋楼房虽然倾斜了，却没有倒塌，大楼与地面大概呈 100°，2 楼以上仍然毫发无损。这是长沙市实施定向爆破以来首度遭遇尴尬。现场负责人说："设计上还是有问题，应该还要在 2 楼打孔，装炸药。"[18]

案例 5　2002 年 11 月 25 日，福州火车站大楼实施爆破拆除失败，5 个相连接的拱形建筑被炸掉 4 个。烟尘散去，大楼的一部分仍巍然屹立，立柱上埋入的炸药没有引爆，如图 11-2 和图 11-3 所示[19]。

图 11-2　福州火车站大楼爆破中

图 11-3　大楼一部分仍巍然屹立

案例 6　2005 年 12 月 3 日，美国南达科他州 2.5 万人聚集在一处，激动地观看当地一座 61m 高楼爆破。然而，"轰"的一声后，人们傻了眼，事件中的主角——美国南达科他州的第一高楼在身遭重创后竟然没有倒塌下去，而是变成了一座"斜塔"！当地政府得知爆破失败后，不得不计划在 5 日再次重返现场，手工拆除这座"老而弥坚"的高楼（图 11-4 和图 11-5）[20]。

3. 楼房爆破后出现反向倾倒

案例 7　2001 年 12 月 11 日，石家庄市货运六公司的一栋楼实施定向爆破。爆破后，大楼没有按照爆破方案向东面的空闲地倒塌，却倒向了西面，致使附近

图 11-4　现场观众看到高楼未被炸倒，发出一片嘘声

图 11-5　爆破实施全过程

居民家的有线电视没了信号。有一栋两层的饭店小楼，饭店的人员等爆破后回来时，发现饭店对面架设的电话线和有线电视的电杆横空插进了二楼窗户里[21]。

案例 8　1996 年 5 月，郑州市某照相机厂厂房拆除爆破。由于施工单位爆破资质不够，爆破技术力量薄弱，设计严重错误，炮响后钢筋混凝土框架结构的厂房没有向预定方向倾倒，而是向着相反方向倒塌，导致 1 人死亡、4 人重伤。

4. 楼房爆破出现后坐伤及近邻

案例 9　在 20 世纪 80 年代，石家庄市某礼堂爆破拆除工程，设计倒塌方向是由北向南倒塌，礼堂南面是舞台，北面是两层看台，看台的北山墙是高约 15m、厚 37cm 的砖墙，设计者只考虑它能够随柱子一起向南倒塌。但是炮响后，山墙向南倾倒中出现后坐，将离开山墙只有 5～6m 的几间临时简易平房推倒，幸好施工单位事先要求住户撤离时把电视机等贵重物品带走，因此没有造成太大的损失。

案例 10　1986 年 6 月，北京新桥饭店原中餐厅及礼堂拆除爆破，礼堂东西长 35m，南北宽 31m，北面外山墙（分布有 40cm×40cm 的钢筋混凝土立柱 6 根）

与欲保护的8层主楼仅有2m。设计由北向南倾倒，为了防止北山墙后坐，在主楼与山墙之间对应的4根立柱上，由上到下用20cm×20cm的木枕设置了三道支撑。但是爆破后检查发现，北山墙中间夹着的两根混凝土立柱后坐，从主楼半地下室的窗户中插入地下室的地面，幸运的是没有造成其他损失。

案例11　2009年12月1日12时53分，伴随着“轰轰轰”几声爆破声响，位于成都青羊区锣锅巷红庙子街的丝绸大厦应声倒地。黄褐色灰尘翻卷上升，迅速弥漫至锣锅巷附近街道。10分钟后，空中飘散的黄灰渐渐散尽。大家发现，此次爆破出现了误差，楼房紧靠锣锅巷一侧并未按计划倒塌；墙体一部分被爆破冲击力压上了街面，人行道上的公交站台、天网和3棵行道树严重受损(图11-6和图11-7)[22]。

图11-6　丝绸大厦爆破瞬间

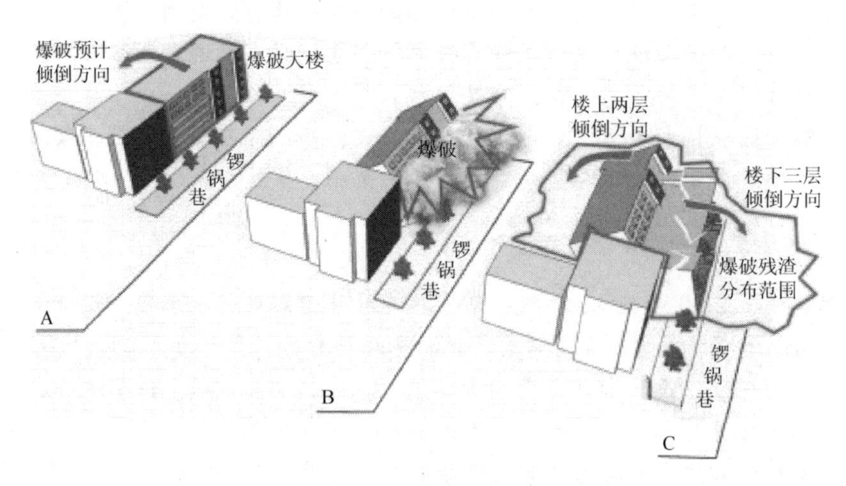

图11-7　爆破过程示意图

A为大厦爆破前；B为大厦爆破过程中；C为大厦爆破后

11.1.2　楼房类建筑物拆除爆破安全事故剖析

1. 爆破资质不够，越级承担工程

《爆破安全规程》规定，爆破工程实行分级管理，爆破设计单位和施工企业都必须具有公安部门颁发的相应资质证书。但是有的管理部门没有严格执行，让没有资质或者资质不够的单位去承担 A 级拆除爆破工程，结果造成了楼房炸而不倒的安全问题。2001 年 11 月 16 日，青海省西宁市某公司承接了一座 7 层商住楼（上面 3 层砖混结构，下面 4 层框架结构）的拆除爆破工程。该楼房处于青海省西宁市的繁华街道西门口西关街，一声巨响之后，楼房却巍然未动，只是做过预处理的底层支柱受到了较为严重的损坏。过了两天，又对该楼进行了二次爆破，但楼房坐落 1 层后非但没有倒下，反而成了向北倾斜将近 20°的“斜楼”。面对现状，施工负责人承认两次失败的根本原因是“没有认真分析建筑结构，设计方案严重有误”。事后调查表明在爆破设计和施工中存在爆破切口高度不够、用药量偏小等严重的技术质量问题，还发现承担此次爆破工程的公司仅为三级资质企业，只能承揽拆除爆破 D 级工程。也就是说，该公司根本不能承揽 7 层高楼的爆破工程，属于违规经营，越级施工。上述案例 8 中出现的安全事故也是因承担爆破任务的单位爆破设计资质不够，设计出现严重错误而造成[23]。

2. 爆破方式不当，爆破切口参数不合理

1）对爆破对象的情况没有调查清楚

爆破设计人员事先没有对爆破建筑物的结构特点、几何大小、周围环境等进行认真的调查和分析研究，因此爆破设计上没能“对症下药”，不能针对不同建筑物的结构特点，采用正确的符合实际的爆破倒塌方式。如上述案例 7 中石家庄货运公司楼房爆破出现反向倾倒，就是设计者事先对楼房结构没有进行调查了解，没弄清究竟是砖混结构还是其他结构。现场有人问起该楼为什么没有按设计方案倾倒时，施工负责人说“是因为该楼结构不好，不是完全的砖混结构，没有立柱。”可见，对楼房的结构类型事先没有搞清楚，怎么可能提出正确的爆破设计方案呢？又如 1996 年，北京南郊木材厂一个加工车间，没有图纸资料，据介绍，两侧的两排间距为 6m 的承重柱是 50cm×50cm 砖柱，设计者就按照砖结构构件来布置孔网参数和设计药量。爆破后，厂房只向一侧倾斜，没有倒塌。经检查，发现砖柱布孔部位外鼓，其外面有一层被炸弯的钢筋网，里面包裹着破碎的砖块，虽然上部结构部分下沉，但爆破部位的砖柱仍然起着支撑上部大梁的作用。此后通过厂内老人了解到，该车间在 1976 年唐山地震以后，进行过加固，原来是 40cm×40cm 的砖柱，后来在外面打了 10cm 的钢筋混凝土加固层。设计者未经调查，从而出现设计参数选择错误，导致厂房爆破不倒。

2）没有全面理解建筑物拆除爆破的基本原理

楼房爆破一般都要搞一个三角形（或者梯形）的爆破切口，但是有的设计者对拆除爆破的基本原理不太清楚，对爆破切口的作用理解不够。2006 年 4 月 4 日下午 3 时 15 分，山西临汾尧都区解放西路外事旅游局家属院的一幢五层住宅楼拆除爆破，随着倒计时结束，被爆破的楼房发出一声轰天巨响。在漫天的烟尘中，附近的人们朦胧看见，五层的楼房在缓缓“下沉”。“成功了”，现场有人在兴奋地大叫。片刻，烟尘散去，所有人都傻了眼：五层的楼房剩下了上面三层，仍歪歪斜斜地站在原地，最后只好用推土机挂钢丝绳拉倒。实际上，即便是采用原地坍塌的爆破方式，一般也要设计相对的爆破高差，以便利用重力偏心使楼房上部结构产生倾倒作用，否则只有“豆腐渣”的楼房才有可能被炸倒[24]。

3）设计的爆破切口和参数选择不合理

爆破设计的切口高度和爆破参数选择不当，致使建筑物承重构件未破坏或破坏不完全，在爆破切口闭合时，建筑物或承重构件的重心仍在支撑面以内，造成建筑物斜撑在地面不倒塌。2005 年 5 月 23 日，深圳渔农村 16 栋楼房爆破拆除，随着一声闷响，原来高耸的 15 栋建筑整体倒下，但一栋编号为 118 号的 16 层楼房没有倒塌。引爆后，其最底下 3 层坍塌后，楼房整体下坐，稍微向东倾斜，纹丝不动（图 11-8）。现场施工负责人在回答记者时说：“爆破时楼内炸药包引爆了，但是楼房最终没有坍塌。我个人的判断是，该楼房设计爆破的切口高度不够。”从此例看到，爆破切口高度设计不够是导致楼房未倒的主要原因[25]。美国南达科他州第一高楼爆破（图 11-5），爆破后变成“斜塔”，显然是爆破切口和参数选择不当造成的。上述案例 3 中上海市的 20m 高的大楼爆破后成了“比萨斜塔”，除设计的炸药量不够以外，爆破切口高度小也是原因之一。

图 11-8　深圳渔农村高层楼房爆破中楼房未倒

3. 预处理不当，施工未按设计要求作业

1）预拆除中未能保证结构施工时的稳定

楼房爆破拆除中，为了减少钻爆工作量，对有些内部的墙体事先要进行预拆除。但是有些单位没有预拆除设计，在预拆除施工中又没有懂得结构的专人进行指导，施工时没有分清哪些是承重墙，哪些是非承重墙，结果把承重构件当成非

承重构件拆除；更有甚者，为了节省成本，大量拆除内部墙体，导致建筑物失稳，造成了未炸先倒的安全事故。案例 2 中四川省宜宾广播电视大学一幢 6 层楼高的旧教学大楼发生的 8 人死亡事故就是上述原因造成的。而案例 1 中某市一座 7m 多高的旧厂房突然垮塌，原因是在处理保留部分结构时，使用圆木和砖柱临时支撑，对于其支撑强度没有进行计算，而且砖柱顶部与大梁之间的空隙没有用水泥砂浆填满，因此厂房临时支撑不稳定，结果在装药过程中出现部分厂房失稳倒塌的伤亡事故。又如 2007 年 1 月 16 日青岛远洋宾馆楼房在预拆除中由于把楼梯的钢筋切断，造成伤亡事故。“据现场分析，是工人拆楼梯时，砸断了楼梯一边的钢筋，导致 1～4 层楼梯突然坍塌，造成 4 名工人 1 死 3 伤的惨剧。”显然楼梯的梯梁是承重结构，把钢筋切断了，楼梯必然失稳塌落。因此在预拆除中一定要对结构进行受力分析，确保施工时结构的稳定。

2）爆破切口内部分墙体没有处理干净

建筑物拆除爆破要求将爆破切口内所有影响倒塌的部位都清理干净，如果在施工预处理时，没有对一些影响倒塌的非承重墙进行预拆除，在爆破后原来的非承重墙成了承重墙，支撑住了上部结构，使建筑物没有倒塌；或者是对爆破切口内的部分承重墙、柱没有布孔爆破，爆前又没有进行减弱处理，使切口部位爆破时未能较彻底地破坏，成了临时支撑，造成建筑物未倒塌。例如，图 11-9 是某地一座 7 层砖混结构楼房，第一次施工单位只爆一层，显然由于爆破切口高度不够而没有倒塌，又爆第二次，还是没有倒。除了爆破切口高度不够的原因之外，从图中还可以清楚地看到，爆破切口内的内隔墙没有处理干净，成了新的支撑，使楼房爆而不倒。

图 11-9　某地一座 7 层砖混结构楼房爆而不倒的情景

3）不按照设计要求施工作业

拆除爆破施工操作不认真，没有按照设计参数要求进行作业，如孔、排距过大，单孔装药量过小，使部分承重墙、柱没有炸开；还有立柱钻孔时为避开钢筋使钻孔都偏向一侧，或钻孔深度都偏小或偏大，爆破时柱子仅部分爆开，留下部分仍能支撑住建筑物。例如，2004 年 11 月 3 日，成都市中国科学院成都分院内的亚洲第一大泥石流模拟实验框架结构大楼的爆破拆除。在 3 日下午 4 点实施爆破后，该楼绝大部分楼体并未倒下，只是在屋顶上产生了长长的裂缝，西侧屋顶和北墙向南倾斜摇摇欲坠，变成危楼。导致周围数百户人家当夜不能回家、等待

图 11-10 某地一座 8 层框架结构实验大楼爆破后成为危楼

处理的局面。经事后检查，施工时减小了柱子的炸药量，钻孔又偏心，切口内部分柱子没有爆断，加上爆破切口高度不够高，仅炸塌了大楼西南角的一小部分，剩下大半栋楼没有倒塌。后来，调来 5 辆挖掘机，用钢缆将大楼主体部分逐步分解拆除（图 11-10）。

4）楼房的特殊部位或关键构件未处理好

施工没有认真处理建筑物中楼梯、电梯间、拐角部位、粗大柱子等关键构件，特别是它们处于倒塌方向的关键部位，爆破后对正在倒塌的建筑物起到支撑作用，影响了建筑物的失稳倒塌速度，使建筑物未能倒塌或部分倒塌，楼梯间、电梯间可能依然矗立在那里。对于砖混结构楼房，由于楼梯间没有事先处理，而造成楼房部分没有倒塌的实例不少。如在 20 世纪 90 年代，北京一座 9 层近万平方米的砖混结构大楼，楼房两头各有一个楼梯，由于事先没有对梯梁的支撑墙进行处理，爆后楼房大部分倒塌了，靠近两个楼梯的墙体仍然将楼梯间支撑在那里，事后只好用推土机拉倒。但是在拆除楼梯时，一定要注意处理时不要把支撑梯梁的承重柱子或墙切断，梯梁的钢筋要保留。否则就会发生像青岛远洋宾馆爆破预拆除时，楼梯突然坍塌，造成伤亡的事故。

对于电梯间爆前没有进行处理而造成楼房没有充分倒塌的例子也很多。如 20 世纪 80 年代初，在广州爆破某大楼时，就出现过这种现象；在北京爆破海淀区某大楼时，又出现了爆后两个电梯间直立不倒的情况。

4. 爆破器材失效或起爆网路拒爆

1）因爆破器材质量问题，产生拒爆，造成建筑物爆后不倒

由于炸药或者雷管受潮失效，使得起爆后不响，导致楼房未倒或者只倒塌一部分而成了危房。例如，2000 年，太原某单位一个砖混结构的礼堂，施工单位为了增加防护草袋的强度，在装药前后都用消防水带往挂在外墙上的防护草袋浇水。爆破后礼堂的一角没有垮，在未倒塌的砖墙上看到炮孔均完好无损，导爆管发黑，炸药未爆。这明显是炸药受潮失效造成的。又如 2001 年 4 月，海南省三亚市万国旅游管理局的一座大楼，钻孔 620 个，装药 56kg，分成 6 段毫秒延时，预定楼房向东定向倒塌。起爆后，黄烟弥漫，等待烟雾消失后，高楼依然屹立。事后检查发现，620 个炮孔只是扩大了孔径，以及出现的黄烟都表明炸药受潮失效。

2）起爆网路和起爆电源出现问题

起爆网路没有连接好，如部分引爆雷管或者部分网路由于疏忽没有连接进整个网路中；连接导爆管时四通接头没有插紧，或者接头进水，或者接好后被拉松等，使爆炸波的传爆中断等，造成部分网路没有响；或者起爆器电源能量不足，使装药炮孔部分爆破，部分未爆，导致建筑物未倒塌或者部分倒塌。案例 5 中福州火车站爆破拆除失败（图 11-3)，是由于 1 个拱形建筑立柱上埋入的炸药没有引爆，这是起爆网路出现问题未被检查发现而造成的。

5. 楼房爆破炸不倒实例分析

以上对楼房爆破出现安全问题的主要原因做了浅析，但是有的楼房爆破中出现炸而不倒的问题有着多方面的原因，如四川邛崃市五彩广场楼房拆除爆破，有 A、B、C、D 四栋楼房，只有 D 楼倒塌。事后，设计者对没有倒塌的楼房进行了认真调查分析，得到了以下多方面的原因。

1）施工准备不足

由于本次爆破事先对施工进度估计错误，在预定时间内没能完成钻孔、装药、填塞、联网和防护工作，使起爆时间推迟。为了赶进度，该预拆除的没有拆除，该钻孔的没来得及钻孔，也没有试爆，没有检查网路连接，仓促上马爆破，导致爆破的整体失败。

2）起爆网路不响

C 楼起爆后没有响炮，二次起爆仍然没有全响，部分楼房倒塌，在第三次起爆后，楼房虽然倒了，但是倒塌效果不好，原因是①在连接网路时，天气下雨，使部分网路雷管进水，造成拒爆；②操作人员在连接网路时出现漏接和错接，而在连接好网路后又没有进行检查；③先爆楼房产生飞石砸坏 C 楼的一部分网路，但是由于没有专人检查整个网路，因此没有发现损坏的网路，第二次起爆仍然没有全响；④没有按照设计要求购买雷管，而是把原来工地剩余的雷管凑合使用，这样的雷管质量不能保证，延时间隔不符合设计要求，影响了倒塌效果。

3）爆破切口高度不够

A 楼爆破后没有倒塌，主要原因是爆破切口高度不够。原设计在第二层也布置有爆破切口，但是施工时却没有钻孔，这就减少了切口高度。在楼房倒塌的前方，有一个高 0.6～0.8m 的台阶，在设计时没有考虑予以预拆除，这就使楼房倾倒时前方有一个支撑，相对减少了切口高度，导致楼房重心不能偏离支撑面。

4）特殊部位没有预拆除

B 楼响炮后 6 层变成了 5 层，主要原因是在倒塌方向上有整体浇注的钢筋混凝土卫生间，设计者把它视做预制拼装结构，事先没有预拆除也没有布置炮孔爆破，加上在 2～3 层也没有钻孔，爆破切口高度不够[15]。

11.2　高耸构筑物拆除爆破的安全技术问题

11.2.1　高耸构筑物拆除爆破出现的安全问题

高耸构筑物的爆破，也经常发生一些安全事故。一是烟囱爆破倒塌方向偏斜。经统计，对100m以上的钢筋混凝土烟囱爆后检查倒塌方向，大部分偏差为2°～6°，均在允许的倒塌范围以内，但是也有个别烟囱偏差达到10°以上。二是炸而不倒。目前了解到的钢筋混凝土高烟囱初次爆破没有倒塌的至少有4座。三是爆破出现飞散物损伤周围建筑物设施和伤及人员的事故时有发生。其他还有烟囱爆破后产生后坐，甚至个别砖烟囱出现了反向倒塌的情况。这些安全问题必须引起我们的高度重视。

高耸构筑物的高度与其截面直径（或是其长边）相比很大，如烟囱、水塔、电视塔、跳伞塔等。正因为它“细”而“高”的特点，在爆破拆除中会产生很多的安全问题。一是由于构筑物高，重心就高，容易受各种因素的干扰，施工质量难以保证，使用年限较长后，混凝土保护层部分脱落，钢筋锈蚀，使得结构存在施工薄弱面，在爆破倾倒时，上部易发生折断，影响构筑物整体倾倒；高耸构筑物地基基础小，单位面积荷载大，易发生地基承载不均匀；还有烟囱内部的耐火衬砌质量分布相对于倒塌方向不对称等，都会在爆破时引起构筑物的重心产生偏差，爆破倒塌方向就会受到影响。二是由于构筑物“细”而“高”，质量相对集中，爆破倒塌落地时地面所受的冲击力大，容易溅起飞石，而且产生震动效应，对周围人群和建筑物设施造成危害。

案例12　2002年4月，天津大港发电厂120m钢筋混凝土烟囱爆破拆除。炮响后，烟囱倒塌在预定的允许倒塌范围之内，但是倒塌方向中心线比原设计向西偏转了6°。从钻孔分布、装药、网路连接、结构对称性分析都没有发现什么问题，但从现场烟囱基础情况看，烟囱圆形基础后部裂大缝崛起，前部下陷，呈东北向南倾斜。基础被拨动的这种现象在以前的高烟囱爆破中还没有出现过。从基础偏斜情况分析，西南侧的地基比东北侧要薄弱；从当时实测的应力情况分析，烟囱爆破1s时，相对中心线两侧的应力还是对称的，在1.5s以后，两侧应力开始不对称，东北侧的应力大于西北侧，这是由于西南侧地基弱，缓解了西北侧的应力。因此从这两方面情况分析，这次烟囱爆破倒塌方向出现偏斜的主要原因是地基强弱不均，使烟囱在重力作用下，发生偏心而造成的。

案例13　2001年8月18日，广西合山发电厂1#、3#机组的120m钢筋混凝土烟囱拆除爆破。爆破后，烟囱倒塌在预定的范围以内，但是烟囱向北偏斜6°。分析原因主要是受到烟囱内部3道耐火隔墙的影响。3道隔墙成等分布的三叉形状，但是相对倒塌中心线不对称，而支撑隔墙的钢筋混凝土的圆形平台是通过井字形过梁支撑在筒壁上的，由筒壁承重，8 个支撑点相对中心线也不对称。由于倒塌中心线两侧支撑点位置的不同，在烟囱倾倒时，中心线两侧支撑力不相等，形成一个比较复杂的空间不平衡力矩体系，这个不平衡的力矩正是烟囱倒塌方向出现偏斜的主要原因。

案例 14　2010 年 11 月 10 日，美国俄亥俄州斯普林菲尔德一座约 84m 的高塔在进行爆破时出错，高塔倒向了错误的方向，压毁旁边高达 1.2 万 V 的高压电线杆，电线杆又撞向旁边的一幢建筑物（图 11-11）。居住在斯普林菲尔德附近的至少 4000 户家庭被迫停电。事故原因是事前未发现塔的南侧存在裂缝，导致了这起乌龙事件，所幸没有人员伤亡[26]。

图 11-11　美国 84m 高塔爆破时倒向错误的方向

案例 15　2007 年 4 月 17 日，大唐安阳发电厂一座高 150m 的钢筋混凝土烟囱爆破拆除。上午 10 时 20 分，随着“轰”的一声巨响，150m 高的烟囱开始倾倒，人们以为烟囱轰然倒塌了，但是烟云散去后，才看到烟囱上部约 50m 长的一段折断了下来，而烟囱剩余下部仍然斜立在原地不倒。据了解，这个烟囱在当年施工到该断面附近时，浇注混凝土过程中有过中断，因此在该处形成了一个薄弱面。烟囱倾倒时，由于重力偏心引起的剪切力大于薄弱面的抗力，使烟囱在该处发生折断，成为下部烟囱没有塌的原因之一（图 11-12）。

图 11-12　安阳 150m 烟囱爆破折断情景

11.2.2　高耸构筑物拆除爆破安全事故剖析

1. 设计不合理是高耸构筑物炸而不倒的主因

高耸构筑物的爆破设计在爆破切口形式、爆破切口参数（切口长度和高度）等方面选择不当，预留支撑部位不合理，设计爆破切口倒塌中心线与结构中的对称性以及结构薄弱面（如烟囱的烟道、出灰口）的处理等，都会造成高耸构筑物爆破出现炸不倒、方向偏斜的问题。

案例 16　2007 年 12 月 16 日下午 3 时，某热电厂 210m 的钢筋混凝土高烟囱爆破拆除，随着“轰”的一声巨响，烟囱顶端近 80m 轰然倒下，剩下 130m 的烟囱与地面大约呈 80°，立在原处一动不动。根据了解的情况，试做以下分析。

1）烟囱当年施工存在结构薄弱面

现场反映：“炸药明明装在烟囱底部，结果没装炸药的地方却断裂了，为什么会这样呢？”这个现实表明烟囱结构存在薄弱面，在烟囱倾倒时重力产生的最大剪切力发生在烟囱高度离开地面约 2/3 的地方（约 70m），而该处正好是截面的薄弱面，因此烟囱发生折断并不奇怪。在上部烟囱折断时，又给了正在倾倒的下部烟囱一个反推力，阻止了剩余烟囱向前倒塌。这是烟囱没有全倒的第一个原因（图 11-13）。

图 11-13　某发电厂高烟囱第一次爆破上部出现折断的情景

2）设计的爆破切口形式和切口参数不合理

爆破设计采用了一个新型的中间矩形两端为剪刀形的爆破切口，“剪刀形”切口顶角为 25°，长度达到 4m（图 11-14），中间矩形部分切口的长度仅为周长的 0.44（小于 0.5）。烟囱爆破后开始下坐，之后倾斜，这时烟囱上半部质量差的部位发生折断，又给烟囱下部一个反推力，使之后坐，减少了倾角，在剪刀口闭合时，由于矩形切口的长度不到周长的 1/2，使剩余部分烟囱（120～130m）的重心，没有能够偏离出闭合支撑点之外，结果与地面呈约 80°的倾角，没有倒塌落地。

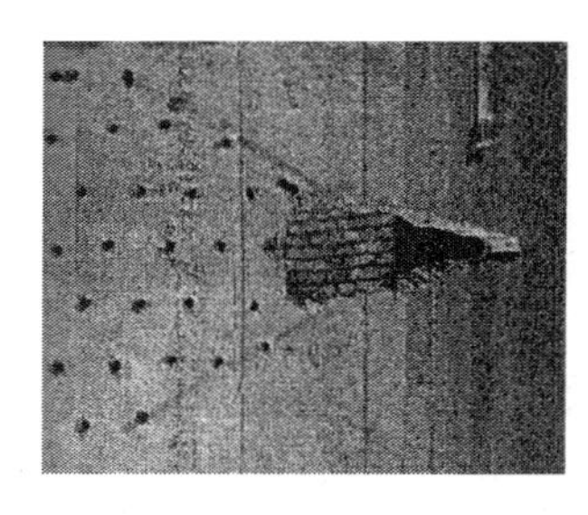

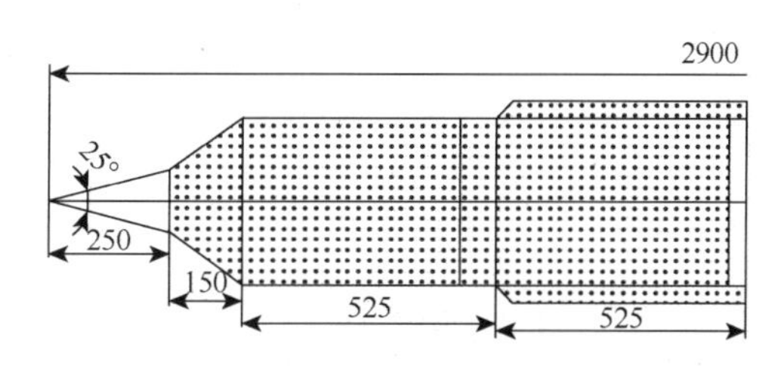

图 11-14　剪刀形爆破切口（单位：mm）

3）切口上方支撑平台没有布孔爆破

烟囱下部一般有一个钢筋混凝土的平台，它的作用是支撑灰斗和衬砌，它的井字形过梁端部支撑在筒壁上，中间有立柱支撑。本次爆破只把中间柱子破碎了，平台过梁没有处理。爆破切口形成后，烟囱先出现下坐然后前倾，由于平台是一个整体，加上切口高度不够，前端落地没有使其解体，而是倾斜支撑在下部混凝土上，由于它本身的强度足以支撑上部筒体结构，造成了烟囱剩余部分偏斜不倒。

幸运的是上部烟囱的折断并没有改变预定烟囱的倒塌方向，也没有对周围管道和欲保护的设施造成损失。在第一次爆破后的第 6 天，即 2007 年 12 月 22 日下午 4 点 53 分，施工单位进行了二次爆破，“引爆后剩下的 130m 已经明显倾斜的烟囱最终屈服，轰然倒下，退出了历史舞台”。

2. 施工不精心是高耸构筑物炸偏的帮手

爆破前没有对倒塌方向进行测量或者测量定位不准确，倒塌方向中心线两侧定向窗的角度、大小不对称、不规范，倒塌方向中心线两侧的钻孔、装药、延时间隔等不对称，这些都是造成烟囱爆破后偏斜的原因。

另外，如果爆破预留支撑范围内的结构薄弱面（如烟囱的烟道、出灰口）事先没有进行堵塞和加强处理，或者是堵塞质量不高，强度低、不均匀，也会引起烟囱的偏斜。

案例 17　2007 年 4 月，包头某厂一个 120m 的高烟囱爆破时，烟囱的倒塌方向偏离设计预定倒塌方向中心线达 18°，幸运的是倒塌的烟囱正好砸在一座长 400m、跨度 21m 的要拆除的厂房上，因此没有造成对周围其他建筑物的损害。

从出现偏斜的事后检查了解，烟囱的爆破切口部位相当对称，无论是定向窗、布孔、装药、连线都很对称，在预留的支撑部分中心线两侧各有一个烟道，位置也对称。但是在堵塞烟道时，由于混凝土数量不够，南边烟道的混凝土灌注比北边的高，而且混凝土的顶面不平，在这个南高北低的坡面上，又继续用砖砌，在砖墙中间加上钢管柱，南北烟道支撑的钢管柱也就不等高，最后在所砌砖墙顶部与烟道之间又没有完全填满。爆破后，烟囱开始下坐，然后倾斜，由于南面支撑强度高于北面，导致烟囱上部向北偏斜。因此烟道堵塞质量问题使得支撑部分的受力不平衡，是造成烟囱偏斜倒塌的主要原因。另外，施工单位事先曾用混凝土回弹仪对爆破切口部分的混凝土进行测试发现，烟囱南面的混凝土强度比北面的要高一些，这也是造成烟囱倾斜倒塌的一个原因。

图 11-15　烟囱倒塌造成部分管线受损

案例 18　2001 年 6 月 27 日，爆破拆除上海宝钢集团二钢公司废弃烟囱时出现偏差，共爆破拆除二钢公司两座并排的直径 2m、高 46m 的烟囱，倒地的烟囱方向偏差了至少 3m。偏斜的烟囱砸向紧邻的钢丝仓库，仓库靠近烟囱的那面墙上被砸出一个大洞，砸坏了 4 根输气输油管道，其中有 2 根为废弃不用的管道，但 1 根柴油管和 1 根压缩空气管却是这家公司生产用的主要管道，造成部分车间停产（图 11-15）。

烟囱出现偏斜的原因，是由于烟囱的薄弱面没有处理好，爆破施工又没有考虑结构对称的问题，使烟囱在爆破倒塌时，中心线两侧支撑力不相等。

3. 网路故障是高耸构筑物爆破安全的隐患

倒塌方向中心线两侧起爆网路时差不对称或者起爆网路部分拒爆，起爆器电源的能量不足等，都会造成高耸构筑物爆后不倒或者倒塌方向偏斜[15]。

11.3　桥梁拆除爆破的安全技术问题

11.3.1　桥梁拆除爆破出现的安全问题

桥梁拆除爆破过程中出现的安全问题也不在少数，包括爆破桥梁不倒、预处理桥梁倒塌等，主要有以下几种情况。

1. 对加固结构认识不清，爆破破坏程度太弱

案例 19　四川简阳沱江大桥位于国道 318 线简阳城区内，跨越沱江。该桥始

建于 1967 年，1996 年进行了加宽改造，全长 590.08m，主桥为 9 孔 40m 悬链线双曲拱桥，引桥为 8 孔 20m 圆弧线双曲拱桥，净矢跨比为 1/5，桥面净宽为净-10＋2×2.5m 人行道，设计荷载为汽车-15 级、挂-80、人群-3.5kN/m^2。2006 年大桥加固改造。2008 年 7 月 25 日，汶川地震后被定为危桥的简阳沱江大桥被爆破拆除。

图 11-16　爆破后桥墩与桥面完好

7 月 25 日下午 4 点，在简阳市数万居民的注视下，年满 40 岁的沱江一桥桥身尘土飞滚，江水震起浪花。震耳欲聋的巨响沉寂后，围观者却发现大桥岿然耸立，桥墩完好，桥拱和桥面也都好好的，如图 11-16 和图 11-17[27]。

图 11-17　沱江大桥爆破瞬间

2. 对桥体结构认识不清，预处理失当，安全措施不到位

案例 20　红旗路高架桥是湖南省首座城市高架桥，全长 2750m，桥面宽超过 16m，桥下净高 8m，共有 100 余个桥墩。2009 年 5 月 5 日此桥全封闭，禁止桥上通车，7 日起开始分段拆除。15 日上午对高架桥 66、67 号桥墩成功实施预爆。17 日对该桥再次实施预爆时，由于冲击力过大，导致圈定范围外桥体垮塌。坍塌的桥墩共有 8 根，坍塌的桥面超过 200m。包括株洲城区一辆 19 路公交车和一些轿车、货车及面包车在内，共 22 辆汽车被压于桥下。其中一辆被压的农用车载有数十罐液化气。坍塌事故共造成 9 人死亡，16 人受伤（图 11-18 和图 11-19）[28]。

图 11-18　红旗路高架桥坍塌现场

图 11-19　高架桥下多辆车辆被压桥下

3. 对结构强度与刚度认识不足，破坏程度不彻底

案例 21　库尔勒孔雀河大桥是一座中承式大跨径钢管混凝土拱桥，是目前 314 国道跨越孔雀河最大的桥梁，桥跨 150m，宽 24.5m，是和（硕）—库（尔勒）高速公路与库（尔勒）—库（车）高速公路的连接点，1998 年建成通车，是西北地区最大的跨径钢筋混凝土拱桥。2011 年 4 月 12 日 5 时 30 分，孔雀河大桥由于主跨第二根吊杆断裂，造成主跨第三、四、五道矮 T 梁掉入河中，使大桥长约 10m、宽约 12m 的路面发生垮塌，经确认未造成车辆坠河和人员伤亡。

2011 年 6 月 22 日 17 时整，随着“轰”的一声巨响，库尔勒孔雀河大桥进行了第一次爆破，辅助设施混凝土层被炸掉，但钢架结构仍然存在，爆破后孔雀河大桥并没有全部垮塌而发生倾斜。据现场爆破的相关人员介绍，爆破使用了 700kg 炸药，在桥上设置了 4 个爆破点，但爆破后没有达到预期效果。孔雀河大桥吊桥桥面并没掉到水面上，被吊桥拉杆拉着，桥两端的桥面与桥体脱落（图 11-20 和图 11-21）[29]。

图 11-20　孔雀河大桥原貌

图 11-21　孔雀河大桥爆破瞬间

案例 22　2016 年 10 月 11 日，美国阿肯色州交通部门对一座已有 93 年历史的大桥进行定向爆破，结果发现这座被认为结构不稳定的老桥并没有想象中的那么脆弱。

交通部门本想可以顺利地实施爆破后再建一座新桥，不过这座有 93 年历史的老桥却很坚挺，爆破后屹立不倒。讽刺的是有关部门之所以要拆除这座桥，是因为认定它结构不稳定（图 11-22）[30]。

图 11-22　阿肯色州老桥实施爆破瞬间

4. 无警戒情况下违规处理盲炮致人受伤

案例 23　2005 年 7 月 19 日，丹东凤城市一座危桥在爆破拆除时突然发生意外，爆破时桥未倒塌，大约一个小时后该桥突然再次发生爆炸并倒塌，致使附近 9 名群众受伤，其中 4 人伤势较重[31]。

下午 3 时 58 分，爆破准时开始。一连串震耳的爆炸声之后，一柱柱浓烟冲天而起。不过浓烟散去之后，围观者吃惊地发现，大桥并未倒塌。看到这一情景，围观者议论纷纷，不过，周围警戒线并未解除，围观者仍在等待。大约半个小时之后，警戒线被撤掉，路人纷纷涌上了与新凤凰大桥相距不过 30m 左右的小铁桥。长时间的“封路”使得铁桥上显得很拥挤。

当晚 5 时左右，突然，新凤凰大桥发出一声沉闷的爆炸声。接着，一个桥洞轰然垮塌。小铁桥上的人们顿时一片慌乱，立即向两岸跑去。其中，白元忠被迎面而来的飞石和气流冲倒在河水中。尚兆武老人则被沙石击倒，手脚并用地爬向岸边……正当现场一片慌乱之际，突然又有两个拱洞垮塌，巨大的冲击波挟裹着飞石和泥水再度扑向小铁桥。此时，刘学封已经跑到了岸边，随后他又看到最后一个桥洞倒了下来。至此，在短短几分钟内，爆破未倒掉的新凤凰大桥突然倒下了。17 时 10 分左右，凤城市 110、120 先后赶到现场，将受伤的市民送到凤城市中心医院进行救治。

5. 缺乏对双曲拱桥受力特点的认识，预拆除程序错误导致整桥垮塌

案例 24　2016 年 9 月 11 日上午 9 点 17 分，江西省泰和赣江公路大桥老桥在封闭拆除拱上建筑施工过程中突然发生坍塌，大桥瞬间全部塌陷落入水中，溅起几米高的水花。8 名现场施工作业人员落水。有 5 名施工人员被成功救起并送往医院治疗，有 3 人失联。

桥体坍塌 700 多米，一部挖掘机已沉入水底，一部工程车浮在水面，一部越

野车卡在老桥主体与引桥结合部。河面上，部分垮塌的桥体清晰可见。事发时有两辆挖掘机正在桥中间施工，都掉进了水里（图 11-23）[32]。

图 11-23　大桥全部塌陷落入水中

11.3.2　桥梁拆除爆破安全事故剖析

1. 对桥梁结构认识不清，强度与刚度判断失误，爆破参数失当

当前，从事桥梁拆除设计与施工的人员中，绝大部分为非桥梁专业人员，对建筑材料、桥梁结构、受力特点、拆除关键工艺知之甚少。对桥梁拆除工作存在一定的盲目性、随意性。

在桥梁拆除爆破进场前后的准备工作中，其重要工作内容之一是对拆除爆破体的技术资料及图纸包括几何尺寸、材质、配筋情况、施工年代、施工质量、材料强度等进行校核。如有变化，应提交爆破设计工程师按实际情况进行设计。同时还应注意有无影响爆破安全和爆破效果的因素。

以案例 19 为例，为什么 380kg 炸药爆破不垮一座危桥？首先，需要研究一下沱江一桥的历史。

这座简阳城江上第一座桥为双曲 17 孔拱桥，总长 590.08m，跨江面的主跨 9 孔，引桥 8 孔，已为简阳人民服务了 40 年。原来，江对岸的城东人口少，该桥是国道 318 线的过江桥，经无数大车碾压。后来沱江二桥通车后，一桥主要是去东溪镇的步行用道，一直带病服役。地震后，该桥病害加剧，经过检测对比，已属 5 类病害，“承载力已很差，不能再服役了，所以决定将其爆破，规划一座新桥”。

确定的爆破方案为爆破桥面和桥拱，保留桥墩，将桥炸趴塌向江面。布设炮孔 2000 多个，共计装药量 380kg，利用电起爆法进行引爆。爆破方案形式上是科学合理的，但爆破后桥体依旧耸立，成为炸不垮的“危桥”。

从爆破的结果上看，桥上钢筋混凝土拱角被炸垮了，但主跨和桥面没被炸掉，可能是梁体间薄片被加固的原因，爆破未充分考虑之前桥被加固修复过的承受力。

事实上，桥体的结构尺寸是非常清楚的，结构材料也是清楚的，特别是施工的钻孔过程也是对结构与材料进一步确认的过程。但这一过程被施工人员和工程技术人员疏忽了。桥墩上立柱加强了，主拱上的拱波加厚了。这一加固加强的变化没有反映到爆破技术设计上来，导致爆破参数失去准确性。其结果是立柱仅仅部分破坏，拱肋虽然破坏较彻底，露出了钢筋，但加强的拱波基本未受到破坏，对桥跨主体起到了强有力的支撑作用，造成了桥危而不垮。

因此，对爆破对象的认识是一点也马虎不得的，爆破设计必须符合爆破对象的实际情况，爆破设计参数必须在爆破施工过程中加以验证，在验证过程中优化爆破参数，以达到预期的爆破效果。

案例 20 中同样存在对桥梁结构认识不清的问题。表面上看，红旗路高架桥桥面为预应力简支梁结构，桥墩为薄壁 T 形结构，从整体上看桥梁的稳定性相当好。受力主要为垂直的重力与反作用力。但是，在对高架桥 66、67 号桥墩成功实施预爆之后，桥梁的受力平衡被打破。桥墩并非只承受上部简支梁的压力，在 17 日再次实施预爆破时，一个桥墩被破坏，出现多个桥墩与桥面结构连续垮塌的情况。关键问题是上部结构的简支梁虽然相互独立，而桥面铺装层将多跨桥的上部结构连接为一个整体，一跨倒塌，重达上千吨的桥面倒下，压在相邻的桥墩上，同时相邻桥墩受到水平力的作用，而薄壁 T 形结构桥墩水平抗弯能力弱，出现断裂倒塌，如多米诺牌骨效应一般，一个接一个，两分钟内倒了 8 个桥墩、9 个桥面。

案例 21 中的库尔勒孔雀河大桥是一座中承式大跨径钢管混凝土拱桥。采取微差爆破方式，爆破使用 700kg 炸药，在桥上设置了 4 个爆破点，依次将近桥面处桥拱爆破切断，引桥桥墩炸断，使横梁桥面垮落，采取机械解体的方法将桥面与拱座桥台之间的桥拱拆除。爆破后孔雀河大桥吊桥桥面并没掉到水面上，被吊桥拉杆拉着，桥两端的桥面与桥体脱落。也就是说主拱爆破后并未出现断裂，原有刚性平衡体系未被打破。

准确地讲，爆破失败仍应归结为对钢管混凝土拱桥结构以及受力特点不清楚。设计纵向上的 4 个爆破点，如果彻底炸断桥拱的话，桥体自然会被分成几段塌落于河中。但是有以下几点认识的偏差导致爆破失败。

一是主拱是一种复合材料结构，外围为钢板，内部充填水泥。从爆破结果看，爆破切口位置未断开。要使爆破切口断开，必须在切口位置进行预处理，切开外围部分钢板，对保留部分的钢板采用两道聚能切割器切下切口位置钢板。对内部的混凝土采用钻孔爆破方式内部爆破。聚能切割器与内部装药采用微差爆破，先外后内，使钢板切断，内部混凝土破碎飞散，造成切口位置彻底断开。二是横撑是拱桥刚性稳定的重要杆件，必须在爆破时将其削弱或切断。爆破过程未见对其爆破破坏，在主拱未断开的情况下，横撑对拱桥整体刚性稳定起到了非常重要的作用。在爆破时左右主拱采用微差爆破有利于对横撑的破坏，也有利于整体结构的失稳倒塌。

案例 22 美国阿肯色州大桥爆破不倒的原因与案例 21 类似。

案例 24 江西省泰和赣江公路大桥老桥在预拆除时垮塌，反映出现场施工人对双曲拱桥认识的薄弱。双曲拱桥的预拆除，拆除顺序必须与建设顺序相反，先建后拆，后建先拆。一旦对拱波与拱肋进行削弱与破坏，必将导致整桥的垮塌。

2. 违反《爆破安全规程》的相关规定，违规作业导致爆破失败与伤亡事故

《爆破安全规程》明确规定了爆破设计施工、安全评估与安全监理的依据与内容。同时规定拆除爆破应进行试验爆破，了解结构及材质，核定爆破设计参数。案例 19 中除初期对结构了解不准确，在施工、监理过程中未能发现问题，而且在未经试爆的情况下仅根据经验确定爆破参数，多次错失纠正错误的机会，结果是未能达到预期的爆破效果，导致爆破的失败。案例 20 中，第 2 次对桥墩试爆破时导致桥梁垮塌，说明当时未按照《爆破安全规程》的规定进行安全警戒工作，认为飞石范围可控，影响范围小，而忽视了潜在风险。施工路段应设置围挡，封闭作业。如果当时此路段实施了围挡或交通管制，即使发生塌桥事故，也不会导致车辆受损和人员伤亡。

案例 23 中在新凤凰大桥出现哑炮后、桥梁未倒的情况下，解除了安全警戒，违反了爆后检查、盲炮处理的相关规定。因设计失误或出现盲炮造成建（构）筑物未倒或倒塌不完全的，应由爆破技术负责人、结构工程师根据未倒塌建（构）筑物的稳定情况及时改变警戒范围，提出处置方案，未处理前不应解除警戒。在哑炮爆破的时候，爆破目标周围人员聚集，导致人员受伤。

3. 安全管理不到位，防范措施不力

桥梁拆除是一项技术性较强的工作，让不懂技术的单位或不懂技术的人员从事拆除工程施工，本身就是重大的事故隐患，而技术水平不高或不懂工程建设的安全管理人员又发现不了潜在的技术隐患。存在的问题主要有：①建设单位对进场施工人员把关不严，对施工队伍和项目经理的情况掌握不够，跟踪管理不到位。②拆桥作为危险性大的关键性工序，应当实行现场监理，而有些桥梁拆除存在监理人员到位不及时，没有实行现场旁站监理的问题。③项目施工方案不科学、不具体，也没有经过建设单位或监理单位的审查批准。④施工单位安全自控机制不健全，缺少对施工现场的检查管理和指导，工程项目部在施工方案没有经过审查批准的情况下擅自开工，又没有按施工方案进行施工。⑤建设单位、监理单位管理未跟上，客观上也造成了施工安全管理处于失控状态。

11.4　建（构）筑物水压爆破的安全技术问题

11.4.1　建（构）筑物水压爆破出现的安全问题

尽管水压爆破在拆除建（构）筑物上具有很大的优越性，但是水压爆破中也出现了楼房炸不倒、飞石损伤邻近建筑物和设施的安全事故。

案例 25　2006 年 9 月 28 日，采用水压爆破拆除成都市郊西航国贸中心一座 18 层烂尾楼。施工单位在 1～6 层选择 12 个房间布置药包，在每间房内注入 1m 多深的水，每个房间相当于一个“水箱”，然后把事先准备好的炸药包放在水里一定位置，采用电雷管起爆网路，12 个房间总计装药 200kg。当天上午 11 时，一声闷响过后，原计划该向北坍塌的 18 层高楼只见摇晃，不见倒塌，纹丝不动。

案例 26　1987 年 5 月 12 日，某市中医医院工地采用水压爆破拆除碉堡。按照密集钢筋混凝土计算药量，设计大小药包（药量 1.2～6.0kg）18 个，装药量 100.2kg。起爆后碉堡西南角首先破碎，混凝土碎块和水流向前冲出，冲倒距离碉堡 43.2m 的变电所铁门，打碎 53.7m 外居民楼四层以下窗户玻璃几十块。

11.4.2　建（构）筑物水压爆破安全事故剖析

出现这些安全问题的原因是多方面的，有的是对水压爆破的作用原理了解不够；有的是在设计药量和药包布置上存在问题；有的在施工上对“水压”缺乏认识，堵漏、排水等措施不力，导致构筑物炸不碎，排水冲击损坏附近设施等；也有的由于对爆破器材没有进行防水处理，导致炸药、起爆网路失效，影响建（构）筑物爆破效果等。

案例 25 中的楼房为什么没有炸倒呢？检查后发现 12 个爆破点的 200kg 炸药只爆了不到 1/3，不要说承重墙丝毫未损，连包裹炸药的塑料管子都完好无损。爆破人员在检查炸药后认为是炸药受潮引起的“拒爆”。而现场负责人认为是由于爆破线路出现问题，导致 200kg 炸药仅引爆 60 多 kg，使水的冲击力不够，才导致失败。案例 26 中的碉堡，无结构图纸，对结构强度与配筋情况掌握不准，在装药配置与装药量的确定上存在偏差，导致局部过度破坏而产生飞石飞散过远。

以上包括后面引用的这些拆除爆破不成功或者出现各种安全事故的实例，绝不是为了贬低或损伤某个人、某个单位，因为成功的经验固然是知识宝库的重要资料，而失败的教训更是知识宝库不可缺少的财富。“失败是成功之母”，对于像工程爆破这样一门以实践为主的学科，更是如此。

复习思考题

1. 楼房类建筑物拆除爆破常见的安全问题有哪些？产生安全问题的原因是什么？

2. 高耸构筑物拆除爆破常见的安全问题有哪些？产生安全问题的原因是什么？

3. 桥梁拆除爆破常见的安全问题有哪些？产生安全问题的原因是什么？

第 2 篇　拆除爆破工程实践

第 12 章　建（构）筑物拆除爆破工程实践

12.1　天安门广场爆破拆除北京邮局大楼*

12.1.1　工程概况

1. 工程环境

原北京邮局大楼，位于天安门南侧，毛主席纪念堂东侧。西距毛主席纪念堂主体工程 22m，西北距人民英雄纪念碑 120m，东北距原历史博物馆 125m，南侧 53m 为医科院宿舍，东侧 37m 是法院，东北 40m 是卫戍区天安门营房，周围电力电信设施密布。爆破前的北京邮局大楼见图 12-1。

图 12-1　爆破前的北京邮局大楼

2. 工程结构

原北京邮局大楼，建于 1900 年。该楼地上四层，地下一层，共五层。东西长 54m，南北宽 45m，地面上高度 19.2m，建筑面积约 $8700m^2$。平面为“凹”字形，内部结构的梁、板、柱均为钢筋混凝土整体灌筑。楼板由墙和梁、柱支承，砖墙之间有一排（或两排）钢筋混凝土柱作为中间支承点，所有门窗处还有石柱支撑，

---

* 设计施工单位：中国人民解放军工程兵学校、88611 部队、89003 部队。本节由顾月兵根据原北京邮局大楼爆破技术负责人林学圣教授提供的资料整理。

南楼东端是三个楼梯组成的台阶式楼梯间，与一层金库相连，使该部位结构更为牢固稳定。结构图见图 12-2 和图 12-3。

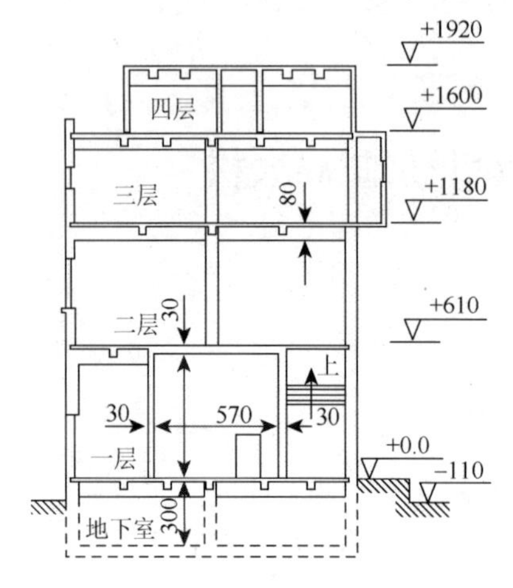

图 12-2　结构立面图（单位：cm）

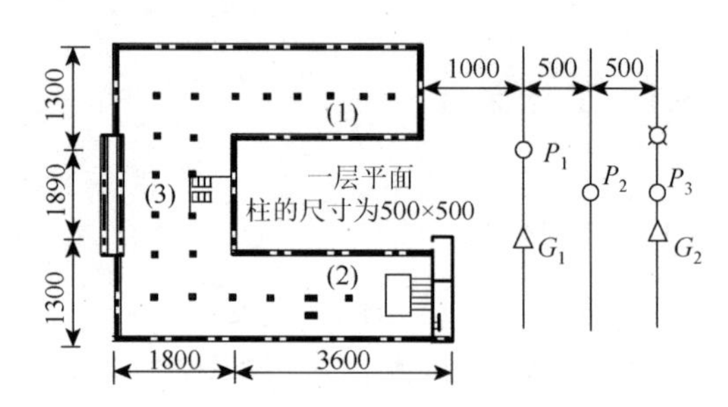

图 12-3　一层平面及测点布置示意图（单位：cm）

（1）、（2）、（3）为爆破顺序；P_1、P_2、P_3为测超压测点；G_1、G_2为测垂直与水平震动的测点

3. 工程要求

爆破炸塌大楼，便于机械和人工清运；爆破施工期间，相距 22m 的毛主席纪念堂主体工程施工不能停顿；爆堆绝对不能堵住紧挨大楼西墙 6m 宽的唯一施工运输通道；必须确保毛主席纪念堂主体工程、人民英雄纪念碑、原历史博物馆重点建筑目标的绝对安全。确保附近宿舍、营房、法院等建筑及所有人员的安全。

12.1.2　爆破方案

1. 爆破方案的选择

1）原地坍塌方案

爆破内部所有立柱及部分大梁，使全楼凭自重向中间塌落，拉倒两侧的外墙。该方案的优点是①装药个数少，易于布设起爆网路，准爆性高；②用药量较少，产生危害效应相对减小；③装药在室内起爆，较易控制爆破飞石及空气冲击波的影响范围。缺点是①只炸中间立柱及两侧部分承重柱，全楼原地坍塌可靠性不高；②倒塌后爆堆较高，难以清运。

2）定向倒塌方案

爆破楼内所有立柱及要求倒塌方向的外墙，靠全楼自重定向倒塌。该方案的优点是①能可靠地满足定向倒塌要求，确保西侧施工道路的畅通；②倒塌塌散范围较大，便于清运。缺点是①施爆部位增多，装药个数多，线路复杂，发生故障概率增大；②装药量增大，产生的爆破危害效应相应增大，增加了控制的难度。

3）爆破方案的确定

通过方案评审，最终决定采用定向倒塌方案。

彻底爆破 1～3 层所有内部钢筋混凝土柱，炸散混凝土，露出钢筋，利用结构自重拉断钢筋使房屋倒塌。彻底爆破底层的东墙（爆破切口高约 1m 以上），削弱底层的南、北、西墙（爆破切口 30cm 以上），确保残楼向东倒塌。爆破底层金库、楼梯间、门楼、地下室柱、梁以及二、三层梁柱结合部，使房屋上部结构易于塌入地下室，便于清理。考虑施工方便，爆破分南楼、北楼、西楼三次进行。

2. 药孔配置与爆破参数

1）药孔配置

在无原始图纸资料的情况下，对建筑结构进行认真勘察和测量，了解其结构并进行药孔布置。

（1）从分析结构特点出发，在满足倒塌要求的前提下，总药量力求减少。为此，着重在一层及在地下室的承重部分（主要是柱及承重墙）布药，使其倒塌后充分利用房屋自重碎裂上部结构。

（2）只对一层门、窗间外墙实施爆破，要求倒塌方向的外墙用 4～5 排药孔，使之易于切断倒塌，药孔深度为墙厚的 1/2～2/3，孔距约为墙厚的 1/2～1（如墙厚 64cm，孔深 35～40cm，间距 30～40cm；墙厚 40cm，孔深 22～24cm，间距 30cm）。

（3）对所有钢筋混凝土柱实施彻底爆破。炸散混凝土，露出钢筋，利用结构自重使结构失稳、整个楼房倒塌。爆破钢筋混凝土柱时不考虑炸断钢筋，否则药量过大，影响安全。该楼层内框架结构中间各有四个自由面，药孔深度为柱厚度的 2/3，孔距为柱厚的 2/3～3/4，药孔布在柱中央，避开钢筋穿孔，成直线配置。对于外框架结构，柱在墙中间，有两个自由面，故在柱面边墙上布置两排孔，使之先响，为柱两侧创造新自由面。

（4）考虑到清运方便，适当爆断一些长度和断面较大的梁。药孔尽量布在柱、梁结合部，且适当增大药量，使爆破能同时松散柱和梁的混凝土，露出钢筋，便于清运。

（5）爆破地下室所有柱和主梁，使上层结构易于塌落，充填地下室空间。

2）爆破参数

根据常用的爆破砖、石、混凝土和钢筋混凝土药量计算公式，计算出爆破各部位结构的药孔装药量。装药量计算公式：

$$C = ABR^3 \tag{12-1}$$

式中，C 为装药量，kg；A 为材料系数（石灰浆砌筑砖砌体 $A=1$，水泥浆砌筑砖砌体 $A=1.2$，天然石块砌体 $A=1.4$，钢筋混凝土 $A=5$）；B 为填塞系数，当装药在目标物中间，破坏半径为厚度之半，又有填塞时取 1.15；R 为破坏半径，指装药中心至目标表面的距离，m。

据此，选择相应构件进行试爆。根据爆破效果，适当调整装药量，作为实爆依据。为了减少碎块飞散，有效利用爆炸能量，确定采用小直径装药实施爆破。药卷外径定为 25mm（比一般制式药卷小 7mm），用牛皮纸加工糊成，外涂石蜡防潮。用规定装药高度的方法来控制装药密度约 0.9g/cm^3，并用电雷管进行试爆，效果良好。

南楼爆破主要参数见表 12-1。

表 12-1　南楼爆破参数

结构				孔深/cm	孔距/cm		排数	孔数	单孔药量/g	总药量/kg
名称	材料	截面/cm^2	长度/cm		上下	左右				
外墙	石灰浆砖砌	墙厚 62		46（70°）	30	30	4	370	40	14.8
金库	钢筋混凝土	墙厚 30		15	30	30	4	320	30	9.6
柱（一层）	钢筋混凝土	50×50	580	35	40		1	102	50	5.1
柱（二层）	钢筋混凝土	45×50	570	30	35		1	48	40	1.9
柱（三层）	钢筋混凝土	35×35	420	25	30		1	47	30	1.4
柱（地下室）	钢筋混凝土	60×60	300	40	65		1	32	50	1.6
梁（地下室）	钢筋混凝土	35×50		35				4	80	0.32

3. 起爆网路设计

根据设计要求，一次起爆装药个数较多（最多一次达 3500 炮），只能采用混联电点火线路。为减弱爆破振动、空气冲击波和破片飞散的危害，使用 7 种不同延期的电雷管（其中毫秒延期三段：50ms、75ms、110ms；秒延期四段：4s、6s、8s、10s），分别布设在房屋的各个部位，利用起爆先后顺序控制房屋倒塌的方向。这样的网路布局和线路连接较为复杂，各项作业要求确实可靠。为此，在爆前做了精确计算、合理布局、反复试验；作业分队又进行战前练兵，严密组织与分工，在各次实爆作业中，电爆网路基本没有故障，每次都准时起爆，达到预期效果。具体做法如下：

（1）选用近期出厂、同厂同批的电雷管，并分别测定其电阻及延期爆炸时间。检查试验了电雷管起爆小直径药包的可靠性。

（2）根据电雷管性能，保证每条串联支路的电流在 2A 以上。根据发电机能力，计算确定每条混联线路中并联支路数不超过 10 条，每条支路的串联电雷管数不超过 70 个，合计为 700 炮。为了确保准爆，控制每条串联支路内电雷管的电阻差不大于 0.1Ω；控制各条串联支路间的电阻差不大于 1.0Ω（采用电雷管平衡各支路的电阻）。最后以移动式 40kW 的发电机进行 2 次 1∶1 试验，证明这种线路形式可靠。

（3）线路的起爆顺序根据要求倒塌方向、尽量避免破片飞散、确保爆破安全、便于施工等因素综合考虑确定。起爆顺序分别为外墙、柱及地下室。外墙先爆，这时墙还未倒塌；再爆柱，破片被墙挡住，不易飞散，房屋开始定向倒塌。最后，爆破地下室，破片不易飞散，倒塌的残架落入地下室空间，便于清理场地。

（4）在既定电源（40kW 发电机）和延期电雷管的条件下，为了一次爆破多个装药，设置 5 条独立的混联线路，每条线路电雷管总数不超过 700 个，合计为 3500 炮。设计起爆箱，通过继电器和磁力开关，在秒延期电雷管的延期时间内，逐次向各条独立线路供电，使全部电雷管能按预定次序逐段爆炸。

4. 爆破安全设计

爆破安全设计主要为最大一段起爆药量对爆破振动的控制，控制爆破飞石的飞散范围对周围设施和人员的影响。

1）最大一段起爆药量的确定

依据北京地区房屋建筑抗震强度是按 7 度自然地震烈度设计的情况，为确保最近处毛主席纪念堂工程的安全，控制该处所在地面震动速度不得超过 4cm/s。

按以下公式：

$$C = R^3\left(\frac{V}{K}\right)^{3/\alpha} \tag{12-2}$$

代入 $V = 4\text{cm/s}$；$K = 150$；$\alpha = 1.5$；$R = 30\text{m}$，计算得出最大一段起爆药量为 19.2kg。

上式计算值是集团装药量，实际施工把炸药分散设置在楼内各层的梁、墙和柱的几千个药孔内。由于爆破地震波彼此干扰会有所削弱，且确定爆源中心至保护目标的水平距离时未考虑高度差；所以，实际震动强度将远小于计算值。

实际爆破最大一段起爆药量为14.8kg，小于计算值，能够确保安全。

2）爆破飞石飞散范围的控制

首先，从爆破能源进行控制，通过计算和试验，确定合适的爆破药量。只炸散混凝土而不炸断钢筋，减少产生爆破飞石的能源。

其次，从最小抵抗线方向进行控制。钻孔时控制炮孔深度，使最小抵抗线的方向指向楼内，使产生的飞石大部分飞向屋内。

最后，采取安全防护措施。爆破屋内柱、梁时，用铁丝网、旧铁皮遮住所有门窗。爆破外层混凝土和花岗石柱时，用旧铁皮及芦席等作为屏障，尽量避免飞石飞散过远。

12.1.3　爆破效果和量测数据

1. 爆破效果

原北京邮局大楼按爆破方案分南楼、北楼和西楼 3 次爆破。南楼爆破时，对东端三个楼梯组成的台阶式楼梯间以及与一层金库相连的坚固性和稳定性认识不足，爆破后该部分未能顺利坍塌，其余各部位爆破效果良好。在总结南楼爆破经验的基础上对北楼和西楼分别实施了爆破，爆后房屋全部倒塌，定向比较明显，基本达到了预期效果。最后对南楼楼梯间部位实施了补爆，爆后达到了预期效果。爆破效果见图 12-4。

图 12-4　爆破效果

2. 爆破安全监测结果

原北京邮局大楼爆破时，89003 部队组织人员分别对地震加速度、冲击波压力、声响及破片飞散情况进行了微观测试和宏观调查，其量测成果如下。

1）测点布置

原北京邮局大楼为凹字形，如图 12-3 所示。测点位置相对固定，南楼、北楼和西楼分三次按（1）、（2）、（3）顺序爆破。其中 ○—P_1、P_2、P_3 为三个测超压测点；¤—X 点，测声强；△—G_1、G_2 为两个测垂直与水平震动（加速度）测点。

2）测量手段

（1）超压用 YBD-3 动态应变仪与自制的应变探头测试。

（2）测震使用的是压电晶体加速度传感器。

（3）测声用丹麦造噪声仪测试。

3）量测结果

量测结果如表 12-2 所示。

表 12-2　冲击波超压、震动及声强量测数据

爆破顺序	超压/(×10^{5}Pa)			震动加速度（g）				声强/dB
	P_1	P_2	P_3	G_1		G_2		
				垂直	水平	垂直	水平	
（1）	0.0090	0.0070	0.0060	0.15	0.50	0.15	0.50	128
（2）	0.0044	0.0035	0.0024	0.15	0.50	1.20	0.60	130
（3）	0.0022	0.0021	0.0020	0.75（倒 1.5）	0.90（倒 5.2）	2.60	2.00	135

在对南楼、北楼、西楼实施爆破时对周围未造成任何损害。爆破南楼残楼时，有花岗岩碎片飞出南侧 20m，但未超出规定的安全警戒范围。

12.1.4　经验体会

（1）处理好“安全”与“爆效”的关系。必须把“安全”放在首位，为了确保爆破效果，必须对房屋结构进行认真调查分析，找出要害部位，用足够的炸药量彻底破坏这些部位，使房屋能按预期要求倒塌。

（2）遵守“化整为零”和“多穿孔，少装药”的原则，将药量分散配置，有效利用爆炸能量；在起爆网路上下功夫，采用一次通电、多次响炮，从根本上控制和削弱爆破的危害效应。

（3）对内框架结构的房屋，按序爆破所有柱及要求倒塌方向的外墙；对外框架结构的房屋，按序爆断底层的所有柱及外墙。充分利用房屋自重使其定向或原地倒塌的方案是可行的。

（4）爆破房屋时必须在破坏整体结构的同时也重视破坏局部稳定结构。

（5）严格掌握各种构件的爆破单耗，采用不耦合装药，控制最小抵抗线方向，实施近体防护和搭设遮障等措施，控制爆破飞石的飞散[33]。

12.2 自贡市文化宫框架大楼爆破拆除工程*

12.2.1 工程概况

四川自贡市文化宫两幢框架大楼位于 6m 高台阶地形上，北面依山，南面临街，环境十分复杂。其北面紧靠山坡，南面距街边 4m，距街对面商店 18m，东面紧邻几家一层的门面（也在拆除范围内），往东 50m 是自贡市博物馆（建于明代的古建筑群，需重点保护），西面紧邻几家一层的门面（尽量保留），大楼南侧 1.5m 处有地下煤气管线，南面街边上有许多输电、通信线路。周边环境见图 12-5。

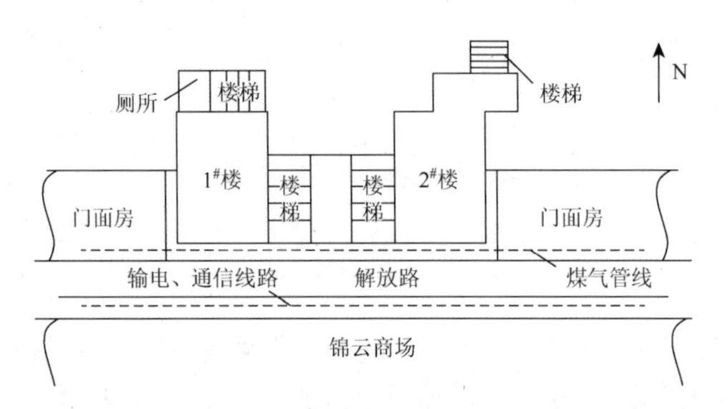

图 12-5 现场平面环境示意图

两幢大楼均建于 1980 年，按抗 4 级地震的标准修建，柱子中除布筋较密外，还夹杂着大量的鹅卵石。其东西长 34.6m，南北宽 17m，高 27m，为 6 层框架式建筑，总建筑面积 6734m²，占地约 527m²。各楼层及楼顶均为现浇，北侧端部均有楼梯，各楼层内外墙均厚 0.37m。1#楼由 14 根立柱承重，如图 12-6 所示。柱间有纵横梁加固，500mm×900mm 立柱有 12 根；400mm×700mm 立柱有 2 根；主梁为 300mm×600mm，次梁为 200mm×200mm，立柱和主梁配筋均为 ϕ25mm，次梁

∗设计施工单位：中国人民解放军理工大学工程兵工程学院。

配筋ϕ14mm，混凝土标号为 C25。2[#]楼由 27 根立柱承重，如图 12-6 所示。柱间有纵横梁加固，500mm×900mm 立柱有 12 根；400mm×700mm 有 15 根；主梁为 300mm×600mm，次梁为 200mm×200mm，主柱和主梁配筋均为ϕ25mm，次梁配筋ϕ14mm，混凝土标号为 C25。

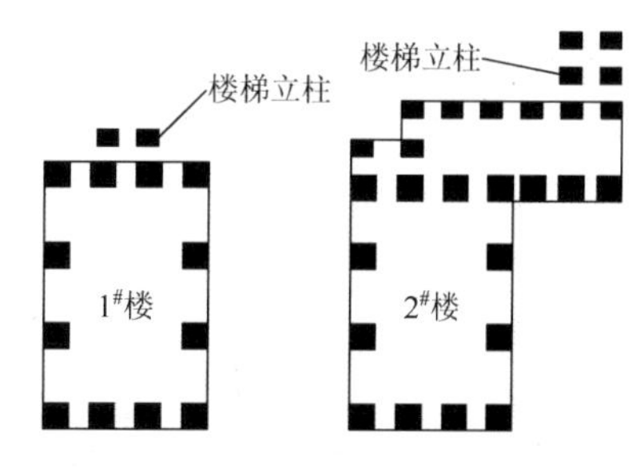

图 12-6　立柱方位示意图

12.2.2　爆破方案

1. 倒塌方向选择

由于西侧门面房需要保留，爆前必须人工进行预切割。在倒向的选择上，西、南两侧都有需保护的结构物，因此排除了向这两个方向倾倒的可能性。北面依山坡而建，向北倾倒后爆堆很有可能沿山坡向南面滑下，影响南面商场的安全。虽然东侧也紧邻门面房，但这些门面房也在拆除范围内，可以用挖掘机预先拆除，留出可供倒塌的空地，而 1[#]楼东侧紧邻的是一个地下防空洞的前厅，其上部（即与二楼平齐处）为一现浇混凝土平台，在对其与东侧平台预切割后，也有倒塌空间，因此两幢楼房均选择向东面倾倒。

2. 设计原则

由于该结构高 27m，每层高 4.5m，所以不同爆高和延时秒差很容易形成足够的倾覆力矩。设计中主要考虑以下两个关键因素：

（1）东侧 50m 有明代的古建筑群，爆破后产生的塌落震动和爆破飞石都不能影响到古建筑群的安全，这就要求爆破设计时应严格控制楼房的塌落震动和爆破飞石。

（2）考虑到西侧和南侧的环境，要求爆破设计时应确保被爆结构向东倒塌，既不能产生过大的后坐，又不能在倒塌后产生较大的侧向滑移。

3. 爆破设计与参数选择

1）布孔

一般布直孔，即沿立柱横截面长边方向钻孔。由于直筋粗密，所以沿立柱横截面长边方向钻孔时上下孔稍微有交错。对预拆除剩余的一些厚 0.37m 的墙体，孔距取 0.40m，排距取 0.35m，孔深取 0.25m，炸高取 0.80m，药孔呈梅花形排列。

立柱为 500mm×900mm 和 400mm×700mm 两种，中线布孔 W=250mm 和 200mm，孔距 a 取 500mm，孔深 L 取 650mm 和 550mm，二层、三层均取 7 个孔，

一层、四层均取 5 个孔，五层取 4 个孔，六层取 3 个孔。

2）单孔药量计算

单孔药量按 $q = Kabh$ 计算。其中，a 为孔距，m；bh 为柱截面积，m^2；K 为单位用药量，g/m^3，考虑钢筋密、墙体厚、混凝土标号高，且柱体中夹杂有鹅卵石，取 $K = 600g/m^3$。

对于 500mm×900mm 的立柱计算得，$q = 135g$，取 $q = 140g$；对于 400mm×700mm 的立柱计算得，$q = 84g$，取 $q = 90g$。

根据经验，直孔取 $q = 140g$ 和 $q = 90g$ 时，分为两个药包间隔装药，药量各为 70g 和 45g；另外，对预拆除剩余的一些厚 0.37m 墙体，孔距取 0.4m，排距取 0.35m，孔深取 0.25m 时，单孔药量取 30g。

3）试爆

本次爆破使用 8 号导爆管雷管和 2 号岩石乳化炸药，首先对所采购的雷管段别抽样进行试爆，效果理想；然后对立柱、墙体分别按设计参数进行试爆，效果也令人满意。试爆柱体的混凝土被炸散，只露出变形的钢筋；试爆的墙体正好解体，周围有少量飞石。

4）总装药量

经统计，炮孔总数为 938 个，总装药量为 90kg，最大一响药量为 21.6kg。

4. 起爆

由于两幢大楼北面的柱体建在山坡上，而南面的柱体建在水平面上，两侧柱体最大高差为 6m，并且 1#楼东侧紧邻的是一个地下防空洞的前厅，其上部（即与二楼平齐处）为一现浇混凝土平台，非常坚固，因此两幢大楼的起爆顺序为：首先从二楼起爆，最后起爆底层。其爆区分布如图 12-7 所示。图 12-7 中各管段别：Ⅰ为 25ms，Ⅱ为 460ms，Ⅲ为 880ms，Ⅳ为 1400ms，Ⅴ为 2000ms，Ⅵ为 2500ms，Ⅶ为 4000ms。

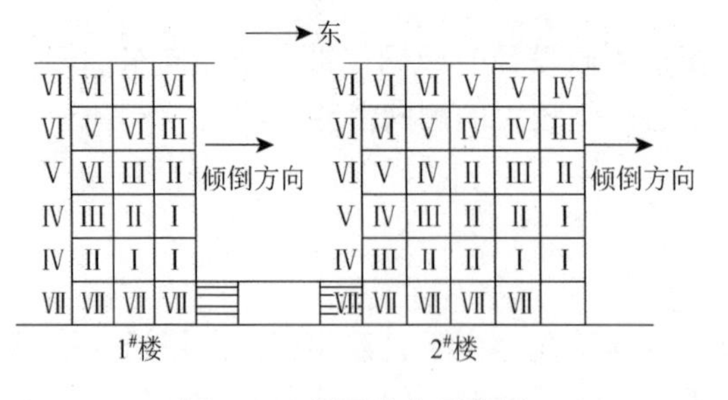

图 12-7　爆区分布示意图

采用电雷管引爆，非电导爆管起爆的方法，层与层之间、每层的内部都用多条导爆管连成环形立式网路。

5. 安全技术措施

1）保证倒塌安全的措施

（1）对临街的一排立柱在装药时适当减少，仅进行削弱爆破而不炸断，以防止反向倒塌。

（2）对 1#楼西侧一列立柱在一楼、二楼的炸高做适当调整，使反向侧的爆破切口提高到适当高度，以利于保护反向侧距离很近的场地或建筑物。

（3）对两幢大楼的楼梯、厕所做好预处理，减弱它们的支撑力和承载力，以利于整体结构的一次性顺利倒塌。

（4）将预处理后的大量废碴均匀铺垫在 $2^{\#}$楼东侧 15m 范围内和两楼南侧 1.5m 处的煤气管线上，形成厚 1.5m 的缓冲层，利用合理的微差起爆技术减少一次塌落的建筑物方量，以利于降低塌落震动，减少对周围重要保护目标的破坏。

2）爆破安全震动验算

最大一段起爆药量 $Q = 21.6$kg，距最近的保护目标为 18m。

估算爆破振动速度 $V = 1.19$cm/s，小于允许振速 3cm/s。

3）飞石的保护

为了避免爆破飞石对邻近建筑物、重要设施及人员的危害，重点做到了以下几个方面：

（1）对面向商场方向的立柱从 1～6 层均用两层竹笆进行覆盖防护，两幢楼的南侧从 1～6 层楼均用较密的尼龙网搭设防护墙。

（2）在街道对面商场前 3m 处用较密的尼龙网搭设防护墙，遮挡从覆盖防护中飞出的爆破碎块。

（3）街道对面的电线杆、变压器、消防水龙头等重点保护设施上用竹笆、装填土沙的草袋或麻袋进行遮挡或覆盖防护。

（4）在爆区四周安全距离外，设封锁线和警示标志，并加强警戒，确保安全距离内无任何人员。安全警戒范围取 100m。

12.2.3　爆破效果

大楼起爆后 1～2s，两幢大楼均缓慢向预定方向倒塌，爆破后结构解体比较充分，基本无后坐，需保护目标无飞石，对周围建筑物和人员没有造成任何危害，解放路很快恢复正常交通，爆破达到预期目的[34]。

12.3　中华全国总工会老办公大楼爆破拆除*

12.3.1　工程背景

中华全国总工会老办公楼建于 1955 年，建筑面积为 12 230m²，是一座欧式结构的老建筑物，也是北京市 20 世纪 50 年代的标志性建筑之一，当时是天安门往西最高的长方形建筑。由于受 1976 年唐山大地震和长安街地下地铁的

* 设计施工单位：中国人民解放军理工大学工程兵工程学院。

影响，楼体受损，部分墙体、楼板开裂，且开裂程度不断加剧。1998 年经北京市房屋安全鉴定总站检测，鉴定为局部危险房屋，不能满足北京地区 8 级地震烈度的设防要求。经全总书记处研究并报国务院、党中央批准，决定采用爆破法拆除。

12.3.2　工程环境

中华全国总工会老办公大楼位于复兴门外大街南侧，白云路东侧。周围环境为：北侧距复兴门外大街人行道 16m，距快车道 22m，距路对面的长安商场 87m；东侧与保留的新办公楼仅 0.15m；东南侧距赛格国际证券约 16m，南侧距院内花园（绿地）11m，距全总四层办公楼 55m；西侧距围墙 10m，距 12#塔楼（住宅楼）11m。

该楼周围地下管线情况，北侧：高压电缆距爆破楼 2.5m（深 0.8m），电信管线距爆破楼 6m，自来水总管线距爆破楼 8m，暖气管线距爆破楼 12m，地铁距爆破楼水平距离为 22m；西侧：电缆距爆破楼 6m，电信管线距爆破楼 8m；东侧：爆破楼与新办公楼相距 0.15m；南侧：50m 内的所有管线爆破前已切断，详见图 12-8。

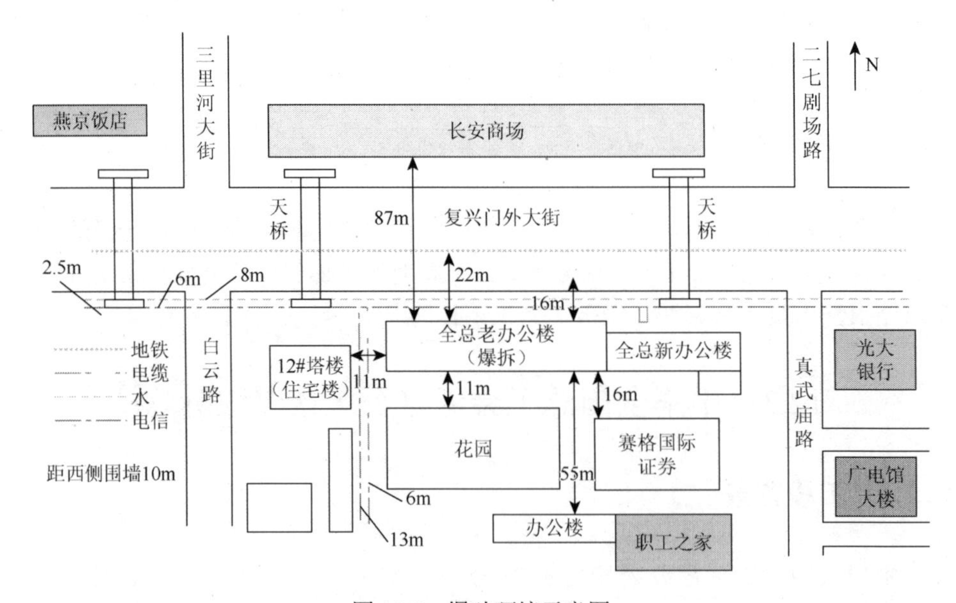

图 12-8　爆破环境示意图

中华全国总工会老办公楼为内框架结构，建筑面积为 12 230m^2，东西长 73.7m，南北宽为 18m，高约 36m，共九层，其中地上八层，地下一层。地面上第一层高 4.0m，二至七层高 3.75m，八层高 6.0m。从西到东有 16 列立柱（1～16 列），从南到北有 4 排立柱（A～D）；立柱断面尺寸为 55cm×60cm、55cm×55cm、55cm×50cm、50cm×50cm、45cm×45cm、40cm×40cm、40cm×35cm、35cm×30cm、30cm×30cm；梁的断面尺寸为 25cm×40cm；墙体均为 24cm 厚砖墙，楼板为钢筋混凝土现浇楼板；5～6 列内各有 1 个楼梯和 1 个烟囱直通到顶；10～12 列内有 1 个楼梯和 1 部电梯直通到顶；7～10 列间楼梯通到二楼；7～10 列与 B、C 排之间的部分三层以上有楼板（二层无楼板，中厅净高到三层）；三至八层 B、C 排之间为内走廊（宽约 2m）。该楼的结构特点是 4～5 列和 12～13 列柱间是沉降缝位置，沉降缝宽度约 0.05m，整栋楼房由三个相对独立的结构组成，即由 1～4 列、5～12 列、13～16 列三座楼房组合而成，详见图 12-9 和图 12-10。

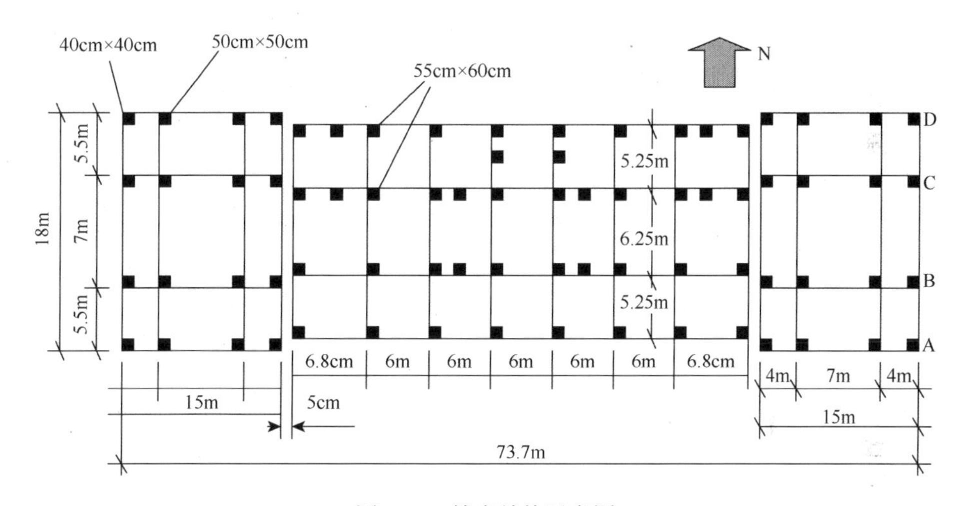

图 12-9　楼房结构示意图

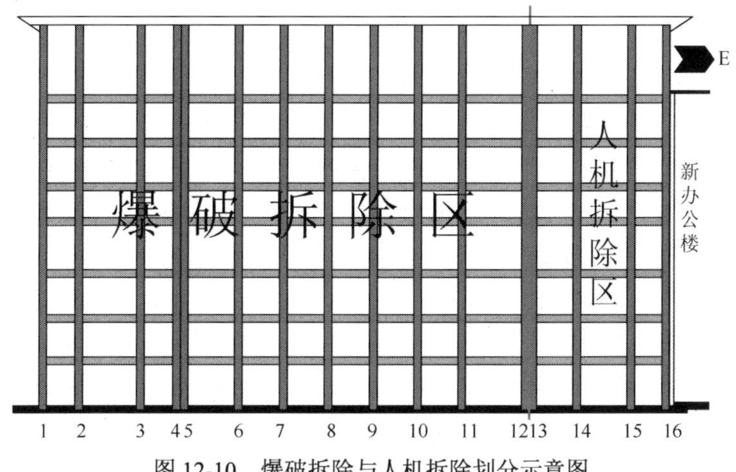

图 12-10　爆破拆除与人机拆除划分示意图

12.3.3 工程特点

（1）地理位置重要。在首都最繁华的街道——长安街上实施拆除爆破，其安全要求、工程要求、技术要求、爆破的组织等方面均要比一般环境下的拆除爆破要求高得多。牵扯到的单位多，业主、施工单位和有关的管理及配合部门的重视程度高，协调工作量大。

（2）环境复杂。行人和车辆流量大，建筑物和地下管线密集，北侧 12m 内地下是密集的高压线、通信、自来水、煤气、暖气等主管线，最近的仅 2.5m，特别是距离 22m 处的地铁线，对爆破的要求更高。东侧保留的新办公楼距其仅 0.15m，西侧的高 50m 的 16 层塔楼也仅距其 11m。

（3）安全要求高、技术难度大。地下设施的有关单位要求爆破后地下管线不得受到任何影响；地铁公司提出震动不得大于 0.35cm/s；全总要求东侧的新办公大楼和西侧的 16 层塔楼必须保证完好；领导要求必须保证周围建筑、设施和人员的绝对安全，做到万无一失。要达到上述安全目标，只有通过爆破技术来实现。在该爆破工程中，倒塌方向、震动强度、倒塌范围及飞石等的控制爆破技术要求特别高，一旦出现事故，对北京市正常的生活秩序就会造成较大的影响。

（4）充分利用该楼房拥有沉降缝的结构特点，中、西两部分采用爆破法拆除，东部采用机械法拆除，确保了东侧新办公楼的安全。

12.3.4 爆破技术设计

1. 总体方案设计

该楼由 3 个相对独立的结构物组成，即 1～4 列、5～12 列和 13～16 列。在 4～5 列、12～13 列柱之间均有 10～15cm 宽的沉降缝，利用楼房的沉降缝，将该楼划分成两个区，即 1～12 列柱为爆破区，13～16 列柱为机械和人工拆除区（图 12-10）。首先采用控制爆破法将 1～12 列立柱爆破，使该部分楼房向南定向倒塌和解体，然后利用爆堆作为机械作业平台，用机械和人工将 13～16 列柱拆除。

1～12 列爆破拆除方法如下：地面上 1～3 楼爆破形成定向切口（即为定向爆破区），各排立柱炸高由南至北（A～D 排柱）逐渐变小，为保证 D 排柱折断高度一致，在 D 排柱 1 层根部统一高度的内侧钻一个孔，爆破成切口，5 层以下部分与爆破切口上线之间的立柱爆破一定高度（即为解体爆破区）。两个爆区分

6个爆段（爆区及爆段划分见图12-11），采用分段延期起爆技术，一次点火、由南向北、由下至上分段延时起爆，使楼房向南定向倒塌和解体。

为减少爆破量及便于爆破时楼房解体，爆破前将 1～3 层的非承重墙按设计位置用人工和机械方法预先拆除；楼梯处理到 6 层，每层横切两个口（宽 0.15m），保留钢筋以便人员攀登；由于楼板是钢筋混凝土现浇楼板，按照板拟梁原理，主梁之间相当于有多个次梁，框架结构坚固，为确保楼房解体，6 层以下南北向主梁距立柱 1m 的梁上部分钻孔爆破。

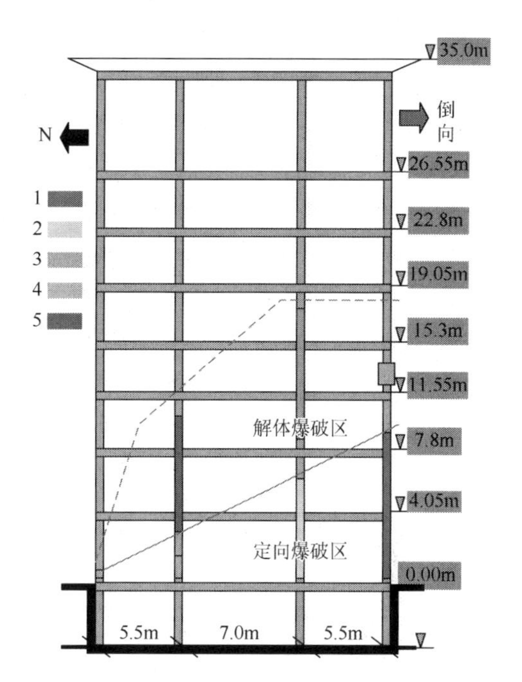

图 12-11 爆区划分与起爆顺序

13～16 列机械和人工拆除方法如下：老楼与新楼紧贴一跨部分用人工拆除（先切 16 列柱与东西连接的梁，后拆 16 列柱和墙），拆除顺序为人工分离一层，机械拆除一层。由上至下、由西至东逐层拆除。当拆除到爆堆高度时，边清边拆。

2. 定向爆破区和解体爆破区爆破高度的确定

1）定向爆破区各排立柱的爆破高度的确定

定向爆破切口采用三角形，根据该楼的结构特点和高度以及塌落速度和起爆时差，切口角度取 30°，最大炸高为 7.2m，各排及各层立柱的炸高确定如下：

A 排立柱：1～3 层（7.2m），即一层 2.8m，二层 2.8m，三层 1.6m。

B 排立柱：1～2 层（5m），即一层 2.8m，二层 2.2m。

C 排立柱：1 层，即一层 1.2m。

D 排立柱：1 层，即一层 0.5m（1 个孔，仅爆破立柱内侧 1/3 部分）。

2）解体爆破区各排立柱的爆破高度的确定

为了使楼房在倒塌和触地过程中解体充分，确定解体爆破区。解体爆破区内各排及各层立柱的炸高确定如下：

A 排立柱：第 4 层 1.6m。

B 排立柱：3～5 层，每层炸高均为 1.6m。

C 排立柱：2～3 层，每层炸高均为 1.6m。

3. 起爆顺序和延期时间

（1）起爆顺序和爆破部位见图 12-11。
（2）延期时间及雷管段别见表 12-3。

表 12-3 每响延期时间及雷管段别表

响序	延期时间	雷管段别	起爆时间	响序	延期时间	雷管段别	起爆时间
击发		HS-1	0ms	4	500ms	HS-5	2000ms
1	500ms	HS-2	500ms	5	500ms	HS-6	2500ms
2	500ms	HS-3	1000ms	6	500ms	HS-7	3000ms
3	500ms	HS-4	1500ms	7	500ms	HS-8	3500ms

注：全采用半秒段非电塑料导爆管雷管，HS-8 段作为机动用。

4. 爆破孔网参数设计

爆破孔网参数如表 12-4 所示。

表 12-4 孔网参数

柱梁规格/(cm×cm)	最小抵抗线/cm	孔距/cm	孔深/cm	单孔药量/g	单耗/(kg/m^3)
Z 60×55	27.5	45	34	100	0.7
Z 55×55	27.5	45	32	80	0.6
Z 55×50	25.0	40	30	67	0.6
Z 50×50	25.0	40	30	67	0.65
Z 45×45	20.0	40	28	50	0.65
Z 40×40	20.0	35	23	45	0.8
Z 40×35	17.5	35	21	40	0.8
Z 30×30	17.5	30	20	33	0.9
Z 30×30	15.0	30	18	25	0.9
L 25×40	12.5	20	25	20	1.0

5. 楼房结构的稳定性分析

1）爆破前预处理后楼房结构的稳定性分析

该楼为钢筋混凝土框架结构，框架结构中起支撑和稳定作用的主要受力构件是柱和梁，墙体均为非承重构件。爆破前预处理的内容主要是 1～2 层的大部分砖结构墙体（北侧墙不处理）和 3～5 层的少部分墙体，以及楼梯和电梯的局部不影响结构的合理部分，不会影响楼房整体结构的稳定。

2）爆破后楼房失稳倒塌的过程分析

该楼采用的是高差和时差的爆破方式，主要支撑立柱的失稳顺序为 A 排，B 排，C、D 排。当 A 排立柱、电梯、楼梯及 A～B 间的部分预留爆破墙体失稳后，第一跨失稳；B 排立柱及 B～C 间部分预留爆破墙体失稳后，第二跨失稳；此时楼房 2/3 的部分（A～C 排间）已与北侧一跨由刚性连接变成了柔性连接，即楼房已 2/3 失稳和部分解体，并产生向南的倾覆力矩。当 C、D 排立柱失稳后，整个楼房完全失稳，楼房在倾覆力矩和重力作用下向南定向倒塌。在解体爆破和楼房触地的情况下，楼房逐步倒塌和解体。

6. 爆破安全设计

1）爆破振动控制

（1）为避免能量集中，采用多打孔、少装药和微差延期起爆技术，将能量均衡、合理利用，减少一次齐爆药量。

（2）计算、校核一次齐爆的最大药量。一次齐爆的最大药量根据环境的具体要求按下式确定：

$$Q_{齐} = R^3 (V/K \cdot K')^{3/\alpha} \tag{12-3}$$

式中，$Q_{齐}$ 为一次齐爆的最大药量，kg；R 为保护目标到爆点之间的距离，m；V 为质点震动速度，cm/s；α 为地震波衰减指数；K 为与爆破地质有关的介质修正系数；K'为装药分散经验系数。

式中参数按照有关标准取值（$K \cdot K' = 7.06$，$\alpha = 1.5$ 来源于冯叔瑜等编著的《城市控制爆破》）。对爆区而言，东侧 $R = 15\text{m}$、西侧 $R = 10\text{m}$ 处是重点保护目标，国家爆破规范框架房屋取 $V = 5\text{cm/s}$，为确保安全，此次爆破取 $V = 2\text{cm/s}$。计算得允许的一次齐爆药量为 $Q_{10} = 80\text{kg}$，$Q_{15} = 270.85\text{kg}$。实际爆破时设计的一次齐爆药量控制在 50kg 之内，远小于理论允许的安全值，且炸药分布在较大的立体空间构件内，故爆破振动对新办公楼等周围的建筑物和设施不会造成损坏。

2）塌落震动控制及防护措施

结构物在塌落触地时，对地面的冲击较大，产生塌落震动。控制塌落震动的方法如下：

（1）整个结构物通过划分爆区和爆段，爆破后形成若干个下落单元，即化整为零。使塌落质量变小，减小塌落物触地时的能量，各爆段通过延期爆破实现多个单元逐次失稳塌落，后下落的构件落在先落地的构件上，既起到二次破碎的作用又起到缓冲作用，从而降低了塌落震动的强度。

（2）在建筑物坍塌范围内，用建筑垃圾铺设垫层，可达到较好的减震效果。

（3）根据爆破方案，在不考虑铺设垫层的情况下，塌落震动的强度可按下式估算：

$$V = K(MgH/\sigma R^3)^{\alpha/3} \tag{12-4}$$

式中，V为塌落震动质点震动速度，cm/s；K为与地质条件有关的经验系数（取 3.39）；M为先撞击地面且最大的（5～12 列）塌落物质量，为$M = 120\text{m}^3 \times 2.2\text{t/m}^3 = 264\text{t}$；$H$为质量为$M$的塌落物质心高度（24m）；$g$为重力加速度（$10\text{m/s}^2$）；$\alpha$为震动速度衰减指数（1.4～2.0，取 1.6）；σ为地层介质的破坏强度（100kg/cm^2）；R为触地点中心到测点的距离，m。

不同距离上的V值见表 12-5。

表 12-5　不同距离 R 上的 V 值

R/m	V/(cm/s)	R/m	V/(cm/s)
20	0.87	35	0.36
25	0.61	40	0.29
30	0.46	50	0.20

（4）塌落震动影响的范围：根据国家《爆破安全规程》和建筑物与设施等的实际情况和要求，以上的计算结果表明，其影响范围为以爆破楼房为中心，北侧 4m，南侧 18m，西侧 6m，东侧 4m。

3）飞石控制及防护措施

（1）飞石距离计算。优化设计，严格控制药量，最大限度地利用炸药能量使其主要用于破碎介质，减少飞石。由于构件材料的不均质性，仍会出现个别飞石，飞石距离可按下式计算：

$$S = f \cdot V^2/g \tag{12-5}$$

式中，S为飞石的最远距离，m；g为重力加速度（10m/s^2）；V为飞石的初始速度，当$n = 1.0\text{kg/m}^3$时，$V = 20\text{m/s}$；f为防护程度修正系数（取 0.15～1.0）。

药量设计$n < 1.0\text{kg/m}^3$时，按照下面的防护措施实施防护，f取 0.2 代入上式得$S = 8\text{m}$。

（2）飞石安全距离可按下式计算：

$$S_{安}=K\cdot S \tag{12-6}$$

式中，K 为安全系数，一般取 8～12。此次 K 取 10。$S_{安}=K\cdot S=10\times 8=80\text{m}$。

（3）飞石的防护措施如下：

①内防——在构件爆破部位，用荆笆加草袋等包裹，D 排和西山墙 1～5 楼的窗户用荆笆加草袋或荆笆加芦席遮挡，A 排 1～3 楼用荆笆加芦席和草袋遮挡，并在草袋上洒水。

②外防——附近被保护建筑物的门窗、封闭阳台和外部设备（如空调等）用荆笆加草袋、荆笆加芦席、木板等遮挡。

③对重点保护部位采用多层防护材料加强防护。

通过以上措施，可以将飞石完全控制在一定范围内，对周围不会造成危害。

4）爆破烟尘控制措施

爆破烟尘主要来源于两个方面：一是表面浮灰，即楼房内多年的积灰和施工时产生的落在楼房表面的灰尘，这类灰尘在楼房倒塌过程中与建筑物触地时扬起；二是砖和混凝土因炸药爆炸产生的烟尘。本次爆破主要采取以下措施进行控制：

（1）在 2～8 层的部分楼面上砌水池，在水池内注入约 10cm 深的水。

（2）在装药前，用水将楼房浸湿，使每层楼面上的粉尘变成泥浆。

（3）爆破前，在爆破楼房周围 30m 内的地坪上洒水。

（4）爆破后，采用消防车喷水降尘。

12.3.5　爆破效果

2003 年 9 月 9 日凌晨 1 时整，对该大楼实施了爆破。装药爆炸后，楼房按设计要求向南倒塌，方向准确、解体充分，从起爆到楼房倒塌及解体完毕整个过程共用了 8s。爆破后的爆堆范围：向南前倾 9.2m，向北后坐 3.1m，向西扩张 5.3m，爆堆高 7.2m，东侧相距仅 10cm 的机械拆除部分整齐完好地保留下来。在西侧 11m 处 16 层居民楼一楼测得的质点震动速度为 0.68cm/s；在北侧 22m 处长安街的地面上（下方有地铁线）测得的质点震动速度为 0.308cm/s。爆破后周围建筑物和地下设施完好无损，北侧 6m 处围墙上的灯泡均安然无恙。围墙外无一块飞石，爆破效果完全达到了设计要求，爆破取得了圆满成功。中央电视台对此次爆破进行了现场直播，国内多家媒体均做了爆破成功的报道[35]。

12.4 江苏图书发行大厦爆破拆除工程*

12.4.1 工程概况

1. 工程环境

江苏图书发行大厦位于南京市鼓楼区湖南路与马台街交汇处。北侧马台街以西一侧方向 200m 范围现有建筑均为正在拆除或即将拆除的建筑；大厦南侧紧临湖南路，距招商银行约 40m；东侧与马台街相邻，马台街东侧至丁家桥 150m 范围内建筑均为正在拆除或即将拆除的建筑；东北方向 50m 处有居民楼，爆破环境相对较好（图 12-12）。

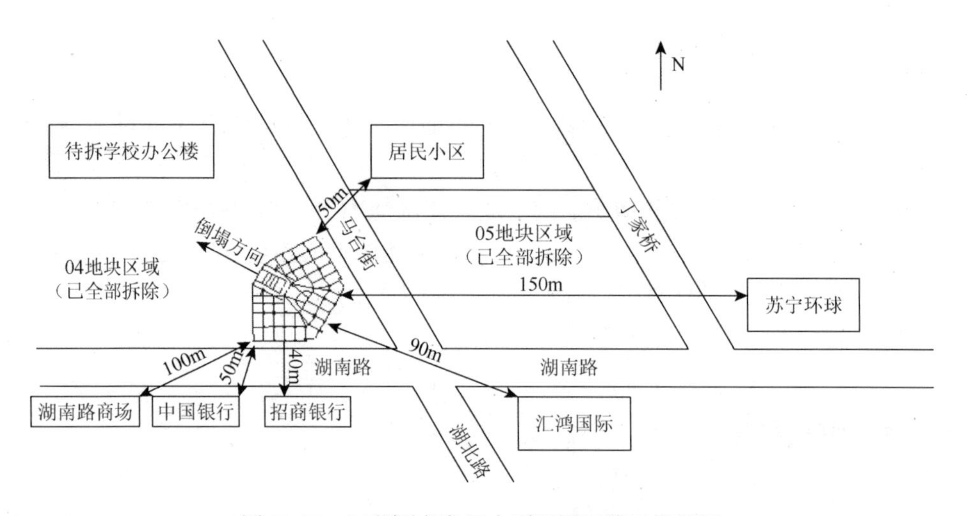

图 12-12 江苏图书发行大厦周围环境示意简图

大厦东侧与南侧有各类地下管线。马台街一侧地下有电信光缆、有线电视管线、污水管、给水管线、天然气和电力管线。其中距有线电视管线 3.5m、电信电缆 4.0m、ϕ500 铸铁天然气管 5.0m、ϕ300 铸铁天然气管 6.0m、ϕ800 铸铁污水管 12.5m、ϕ300 铸铁给水管 15m、110kV 电力线路 20.0m。湖南路一侧地下有电力管线、路灯管线、给水管线，距 10kV 电力线路 9.0m、220V 路灯 11.0m、ϕ600 铸铁给水管 14.5m。

---

* 设计施工单位：中国人民解放军理工大学工程兵工程学院。

2. 大厦结构

江苏图书发行大厦为六边形框架-剪力墙结构；地上十八层，地下一层，总体建筑面积约 12 000m^2。东西长 46.0m，南北宽 30.2m，高 52.0m。一、二层层高 3.7m，三层层高 4.0m，四层层高 2.8m，五层以上各层高均为 2.7m，地下一层层高 3.9m。

大厦外廓呈六边形，左右对称，左侧三个角的角度分别为 120°、90°、150°，4 层以上内部呈一个六边形空心结构。楼内有 4 个楼梯，其中 1 号楼梯为 1～4 层，2 号楼梯为旋转梯，2～3 层，3 号楼梯为 1～5 层，4 号楼梯由楼底直到楼顶，4 号楼梯边上还有一个长 5.4m、宽 2.85m 的电梯间。一层结构见图 12-13。

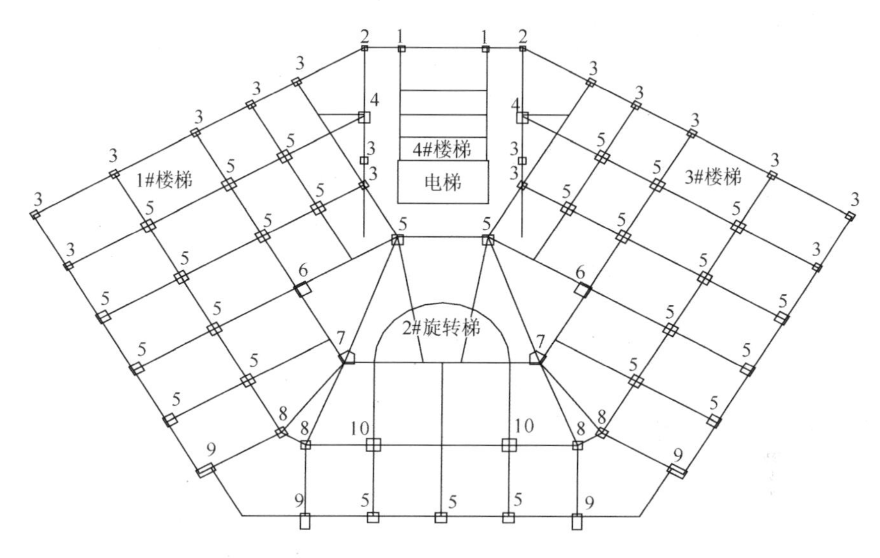

图 12-13　江苏图书发行大厦一层结构简图

底部承重结构由 62 根钢筋混凝土立柱和部分剪力墙构成。立柱截面从 0.4m×0.4m 至 0.95m×0.5m 不等，剪力墙厚为 0.35m 和 0.25m 两种。立柱与剪力墙配筋如表 12-6 所示。预处理后立柱数量与规格见表 12-7。

表 12-6　立柱及剪力墙配筋表

楼层	承重结构/(mm×mm)	ϕ12	ϕ20	ϕ18	ϕ16	ϕ14	ϕ12	箍筋
1～3 层	600×600		12					ϕ10@200
	600×600			12				ϕ10@200
	700×700	12						ϕ10@200

续表

楼层	承重结构/(mm×mm)	ϕ12	ϕ20	ϕ18	ϕ16	ϕ14	ϕ12	箍筋
1～3层	750×750	12						ϕ10@200
	500×950							
	25mm剪力墙						横ϕ12@200 竖ϕ12@200	拉筋 ϕ10@200
	35mm剪力墙						横ϕ12@200 竖ϕ12@200	拉筋 ϕ10@200
4～15层	500×500			12				ϕ10@200
	550×550				12			ϕ10@200
	550×550			12				ϕ10@200
	650×650	12						ϕ10@200
	800×800	12						ϕ10@200
	30mm剪力墙						横ϕ12@200 竖ϕ12@200	拉筋 ϕ10@200

表12-7　预处理后立柱数量与规格

序号	位置	柱号	新编柱号	柱断面/(cm×cm)	
				1～3层	4～15层
1	KJ-1 轴2（20）	Z2-32	Z1-1	60×60	50×50
2		Z2-31	Z1-2	60×60	55×55
3		Z2-30	Z1-3	60×60	55×55
4		Z2-28	Z1-4	60×60	55×55
5		Z20-27	Z1-5	60×60	55×55
6		Z20-25	Z1-6	60×60	55×55
7		Z20-24	Z1-7	60×60	55×55
8		Z20-23	Z1-8	60×60	50×50
9	KJ-2 轴3（19）	Z3-33	Z2-1	60×60	55×55
10		Z3-32	Z2-2	60×60	55×55
11		Z3-31	Z2-3	60×60	55×55

续表

序号	位置	柱号	新编柱号	柱断面/(cm×cm)	
				1～3 层	4～15 层
12	KJ-2 轴 3（19）	Z3-30	Z2-4	60×60	55×55
13		Z3-29	Z2-5	60×60	55×55
14		Z19-26	Z2-6	60×60	55×55
15		Z19-25	Z2-7	60×60	55×55
16		Z19-24	Z2-8	60×60	55×55
17		Z19-23	Z2-9	60×60	55×55
18		Z19-22	Z2-10	60×60	55×55
19	KJ-3 轴 4（18）	Z4-33	Z3-1	60×60	50×50
20		Z4-32	Z3-2	60×60	55×55
21		Z4-31	Z3-3	70×70	80×80
22		Z4-30	Z3-4	35×70	35×70
23		Z4-29	Z3-5	60×60	60×60
24		Z18-26	Z3-6	60×60	60×60
25		Z18-25	Z3-7	35×70	35×70
26		Z18-24	Z3-8	70×70	80×80
27		Z18-23	Z3-9	60×60	55×55
28		Z18-22	Z3-10	60×60	50×50
29	KJ-4 轴 5（17） 轴 C	Z5-33	Z4-1	60×60	50×50
30		Z5-32	Z4-2	60×60	55×55
31		Z31-C	Z4-3	60×60	60×60
32		Z11-C	Z4-4	35×70	35×70
33		Z24-C	Z4-5	60×60	60×60
34		Z17-23	Z4-6	60×60	55×55
35		Z17-22	Z4-7	60×60	50×50
36	KJ-5 轴 6（16） 轴 B	Z6-33	Z5-1	50×95	50×95
37		Z6-32	Z5-2	50×50	50×50
38		Z9-B	Z5-3	50×50	50×50

续表

序号	位置	柱号	新编柱号	柱断面/(cm×cm)	
				1～3 层	4～15 层
39	KJ-5 轴 6（16） 轴 B	Z10-B	Z5-4	70×70	65×65
40		Z12-B	Z5-5	70×70	65×65
41		Z13-B	Z5-6	50×50	50×50
42		Z16-23	Z5-7	50×50	50×50
43		Z16-22	Z5-8	50×95	50×95
44	轴 A	Z9-A	Z6-1	50×95	50×95
45		Z10-A	Z6-2	60×60	50×50
46		Z11-A	Z6-3	60×60	50×50
47		Z12-A	Z6-4	60×60	50×50
48		Z13-A	Z6-5	50×95	50×95
49	轴 F 电梯井	F	T1	25×50	25×50
50		F	T2	25×50	25×50
51	轴 E 电梯井	E	T3	25×50	25×50
52		E	T4	25×50	25×50

爆破前对大厦连体的四层以下建筑全部拆除。五层以上结构爆破位置预处理后的平面结构如图 12-14 所示。预处理后新编柱号（按新 1～6 轴由西向东顺序编柱号）如图 12-15 所示。

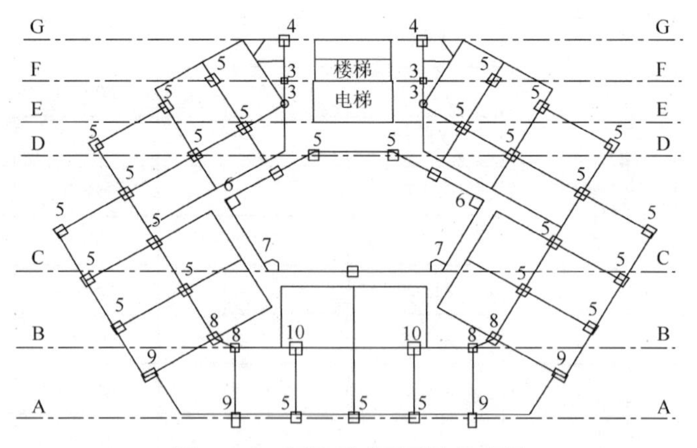

图 12-14　预处理后平面结构简图

图中数字代表钢筋混凝土立柱类型，具体含义如下：3-40cm×40cm；4-60cm×65cm；5-60cm×60cm；6-70cm×70cm；7-40cm×60cm；8-50cm×50cm；9-50cm×95cm；10-75cm×75cm

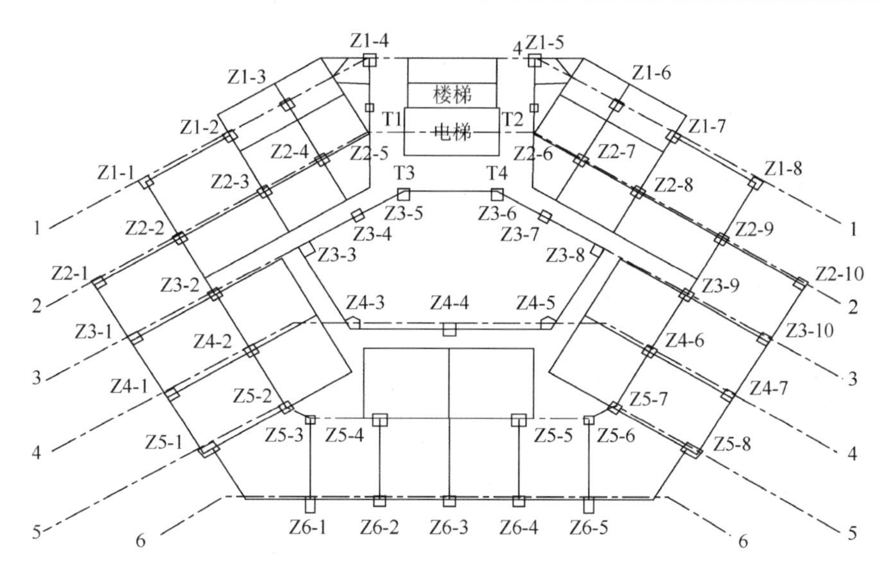

图 12-15　预处理后新编柱号（按新 1～6 轴由西向东顺序编柱号）

12.4.2　爆破方案选择与确定

1. 工程特点、难点分析

（1）爆破对象所处的环境复杂。大厦与繁华的商业街——湖南路相邻，周围需保护的建筑物和管线距离较近，对爆破危害的控制难度大。

（2）爆破对象的外形设计特殊。楼房的外形呈六边钻石形，内部三层有风井，结构的稳定性好，不利于失稳倒塌。

（3）爆破对象的稳定性好。主楼为现浇钢筋混凝土框架-剪力墙结构，大厦长 46.0m，宽 30.2m，主体高度 52.0m，高宽比小于 2，难以满足定向倒塌的条件。

（4）爆破对象的预处理工作量大。大厦风井及电梯井部分为剪力墙结构，位于中心及倒塌方向分布，爆破前的预拆除和预削弱工作量大。

2. 爆破方案的选择

大厦位于湖南路与马台街交汇处，由于大厦东侧与南侧有各类地下管线，所以倒塌方向需背向这两个方向。大厦西、西北及北侧方向均为建筑拆除后的空地，大厦主体结构本身为沿东南—西北轴向对称，因此爆破倒塌的方向确定为西北方向，如图 12-12 所示。

为实现大厦安全爆破的总目标，确定综合采用以下几种控制爆破技术实现控制爆破拆除：

（1）运用切口形式控制和时间控制技术，实现倒塌方向的准确控制；

（2）控制大厦不同楼层构件的破坏范围和程度，实现大厦整体爆破塌散范围的控制；

（3）采用预处理技术及炸点的离散化技术，实现对爆破振动强度的控制；

（4）采用精确药量控制技术与安全防护技术的结合，实现对爆破飞石的控制。

根据周围环境、结构特点和工程要求，为保护大厦周边建筑、设施及地下管线的安全，大厦爆破方案有以下两种可供选择。

方案一：在大厦底部采用单个切口的定向倒塌方式。这一方案的优点是操作简单，施工方便。但由于高宽比小，要使重心移出前排支承立柱，爆破开口角要大，且因结构整体性好，塌落冲击大，易对周围建筑及地下管线造成不利影响。落地后堆积高度高，不利于二次破碎清运。

方案二：在大厦底部及中部采用两个切口的定向倒塌方式。这一方案的优点是两个切口使大厦整体性削弱，可大大减小塌落震动对周围建筑及地下管线的安全威胁。缺点是施工工作量大，高空作业风险大，爆破飞石距离远。需严格安全管理和加强爆破飞石的控制。

本次爆破安全的重点是确保相邻管线的安全，比较这两种方案，确定爆破方案二作为本次爆破的首选方案。

12.4.3　爆破参数的确定

1. 立柱破坏高度

立柱破坏高度是爆破设计的主要参数。该参数对爆破后估算塌散范围也具有重要作用。

大厦主体为框架结构，在电梯井及风井位置采用剪力墙结构。结构主要的承重构件是立柱，起刚度作用的构件是梁，一旦承重构件被破坏到一定高度，建筑物就将失去稳定性，在倾覆力矩和自重作用下实现倒塌和解体。剪力墙在爆破前应进行预先部分拆除，使剪力墙变成“立柱”。处理的方式是在爆破切口范围内，将风井部分的剪力墙全部拆除，使承重由与剪力墙相连的立柱承担，电梯井剪力墙在 4 个角的位置各保留 50cm 的宽度。

对大厦外围四层结构物预拆除后，沿大厦相对倒塌方向，大厦长 46.0m、宽由 30.2m，缩减为 24.3m，高 52.0m。主体建筑 18 层，其中一、二层层高 3.7m，三层层高 4.0m，四层层高 2.8m，五层以上各层高均为 2.7m，地下一层层高 3.9m。

下部切口确定为 1～5 层，以原轴 11 为基准向西北方向开口。炸高 15.7m，开口角 32.8°。上部切口确定为 8、9 层，炸高 4.0m，开口角 9.3°，见图 12-16。

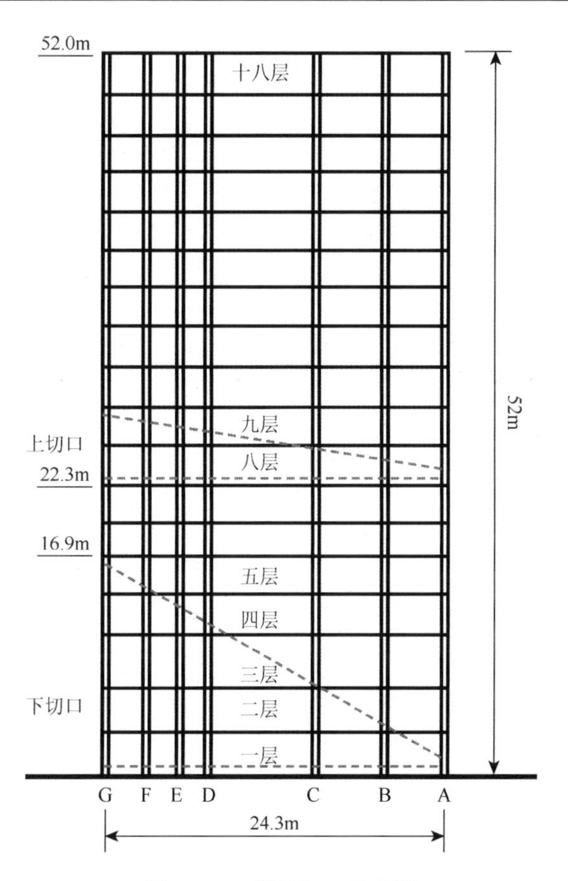

图 12-16 爆破切口示意图

大厦爆破切口各轴线承重主柱（墙）破坏高度见表 12-8。

表 12-8 切口各立柱破坏切口高度 （单位：m）

切口	楼层	立柱位置						
		G 轴	F 轴	E 轴	D 轴	C 轴	B 轴	A 轴
下切口	1 层	3.0	3.0	3.0	3.0	3.0	3.0	0.5
	2 层	3.0	3.0	3.0	3.0	3.0		
	3 层	3.0	3.0	3.0	3.0			
	4 层	2.5	2.5	2.0	1.5			
	5 层	2.0	2.0					
上切口	8 层	2.0	2.0	2.0	2.0	2.0	1.0	0.5
	9 层	2.0	2.0	2.0	2.0			

2. 起爆顺序确定

大厦两个切口按由前向后、先下后上顺序半秒差起爆，时差 0.5s。

下切口起爆顺序为 D 轴前方（G、F、E 与 D 轴之间）作为第 1 段起爆，C 轴前方作为第 2 段起爆，B 轴前方作为第 3 段起爆，B 轴与 A 轴作为第 4 段起爆。上切口比下切口对应立柱延期 1 个段别起爆。起爆雷管段别划分见表 12-9。

表 12-9　起爆雷管段别（半秒段别雷管）

切口	楼层	立柱位置						
		G 轴	F 轴	E 轴	D 轴	C 轴	B 轴	A 轴
下切口	1 层	2	2	2	3	4	5	5
	2 层	2	2	2	3	4		
	3 层	2	2	2	3			
	4 层	2	2	2	3			
	5 层	2	2					
上切口	8 层	3	3	3	4	5	6	6
	9 层	3	3	3	4			

3. 大厦结构的稳定性分析

爆破前预处理后大厦结构的稳定性分析：该大厦为钢筋混凝土框架-剪力墙结构，框架占主体，主要受力构件是柱、梁和剪力墙。

爆破前预处理的主要内容如下：

（1）切断所有与大厦连接的管线、结构；

（2）用机械法拆除大厦的裙楼和附属结构，连接主体 4 层以下建筑；

（3）用人工或机械法将 1～4 层内的非承重墙拆除；

（4）1、2、3 号楼梯全部拆除，4 号楼梯采用切断方式处理到 5 层；

（5）用人工和机械相结合的方法将切口内的风井剪力墙全部拆除，电梯间的剪力墙处理成 4 个立柱，然后钻孔爆破；

（6）拆除原 4（17）～5（18）轴线之间 1～4 层范围内的楼板与连系梁，削弱大厦的整体刚度。

爆破后楼房失稳倒塌的过程分析：使该楼失稳倒塌采用的是时差和高差的控制技术，由前向后顺序起爆产生倾覆力矩，前后不同排的立柱破坏高度由大到小同样产生向倒塌方向的倾覆力矩，使主体向既定方向失稳倒塌。

4. 药孔参数及布置

（1）最小抵抗线（W）：视构件的断面尺寸而定。对于尺寸较小的构件，通常取断面短边或砖墙厚度（B）的一半，即 $W = B/2$；对于尺寸较大的构件，则根据构件的断面尺寸确定多列炮孔，故最小抵抗线由炮孔的列数确定。

（2）药孔间距（a）：药孔间距一般取 $a = (1.0 \sim 1.5)W$。

（3）药孔深度（L）：药孔深度的确定以保证装药将构件破坏为原则，孔深一般取 $L = H - W +$ 装药长度的一半（H 为构件的厚度或宽度）。对剪力墙或剪力墙改柱部分，除垂直于剪力墙钻孔外，条件许可时，也可平行于剪力墙墙面钻孔。装药时若装药不在药孔中心导致偏离最小抵抗线时，可加导爆索，使装药均匀布置，改善爆破效果。

按上式计算后，再用其他公式进行计算校核。爆破前进一步查清结构状况，条件许可时进行试爆，修正爆破单耗和装药量。

根据理论计算和实践经验，此次爆破根据构件的断面尺寸，在立柱构件中布设一列或多列药孔。

立柱的孔网参数如表 12-10 和表 12-11 所示。

表 12-10　孔网参数表（1～5 层）

柱规格/(cm×cm)	最小抵抗线/cm	孔距/cm	排距/cm	孔深/cm	单孔药量/g	单耗/(kg/m^3)
25×50	12.5	20	/	38	50（40）	2（1.5）
35×70	17.5	25	/	54	120（90）	2（1.5）
50×50	25	35	/	32（30）	130（90）	1.5（1.0）
50×95	25	35	/	70	250（170）	1.5（1.0）
60×60	25	40	10	40（38）	200（150）	1.5（1.0）
70×70	30	30	10	45（42）	200（150）	1.5（1.0）

表 12-11　孔网参数表（8～9 层）

柱、墙规格/(cm×cm)	最小抵抗线/cm	孔距/cm	排距/cm	孔深/cm	单孔药量/g	单耗/(kg/m^3)
25×50	12.5	20	/	38	40（30）	1.5（1.0）
35×70	17.5	25	/	54	90（60）	1.5（1.0）
50×50	25	35	/	32（30）	100（70）	1.2（0.8）
50×95	25	35	/	70	200（130）	1.2（0.8）
55×55	25	35	/	35	130（90）	1.2（0.8）
60×60	25	40	10	40（38）	170（120）	1.2（0.8）
80×80	30	40	20	50	200（130）	1.2（0.8）

5. 起爆顺序和延期时间

（1）延期时间及雷管段别见表 12-12。

（2）起爆顺序和爆破部位见图 12-17。

表 12-12　每响延期时间及雷管段别表

响序	延期时间	雷管段别	起爆时间	响序	延期时间	雷管段别	起爆时间
击发		MS-3	50ms	3	500ms	HS-4	1500ms
1	500ms	HS-2	500ms	4	500ms	HS-5	2000ms
2	500ms	HS-3	1000ms	5	500ms	HS-6	2500ms

注：孔内全部采用半秒段非电塑料导爆管雷管，MS-3 段作为扎把的起爆雷管。

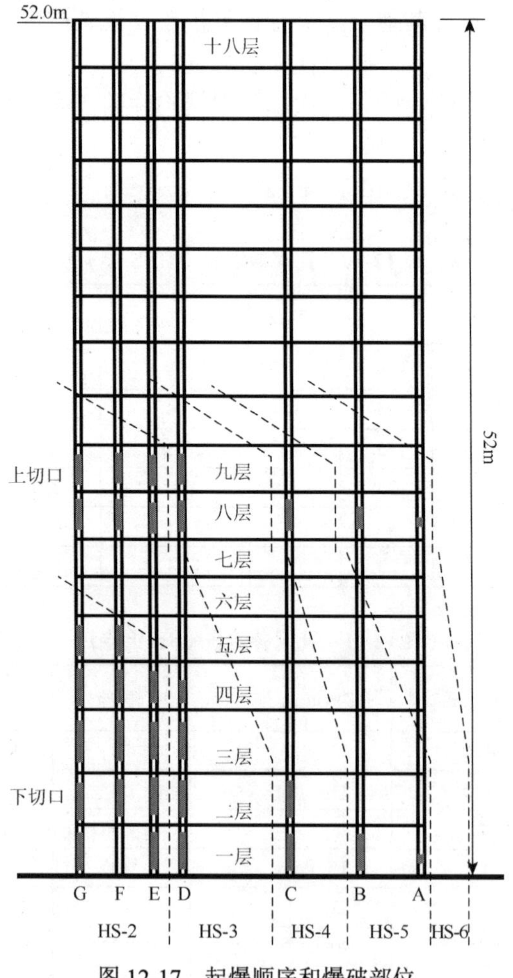

图 12-17　起爆顺序和爆破部位

12.4.4　药量计算

1. 炸药品种和雷管的选择

根据楼房爆破单孔药量较小、药包数量多的特点，此次爆破采用乳化炸药。该炸药使用方便，性能稳定，本单位在大量的拆除爆破工程中使用该炸药，均达到了设计的爆破效果。

雷管则选用延期精度高、安全性好、起爆性能稳定的非电半秒延期雷管。

2. 单耗及单孔药量的确定

1）单耗 K 的确定

单耗的大小决定着构件的破坏程度，在楼房爆破中，根据楼房的结构、高度和破坏程度来确定构件各爆破部位的单耗。选用乳化炸药时，根据爆破部位设计的破坏程度，通常取 $K = 0.8 \sim 2.0\text{kg/m}^3$。

具体确定方法：1～3 层取 1.5kg/m^3，剪力墙取 2.0kg/m^3；4～5 层取 1.0kg/m^3，剪力墙取 1.5kg/m^3；8 层取 1.2kg/m^3，剪力墙取 1.5kg/m^3；9 层取 0.8kg/m^3，剪力墙取 1.0kg/m^3。

2）单孔药量 q 的确定

根据体积原理，单孔药量按下式确定：

$$q = K \cdot a \cdot B \cdot H \quad （单排孔） \tag{12-7}$$

$$q = K \cdot a \cdot b \cdot H \quad （多排孔） \tag{12-8}$$

式中，q 为单孔药量，kg；K 为单位体积用药量系数（单耗），kg/m^3；a 为药孔间距，m；b 为药孔排距，m；B 为构件的宽度，m；H 为构件的破坏高度，m。

通过大量的拆除爆破工程验证，该公式计算结果比较符合实际，各爆破构件按以上公式计算出结果，再用其他公式进行计算校核后，得出的结果见表 12-13。

表 12-13　设计使用炸药雷管数量

序号	段别	炮孔数/个	段药量/kg
1	2 段	546	65.04
2	3 段	571	84.86
3	4 段	282	41.44
4	5 段	131	19.95
5	6 段	63	9.1
合计		1593	220.39

考虑 1～3 部分关键立柱使用双雷管，对可能不方便预处理的剪力墙进行钻孔爆破需增加雷管使用量，并考虑一定的富余量，计划采购雷管及炸药数量如表 12-14。

表 12-14　炸药雷管采购数量

<table>
<tr><th>序号</th><th>段别</th><th>雷管数/发</th><th>导爆索/m</th><th>导爆管/m</th><th>乳化炸药/kg</th></tr>
<tr><td>1</td><td>2 段</td><td>1000</td><td rowspan="6">500</td><td rowspan="6">1000</td><td rowspan="6">288</td></tr>
<tr><td>2</td><td>3 段</td><td>1000</td></tr>
<tr><td>3</td><td>4 段</td><td>500</td></tr>
<tr><td>4</td><td>5 段</td><td>300</td></tr>
<tr><td>5</td><td>6 段</td><td>100</td></tr>
<tr><td>6</td><td>MS-3</td><td>700</td></tr>
<tr><td colspan="2">合计</td><td>3600</td><td>500</td><td>1000</td><td>288</td></tr>
</table>

12.4.5　起爆网路设计

1）起爆器材的选择

爆区位于市中心地区，周围线路繁多，环境复杂，为避免市区杂散电流、射频电流以及雷电等对起爆网路的影响，此次爆破采用非电塑料导爆管延期雷管和非电导爆起爆系统来实现安全、可靠、准爆。

2）起爆能源和方法

按起爆顺序起爆相应的雷管和装药。用四通连接件和导爆管连接所有非电导爆雷管，形成复式起爆网路。

每个爆段设置不少于两个击发点。最后用高能击发器起爆。

3）网路连接方法

网路连接方法如图 12-18 所示。

12.4.6　爆破安全设计

1. 爆破振动控制

（1）为避免能量集中，采用多打孔、少装药和延期起爆技术，均衡、合理利用能量，减少一次齐爆药量。

（2）计算、校核一次齐爆的最大药量。一次齐爆的最大药量根据环境的具体要求按下式确定：

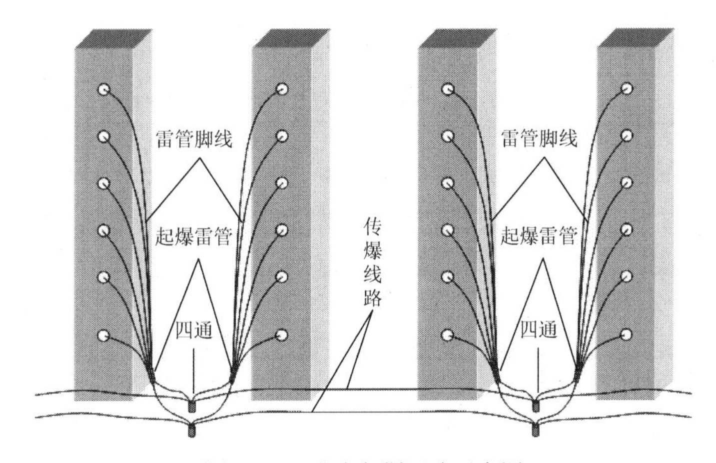

图 12-18　非电起爆网路示意图

$$Q_{齐}=R^3\left(\frac{V}{K\cdot K'}\right)^{3/\alpha} \tag{12-9}$$

式中，$Q_{齐}$ 为一次齐爆的最大药量，kg；R 为保护目标到爆点之间的距离，m；V 为允许的质点震动速度，cm/s；K 为与爆破地质有关的系数；K' 为装药分散经验系数；α 为地震波衰减指数。

按照有关标准取值（$K\cdot K'=7.06$，$\alpha=1.5$ 来源于冯叔瑜等编著的《城市控制爆破》）。若按照东北方向居民楼为保护目标进行震动校核，取 $V=2\text{cm/s}$，$R=12.5\text{m}$，经计算 $Q_{\max}=156.74\text{kg}$。而爆破时最大一段爆破药量不超过 84.86kg，所以爆破振动效应是安全的。

2. 塌落震动控制及防护措施

结构物在塌落触地时，对地面的冲击较大，产生塌落震动。控制塌落震动的方法如下：

（1）整个结构物通过划分爆区和爆段，在爆破后的倒塌过程中不断削减大厦的重力势能，减小塌落物触地时的能量，从而降低塌落震动的强度。

（2）在建筑物坍塌范围内，用建筑垃圾铺设垫层，可达到较好的减震效果。

（3）根据爆破方案，在不考虑铺设垫层的情况下，塌落震动的强度可按下式估算：

$$V_{\mathrm{t}}=K_{\mathrm{t}}\left[\left(M\cdot g\cdot\frac{H}{\sigma}\right)^{\frac{1}{3}}/R\right]^{\beta} \tag{12-10}$$

式中，V_{t} 为塌落震动质点震动速度，cm/s；M 为最先撞击地面且最大的塌落物的质量，t；H 为质量为 M 的塌落物质心高度，m；σ 为地层介质的破坏强度，MPa，一般取 10MPa；K_t、β为与地质条件有关的衰减参数，分别取$K_t = 3.37$，$\beta = 1.66$；R为触地点中心到测点的距离，m；g为重力加速度（$10m/s^2$）。

大厦总体重量约为$50 \times 120 \times 2.2 = 13\ 200t$。两个爆破切口将主体上下一分为二。上部主体重量约为总重量的一半，约为 6100t。重心落差H取 26m，撞击地面距离（南侧天然气）管线约 40m。由于钢筋的牵制作用及破碎立柱的部分支承作用，大楼倒塌时并非自由落体，故按最大块质量的 1/3 估算，由上式计算得出塌落震动为 3.24cm/s。

为减小震动对周围保护目标的影响，采取两项减震措施：①在倒塌方向 10～30m 范围内构筑两道缓冲墙，墙高约 2m（墙顶至墙脚高差）。②在大厦西南侧平行于湖南路及大厦东北侧平行于马台街位置分别开挖长约 20m、宽 1m、深 1.5～2.0m 的减震沟。这两项措施可有效地削减震动波的传播，将塌落震动强度降至 2cm/s 以下，在允许的震动范围内。

3. 飞石控制及防护措施

1）飞石距离计算

优化设计，严格控制药量，最大限度地利用炸药能量使其主要用于破碎介质，减少飞石。由于构件材料的不均质性，仍会出现个别飞石飞散较远的情况，飞石距离可按下式计算：

$$S = f \cdot V^2 / g \tag{12-11}$$

式中，S为飞石的最远距离，m；g为重力加速度（$10m/s^2$）；V为飞石的初始速度，$n = 1.0kg/m^3$时，$V = 20m/s$，$n = 1.5kg/m^3$时，$V = 30m/s$；f为防护程度修正系数（取 0.15～1.0）。

按照下面的防护措施实施防护，f取 0.2 代入上式得$S_{1.0} = 8m$，$S_{1.5} = 18m$。

2）飞石安全距离计算

下部切口飞石由于楼板的摭挡作用水平飞散距离较近，主要是上部切口可能产生的飞散范围较大，应严格加以防范。

$$S_{安} = k \cdot S \tag{12-12}$$

式中，k为安全系数，一般取 8～12。此次k取 10。$S_{安} = k \cdot S = 10 \times 8 = 80m$。

3）飞石的防护措施

（1）内防。在构件爆破部位，将 1 层草帘 2 层竹笆加 1 层铁丝网用铁丝从外部捆绑牢固，可有效防止飞石飞散过远。

（2）外防。在重点保护目标的方向（东侧、南侧及西侧方向），在楼爆破切口位置外侧悬挂 3 层加密绿网。预防冲破内防出现的飞石，控制其在工地范围内。

（3）对重点保护部位采用绿网进行被动防护。

通过以上措施，可以将飞石完全控制在一定范围内，对周围不会造成危害。

除防飞石外，还需预防因后坐与侧向塌散对外围管线的破坏，需采取有效措施加以预防。在马台街与大厦相邻一侧路面上铺设一层钢板，再在其上设置一层砂土袋，确保大厦在爆破破坏过程中不会对路面产生撞击变形损坏，而引起管线的运行危险。

4. 冲击波

在拆除爆破工程中，由于单个药包药量较小，且设在构件内部，因此，空气冲击波的危害可以忽略不计。

5. 爆破烟尘控制措施

爆破烟尘主要来源于两个方面：一是表面浮灰，即楼房内多年的积灰和施工时产生的落在楼房表面的灰尘，这类灰尘在楼房倒塌过程中和建筑物触地时扬起；二是混凝土由炸药爆炸产生的烟尘。本次爆破主要采取以下烟尘措施：

（1）在装药前，用水将楼房浸湿。

（2）爆破前，在爆破楼房周围 20m 内的地坪上洒水。

（3）爆破后，采用消防车喷水降尘。

6. 爆破噪声控制措施

爆破噪声主要有炸药的爆炸声和结构物倒塌过程中构件之间的撞击与对地面的撞击声音。在楼房爆破工程中，单个药包的药量一般不超过 250g，且在构件内爆炸，产生的噪声在 50m 以外一般不超过 100dB。本次爆破主要采取以下噪声控制措施：

（1）分散药包法，即多打孔、少装药，较深孔采用一孔多药包的方法，严格控制单个药包的药量。

（2）爆破体近体防护法，即在楼房爆破部位用湿草袋包裹，进一步降低噪声。

12.4.7　警戒与起爆信记号的规定

1. 爆破警戒范围

按照拆除爆破安全规定，爆破警戒距离室外倒塌方向为 200m，其他方向为 150m，室内为 100m。实际警戒范围应根据爆破楼房周围的环境和公安部门的具体要求来确定。如根据周围建筑物的用途、道路的路口位置等，设计警戒位置。

具体的警戒范围和警戒点位置，在有关各方参加的协调会上由公安部门最终确定。

爆破施工与装药时的警戒范围在爆破楼房外 20m 内为爆破作业区，原则上无关人员不能进入。

为确保施工安全，施工期间通往施工现场的路口应竖警示牌且派专人值守；爆破前半小时，警戒人员持红旗配口哨上岗，由无线对讲机联络。

2. 起爆信记号规定

第一次警报——预告信号。起爆前 30min，将爆点周围楼内人员疏散撤离危险区或撤至指定安全地点。所有警戒人员到位。

第二次警报——起爆信号。起爆前 1min，确认人员和设备全部撤离危险区，警戒到位，具备安全起爆条件时，方准发布起爆信号。总指挥发布起爆指令，“6、5、4、3、2、1，起爆！”。

第三次警报——解除警戒信号。经检查人员检查确认安全后，方准发出解除警戒信号。在未发出解除警戒信号前，除总指挥批准的检查人员外，任何人不能进入危险区。

12.4.8　事故预防及应急措施

楼房拆除爆破常见的事故主要有楼体不倒、倒向出现偏差、保护目标受到损伤、出现哑炮等。尽管在该工程中会采取一系列安全措施，但为防止爆破时发生意外事故，特制定以下应急措施：

（1）成立爆破安全指挥部，设应急领导小组，下设：

①爆破盲炮处理队（由爆破单位组织）；

②水、电、气抢修队（由区政府相关部门组织）；

③消防抢险队（由消防队组织）；

④救护队（由区政府组织）。

（2）预先组建抢修队。对危险区内各类管线及保护目标，由区政府牵头相关部门组织抢修（险）队。对于地下的水、气管道，如爆破后出现泄漏，由水、气相关部门的抢修（险）队实施抢修，及时恢复供应。

（3）爆破前预备救护车 1 辆，消防车 2 辆。

（4）预备一支爆破技术精良的爆炸物品排险队。爆破后，由爆破技术人员先进入爆破现场，检查爆破效果，如发现有未爆火工品、倒塌物不稳定等应急情况，应立即向指挥部报告，并立即组织有关技术人员进行处理、排除隐患，尽快恢复交通；对于由爆破个别飞石影响道路交通的，由施工单位组织及时清扫，及时恢复交通。

（5）预备清障机械 2 台，即挖机 1 台，装载机 1 台。

（6）如果个别爆破飞石使周围楼房的玻璃损坏，由业主、施工单位、居委会组成调查组实施调查，并及时修复。

12.4.9　爆破组织与爆破效果

为保障爆破拆除工作顺利进行，政府部门对此高度重视，专门成立南京市图书发行大厦爆破拆除工程指挥部，下设新闻宣传、管线保护、交通管制、安全环保、群众工作、治安警戒、爆破作业等 7 个工作组。住建、城管、环保、卫生、供电、通信等部门制定了应急抢险及环境保护预案。爆破警戒范围为离开爆破点室内 100m、室外 200m，由公安、交管等部门组织严密有效的安全警戒。

为确保爆破对环境和交通产生最小影响，提前公布公交线路调整和道路疏导方案，爆破实施单位还从多个方面进行防护，采取了防尘、洒水措施，对周边管线全部进行了安全的勘测，现场配备专业人员随时待命，确保供电、供气、供水的安全不受影响，在最短的时间内恢复道路交通的畅通和环境的整洁。

2013 年 11 月 9 日 22 时 10 分警戒人员进入现场周围开始警戒，22 时 20 分开始交通管制，22 时 30 分，随着爆破指挥起爆部指令的下达，江苏省图书发行大厦准时爆破，大厦按预定方向准确倾倒，历时 7.5s，如图 12-19 所示。爆破产生的大团烟雾向四周散开，5min 后两台消防车进入现场喷水降尘，10min 后供电、通信、供气、供水部门进入现场检查管线情况，22 时 50 分现场检查完毕，所有管线全部正常。随即解除安全警戒，恢复交通。

爆破安全震动监测单位对重点目标的监测数据均小于预估值，周围建筑与设施均安然无恙[36]。

图 12-19　南京市图书发行大厦爆破倒塌过程图

12.5　哈尔滨市龙海大厦爆破拆除技术设计*

12.5.1　工程概况

1. 工程环境

哈尔滨市龙海大厦位于中山路与新乡里街交汇处，香安街北侧。龙海大厦是一幢框架-剪力墙结构的高层建筑，原设计地面上二十六层，建到十六层后搁置十余年成为烂尾楼，因城市建设需将其拆除。该楼四周建有围墙，西侧距围墙 5m，围墙外有 18m 的绿化带及人行道，南侧距香安街 27m，北侧距新乡里街 12m，东北方向 20m 为 7 层居民楼，东侧 100m 处为香顺街。

在围墙外侧有燃气管线、电力电缆管线、供水管线、排水管线及供热管线。大厦周围环境及管线详见图 12-20。

2. 楼房结构

大厦总体建筑面积为 25 000m^2，由主楼和裙楼组成。主楼沿长尺寸方向具有呈直线加弧形的外形；地上 16 层、地下 2 层；长 53.7m、宽 18.3m、高 60m。承重立柱分布在 9 轴、10 轴、13 轴和 15 轴，截面尺寸不等，为边长 0.9～1.35m 的正方形。

楼的中央有四个电梯间和一个楼梯间，而楼东部有一个电梯间和一个楼梯间，所有电梯间及楼梯间均为剪力墙结构，剪力墙厚度有 400mm 和 300mm 两种，主楼东西两侧外墙均为厚 400mm 的剪力墙。

* 设计施工单位：中国人民解放军理工大学工程兵工程学院。

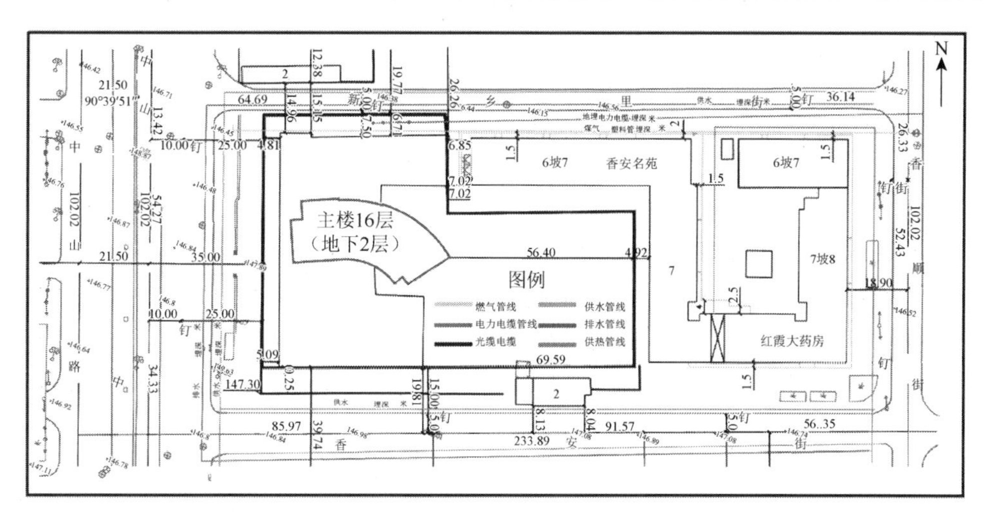

图 12-20　周围环境平面图（单位：m）

楼房的结构如图 12-21～图 12-24 所示［在 P′、N′ 轴线间将大楼切割分离，东部为 A 体，西部为 B 体，图 12-22 为 A、B 体平面图，图 12-23 和图 12-24 为剪力墙预处理成柱的结构图］。

楼房的承重立柱及剪力墙配筋状况如表 12-15 所示。

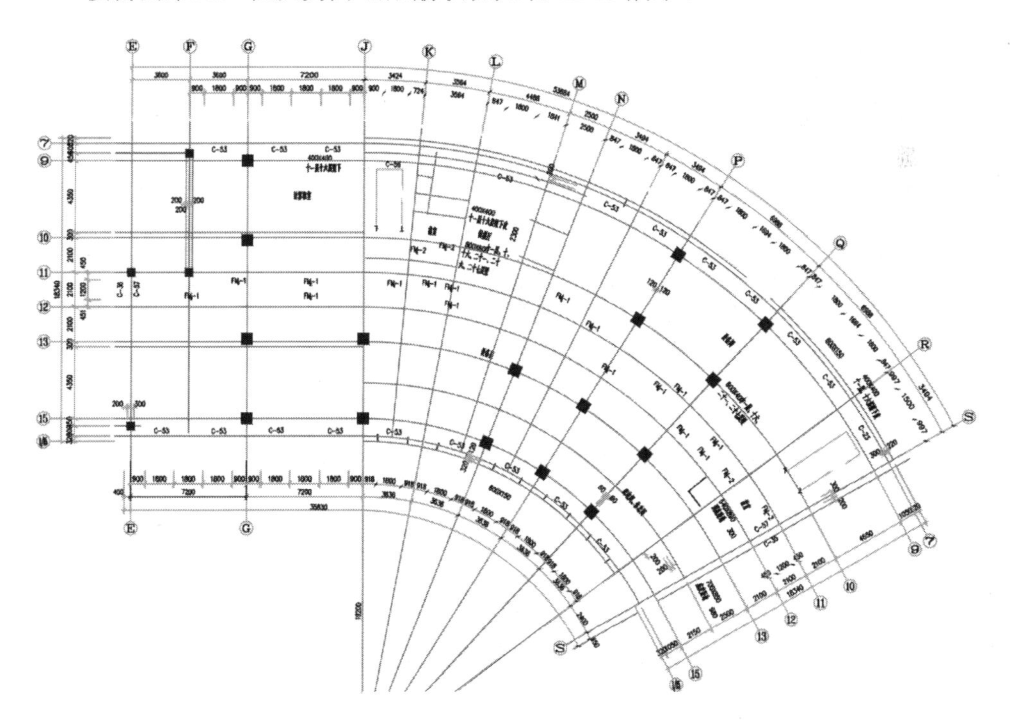

图 12-21　楼房结构图（单位：mm）

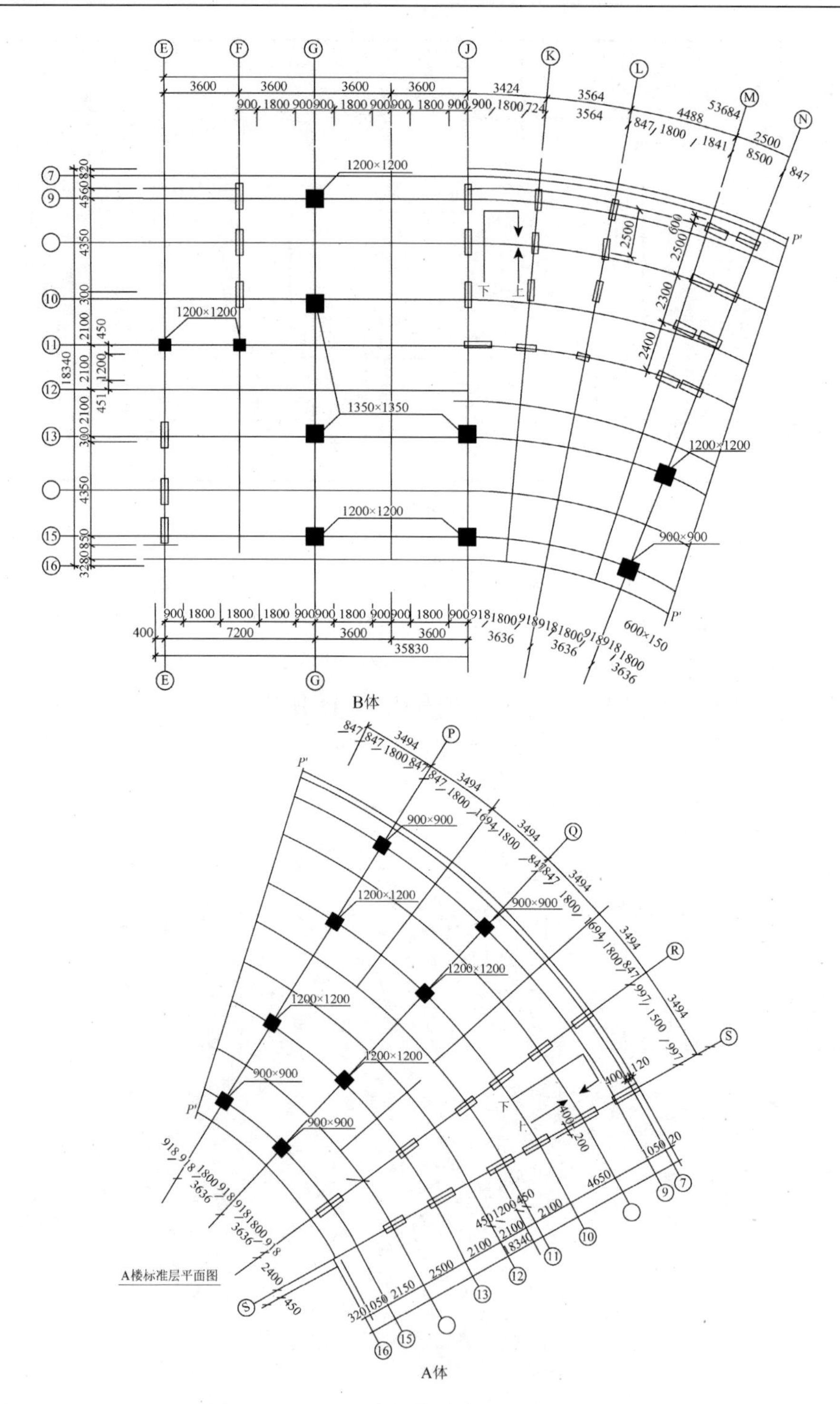

图 12-22　A、B 体结构示意图（单位：mm）

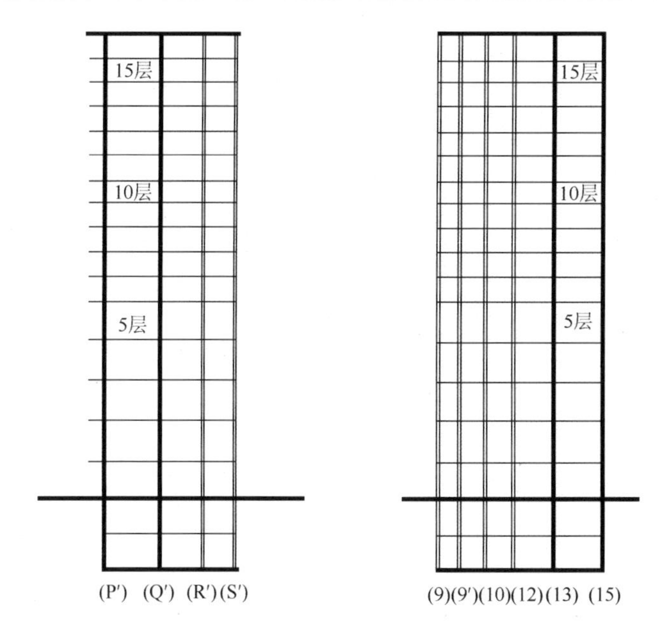

图 12-23　A 体 13 轴结构示意图　　图 12-24　B 体 J 轴结构示意图

表 12-15　立柱及剪力墙配筋表　　（单位：mm）

楼层	承重结构	ϕ25	ϕ22	ϕ20	ϕ18	ϕ16	ϕ12	箍筋
1～5 层	1350×1350	28						ϕ10@200
	1200×1200	24						ϕ10@200
	1200×1200	28						ϕ10@200
	900×900	16						ϕ10@200
	600×600	12						ϕ10@200
	40mm 剪力墙						横 ϕ12@200 竖 ϕ12@200	拉筋 ϕ10@200
6～12 层	1200×1200		28					ϕ10@200
	1050×1050			28				ϕ10@200
	1050×1050			24				ϕ10@200
	800×800			16				ϕ10@200
	600×600	12						ϕ10@200
	40mm 剪力墙						横 ϕ12@200 竖 ϕ12@200	拉筋 ϕ10@200

续表

楼层	承重结构	$\phi25$	$\phi22$	$\phi20$	$\phi18$	$\phi16$	$\phi12$	箍筋
14～16 层	1050×1050				28			$\phi10$@200
	900×900					28		$\phi10$@200
	900×900					24		$\phi10$@200
	700×700					16		$\phi10$@200
	600×600	12						$\phi10$@200
	40mm 剪力墙						横 $\phi12$@200 竖 $\phi12$@200	拉筋 $\phi10$@200

12.5.2 爆破方案选择与确定

1. 工程特点、难点分析

（1）爆破对象所处的环境复杂。爆破拆除对象的周围需保护的建筑物和管线环布，对爆破危害的控制难度大。

（2）爆破对象的外形设计特殊。楼房的外形呈直线加弧线设计，结构的稳定性好，不利于失稳倒塌。

（3）爆破对象的构件尺寸大。该楼房的梁、柱等构件的尺寸原本是按照 26 层高的设计方案确定的，因此构件的截面尺寸特别大，爆破需要的药量多，钻孔工作量大。

（4）爆破对象的整体性好。主楼为现浇钢筋混凝土框-剪结构，承重立柱与剪力墙呈不对称、不均衡布置，不利于倒塌过程的控制。

（5）爆破对象的预处理工作量大。该楼房的山墙及中部电梯井部分为剪力墙结构，剪力墙分布广，爆破前的预拆除和预削弱工作量大。

2. 爆破方案的选择

爆破主楼的高度为 60m，南侧可供倒塌的距离只有 27m，向东为 56.4m，其余方向都为近距离须保护目标。由于大厦本身墙柱结构坚固，平面布局为非对称布置，允许的塌散范围不足以使大楼定向倒塌，同时希望爆破后的爆堆尽可能低，以便于机械的二次破碎与清运，所以整个大厦不能采用整体定向倒塌方案。

为实现大楼安全爆破的总目标，确定综合采用以下几种控制爆破技术实现控制爆破拆除：

（1）运用切口形式控制和时间控制技术，实现倒塌方向的准确控制；

（2）控制大楼不同楼层构件的破坏范围和程度，实现大楼整体爆破塌散范围的控制；

（3）采用预处理技术及炸点的离散化技术，实现对爆破振动强度的控制；

（4）采用精确药量控制技术与安全防护技术的结合，实现对爆破飞石的控制。

根据该楼周围环境、结构特点和工程要求，为保护大楼周边居民楼、在建办公楼及各类设施、地下管线的安全，经过分析，提出三种可供选择的爆破方案：

方案一，沿P′P′柱西侧将大楼预先切割为两部分（两体），使东部（A体）向东南方向空地折叠倒塌，西部（B体）向南折叠倒塌，如图12-25所示。

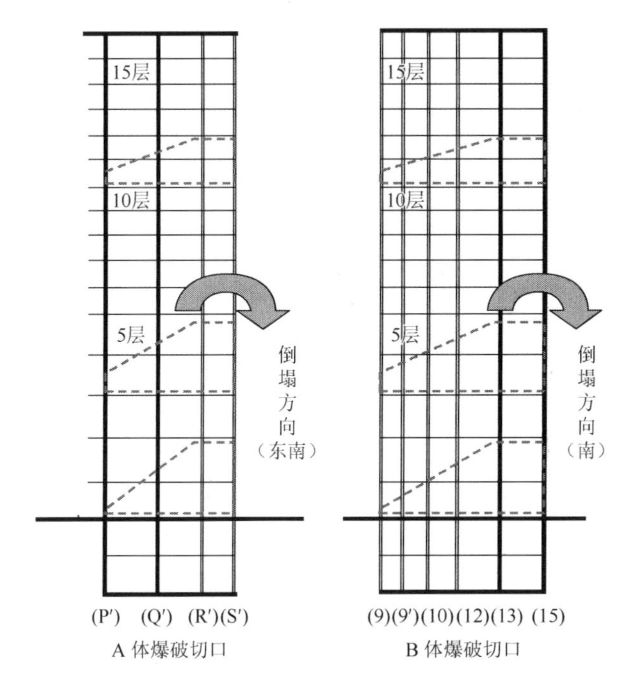

图12-25 总体方案示意图

确保爆破楼房倒塌是成功的关键所在，而由于周围复杂的环境条件，必须对爆破振动及飞石进行严格的控制。考虑到上述原因，故将主楼一分为二的办法有利于倒塌方向的控制以及爆破振动与塌落震动的控制。但该方案的缺点是预处理工作量大。

方案二，大楼整体向南折叠倒塌。

相对于方案一，该方案的预处理工作减少，在增大圆弧部分切口高度的情况下，也可实现向南的倒塌。但由于圆弧部分增大了大楼南北向的宽度，高宽比减小，不利于定向倒塌。还因为在西半楼部分南侧有地下室的存在，而在东部没有地下室存在，所以整体倒地后堆积高度相对较高，塌落震动大。

方案三，大楼原地坍塌。

该方案可有效地缩短塌落的范围。由于框-剪结构十分坚固，未爆破段将以完整结构向下坍塌，造成的爆堆高度增大。因此，为便于后续的清碴作业，爆破的层数需很多，爆破的炸药用量大，使爆破危害控制的难度增大。

在上述三种方案中，方案三原地坍塌范围小爆堆高，不利于爆破后的二次破碎和清运。方案二整体倒塌预处理工作量小，塌落震动大，塌散范围大，可能超出控制范围。方案一预处理工作量大，但倒塌范围和塌落震动较方案二、方案三能够更好地实现控制。因此，方案一为本次爆破的首选方案。

12.5.3　爆破参数的确定

1. 立柱破坏高度

立柱破坏高度是爆破设计的主要参数。该参数也对爆破后估算塌散范围具有重要作用。

框-剪结构主要受力的承重构件是立柱和剪力墙，起刚度作用的构件是梁，一旦承重构件被破坏到一定高度，建筑物就将失去稳定性，在倾覆力矩和自重作用下实现倒塌和解体。剪力墙在爆破前应进行预先部分拆除，跨度较大时可在墙上打若干个拱洞，使剪力墙变成“立柱”。

承重立柱断面分别为135cm×135cm 、120cm×120cm 、 90cm×90cm 、 60cm×60cm；剪力墙的厚度分别为 40cm、30cm。

大楼的底部四层层高为 5m，上部层高为 3m。

大楼实现分割后，其 A、B 两体切口各轴线承重主柱（墙）破坏高度见表 12-16 和表 12-17。

表 12-16　A 体切口各立柱（墙）破坏切口高度　　（单位：m）

切口	楼层	立柱			
		S′	R′	Q′	P′
下切口	1 层	4	4	2.0	0.5
	2 层	4	4	2.5	1
中切口	4 层	4	4	2.5	1
	5 层	4	4	2.5	1
上切口	11 层	2.5	2.5	2	1
	12 层	2.5	2.5	2	1

表 12-17　B 体各立柱（墙）破坏切口高度　（单位：m）

切口	楼层	立柱							
		（15）	（14）	（13）	（12）	（10）	（9′）	（9）	（8）
下切口	1 层	4	4	4	2.5	2.0	1.0	0.5	0.5
	2 层	4	4	4	2.5	2.0	1.0	0.5	0.5
中切口	4 层	4	4	4	3	3	3	2.5	2.5
	5 层	4	4	4	3	3	3	2.5	2.5
上切口	11 层	2.5	2.5	2.5	2	1.5	1.5	1	1
	12 层	2.5	2.5	2.5	2	1.5	1.5	1	1

2. *起爆顺序确定*

A 体爆破与 B 体爆破前后间隔 750ms，使 A、B 两体爆破时先行分开，避免同时起爆可能发生的相互影响。

A 体 3 个切口由下向上按先后顺序分别起爆，时差 0.5s；各切口分别是按 S′、R′、Q′、P′轴的顺序起爆，轴间爆破时差为 0.5s。

B 体 3 个切口由下向上按先后顺序分别起爆，时差 0.5s；各切口分别是按（15）（14）、（13）（12）、（10）（9′）、（9）（8）轴的顺序起爆，轴间爆破时差为 0.5s。

A、B 两体起爆雷管段别划分见表 12-18 和表 12-19。

表 12-18　A 体起爆雷管段别

切口	楼层	立柱			
		S′	R′	Q′	P′
下切口	1 层	2	3	4	5
	2 层	2	3	4	5
中切口	4 层	3	4	5	6
	5 层	3	4	5	6
上切口	11 层	4	5	6	7
	12 层	4	5	6	7

表 12-19　B 体起爆雷管段别

切口	楼层	立柱							
		（15）	（14）	（13）	（12）	（10）	（9′）	（9）	（8）
下切口	1 层	3	3	4	5	5	5	6	6
	2 层	3	3	4	5	5	5	6	6

续表

切口	楼层	立柱							
		（15）	（14）	（13）	（12）	（10）	（9′）	（9）	（8）
中切口	4层	4	4	5	6	6	6	7	7
	5层	4	4	5	6	6	6	7	7
上切口	11层	5	5	6	7	7	7	8	8
	12层	5	5	6	7	7	7	8	8

A、B两体使用雷管段别相差1段半秒延期雷管，为减少一次齐爆药量大而产生较大震动及噪声，使A、B两体同段别雷管在不同时间内爆炸，即在A、B两体之间增加一段250ms的孔外延期雷管。实际A、B两体的起爆时差为750ms。

3. 楼房结构的稳定性分析

1）预处理后爆破前楼房结构的稳定性分析

该楼为钢筋混凝土框架-剪力墙结构，主要受力构件是柱、梁和剪力墙。

爆破前预处理的内容主要是①非承重的填充墙拆除，②剪力墙改柱，③电梯井改柱，④楼梯间切断处理。

所有剪力墙部分，对应立柱轴线，保留1m宽作为（墙）柱。处理后不会影响楼房整体结构的稳定。

2）爆破后楼房失稳倒塌的过程分析

使该楼失稳倒塌采用的是时差和高差的控制技术，由前向后顺序起爆产生倾覆力矩，前后不同排的立柱破坏高度由大到小同样产生向倒塌方向的倾覆力矩，使主体向既定方向失稳倒塌。

4. 药孔参数及布置

1）药孔参数的确定

（1）最小抵抗线（W）：视构件的断面尺寸而定。对于尺寸较小的构件，通常取断面短边或墙体厚度（B）的一半，即$W=B/2$；对于尺寸较大的构件，则根据构件的断面尺寸确定多列炮孔，故最小抵抗线由炮孔的列数确定。

（2）药孔间距（a）：药孔间距一般取$a=(1.0\sim1.5)W$。

（3）药孔深度（L）：药孔深度的确定以保证装药将构件破坏为原则，孔深一般取$L=H-W+$装药长度的一半（H为构件的厚度或宽度）。对剪力墙或剪力墙改柱部分，除垂直剪力墙钻孔外，条件许可时，也可平行于剪力墙墙面钻孔。装药时若装药不在药孔中心导致偏离最小抵抗线，可加导爆索，使装药均匀布置，改善爆破效果。

按以上公式计算后，再用其他公式进行计算校核，条件许可时，可通过现场试验进行修正。

根据理论计算和实践经验，此次爆破根据构件的断面尺寸，在立柱构件中布设一列或多列药孔。

立柱的孔网参数见表 12-20 和表 12-21 所示。

表 12-20　孔网参数表（1～2、4～5 层）

柱、墙规格/(cm×cm)	最小抵抗线/cm	孔距/cm	排距/cm	孔深/cm	单孔药量/g		单耗/(kg/m³)	
					1～2 层	4～5 层	1～2 层	4～5 层
Z-1　135×135	30	30	37	105	360	270	2.0	1.5
Z-2　120×120	30	37	30	90	360	270	2.0	1.5
Z-3　120×120	30	37	30	90	360	270	2.0	1.5
Z-4　90×90	30	37	30	60	300	220	2.0	1.5
Z-5　60×60	30	37	/	40	270	200	2.0	1.5
X-1　40	20	30	30	24	70	50	2.0	1.5
X-2　30	15	30	20	18	40	30	2.0	1.5

表 12-21　孔网参数表（11～12 层）

柱、墙规格/(cm×cm)	最小抵抗线/cm	孔距/cm	排距/cm	孔深/cm	单孔药量/g		单耗/(kg/m³)	
					11 层	12 层	11 层	12 层
Z-1　120×120	30	37	30	90	270	180	1.5	1.0
Z-2　105×105	30	37	35	75	200	130	1.5	1.0
Z-3　105×105	30	37	35	75	200	130	1.5	1.0
Z-4　80×80	30	37	20	50	180	120	1.5	1.0
Z-5　60×60	30	37	/	36	200	130	1.5	1.0
X-1　40	20	30	30	24	50	35	1.5	1.0
X-2　30	15	30	20	18	25	20	1.5	1.0

2）楼梯剪力墙预处理及药孔布置

楼梯剪力墙预处理及药孔布置如图 12-26～图 12-29 所示。

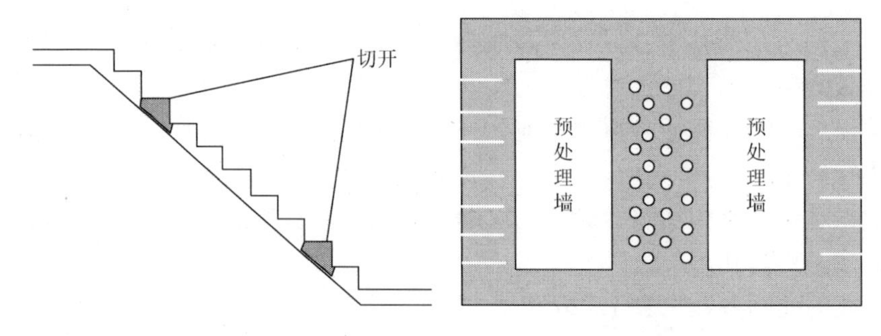

图 12-26　楼梯预处理示意图　　图 12-27　剪力墙预处理示意图

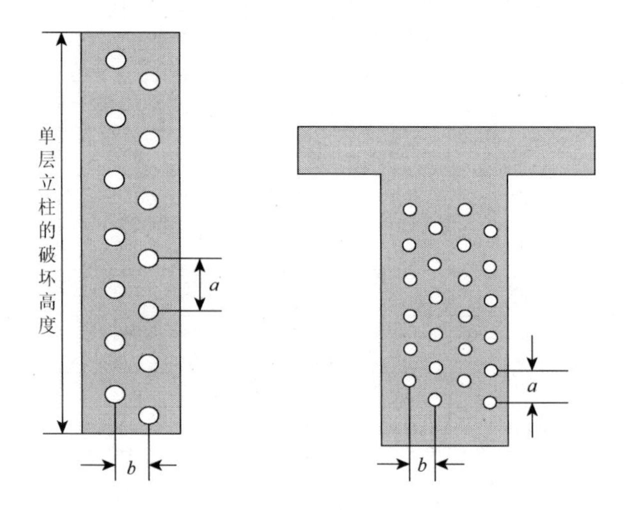

图 12-28　立柱布孔示意图　图 12-29（墙）柱布孔示意图

5. 起爆顺序和延期时间

（1）延期时间及雷管段别见表 12-22。

表 12-22　每响延期时间及雷管段别表

响序	延期时间/ms	雷管段别	起爆时间/ms	响序	延期时间/ms	雷管段别	起爆时间/ms
击发	500	MS-8	250	4	500	HS-5	2000
1	500	HS-2	500	5	500	HS-6	2500
2	500	HS-3	1000	6	500	HS-7	3000
3	500	HS-4	1500	7	500	HS-8	3500

注：孔内全部采用半秒段非电塑料导爆管雷管，MS-8 段作为 A、B 两体之间段别错开起爆的延期之用。

（2）起爆顺序和爆破部位见图 12-30 和图 12-31。

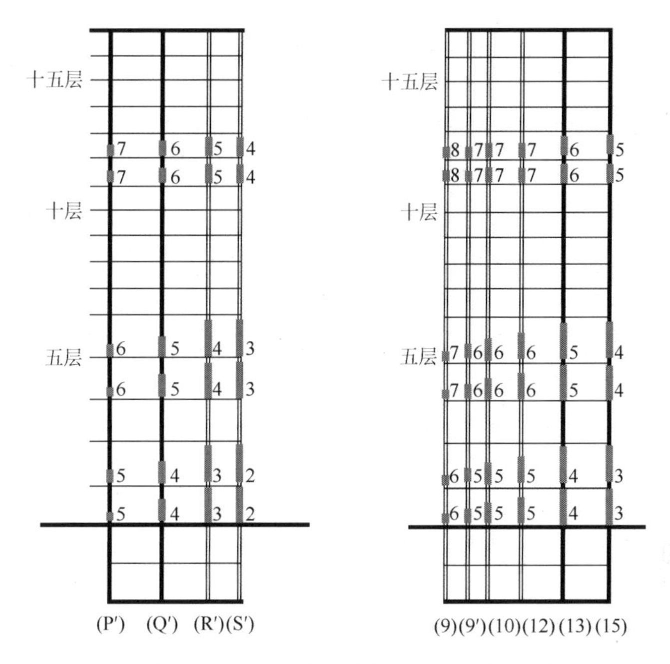

图 12-30　A 体起爆顺序示意图　　图 12-31　B 体起爆顺序示意图

12.5.4　药量计算与装药结构设计

1. 炸药品种和雷管的选择

根据楼房爆破单孔药量较小、药包数量多等特点，此次爆破采用乳化炸药。该炸药使用方便，性能稳定，本单位在大量的拆除爆破工程中使用该炸药，均达到了设计的爆破效果。

雷管则选用延期精度高、安全性好、起爆性能稳定的非电延期雷管。

2. 单耗及单孔药量的确定

1）单耗 K 的确定

单耗的大小决定着构件的破坏程度，在楼房爆破中，根据楼房的结构、高度和破坏程度来确定构件各爆破部位的单耗。选用乳化炸药时，根据爆破部位设计的破坏程度，通常取 $K=1.0\sim2.0\text{kg/m}^3$。

2）单孔药量 q 的确定

根据体积原理，单孔药量按下式确定：

$$q=K\cdot a\cdot B\cdot H \quad \text{（单排孔）} \tag{12-13}$$

$$q = K \cdot a \cdot b \cdot H \text{（多排孔）} \tag{12-14}$$

式中，q 为单孔药量，kg；K 为单位体积用药量（单耗），kg/m^3；a 为药孔间距，m；b 为药孔排距，m；B 为构件的宽度，m；H 为构件的破坏高度，m。

3. 装药方法及装药结构

1）装药方法

该工程药包数量及规格较多，宜根据构件的实际情况和设计的药量在现场制作。单孔单药包的装药方法是将设计好的雷管安装在制作好的药包内，轻轻放入炮孔，雷管脚线紧靠孔壁，放入准备好的填塞物，用手握住炮棍轻轻捣实，直到将炮孔填满为止。单孔多药包的装药方法是根据炮孔深度，截取一定长度的导爆索（导爆索长度等于炮孔深度减去一个最小抵抗线），在导爆索一端固定设计好的雷管，再将装药安装在导爆索上，其余步骤与单孔单药包的装药方法相同。

2）装药结构

装药结构如图 12-32 和图 12-33 所示。

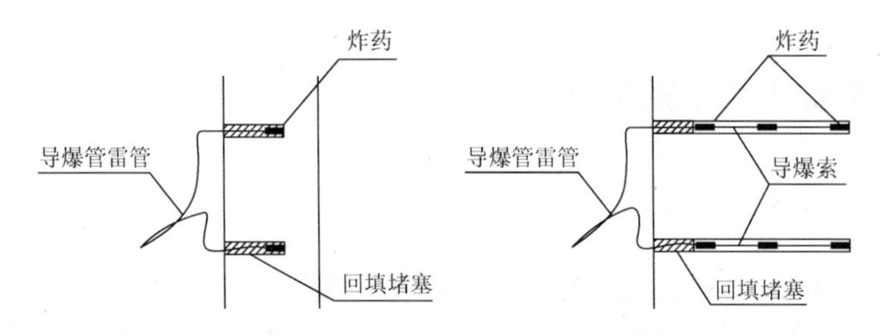

图 12-32　密实装药结构与填塞　　图 12-33　间隔装药结构与填塞

12.5.5　起爆网路设计

1）起爆器材的选择

由于爆区位于市中心地区，周围线路繁多，环境复杂，为避免市区杂散电流、射频电流等对起爆网路的影响，此次爆破采用非电塑料导爆管延期雷管和非电导爆起爆系统来实现安全、可靠、准爆。

2）起爆能源和方法

按爆区的划分和起爆顺序起爆相应的雷管和装药。用四通连接件和导爆管连接所有非电导爆雷管，形成复式起爆网路。

每个爆段设置不少于两个击发点。最后用高能击发器起爆。

3）网路连接方法

网路连接方法如图 12-34 所示。

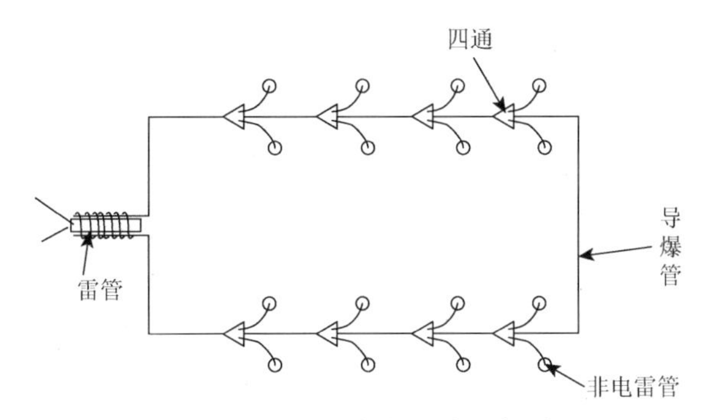

图 12-34　非电起爆网路示意图

12.5.6　爆破安全设计

1. 爆破振动控制

（1）为避免能量集中，采用多打孔、少装药和延期起爆技术，均衡、合理利用能量，减少一次齐爆药量。

（2）计算、校核一次齐爆的最大药量。一次齐爆的最大药量根据环境的具体要求按下式确定：

$$Q_{齐} = R^3\left(\frac{V}{K\cdot K'}\right)^{3/\alpha} \qquad (12\text{-}15)$$

式中，$Q_{齐}$ 为一次齐爆的最大药量，kg；R 为保护目标到爆点之间的距离，m；V 为允许的质点震动速度，cm/s；K 为与爆破地质有关的系数；K' 为装药分散经验系数；α 为地震波衰减指数，取 $\alpha = 2.0$ 。

按照有关标准取值（ $K\cdot K' = 7.06$ ，$\alpha = 1.5$ 来源于冯叔瑜等编著的《城市控制爆破》）。若按照东北方向居民楼为保护目标进行震动校核，取 $V = 2.0\text{cm/s}$ ，$R = 16\text{m}$ ，经计算 $Q_{max} = 328.7\text{kg}$ 。而爆破时最大一段爆破药量不超过165.25kg，所以爆破振动效应是安全的。

2. 塌落震动控制及防护措施

结构物在塌落触地时，对地面的冲击较大，产生塌落震动。控制塌落震动的方法如下：

（1）整个结构物通过划分爆区和爆段，在爆破后的倒塌过程中不断削减大厦的重力势能，减小塌落物触地时的能量，从而降低塌落震动的强度。

（2）在建筑物坍塌范围内，用建筑垃圾铺设垫层，可达到较好的减震效果。

（3）根据爆破方案，在不考虑铺设垫层的情况下，塌落震动的强度可按下式估算：

$$V = K\left(\frac{MgH}{\sigma R^3}\right)^{\frac{\alpha}{3}} \tag{12-16}$$

式中，V 为塌落震动质点震动速度，cm/s；M 为最先撞击地面且最大的塌落物的质量，t，$M = 174\text{m}^3 \times 2.2\text{t/m}^3 = 382.8\text{t}$；$H$ 为质量为 M 的塌落物质心高度，m；σ 为地层介质的破坏强度，MPa，一般取 10MPa；K、α 为与地质条件有关的衰减参数，分别取 $K = 3.37$，$\alpha = 1.66$；R 为触地点中心到测点的距离，m；g 为重力加速度（10m/s^2）。

A 体、B 体钢筋混凝土的体积分别约为 1500m^3 和 2100m^3，分 3 个切口，A 楼最大塌落块体积小于 500m^3，重心落差 H 取 30m，撞击地面距离居民楼约 30m。由于钢筋的牵制作用及破碎立柱的部分支承作用，大楼倒塌时并非自由落体，故按最大块质量的 1/3 估算，由上式计算得出塌落震动为 2.1cm/s，在允许的震动范围内。

为确保周围建筑及管线的安全，在倒塌位置设置减震墙，在边沿开挖减震沟。

3. 飞石控制及防护措施

1）飞石距离计算

优化设计，严格控制药量，最大限度地利用炸药能量使其主要用于破碎介质，减少飞石。由于构件材料的不均质性，仍会出现个别飞石飞出较远的情况，飞石距离可按下式计算：

$$S = f \cdot V^2 / g \tag{12-17}$$

式中，S 为飞石的最远距离；g 为重力加速度（10m/s^2）；V 为飞石的初始速度，$n = 1.0\text{kg/m}^3$ 时，$V = 20\text{m/s}$，$n = 1.5\text{kg/m}^3$ 时，$V = 30\text{m/s}$；f 为防护程度修正系数（取 0.15～1.0）。

按照下面的防护措施实施防护，f 取 0.2 代入上式得 $S_{1.0} = 8\text{m}$，$S_{1.5} = 18\text{m}$。

2）飞石安全距离计算

下部切口飞石由于楼板的摭挡作用水平飞散距离较近，主要是上部切口可能产生的飞散范围较大，应严格加以防犯。

$$S_{安} = k \cdot S \tag{12-18}$$

式中，k 为安全系数，一般取 8～12，此次 k 取 10。$S_{安} = k \cdot S = 10 \times 8 = 80\text{m}$。

3）飞石的防护措施

（1）内防。在构件爆破部位，用荆笆加草帘捆绑，并向草帘洒水。有效厚度不小于 15cm，每处竹笆不小于 2 层，重点部分为 4 层竹笆。

（2）外防。在重点保护目标的方向（南侧、西侧、北侧及东北侧方向）用高强度双层竹笆墙加草帘封闭，高度为 10m，上面两个切口在重点保护目标方向室内搭设竹笆墙防护。

爆破切口四周挂尼龙网防护。

附近被保护建筑物的门窗、封闭阳台和外部设备（如空调等）用竹笆加草袋、木板等遮挡。

（3）对重点保护部位采用多层防护材料加强防护。

防护方案示意图如图 12-35 所示。

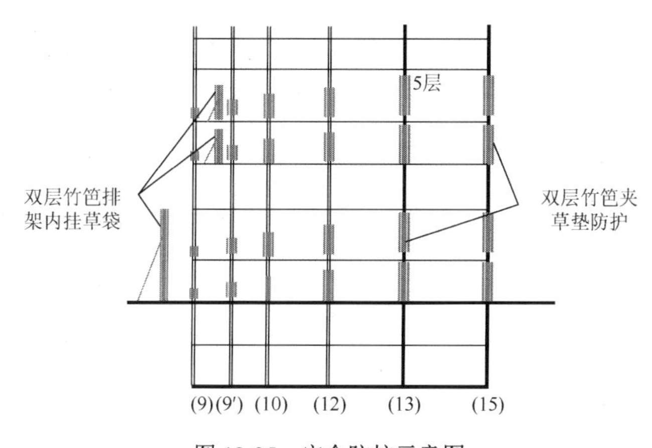

图 12-35　安全防护示意图

通过以上措施，可以将飞石完全控制在一定范围内，对周围不会造成危害。

4. 冲击波

在拆除爆破工程中，由于单个药包药量较小，且设在构件内部，因此，空气冲击波的危害可以忽略不计。

5. 爆破烟尘控制措施

爆破烟尘主要来源于两个方面：一是表面浮灰，即楼房内多年的积灰和施工时产生的落在楼房表面的灰尘，这类灰尘在楼房倒塌过程中和建筑物触地时扬起；二是混凝土因炸药爆炸产生的烟尘。此次爆破主要采取以下烟尘控制措施：

（1）在装药前，用水将楼房浸湿。

（2）爆破前，在爆破楼房周围 20m 内的地坪上洒水。
（3）爆破后，采用消防车喷水降尘。

6. 爆破噪声控制措施

爆破噪声主要有炸药的爆炸声和结构物倒塌过程中构件之间的撞击与对地面的撞击声。在楼房爆破工程中，单个药包的药量一般不超过 270g，且在构件内爆炸，产生的噪声在 50m 以外一般不超过 100dB。此次爆破主要采取以下噪声控制措施：

（1）分散药包法，即多打孔、少装药，较深孔采用一孔多药包的方法，严格控制单个药包的药量。

（2）爆破体近体防护法，即在楼房爆破部位用湿草袋包裹，进一步降低噪声。

12.5.7　警戒与起爆信记号的规定

1. 爆破警戒范围

按照拆除爆破安全规定，爆破警戒距离室外为 150m，室内为 80m。实际警戒范围应根据爆破楼房周围的环境和公安部门的具体要求来确定。如周围建筑物的用途、道路的路口位置等。

具体的警戒范围和警戒点位置，在有关各方参加的协调会上由公安部门最终确定。

爆破施工与装药时的警戒范围在爆破楼房外 20m 内为爆破作业区，原则上无关人员不能进入。

为确保施工安全，施工期间在通往施工现场的路口应竖警示牌且派专人值守；爆破前半小时，警戒人员持红旗配口哨上岗，由无线对讲机联络。

2. 起爆信记号规定

第一次警报——预告信号。起爆前 30min，将爆点周围楼内人员疏散撤离出危险区或撤至指定安全地点。所有警戒人员到位。

第二次警报——起爆信号。起爆前 1min，确认人员和设备全部撤离出危险区，警戒到位，具备安全起爆条件时，方准发布起爆信号。总指挥发布起爆指令，“6、5、4、3、2、1、起爆！”

第三次警报——解除警戒信号。经检查人员检查确认安全后，方准发出解除警戒信号。在未发出解除警戒信号前，除总指挥批准的检查人员外，任何人不能进入危险区。

12.5.8　事故预防及应急措施

楼房拆除爆破常见的事故主要有楼体不倒、倒向出现偏差、保护目标受到损伤、出现哑炮等。尽管在该工程中会采取一系列安全措施，为防止爆破时发生意外事故，特制定以下应急措施：

（1）成立爆破安全指挥部，下设应急领导小组。

（2）预先组建抢修（险）队。对危险区内各类管线及保护目标，由政府牵头相关部门组织抢修（险）队。

（3）爆破前预备救护车 1 辆，消防车 2 辆。

（4）预备一支爆破技术精良的爆炸物品排险队。

（5）预备清障机械 2 台，即挖机 1 台，装载机 1 台。

12.5.9　爆破效果

起爆后，大厦按照设计分 A、B 两部分分别向东南和南方向折叠倒塌。向南和向东南方向的塌散范围都控制在 26m 范围内，前沿正好接近减震沟边沿位置。触地未有撞击飞溅物产生。最近民房测点所得的最大震动速度为 2.03cm/s，西侧马路对面的省人民医院实测震动速度为 0.508cm/s，均在设计的控制范围内，满足国家安全规程限定的标准。对周边的水、电、气管线和建筑物均没有造成破坏和损伤。监测点监测数据见表 12-23。爆破倒塌过程与效果见图 12-36[37, 38]。

表 12-23　各点监测震动数据

测点	位置	距离/m	震动速度实测值 /(cm/s)		
			垂向	径向	切向
1	医院门诊楼	95	0.5080	0.3683	0.2286
2	最近居民楼	25	2.0320	1.6764	0.5461

图 12-36　龙海大厦爆破拆除倒塌过程

12.6　框架结构楼房与礼堂低重心连体建筑的拆除爆破*

12.6.1　工程概况

1. 周边环境

待爆破对象为五层框架结构模拟大楼与砖混结构大礼堂及其附属楼组成的连体建筑群。

该建筑群位于南京市北岔路口大学校区内，东侧距离外训餐厅和留学生宿舍50m，200m 以外是围墙，东北侧 70m 为外训大楼；东南侧 60m 为变电站；西侧 5m 为名贵树木，13m 为教学大楼；北侧 8m 为名贵树木，25m 外为大操场，操场北侧围墙外为玄武大道（距爆破点约 200m）。西侧教学大楼外墙有玻璃需要保护，建筑物四周的名贵树木也需保留，爆破环境复杂（图 12-37）。

2. 建筑结构

待拆除模拟大楼由主楼（四层，局部五层，长 43.2m、宽 15.6m、高 20m）、大礼堂（前厅二层、观众厅，长 32m、宽 24m、高 14m）及两栋二层附属楼组成，均为钢筋混凝土框架结构，总建筑面积为 $5995m^2$。主楼内共有 33 根承重立柱（配筋均为 $2\times4\phi25+2\times2\phi20$），其截面（由北向南顺序）为：A 排立柱和 C 排立柱为 $52cm\times42cm$，B 排立柱为 $60cm\times42cm$，主楼外前厅有 12 根立柱（配筋均为 $2\times4\phi25+2\times2\phi20$），截面为 $45cm\times45cm$、$45cm\times60cm$ 及 $45cm\times55cm$；礼堂共有 23 根立柱，第①排 6 根立柱截面均为 $45cm\times70cm$（配筋为 $2\times4\phi25+2\times2\phi20$）、第②排 6 根立柱（自左至右）截面依次为 $60cm\times90cm$（配筋为 $2\times5\phi25+2\times3\phi20$）、$170cm\times45cm$（配筋为 $2\times9\phi25+2\times2\phi20$）、3 根 $120cm\times45cm$

* 设计施工单位：中国人民解放军理工大学工程兵工程学院。

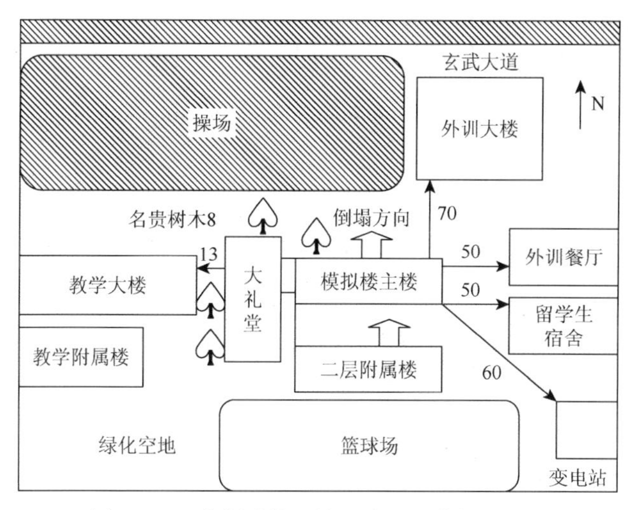

图 12-37　待爆建筑环境示意图（单位：m）

（配筋为 $2\times6\phi25+2\times3\phi20$）、100cm×60cm（配筋为 $2\times5\phi25+2\times3\phi20$），第③～⑤排 6 根立柱截面均为 70cm×40cm（配筋为 $2\times4\phi25+2\times2\phi20$），第⑥排 5 根立柱截面均为 60cm×40cm（配筋为 $2\times4\phi25+2\times2\phi20$）。主楼北面有一内楼梯，东侧有一外楼梯。楼房内外墙为水泥砂浆砖砌结构，壁厚 24cm。附属楼立柱 16 根，截面均为 45cm×50cm（配筋为 $2\times3\phi25+2\times2\phi20$）。

立柱总数为 84 根，其平面分布见图 12-38。

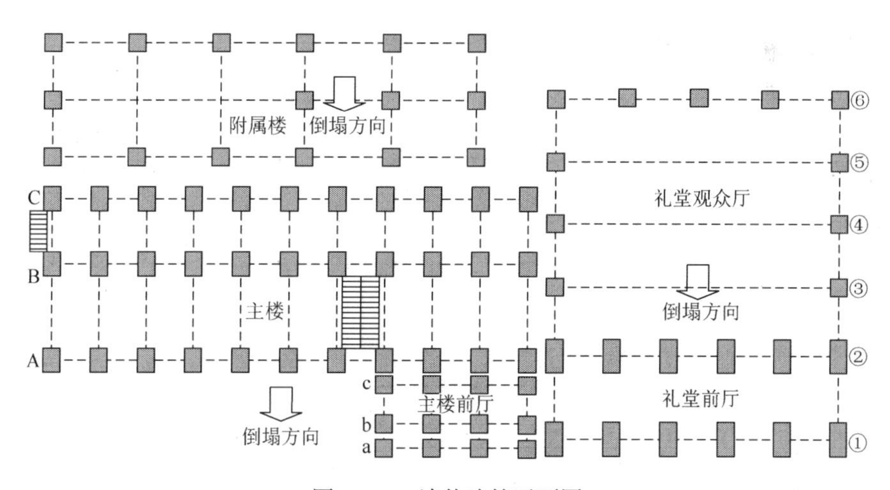

图 12-38　连体建筑平面图

3. 结构特点

整个连体建筑群的主要特点是建筑物占地面积大、楼层少、重心较低，爆破切口上部的质量较轻，爆破后建筑物失稳的偏心距较小，定向控制爆破倒塌难度较大。

12.6.2 爆破方案

1. 方案选择

根据待爆建筑结构的特点、环境条件与安全要求（不能伤及名贵树木，不能对西侧教学大楼和南侧灯光球场造成影响），鉴于北侧有一定范围的空地，故选择向北侧定向倾倒的拆除爆破方案。

2. 爆前预处理

爆破前，使用破碎锤将楼房内所有非承重墙体及外楼梯全部预先拆除；对内楼梯，预先将楼梯两侧的墙体拆除，每一踏步在上下两处用风镐将混凝土拆除到宽度不小于 30cm（只保留踏步内的钢筋以方便人员走动作业）；礼堂内外墙全部处理到第一层圈梁部位，只保留立柱。

3. 爆破切口要素确定

（1）切口形式：采用梯形爆破切口，自倒塌方向至倒塌相反方向，爆破切口高度依次递减，爆破楼层为 1～3 层（图 12-39）。

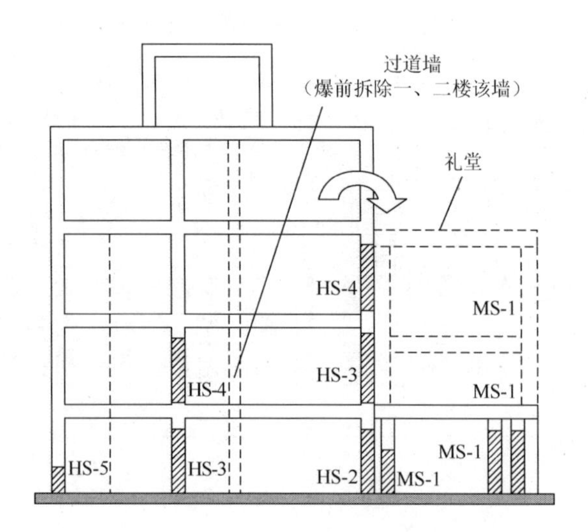

图 12-39 爆破切口形式及倒塌方向

（2）切口高度：爆破切口高度自倒塌方向至倒塌相反方向依次递减，除最后一排布5个孔外，其余立柱爆破高度不小于2.5m（9～10个孔）。

（3）切口倾角：爆破切口倾角$\alpha = 32.66°$。

4. 承重柱破坏高度的确定

因爆破对象楼层少，爆破切口上部的质量较轻，因而需事先对承重立柱爆破后能否失稳做出科学估计，进而确定其破坏的高度。

按最不理想情况考虑，全部竖筋均按最大直径（ϕ25mm）计算，不计附属楼及主楼前厅，共有承重立柱 56 根，竖筋总数$n = 708$根，该楼及礼堂总质量为$6.45\times10^{6}\text{kg}$。

作用在每根竖筋上的纵向载荷为$\dfrac{p}{n} = \dfrac{6.45\times10^{6}}{708} = 9.11\times10^{3}\text{kgf} = 8.93\times10^{4}\text{N}$；钢筋截面积$F = \dfrac{\pi D^{2}}{4} = 3.14\times\dfrac{2.5^{2}}{4} = 4.91\text{cm}^{2}$；钢筋截面惯性矩为$J = \dfrac{\pi D^{4}}{64} = 1.92\text{cm}^{4}$。

每根钢筋所允许的压力荷载为$[\sigma_{\text{p}}]\cdot F$：

$$[\sigma_{\text{p}}]\cdot F = 304\times10^{6}\text{Pa}\times4.91\times10^{-4}\text{m}^{2} = 14.92\times10^{4}\text{N}$$

因$\dfrac{p}{n} < [\sigma_{\text{p}}]\cdot F$，故需用欧拉公式计算临界荷载$P_{\text{m}}$ $[P_{\text{m}} = \pi^{2}EJ/(4h^{2})]$。单根钢筋可视为一端自由，一端固定的细长压杆。欧拉公式的适用条件是$\lambda = 8h/d$，其柔度$\lambda \geqslant 100$，若取柔度$\lambda = 100$，即取$h = 12.5d$作为最小破坏高度。

$$P_{\text{m}} = 3.14^{2}\times2.0\times10^{6}\times\frac{1.92}{4(12.5\times2.5)^{2}} = 9.69\times10^{3}\text{kg}\times\frac{9.8\text{m}}{s^{2}} = 9.50\times10^{4}\text{N}$$

$P_{\text{m}} > p/n$，此时按下式计算h作为承重柱的最小破坏高度：

$$h = \frac{\pi}{2\left(\dfrac{EJn}{p}\right)^{\frac{1}{2}}} = \frac{3.14}{2\left(2.0\times10^{6}\times1.92\times\dfrac{708}{6.45}\times10^{-6}\right)^{\frac{1}{2}}} = 7.6\text{cm}$$

为使楼房顺利倒塌，按下式计算倒塌方向第一排承重柱的实际破坏高度H：

$$H = K(h + B)$$

式中，H为破坏高度，m；B为承重柱边长，cm；K为系数，$K = 1.5\sim2.0$。

则$H = (1.5\sim2.0)\times(7.6 + 50) = 86.4\sim115.2\text{cm}$，此次爆破取$H = 2.5\text{m}$，全部满足失稳要求。

12.6.3　爆破参数确定

1. 装药量计算

单孔装药量按照体积公式$Q_1 = qV$计算，式中，Q_1为单孔装药量，kg；q为单位体积耗药量，kg/m^3，对于钢筋混凝土立柱，2～3 楼取$1.0kg/m^3$，倒塌方向 1 楼取$1.2～1.5kg/m^3$，3 楼以上或倒塌北向最后一排立柱取$0.8～0.9kg/m^3$；V为炮孔担负的爆破体体积，m^3。

此次爆破实际装药量见表 12-24。

表 12-24　爆破参数表

部位	立柱编号	截面/(cm×cm)	雷管段别	炮孔间距/cm	炮孔深度/m	炮孔数/个	炸药单耗/(kg/m³)	单孔药量/g
主楼 A 排立柱	A-1	52×42	HS-2	0.3	30	11×10	1.2～1.5	上 5 孔 100 下 5 孔 120
	A-2	52×42	HS-3	0.3	30	11×9	1	上 5 孔 75 下 5 孔 100
	A-3	50×40	HS-4	0.3	30	11×7	0.8	50
主楼 B 排立柱	B-1	60×44	HS-3	0.3	35	11×9	1.2	上 4 孔 100 下 5 孔 120
	B-2	60×44	HS-4	0.3	35	11×8	1	100
主楼 C 排	C-1	50×40	HS-4	0.3	27	11×4	0.8	75
主楼前厅	厅-a	45×45	MS-1	0.3	25	4×9	1.2	上 6 孔 75 下 3 孔 100
	厅-b	60×45	MS-1	0.3	35	4×9	1.2	上 5 孔 100 下 3 孔 120
	厅-c	55×45	HS-2	0.3	30	4×9	1.2	上 6 孔 100 下 3 孔 120
礼堂前厅	①	70×45	MS-1	0.3	40	6×10	1.2	上 6 孔 120 下 3 孔 150
	②	90×60	HS-2	0.3	35	2排孔×7	1.2	上 4 孔 100 下 3 孔 120
		170×45	HS-2	0.3	27	5排×7	1.2	上 4 孔 67 下 3 孔 100
		120×45	HS-2	0.3	40	3排孔×6×3柱	1.2	上 3 孔 67 下 3 孔 100
		100×60	HS-2	0.3	25	2排×6	1.2	上 3 孔 50 下 3 孔 67

续表

部位	立柱编号	截面/(cm×cm)	雷管段别	炮孔间距/cm	炮孔深度/m	炮孔数/个	炸药单耗/(kg/m³)	单孔药量/g
礼堂观众厅	③④	70×40	HS-3	0.3	35	4×9	1.2	100
礼堂观众厅	⑤	70×40	HS-4	0.3	35	4×9	1.2	100
礼堂观众厅	⑥	60×40	HS-4	0.3	35	5×9	1	75
礼堂墙壁		24 墙	HS-4	0.3	16	78	1	25
附属楼	D	50×45	HS-4	0.3	25	16×8	1	上 5 孔 75 下 3 孔 100
合计						1 087		1 124 063

注：1. A-1、A-2、A-3 表示 A 排 1、2、3 层楼的立柱；B-1、B-2 表示 B 排 1、2 层楼的立柱。
2. 炮孔直径 $D=38$mm，水平炮孔。

2. 其他爆破参数

（1）钻孔直径 $D=38$mm 。

（2）炮孔深度、炮孔间距等实际参数见表 12-24。

12.6.4　起爆网路

针对工程环境，为避免杂散电流、射频电流和感应电流对爆破网路的影响，使用安全可靠的非电导爆管起爆网路系统起爆。此次爆破采用毫秒与半秒相结合的延期起爆技术，即除第一响外，楼房各部位以半秒时间间隔先后延期起爆。

整个网路分为4响，由前(倒塌方向)向后、由下至上依次起爆:第一响(MS-1):主楼前厅 12 根立柱及礼堂北侧第①排 6 根立柱；第二响（HS-2）：主楼 A 排底层 11 根立柱、礼堂北侧第②排一、二层 6 根立柱及第①排二层 6 根立柱；第三响（HS-3）：主楼 A 排二层 11 根立柱、B 排底层 11 根立柱及礼堂③④排 4 根立柱；第四响（HS-4）：主楼 A 排三层 11 根立柱、B 排二层 11 根立柱、C 排底层 11 根立柱、礼堂第⑤⑥排 7 根立柱及附属楼 16 根立柱。自楼房倒塌方向至相反方向，楼房各部位逐段先后起爆（图 12-39）。

立柱上部的炮孔每个炮孔设置 1 枚雷管，下部 3～5 个炮孔设置 2 枚雷管，全部采用孔内延期，炮孔内每发雷管可同时接收四个方向传来的冲击波作用，可以大大提高起爆网路的准爆性。

每根承重柱引出的导爆管连接为 1 个集束把，每个集束把连接 2 枚非电 MS-1 雷管；然后使用导爆管和四通将各集束把用 MS-1 雷管连接起来，形成非电复式闭合起爆网路。

12.6.5 爆破危害效应控制

1. 爆破振动

爆破振动依据下式确定：

$$V = 7.06\left(\frac{\sqrt[3]{Q}}{R}\right)^{1.36} \tag{12-19}$$

式中，V 为爆破引起的质点震动速度，cm/s；Q 为一次（段）起爆的最大装药量，kg；R 为爆点到被保护目标的距离，m。此次爆破的爆源中心距保护目标即西侧教学大楼的最近距离取 $R = 13\text{m}$，控制最大单段装药量小于 50kg。按照 50kg 计算，则 $V = 7.06 \times (50^{1/3}/13)^{1.36} = 1.27\text{cm/s} < 3\text{cm/s}$（西侧教学大楼的安全震速阈值）。由此可见，爆破不会引起周围目标的损坏。

2. 爆破飞石

爆破飞石距离按照下式确定：

$$R_{\min} = K_{\mathrm{f}} \cdot q \cdot D \tag{12-20}$$

式中，$R_{\min}$ 为个别飞石的最大距离，m；K_{f} 是与爆破方式、填塞状况、地形地质有关的系数，$K_{\mathrm{f}} = 1.5$；q 为炸药单耗，kg/m^3；D 为炮孔直径，mm。本次爆破 $R_{\min} = K_{\mathrm{f}} \cdot q \cdot D = 1.5 \times 1.2 \times 38 = 68.4\text{m}$。

以上计算结果是在无任何防护措施下所达到的飞石距离。爆破时，使用了三层草袋外加三层竹笆进行防护，其飞石距离未超过 30m。

3. 空气冲击波

空气冲击波安全距离按照下式确定：

$$R_{\mathrm{B}} = K_{\mathrm{B}} \cdot Q^{1/2}$$

式中，R_{B} 为空气冲击波安全距离，m；K_{B} 为系数；Q 为一次齐爆、毫秒延时爆破时的总装药量，在半秒延时爆破时为最大单段装药量，kg。本次爆破：$R_{\mathrm{B}} = 2 \times 50^{1/2} \approx 14.14\text{m}$。爆破部位采取了多层防护，空气冲击波影响范围远小于此计算值。

对于爆体的塌落震动，因爆破目标楼层少、重心低，且为框架及砖混结构分次塌落，故可不予考虑。

12.6.6 爆破效果

经过精心设计、精心施工和现场严密的科学组织，爆破获得成功。爆破后，整个建筑整体倒塌，倒塌方向塌散距离约为 7m，西侧礼堂向西塌散 4.5m，即前方和西侧的塌散物未伤及名贵树木。爆后解体充分，利于爆碴的清运。飞石最远距离未超过 30m，西侧教学大楼正对的玻璃、周围的其他建筑和临时设施都安然无恙，完全达到了预期的爆破效果[39]。

12.7　控制爆破拆除十六铺客运大楼及申客饭店*

12.7.1　工程概述

上海市为进行黄浦江两岸开发，将原十六铺客运码头改建为旅游码头，为加快改造进度，需将原十六铺客运大楼及申客饭店控制爆破拆除。两者沿黄浦江南北一字分布，见图 12-40。

待拆除目标周围环境比较复杂。北侧是上海市重要的名胜区——外滩；西侧 8m 是中山东二路，西侧 2m 地下 1.5m 是地下电缆；西南侧距上海银行大楼仅 35m；南侧 15m 是暂时保留的外滩城；东侧 10m 是黄浦江的防汛墙，该段防汛墙为 20 世纪 60 年代建设的抛石基础的无桩基防汛墙。

客运大楼为排架结构，南北方向 39 排立柱，长 220m，宽 30.8m，高 19.6m；申客饭店为剪力墙框架结构，主体 10 层高 33.5m，塔楼 12 层高 42.3m，长 30m，宽 12m。

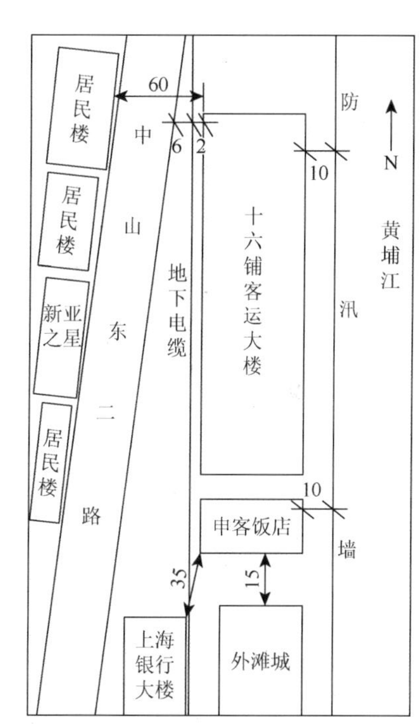

图 12-40　爆破环境平面示意图（单位：m）

12.7.2　爆破设计

1. 客运大楼爆破方案

1）倒塌方案

根据该大楼的结构特点及周边的情况，为减少建筑结构倒塌着地震动，采用逐跨倒塌控制爆破方案，为进一步保护东侧的防汛墙，选择单跨利用高度差

* 设计施工单位：中国人民解放军理工大学工程兵工程学院。

控制其向中间倾倒空中解体的爆破方案，如图 12-41 所示。倒塌控制的延期时间控制如图 12-42 所示。

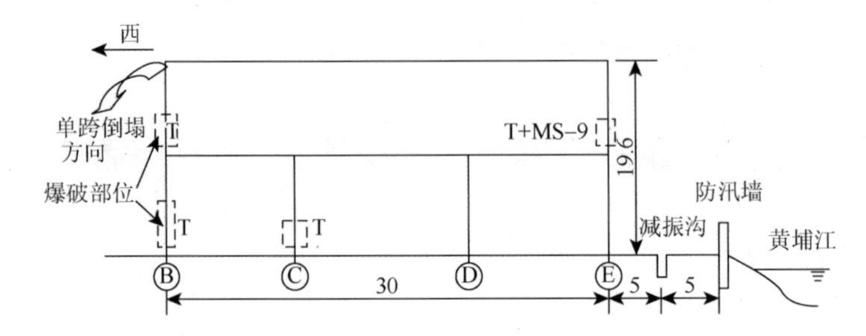

图 12-41　单跨结构利用高度差控制倒塌方向示意图（单位：m）

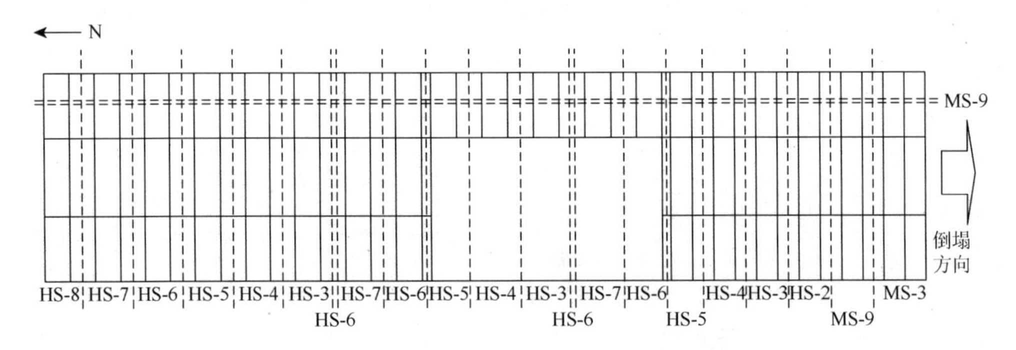

图 12-42　时间差控制楼房倒塌方向平面示意图

2）爆破参数

客运大楼爆破部位爆破参数如表 12-25 所示。

表 12-25　客运大楼爆破部位爆破参数统计表

部位	立柱截面 / (cm×cm)	孔距 /cm	排距 /cm	孔数 /个	单孔药量 /g	单耗（乳化） / (kg/m^3)
B 一楼	40×90	35	25	18	上 12 孔 33	0.79
					下 6 孔 40	0.95
B 二楼	40×70	35	30	12	上 8 孔 25	0.51
					下 4 孔 33	0.67
C 一楼	40×40	35		6	40	0.71
E 二楼	40×70	35	30	10	上 6 孔 25	0.51
					下 4 孔 33	0.67

2. 申客饭店爆破方案

1）倒塌控制方案

该大楼的北侧、西侧都有可供楼房倒塌的场地，而该大楼东西方向较南北方向长，向北倒塌较向西倒塌容易实现。但是楼房向北倒塌时，楼房上部着地点距东侧的防汛墙仅 10m，不利于对防汛墙的保护，而且南北方向仅 2 跨不利于楼房的延时解体，大楼的不充分解体也会造成较大的塌落震动；向西倒塌，可使大楼上部倒塌着地点与防汛墙的距离增加 4～5 倍，而且大楼可以在空中充分解体，减少大楼的塌落震动。因此，选择向西倒塌的控制爆破倒塌方向。

为最大限度地降低楼房的倒塌震动，采取如图 12-43 所示的倒塌控制方案。

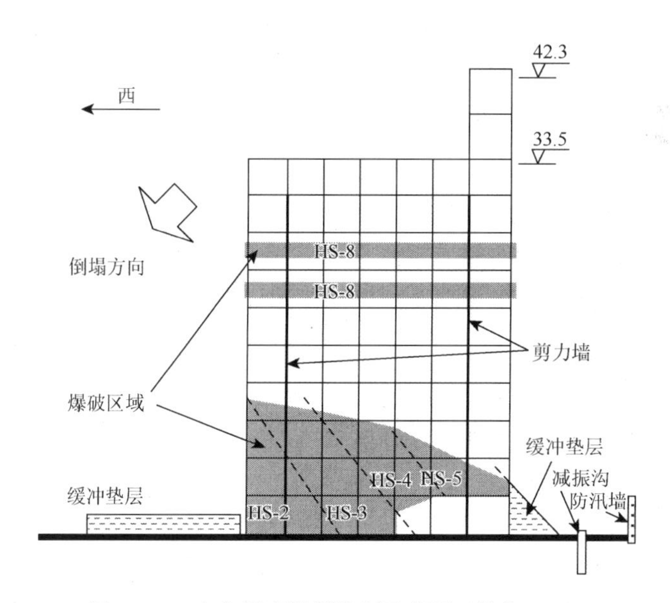

图 12-43　申客饭店倒塌控制示意图（单位：m）

2）减振措施

将整幢大楼的倒塌方向设计为向西倒塌，使楼房倒塌着地点远离防汛墙；在爆破设计上，增加两个爆破层，使大楼在空中解体，化整为零，降低单体冲击地面的总重量；后 3 排立柱从 2 楼爆破，保留 1 楼后 3 排立柱，利用其吸收楼房的倒塌势能，减少产生塌落震动的能量；在大楼倒塌着地部位铺设 1m 厚的碴土，形成缓冲层，使大楼倒塌在缓冲垫层上，减少着地冲击震动；在待爆破楼体与防汛墙之间开挖一条深 1.5m 的减振沟，切断爆破振动传向防汛墙的通道；在大楼附近防汛墙一侧堆设高约 4m 的缓冲抵抗层，可防止楼房倒塌时压垮后排的楼房结构，同时若出现较大构件从上部滑下，可防止直接冲击地面，起缓冲作用。

3）爆破参数

申客饭店爆破参数如表 12-26 所示。

表 12-26　申客饭店爆破参数统计表

楼层	立柱截面/(cm×cm)	孔距/cm	孔数/个	单孔药量/g	单耗（乳化）/(kg/m³)
一	50×60	35	5	100	0.95
二	50×60	35	4	67	0.64
三	50×60	35	4	50	0.48
四	50×60	35	3	40	0.38
七	50×60	35	3	40	0.38
八	50×60	35	3	40	0.38

4）预处理

在进行爆破准备工作时，对申客饭店内的两个剪力墙进行自上而下的预处理，即保留其立柱部位，将墙面用人工法全部拆除。为减少其倒塌时的塌落震动，采用人工法将大楼内所有非承重墙全部拆除并通过电梯井清运到地面。

3. 起爆网路设计

在此次拆除爆破中采用非电导爆管雷管，雷管用导爆管和四通联成复式网路，用两部击发器击发。受器材所限，不能全部采用孔内延期雷管进行爆破，全部爆破共分 4 个大的起爆网路，各网路之间采用半秒 6 段雷管进行孔外延期。

12.7.3　安全措施

（1）防护措施。所有爆破部位全部采用内层麻袋、外层竹笆进行防护。为保护西南侧上海银行的幕墙玻璃，在西南方向搭设高 10m、长 30m 的竹笆墙。

（2）减振沟。在待爆破的楼房与防汛墙之间开挖一条宽 1m、深 1.5m 的减振沟。

（3）防汛抢险措施。制定了防汛抢险应急预案，组织了抢险应急分队，准备了 5000 条麻袋，300m^3 泥土及其他抢险物资。

（4）对防汛墙制定了监测方案。

（5）爆破前进行安全警戒，将距爆破点 100m 内的人员、车辆、船只全部清理干净。

12.7.4　爆破效果

2004 年 12 月 2 日凌晨 1 点对两幢大楼进行了爆破。爆破持续约 12s，两幢大楼全部倒塌。客运大楼的倒塌范围为东侧 8m，南侧 12m，西侧 8m，北侧 4m，堆高 7m（东侧一跨一楼部分按原设计保持原状）；申客饭店倒塌范围为东侧 6m，南侧 4m，西侧 11m，北侧 5m，堆高 8m。

爆破后，四周玻璃没有一块损坏。监测表明，东侧黄浦江防汛墙最大位移为 1mm，没有受到损坏，爆破取得了成功[40]。

12.8　大型钢结构物拆除控制爆破总体方案设计*

12.8.1　引言

国外钢结构物爆破拆除实例较少，经查询仅有屈指可数的几例，如美国 CDI 公司应用爆破技术分别拆除了美国波士顿一幢 20 层的钢结构楼房、美国海军无线电发射塔、佛罗里达阳光大道多跨钢桥和墨西哥湾的海上石油平台等钢结构建（构）筑物；南非 Jet Demolition Ltd 利用聚能切割器成功地拆除了多种大型钢结构建（构）筑物；美国 Dykon 公司应用聚能切割爆破技术成功地拆除了菲律宾的一座炼油厂的反应塔。

我国曾应用聚能装药爆破切割报废的核潜艇、在打捞沉船时切割船体以及部分钢构件的切割分离等，但还没有将爆破技术应用于大型钢结构建筑物的整体拆除。上钢一厂钢结构厂房拆除工程是我国首次采用聚能切割爆破技术进行的大型钢结构物拆除，爆破拆除钢结构厂房面积 3.78 万 m^2。

国外在钢结构物爆破中采用了聚能切割技术和推动装药技术，利用聚能装药切断钢构件，同时利用炸药爆炸对刚体的推动作用，将切口内的钢构件推倒，形成切口；大型钢构件的解体主要依靠聚能切割作用。

12.8.2　钢结构物拆除爆破面临的主要问题

由于钢结构物的拆除爆破工程实践很少，有许多问题需要探索。下面所列的四个方面是钢结构物拆除爆破面临的关键问题。

---

* 设计施工单位：中国人民解放军理工大学工程兵工程学院。

1. 线性聚能切割器的定型

钢材具有强度大、韧性好、结构自重轻等特点，钢结构的拆除爆破首选的基本爆破器材是聚能切割器。国外已经实施的几例钢结构爆破拆除工程都是如此。

在装药底部预留空穴，加药型罩并取适当炸高，就可使爆炸能量集中到一定方向上并发挥作用。利用装药一端的空穴来提高局部破坏作用的效应，称为聚能效应或空心效应。此种现象称为聚能现象。

空穴装药爆炸后，具有高温、高压的爆轰产物沿装药空穴表面法线方向迅速散射时，在空穴影响下，必然在空穴前方汇集成面（或线），大大增强了对某一个方向的局部破坏作用；再罩上药型罩和外壳（如金属、玻璃等材料，外壳和聚能罩通常为一体），可制成切割器，使炸药爆炸产生的能量汇聚成一个平面，形成金属射流以及伴随在它后面的一支运动速度较慢的杵体，这种金属射流和杵体具有很强的穿透能力，作用在金属等物体上，产生很深的切缝，如图 12-44 所示。

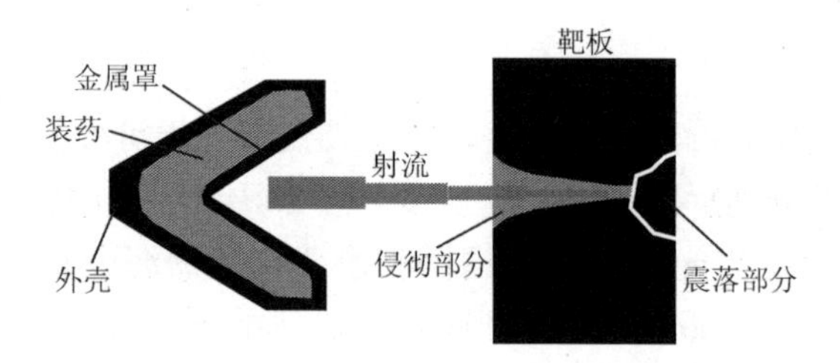

图 12-44　聚能切割原理示意图

聚能武器是军事上品种最多的武器，这种技术已经趋于成熟。针对钢结构的特点，设计出能够满足切割能力，既方便制造又便于设置的线性聚能切割器。实际使用中，需要根据工程的实际选型或者设计加工。无论自行设计或者选型都要遵循一定的程序。具体地说，切割器的定型要按照下面的步骤进行：第一步，进行爆破方案的初步设计，确定切割器的最大能力和切割器的用量；第二步，进行切割器定型实验，要对多个不同的设计方案或者多种产品进行实验，直到找到一种最佳的结果进行定型；第三步，切割器加工或者订货，要保证工程需要并稍有余量；第四步，根据定型的切割器进行结构爆破方案的细化设计；第五步，根据细化的方案进行现场实物爆破试验或者模拟爆破试验，在试验中对切割器爆炸冲击波、噪声、破片的危害进行测定；第六步，根据结构的爆破试验进行爆破防护设计。

在上钢一厂钢结构物爆破中，对多种型号的线性聚能切割器进行了 10 次试验，最终选用了某爆破器材厂的全封装的线性聚能切割索。这种切割索可以有效地切断 2cm 厚的 A3 钢板，采用对切的方式可以切断 2cm 厚的 20Mn 钢板。

2. 钢结构物爆破拆除方案设计的基本思路

对于一般的砌体结构和混凝土框架结构，拆除爆破的设计思路是利用炸药的爆炸作用、重力失衡和结构失稳原理，在建筑结构上形成一定形状的切口（主动作用），使结构失稳，利用重力作用使结构物定向倒塌，并在倒塌的过程中破碎解体（被动作用）。这个设计思路是建立在砌体和混凝土材料本身强度低、韧性小、结构自重大、易于解体的特点之上的，而钢结构物构件强度大、结构自重轻、不易破碎解体。

钢结构物爆破方案设计应根据钢结构物爆破失稳倒塌力学分析的结果进行设计。根据分析，钢排架结构物在失稳倒塌过程中的运动状态主要取决于梁与柱的连接件的连接方式与连接强度，以及立柱的固定形式，而且刚结构物失稳后下落速度较快，构件变形较大，主要构件如果不进行切割一般不会断裂。在爆破方案设计时要结合这些特点进行。

3. 钢结构物切割爆破安全防护的特殊性

由于聚能切割爆破基本上是在露天情况下裸露爆破，产生的主要危害有破片、冲击波与噪声。聚能切割器主要产生两类破片：一类是切割器外壳爆破时的破片，这类破片颗粒很小，携带的破坏能量也很小，飞散距离也不大，破坏效应较小；另一类是震落破片（图 12-44），这类破片块度较大，飞散距离很远，携带的破坏能量很大，试验发现这类破片方向性极强（方向一般与射流方向一致），必须重点防护。

上钢一厂钢结构爆破采用的切割器，对 A3 钢的最大切割能力达 2.2cm。利用它对 2cm 和 1.6cm 厚的结构钢板切割试验发现，震落破片一般在 20～200g，飞散距离可达几百米，破坏力很强。

在钢结构物拆除爆破中，由于采用外部装药，不但破片危害严重，而且爆破的冲击波和噪声的危害也特别突出。对于大型钢结构物的拆除爆破，噪声、冲击波和破片的防护是一个新课题。

4. 钢结构物爆破拆除预处理及稳定性分析

对于采用外部装药的、大面积的结构物爆破必须分多次进行爆破拆除，需要进行三项爆破预处理。

第一项预处理要拆除厂房内的吊车等设备，这些设备有些是结构荷载的一部分，处理以后，有利于结构的稳定。

第二项预处理主要是分割爆区。首先将纵向连接切断，这些连接主要是沿纵向布置的管线，将这些管线切断不会破坏各个独立厂房的结构，不会对厂房的结构稳定性产生不良的影响；在横向上，要将连跨结构的中间某些过渡跨切开，对于两侧的厂房来说，只是解除了一部分横向约束，这些约束并不是结构稳定所必须的，不会影响两侧厂房结构的稳定性。

第三项预处理是对立柱进行切割处理。这些处理直接改变了结构构件的内力分布，处理不当会导致结构在爆破之前失稳倒塌，酿成灾难。因此，必须对爆破方案中切割的部位、缀板缀条的切割方式与切割高度、装药部位的切口形式和切口高度等问题进行深入细致的力学分析，根据分析确定具体的预处理方案。

爆破预处理结构稳定性分析是钢结构爆破方案设计中最为关键的一个方面，一些关键部位的预处理参数（如对立柱进行处理时切口的高度），需要根据稳定性原理进行设计；另外，还需要对结构总体进行稳定性分析。

一般利用有限元法对结构总体稳定性进行分析。粗略做法是将组成结构的每一个构件作为一个单元，使每个单元满足平衡条件和变形协调条件；再把所有被离散的单元集合起来，进行结构整体分析，保证系统的平衡条件和变形协调条件得到满足，从而实现对结构的稳定性分析。

12.8.3　爆破方案设计

这一部分以上钢一厂钢排架结构厂房的爆破拆除为例进行说明。

1. 钢结构物周边环境、结构特点及爆破控制目标

待拆除结构物的周边环境、结构特点和爆破控制目标是爆破方案设计的直接依据。周边环境决定了爆破的保护目标；爆破破碎程度、倒塌方向、塌散范围等控制目标和建筑物的结构特点决定了爆破方案的主要内容。如果爆破环境条件和控制目标比较苛刻，爆破方案的选择余地往往很小。

1）爆破的周边环境

上钢一厂钢结构厂房拆除爆破的周边环境如图 12-45 所示。

爆破的重点保护目标：东南侧吴淞煤气制气厂，最近距离为 100m；南侧上钢一厂修理车间，最近处为 80m；南侧距办公大楼 350m；北侧为车间锅炉间、配电间、水处理厂、氮气包等，最近处为 60m；西侧距最近的保护目标 450m。从环境平面图上看，厂房爆破时，向四周都可以倒塌。

2）厂房结构特点

（1）厂房的平面布局如图 12-46 所示。厂房西段三排立柱形成二连跨结构；东段四排立柱形成三连跨结构。所有厂房连成一片。

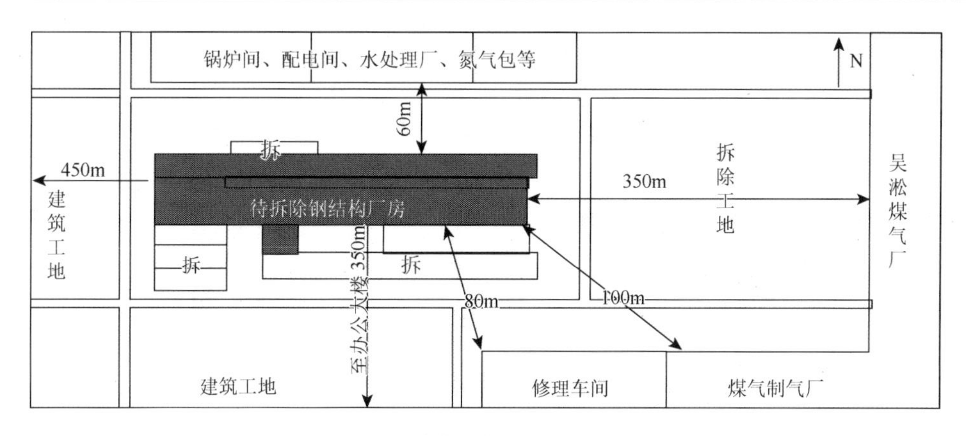

图 12-45　钢结构物拆除爆破环境示意图

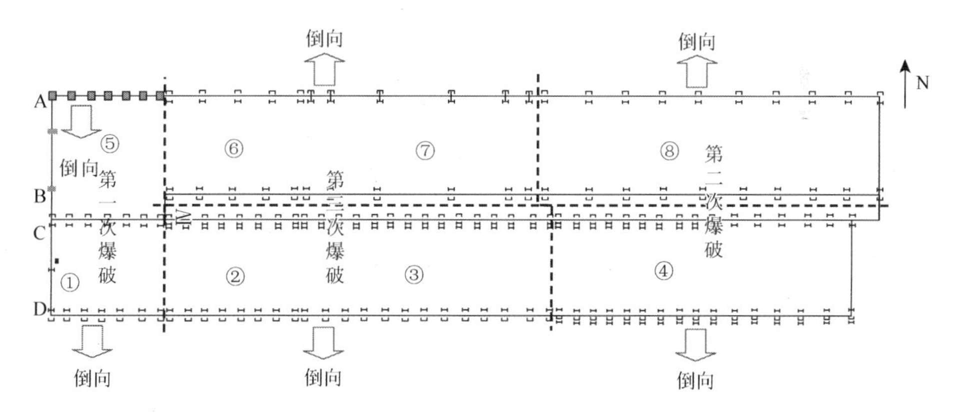

图 12-46　爆破总体方案示意图

从纵向看，厂房有三条沉降缝，这三条沉降缝将厂房分为四段，共八个部分。爆破时可以利用厂房的平面结构，分区爆破。

（2）厂房横向平面结构如图 12-47 和图 12-48 所示。从横向看，二连跨厂房

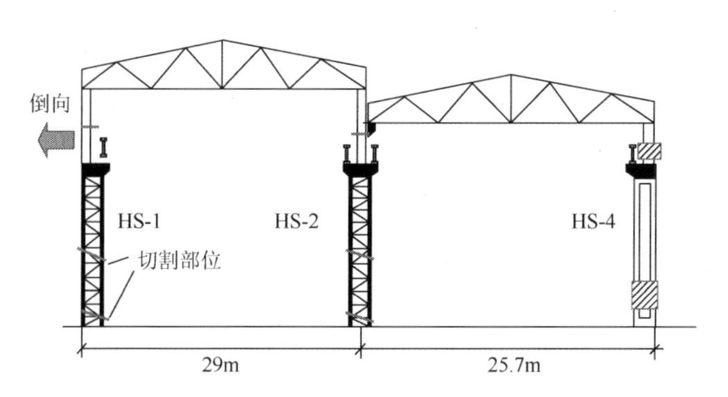

图 12-47　高低跨结构爆破方案示意图

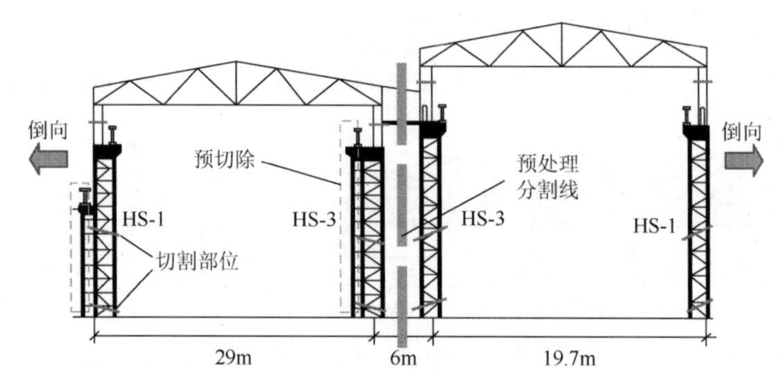

图 12-48　三连跨结构爆破方案示意图

为高低跨结构，其他部分为三连跨结构。三连跨结构中间的过渡跨不是一个独立的结构，它连接了两侧的主跨，起到增加厂房总体刚度和稳定性的作用。厂房内原有重级桥式吊车，为了支承吊车梁，所有钢立柱都设计成阶形框架柱，三肢立柱一般为双阶，双肢立柱为单阶。柱截面在吊车梁平台处产生变化，下面部分为格构式结构，立柱上段为实腹式结构。

（3）厂房纵向结构。纵向结构设计上，在屋架上有大量纵向连接，使屋架成为一个超静定的刚性结构；另外，在纵向上有大量的管线固定在立柱上，而且在爆破前厂房纵向吊车梁依然保留，这样厂房的纵向连接很牢固。

（4）柱结构。厂房有三种类型的钢立柱，分别为一阶格构式钢立柱、二阶格构式钢立柱、一阶实腹式钢立柱。阶梯式立柱的上部皆为实腹式，下部为框架柱，柱截面在吊车梁平台处产生变化（图 12-47 和图 12-48）。A 排立柱高低跨部分 7 根立柱为钢筋混凝土柱，中间有 6 根立柱为实腹式钢立柱，其余为双肢格构式立柱；B 排立柱全部为双肢格构式立柱。A、B 两排钢立柱主要材料为 20Mn。C、D 两排立柱全部为格构式钢立柱，主要材料为 A3 钢。厂房西端设置三根挡风立柱，A、C 两排之间的两根挡风立柱为砼立柱，C、D 之间的一根挡风立柱为实腹式钢立柱。

3）爆破控制目标

钢结构厂房爆破拆除的控制目标主要有以下四个：

（1）炸倒；

（2）爆堆尽可能低，解体充分，便于清运；

（3）爆破时对周围的人员和建筑物、设备不产生危害；

（4）要保证爆破预处理施工过程的安全。

要满足以上的控制目标，需要精心设计爆破方案。

2. 爆破总体方案设计

1）爆破设计的基本思路

钢材具有强度大、韧性高的特点，钢结构具有自重轻的特点；在结构下落过程中，钢构件不易自行解体。这些特点决定了在爆破设计思路上要充分利用炸药的爆炸作用对钢结构进行破坏解体，炸点的多少和切割部位的布置既要考虑结构的倒塌方向与爆堆高度，又要考虑钢件的解体程度。

2）总体方案设计

（1）总体安排。由于爆破拆除的厂房面积较大，一次爆破炸药用量、施工组织、协调难度、爆破破坏效应都非常大，采用外部装药一次爆破拆除近四万平方米的钢结构物，对环境的影响太大，因此，根据厂房的结构特点采取分块、多次爆破。整个钢结构厂房分三次爆破拆除（图 12-46），高低跨部分第一次爆破，三连跨部分分两次爆破，东段（图 12-46 中④⑧部分）第二次爆破，中间部分第三次爆破。

（2）高低跨结构爆破方案（图 12-47）。高低跨排架结构物爆破时控制厂房向高跨一侧倾倒（以后称向控制方向倾倒为向前倾倒）。倾倒方向通过各排立柱起爆时差和高度差进行控制，主要利用时间差进行控制，方案中利用半秒延期雷管进行控制。高低跨面积不大，装药较少，在纵向上不再进行延期。装药设置上，在钢立柱的上、中、下三处设置装药，这样既可以可靠地形成切口，又可以保证立柱达到较好的破碎程度。

前排装药起爆后，前排立柱在自重和切口作用下侧向倒塌。钢屋架瞬间形成悬臂梁结构，在重力作用下，绕第二排立柱顶向下旋转，并形成朝南的运动趋势；第二排立柱装药起爆时，前排屋架前沿下落大约 4m，这时前排屋架的约束减弱（基本解除），前排屋架加速向下并向前运动。中间排立柱装药起爆后，后排屋架的前沿约束解除，后排屋架产生与前排屋架相似的运动与趋势；第三排立柱装药起爆后，后排屋架加速向前向下运动，第三排立柱由于自身重力和切口的作用，在屋架的牵拉作用下向前倾倒。

（3）三连跨结构爆破方案。如图 12-48 所示，在爆破前将过渡跨分开，形成两个独立的单跨排架结构，向两边外侧倾倒。倾倒方向通过各排立柱起爆时差和切口高度差进行控制，主要利用时间差进行控制。该方案中利用毫秒和半秒延期雷管，前排采用瞬发雷管、毫秒雷管或半秒雷管，后排用半秒雷管。由于爆破拆除的面积较大，装药量较大，在纵向上必须分段。在纵向上，前排立柱采用毫秒与半秒雷管延期，后排立柱采用半秒延期。相邻段延期，纵向延期小于横向延期。

装药设置上，在钢立柱的上、中、下三处设置装药，上层装药设置在屋架以下吊车梁以上；中、下层装药都设置在吊车梁以下，这样既可以可靠地形成切口，又可以保证立柱达到较好的破碎程度。

3. 聚能切割器在立柱上的设置

切割器只能对钢板进行有效的切割，要保证切割器能力的充分发挥，必须对切割器进行正确地设置。影响聚能切割器切割能力的因素主要有：炸高，这是最主要的因素，必须保证设置时炸高接近最佳；角度，切割器对称面与钢板之间的最佳夹角是 90°；切割器是否扭曲，切割器扭曲变形也会影响切割能力；固定形式，实验发现，在多个装药分散爆破时，它们会相互影响，切割器固定不牢固势必影响其切割能力。要使切割器设置可靠，必须对设置部位进行严格的预处理。

根据爆破的总体方案，在钢立柱的上、中、下三处设置装药。由于所有的钢立柱皆为变截面柱，上层与中、下层装药处的立柱截面结构不同，上层为实腹式结构，中、下层装药处为格构式结构，因此，上层与中、下层切割器的设置方式是有区别的。

1）上层装药的设置

如图 12-49 所示，在腹板上开口，在两侧翼板上设置聚能切割器，切割器水平设置。切口高度 H 利用结构稳定性理论进行分析。在立柱下部与其他构件不失稳的情况下，将立柱切口预处理成腹板高为 H 的窗口，保留两侧的翼板。这样切口的高度就可以通过计算切口的欧拉临界力进行分析。经分析当切口高度 $H \leqslant 30\text{cm}$ 时，结构是稳定的，方案中取 $H \leqslant 20\text{cm}$。

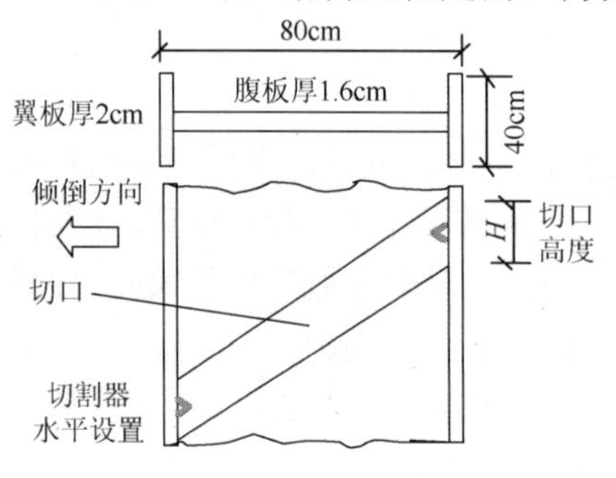

图 12-49　上层装药设置示意图

2）中、下层装药设置

将所有三肢格构式立柱处理成二肢格构式立柱，然后对切割部位进行处理。对于格构式钢立柱，将两层装药之间的的缀板与缀条切断，并将双肢的翼板切除掉一部分，爆炸切割腹板，切割器与水平方向成 45°夹角。对于实腹式钢立柱，在中间腹板上开口，中间腹板开口以后，在开口处形成与格构式立柱同样的结构，也将前后两肢的翼板切除一部分，对双肢的腹板进行爆破切割，切割器水平设置，处理方式如图 12-50 所示。

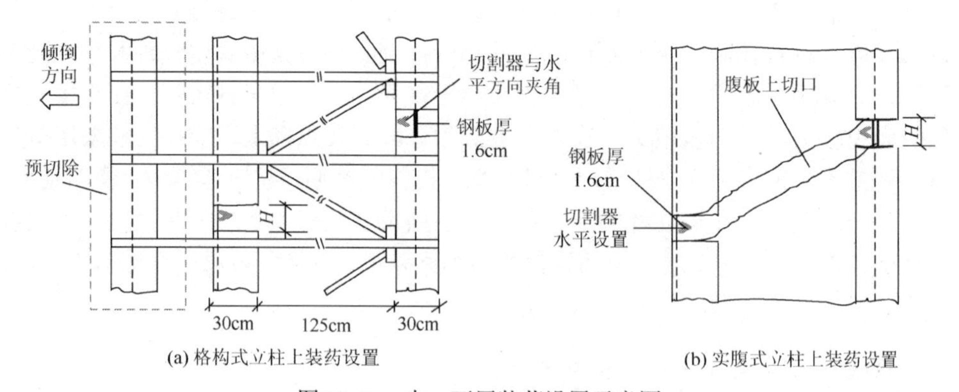

(a) 格构式立柱上装药设置　　(b) 实腹式立柱上装药设置

图 12-50　中、下层装药设置示意图

中、下层装药的切口高度 H 也利用结构稳定性理论进行分析。在立柱上部与其他构件不失稳的情况下，将预处理后的立柱下部的前肢与后肢各简化为一个一端铰接一端固定的变截面轴心受压柱，这样切口的高度就可以通过计算变截面柱的临界力进行分析。经分析三肢结构的立柱按照方案切除一肢不会影响结构的稳定；当装药处切口高度 $H \leqslant 30\text{cm}$ 时，立柱也是稳定的，方案中取 $H \leqslant 20\text{cm}$；中层装药和下层装药之间的距离不能大于5m的情况下，两切口之间的缀条可以切割。

4. 爆破安全防护设计

钢结构物聚能切割爆破，由于采用外部装药，爆破的冲击波、噪声和破片的危害特别突出，必须采取防护措施。

1）冲击波和噪声的防护

爆破产生的噪声与爆炸冲击波实际上是一脉相承的，当爆炸冲击波超压降到0.02MPa以后，就蜕变为噪声，因此，只要采取措施将冲击波超压降下来，噪声也自然会降低。

《爆破安全规程》规定，露天裸露爆破时一次爆破的炸药量不得大于20kg，并应按式（12-21）确定空气冲击波对掩体内避炮作业人员的安全距离。

$$R_{\mathrm{K}} = 25\sqrt[3]{Q} \tag{12-21}$$

式中，R_{K} 为空气冲击波对掩体人员的最小安全距离，m；Q 为一次爆破装药量，kg；秒延期爆破时，按最大段药量计算；毫秒延期时，按一次爆破的总药量计算。

根据防护最小安全距离，利用式（12-22）提供的冲击波超压计算方法，并结合相应的破坏等级标准计算一次起爆的最大段药量。

地表裸露药包爆破超压计算公式（超压单位：Pa）为

$$\Delta P = \left(1.1\frac{Q^{\frac{1}{3}}}{R} + 4.3\frac{Q^{\frac{2}{3}}}{R^2} + 14\frac{Q}{R^3}\right)\cdot 10^5 \ (\text{Pa}) \tag{12-22}$$

式中，Q 为最大一段齐爆药量，kg；R 为距裸露药包的距离，m；ΔP 为冲击波强度，Pa。

爆破主要采取半秒延期雷管进行延期控制，将最大段药量控制在18kg以内，同时对每个装药用木箱进行防护，如图12-51所示。箱体参数通过实验确定。

2）破片防护

线性聚能切割器爆炸切割钢材，会产生两类破片：其一，切割器壳体生成的破片；其二，切割爆炸时的震落破片。

试验发现第一类破片颗粒很小，飞散距离在几十米以内，携带的破坏动能很小，利用冲击波防护的箱体就足以防护。第二类破片块度很大，一般为20～200g，携带的动能较大，飞散距离可达几百米，甚至在千米以上，破坏严重，采取在切割器对面设置厚木板进行防护。

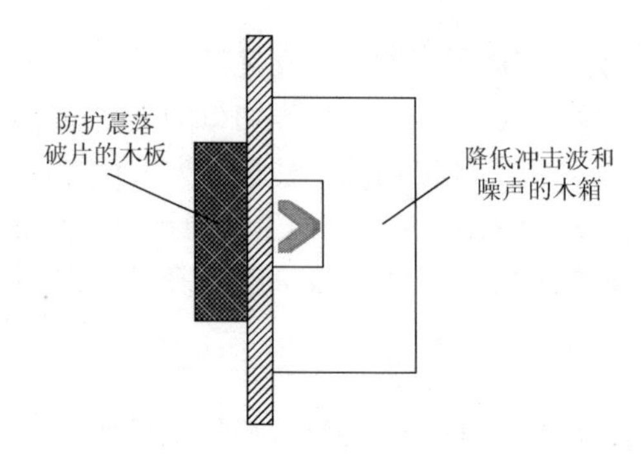

图 12-51　破片、冲击波、噪声防护措施示意图

12.8.4　结论

本节中对钢结构物爆破所面临的主要问题——线性聚能切割器的定型、钢结构物爆破方案的基本思路、安全防护、稳定性分析进行了论述；并结合上钢一厂钢结构厂房的爆破实践，从爆破聚能切割技术的特点、结构分析、总体方案设计、聚能切割器的设置、爆破预处理和安全技术等方面讨论了钢结构物的爆破方案设计，按照预定的方案实施爆破，实现了爆破控制的目标：结构物倒塌方向控制较好，爆堆较低，爆破飞散物都在 60m 的范围内，爆炸冲击波和噪声没有造成任何破坏，爆破圆满成功。通过上钢一厂钢结构爆破工程，说明对钢结构物爆破所面临问题的解决方法是可行的[41]。

第 13 章　高耸构筑物拆除爆破工程实践

13.1　砖结构烟囱定向倒塌控制爆破*

13.1.1　工程概况

南京市江宁区横溪镇新宁钢丝厂废旧烟囱，根据厂方发展规划要求需将其拆除。烟囱为浆砌砖结构建筑，高 50m，圆形截面，底部直径约 5m，底部墙厚为 0.8m。

该烟囱位于钢丝厂旧厂房西侧 2m 处，四周环境比较复杂（图 13-1）。烟囱北侧 30m 处为一库房，南侧 27m 为配电房，西南方向 45m 处为二层楼房，西侧 25m 处为公共设施。根据厂方要求，重点保护目标为东侧厂房、南侧配电房、北侧库房。因此需对烟囱采用定向控制爆破技术使其顺利倒塌并确保周围人员及保护目标的安全。

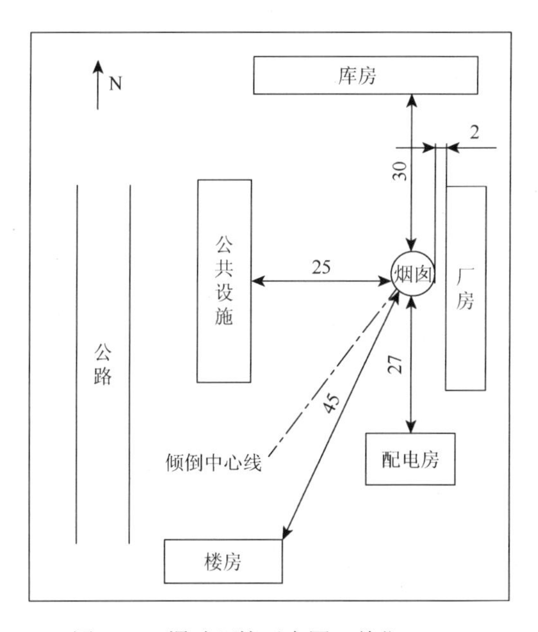

图 13-1　爆破环境示意图（单位：m）

* 设计施工单位：中国人民解放军理工大学工程兵工程学院。

13.1.2　爆破方案确定及参数选择

1. 爆破方案的确定

在场地允许的情况下，定向倒塌因其简单、方便、工作量小等特点，在大多数高耸建筑物爆破拆除中被广泛采用。根据该烟囱的环境情况和结构参数，确定采取定向倒塌的爆破方案。

由于场地原因，该烟囱只能向西南方向倒塌，倒塌方向中心线指向西南角二层楼房东北角偏西 15°。受爆破环境所限，该烟囱在倒塌的过程中，不能后坐，也不能前冲过多。

2. 爆破切口设计

爆破切口位于倾倒方向一侧，起创造失稳条件、控制倒塌方向的作用。该烟囱爆破拆除时采用倒梯形切口并预设定向窗，以确保爆破切口设计简单、施工方便、烟囱在倒塌过程中不出现后坐现象，并起到保护倒塌反方向处厂房安全的作用（图 13-2）。

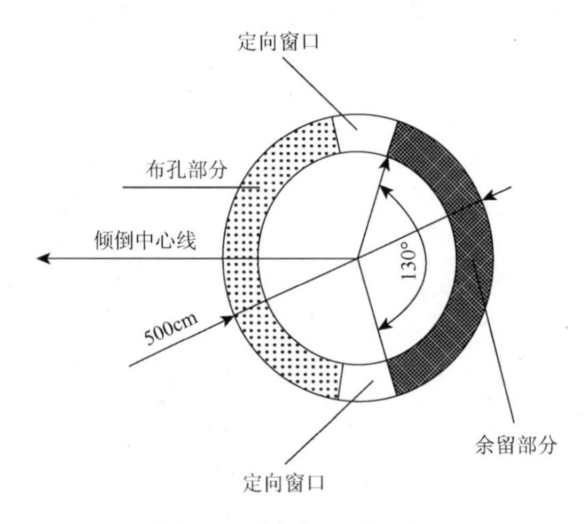

图 13-2　爆破切口位置图

爆破切口高度过大，势必产生过大的转动趋势，导致后坐现象或因对地面的冲击过大而产生震动等危害。反之，切口高度过小，烟囱倒地解体不充分。一般情况下，爆破切口的高度 H 与爆破部位壁厚 δ 的关系可按 $H \geqslant (2\sim3)\delta$ 确定，砖结构取较小值，该工程中切口高度为自地面起 0.5m，切口高度 H 取 1.5m。

爆破切口长度的最佳值应视具体条件而定：切口长度过长，保留筒壁承受不了上部烟囱的重量，在倾倒之前会被压垮，发生后坐现象，严重时会影响倒塌方向的准确性，造成事故；切口过短，有可能会出现倾而不倒的危险局面。一般情况下，爆破切口长度 L 应满足：

$$\frac{2S}{3} \geqslant L > \frac{S}{2} \tag{13-1}$$

式中，S 为烟囱爆破部位的外周长。对于砖烟囱结构，L 取较小值。由于该烟囱建造年代较早，底部墙体较厚，故工程中切口长度可适当增加，取圆周 230°。

3. 定向窗口的开设

从工程实践来看，定向窗口的开设不仅对保证倒塌方向的准确性起到很大作用，并且能够减少烟囱的后坐现象发生。开设定向窗后，主体爆破大大减少了失控情况，余留支撑部分不会受到直接破坏，能够确保在烟囱开始倾倒时刻的相对稳定性。

该工程中，烟囱为老式浆砌砖结构，在建造时没有参照严格的设计标准，底部墙体较厚，风道口设置较低。考虑到烟囱距离东侧厂房仅为 2m，如果要利用风道口，烟囱在倒塌时即使很小的后坐也会对厂房造成破坏，因此，定向窗口开设位置在风道口以上，取自地面起 0.5m 处，高 1.5m，下底边长 0.9m，完全避开风道口。

4. 炮孔参数及药量

根据工程实践经验，烟囱爆破时炮孔深度通常取爆破部位壁厚 δ 的 0.65～0.70 倍，即 $l_0 = (0.67 \sim 0.7)\delta$。该工程炮孔深度取 $l_0 = 0.5\text{m}$。

对于砖结构烟囱，炮孔间距 a 按照孔深确定时，通常取孔深的 0.8～0.9 倍，即 $a = (0.8 \sim 0.9)l_0$；排距 b 一般取孔距的 0.85～1.0 倍，即 $b = (0.85 \sim 1.0)a$。在该工程中，考虑到烟囱的实际情况，取孔距 $a = 0.4\text{m}$，排距 $b = 0.36\text{m}$。

单孔装药量可根据下式确定：

$$q_1 = KV = Kab\delta \tag{13-2}$$

式中，q_1 为单个装药量，kg；K 为单位体积耗药量，kg/m^3。与烟囱壁厚 δ 有关，炸药选用乳化炸药，计算得单孔药量为 120g。

根据爆破切口参数，布置 4 排炮孔，每排布置 24 个，可得爆破整个烟囱所需炸药量共计 11.52kg。布孔形式如图 13-3 所示。

5. 起爆网路

为了减少外界杂散电流、射频电流等可能引起的早爆事故，采用电雷管与非电雷管相结合的起爆网路，每个孔内设置两发非电导爆管雷管。其中，如图 13-3 所示框选黑色填充部分炮孔，装入 1 段微差导爆管雷管，两侧对称部分炮孔装入 3 段导爆管雷管。将全部非电雷管分成数组，每组 10 余发扎成一束，然后利用双电雷管进行引爆，确保一次起爆成功。

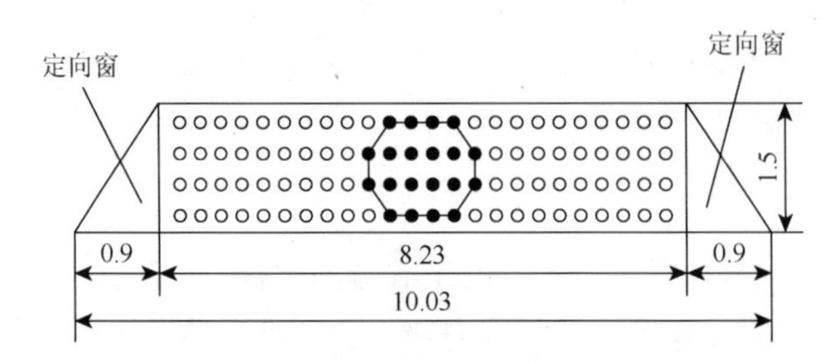

图 13-3　爆破切口展开形状及炮孔布置示意图（单位：m）

13.1.3　爆破安全校核及防护

1. 安全校核

国内有关学者根据多次工程实测数据和经验，提出了较为符合爆破实际的经验修正公式：

$$V = K'K\left(\frac{\sqrt[3]{Q}}{R}\right)^{\alpha} \tag{13-3}$$

式中，V 为爆破质点震动速度，cm/s；K 为与爆破方法、爆破参数、地形及观测方法等因素有关的爆破场地系数，该工程取 150；K' 为与爆破方法、爆破参数、地形及观测方法等因素有关的爆破场地修正系数，该工程取 0.3；Q 为一次齐爆药量，kg；α 为震动波衰减系数，该工程取 2.0。

根据《爆破安全规程》，该工程安全震动速度确定为 2.5cm/s。最大段起爆药量为 10kg 时，20m 处的爆破振动速度为 0.52cm/s，小于安全震动速度，爆破振动不会对楼房、仓库及配电房等保护目标产生破坏性影响。

空气冲击波的危害在小药量的药孔爆破中很小，可以不予考虑。

飞石安全距离的控制可以采用竹笆覆盖爆破部位，确保爆破飞石不超过 20m。

2. 安全防护及措施

为了保证烟囱倒塌方向的准确性，采用经纬仪测定倒塌方向及其中轴线，并且精确定位爆破切口位置。为了控制爆破振动，阻挡爆破飞石，采用了多种防护材料和防护措施：

（1）施工时进行必要的预处理，人工去除布孔部分内衬耐火砖，并确保余留部分以倾倒中心线为轴严格的几何对称和强度对称。

（2）用竹笆对烟囱爆破部位进行周密的覆盖，降低爆破时破碎体的飞散速度和飞散距离，确保爆破飞石不飞散过远。

（3）临爆前进行安全警戒，警戒范围为倒塌前冲方向 150m，其他方向 100m。

（4）临爆前切断配电房电源，杜绝在爆破过程中发生意外的可能。

（5）爆破前预先在烟囱倒塌方向地面铺设土堆，减少烟囱倒塌对地面的冲击。

13.1.4　爆破效果

爆破后烟囱按照设计方向倒塌，整个过程持续 9s，烟囱与地面约成 60°时，在距地面约 1/3 烟囱高处发生断裂。倒塌时无后坐，仅有很小的前冲，达到了预期的爆破效果（图 13-4），爆破过程中无飞碴。周围建筑物安然无恙，重点保护目标完好无损[42]。

图 13-4　爆破效果图

13.2　180m 高钢筋混凝土烟囱控制爆破拆除*

13.2.1　工程概况

江苏南热发电有限责任公司为积极响应国家“上大压小、节能减排”的政策，决定拆除一幢旧机组主厂房，其中 1～4 号机组为 50kW，5～6 号机组为 125kW，且有 80m 高钢筋混凝土烟囱一座，180m 高钢筋混凝土烟囱一座。

工程分两次爆破，第一次爆破 1～6 号机组主厂房（长 205m，宽 81m，高 46.5m）和一座 80m 高钢筋混凝土烟囱，主厂房北侧距离保护的主控室 35m，西北侧距离 220kV 升压站 40m，西侧距离华能电厂保护主厂房 19m。爆破后厂房和烟囱倒塌准确，解体充分，非常安全。

---

* 设计施工单位：中国人民解放军理工大学工程兵工程学院。

第二次爆破 180m 钢筋混凝土烟囱，该烟囱为当时国内成功爆破最高的烟囱。

1. 工程结构及特点

180m 钢筋混凝土烟囱底部外半径 7.98m，内半径 7.56m，壁厚 0.42m；顶部外半径 2.58m，内半径 2.42m，壁厚 0.16m；烟囱距地面 5m 以上有内衬，厚 0.24m，筒壁和内衬之间有珍珠岩隔热层，厚度 0.10m。烟囱东西各有 1 个烟道，烟道底部挡灰板距地面 5m，烟道高 8.4m，宽 4.8m（8.4～12.5m 范围内配筋较密，12.5m 以上配筋逐步正常）；烟道上沿距地面高 13.4m，在 21～25m 高的范围烟囱为变截面，25～32m 烟囱壁厚度均匀。0～55m 标高混凝土标号为 C30，55～130m 标高混凝土标号为 C25，130m 以上标高混凝土标号为 C20。筒身混凝土及内衬体积为 $2217m^3$，隔热层体积 $61.59m^3$，烟囱总质量约为 5542t。

2. 周围环境

该烟囱爆破环境复杂（图 13-5），180m 高烟囱南侧距离厂区自备火车轨道 95m；西侧距离华能电厂主厂房 155m；东侧距离厂区围墙 161m，距离围墙外水厂 178m，东北侧距离电厂待拆除老办公楼 178m，距离围墙外最近居民建筑 182m；北侧距离主控室 163m。

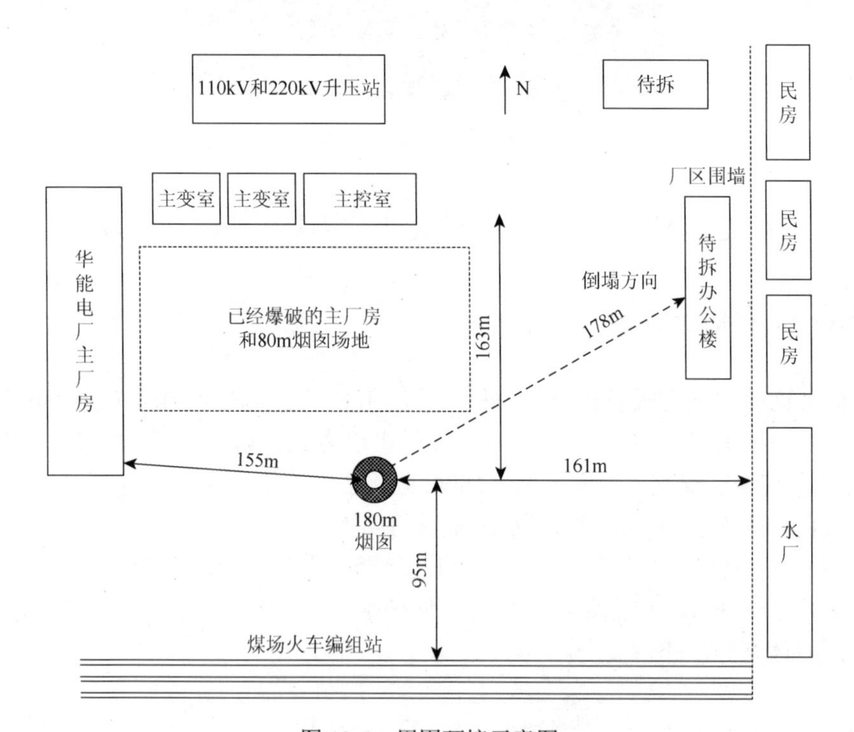

图 13-5　周围环境示意图

3. 工程要求

1）爆破安全要求

必须保证相邻网控室的安全运行，确保周围其他保留建构筑物、发供电设施及附近人员的安全。控制爆破拆除过程中必须做好降尘、减震、防飞石等技术方案和措施，确保华能南京电厂和南热电厂电气主控楼、5 号和 6 号主变室、110kV 和 220kV 升压站等生产设备正常安全运行。

2）震动速度控制标准

爆破时主要是防止爆破振动引起的跳闸事故，尤其是继电保护室的控制元件。允许质点振速为①中央控制室：＜0.25cm/s；②继电保护室：＜0.25cm/s；③开关站输配电构架：＜0.5cm/s。

3）灰尘控制

因升压站为户外式，灰尘对高压电气设备绝缘子的爬电距离危害较大，并影响二次设备的绝缘电阻，因此必须采用有效的措施防止灰尘污染主变、开关、闸刀、绝缘子、保护柜等一、二次设备。

13.2.2 爆破设计

1. 爆破方案

1）切口位置

烟囱烟道上沿距地高 13.4m，选择的烟囱倒塌方向和烟道不对称，切口高度按照烟道上沿预留 8m（切口下沿距地 21.4m）进行计算机模拟计算，8m 处后侧预留截面支撑强度不够，瞬间被压垮；另外，切口高度按照烟道上沿预留 10m（切口下沿距地面 23.4m）进行计算机模拟计算，10m 处后侧预留截面支撑强度勉强够，瞬间基本不会被压垮；最后，确定切口下沿距地面 25m 高度，即在烟道上沿 11.6m 处进行切口，该高度也是烟囱建造设计的第二个挑头，挑头宽度约 0.8m。

2）倒塌方向

倒塌场地东北方向距离待拆除老办公楼 178m。烟囱在 25～28m 处高位切口，烟囱实际落地长度约为 155m，为充分利用老办公楼作为烟囱头部落地遮挡防溅，倒塌轴线选择老办公楼中心位置，基本满足烟囱落地长度要求。

3）重点保护目标

根据周围建筑、设施的分布和距离，重点保护老办公楼后侧围墙外的棚户居民房不受损坏，以及主控室内的各种开关不引起跳闸。

2. 爆破参数设计

设计爆破切口位于25～28m，切口高度3m，爆破圆心角为220.8°，爆破切口中间开设定向窗3个，两侧各开定位窗1个，主要爆破参数设计如下：

（1）最小抵抗线：$W = B/2$, B 为筒壁厚度尺寸。

（2）药孔间距：$a = K_a W$, $K_a = 1.0 \sim 1.5$ 。

（3）药孔排距：$b = K_b a$, $K_b = 0.66 \sim 1.0$ 。

（4）药孔孔深：$L = K_L H$, H 为构件的厚度或宽度；K_L 为系数，对于板梁柱 $K_L = 0.665$ 。

（5）单孔药量：

$$C = 0.35AK_B K_f K_P W^3 \tag{13-4}$$

式中，A 为材料抗力系数，砖墙 $A=1.8$，钢筋混凝土（只破碎混凝土时）$A=5$；K_B 为破坏程度系数，$K_B = 2 \sim 3$；K_f 为临空面系数，一至四个临空面，K_f 分别为 1.0、0.9、0.66、0.5；K_P 为爆破厚度修正系数，当爆破厚度 $B < 0.8$m 时，$K_P = 0.9/B$；W 为最小抵抗线，m。

根据180m烟囱距地25～28m的壁厚尺寸，计算和使用的各爆破参数列于表13-1中。烟囱爆破共使用乳化炸药18.72kg，雷管553发。

表13-1　爆破参数

爆破项目	壁厚/cm	W/cm	孔距/cm	排距/cm	排数	孔数/个	单孔药量/kg	总药量/kg
预处理爆破参数	40	20	30	30	11	236	0.1	23.6
烟囱爆破参数	40	20	30	30	11	538	0.1	53.8
合计						774		77.4

3. 起爆网路

采用非电导爆管起爆网路，毫秒2段雷管同时起爆，非电起爆器直接起爆非电网路。

13.2.3　爆破安全计算与措施

1. 一次齐爆的最大药量

为将爆破振动控制在允许范围内，需要控制一次齐爆的最大药量。一次齐爆的最大药量用下式确定：

$$Q = R^3 \left(\frac{V}{K \cdot K_1} \right)^{3/\alpha} \tag{13-5}$$

式中，Q 为一次齐爆的最大药量，kg；R 为爆破点至被保护目标的距离，m；V 为被保护目标的质点震动速度，cm/s；K 为与爆破地形有关的系数；K_1 为装药分散系数；α 为爆破振动衰减指数。

以与爆破烟囱距离最近的华能电厂内厂房机组、中央控制室和继电保护室为重点保护对象，其相应数据为 $R=155\text{m}$, $V=0.25\text{cm/s}$, $K=150$, $K_1=0.2$, $\alpha=2.0$，经计算得到一次齐爆的最大允许药量为 $Q=2027\text{kg}$，而烟囱爆破实际共使用炸药量仅为 77.4kg，对重点保护对象而言是安全的。

2. 防护和减少塌落震动、防飞溅措施

爆破点使用双层竹篱笆中间夹一层草袋直接防护。

180m 烟囱倒塌方向 155m、130m、105m、80m、55m 处使用煤灰堆积数道减震堤坝，坝体横截面上宽 2m，下宽 4m，坝长 40m，堆土高 2m，在堤坝的顶部使用编制袋装填煤灰并扎口，铺设 6 层，总高度 3m。每道堤坝之间的平地使用煤灰或干泥土铺垫，厚度 0.5m；另在旧办公楼两侧堆设一道高 6m 的防冲墙；烟囱倒向堤坝外开挖数道深 3m 的环形减震沟，形成三面开沟减震，并在三面的减震沟外，使用钢管架外挂竹篱笆挂网，搭设高度为 15m 的防溅遮障墙。

13.2.4　爆破效果

爆破时的情况见图 13-6。

图 13-6　爆破照片

烟囱爆破后，经 15.924s 烟囱全部落地，落地中心线基本和全站仪定位的中心线重合，向左偏差 1.5°（烟囱建造施工时，在 120m 以上稍微向左倾斜）。爆破后经现场检查，烟囱体前段和中段摔碎，后段摔扁，减震堤被挤压出明显缺口，沙土向两侧挤出，个别沙包被抛至 15m 处的地面，少部分沙土飞溅到 26m 处旧办公楼的墙面上，但 20m 以外未见飞溅的混凝土碎块。

在距离爆区东北侧民房围墙处（距离烟囱根部 182m，距离落地烟囱头部 30m）爆破振动监测数据如下：

（1）起爆时垂直方向质点振速为 0.2447cm/s；

（2）起爆 8s 时，切口筒体下落触地，垂直振速为 0.04cm/s；

（3）起爆 11.68s 时，筒身陆续触地，垂直振速为 0.191cm/s；

（4）至 15.924s，烟囱头部落地完毕，波形变为直线[43]。

13.3　钢筋混凝土筒形水塔双向切口折叠爆破拆除*

13.3.1　工程概况

该水塔位于中建七局二公司生活区内，西侧 8m 处为一保留平房，24m 处为居民楼；北侧 6m 处为围墙，围墙外为农田；东侧 17m 处为居民楼；南侧 29m 处有架空的通信电缆和有线电视线，44m 处为小区道路。需拆除的水塔为钢筋混凝土筒形结构，高约 35m，上部水柜为倒锥形，由下部的钢筋混凝土筒体支撑，筒体外径 2.51m，壁厚 0.2m，筒体主筋为 ϕ16mm～ϕ18mm。筒体上朝南有 4 个孔洞，宽约 0.4m，高 0.8m，根部有一高 1.7m、宽 0.9m 的门洞。在爆破拆除时需保证周围居民楼、围墙、架空线的安全，并按设计倒塌、落地。

13.3.2　爆破方案设计

由于水塔高 35m，南侧 29m 的环境不具备定向倒塌的条件。因此，采用一次点火，开设双向切口，水塔 6.8m 以上部分向南倒塌，6.8m 以下部分向北倒塌的折叠爆破拆除方案，使水塔倒塌后向南的长度控制在 27m 之内。

根据总体方案，共设两个切口，上切口下沿距地面 5.8m，中心线朝南，切口高 1.0m；下切口下沿距地面 0.3m，中心线朝北，切口高 1.0m。

切口采用类梯形，上、下切口的下沿弧长 4.8m，圆心角均为 218°。上、下切口均开设定位窗，定位窗的夹角为 30°，具体见图 13-7 和图 13-8。

---

* 设计施工单位：中国人民解放军理工大学工程兵工程学院。

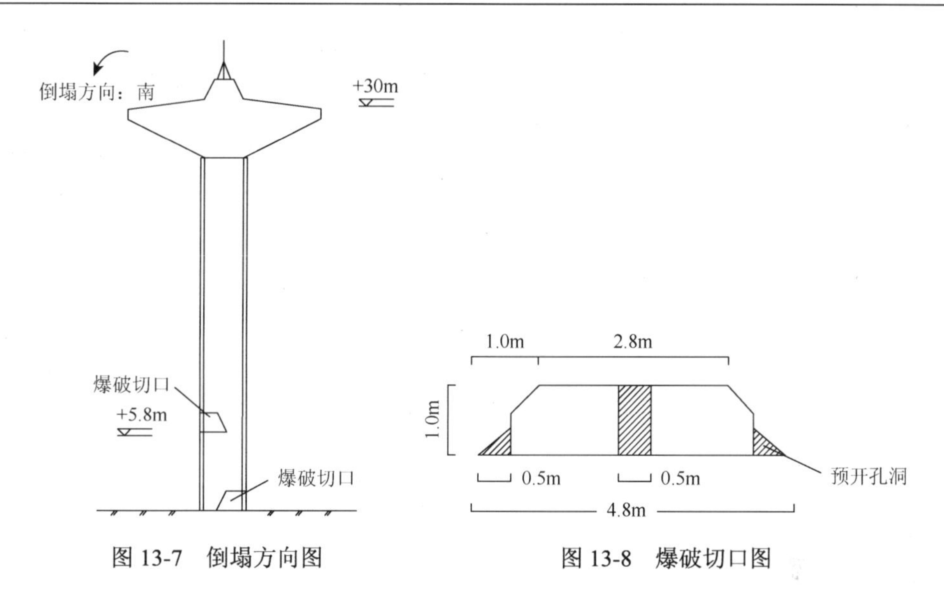

图 13-7　倒塌方向图

图 13-8　爆破切口图

孔深 $L=14\text{cm}$，孔距 $a=15\text{cm}$，排距 $b=15\text{cm}$，排数 $n=8$，单孔药量 $q=33\text{g}$。上、下切口起爆延期时间差为 3.5s，上、下切口用 6 段、8 段塑料导爆管雷管。起爆网路采用非电导爆管起爆网路由电雷管击发的形式。

13.3.3　爆破效果

1）倾倒过程

上切口起爆后，6.8m 以上开始绕上切口预留支撑筒壁缓慢向南倾斜，3.5s 时倾斜角度为 5°～6°。此时下切口起爆，6.8m 以下筒壁以保留支撑筒壁为支点转动，转动速度很快，2s 后倒地；6.8m 以上筒体做向南倾倒和随下部分下落的复合运动，此阶段顶部水柜向南运动速度较小；6.8m 以下部分落地后，6.8m 以上部分开始绕地面上落地点做转动，经历 1.5s，水柜边缘落地，水柜破坏完全落地又经历 1.5s。

2）倒塌长度

倒塌后，6.8m 以上部分将以下部分压在下面，完全形成折叠形式。以原址为依据，向南倾倒长度为 19m，向北倒 4m，加上原直径倒塌范围共长 25.5m。

13.3.4　折叠爆破设计中的几个问题

1. 钢筋混凝土结构宜采取方案的分析

由于钢筋混凝土结构整体刚性好，简化成一长度为 L、质量为 m 的均质细杆垂直放置，下端与一固定绞链相接，可绕其转动，细杆在重力作用下由静止开始绕绞链转动的模型。细杆受到两处力的作用，一处是重力 mg，另一处为铰链处的约束力。铰链对系杆的约束力 N，与 N 垂直的约束力 R，由于细杆绕轴的转动惯量为 $\frac{1}{3}mL^2$，故细杆与铅垂线呈直杆绕绞接的运动。根据刚体绕固定端转动的原理，其轨迹运动方程为

$$m\alpha_{\mathrm{t}} = mg\sin\psi - R_{\mathrm{A}} \tag{13-6}$$

$$m\alpha_{\mathrm{n}} = mg\mathrm{con}\psi - N_{\mathrm{A}} \tag{13-7}$$

$$J_{\mathrm{A}}\beta = \frac{1}{2}Lmg\sin\psi \tag{13-8}$$

式中，ψ 为细杆与铅垂线的夹角；β 为角加速度；J_{A} 为转动惯量，$J_{\mathrm{A}} = mL^2/3$；α_{t} 为切向加速度，$\alpha_{\mathrm{t}} = \beta L/2$；$\alpha_{\mathrm{n}}$ 为径向加速度，$\alpha_{\mathrm{n}} = L\omega^2/2$。

将初始条件（$t=0$ 时），$\psi_0 = 0,\ \omega_0 = 0$ 代入，当细杆与铅垂线呈 ψ 时的 $\beta = (3g/2L)\sin\psi,\ \omega = \left[\frac{3g}{L}(1-\mathrm{con}\psi)\right]^{1/2}$，得

$$R_{\mathrm{A}} = \frac{mg}{4}\sin\psi \tag{13-9}$$

$$N_{\mathrm{A}} = \frac{5}{2}mg\mathrm{con}\psi - \frac{3}{2}mg \tag{13-10}$$

从以上公式可知，当倾倒角度不大时，水平方向的力 R_{A} 是很小的，垂直方向的力 N_{A} 大，所以上切口以下的筒体运动方向主要取决于重力和预留筒壁的偏心支撑作用，故采用双向切口爆破能使下部筒体向后形成折叠倒塌；若采用同向双切口，下筒体在 N_{A} 和其自重以及预留筒壁的偏心支撑作用下会向前倒塌，不能形成折叠倒塌。

砖烟囱采取单向折叠爆破拆除的成功例子较多。先爆破上部切口，当烟囱上部倾倒到一定角度后起爆下部切口，使烟囱下部原地坍塌。由于砖烟囱结构强度低，通过折叠倒塌过程使筒体解体，减小前倒的长度。对于钢筋混凝土筒形结构的拆除，只能采取双向折叠爆破来控制前倒长度，不能像砖烟囱那样采取单向折叠爆破。

2. 两个切口的起爆时间

对于折叠爆破的上下切口有同时起爆和延时起爆两种方案可供选择。这里的延时起爆即上切口起爆一段时间后，下切口起爆。同时起爆方案的优点是对前方的保护目标或控制前倒长度有好处，缺点是方向性差，因为下切口预留支撑破坏后会直接对上切口支撑强度有影响，倾倒方向容易发生偏差。延时起爆方案的优点是能保证主要倾倒方向，并较好地控制倒地长度，缺点是延时时间控制上难度大。通过分析认为，选择合理的延时时间，采用延时起爆更安全可靠。

延时起爆的特点是上切口起爆后，筒体倾倒一定的角度，使其重心移出支撑

面，具有一定的倾倒速度，筒体在倾倒方向上基本不会出现大的偏差，此刻再起爆下切口，确保折叠效果。确定延期时间应以上述原则为依据，根据工程实践资料，取 4～5s 为宜。

延时起爆成功与否的关键是上切口强度是否能保证切口以上筒体的倾倒，下面就切口强度进行讨论。

3. 必须保证上切口预留筒壁具有足够的强度

1）高位切口与地面切口的不同

钢筋混凝土烟囱高位切口爆破拆除的设计原理、施工工艺与地面切口相似，但是由于切口位置的不同，二者也是有区别的。

钢筋混凝土烟囱高位切口爆破拆除与地面切口的区别：施工环境复杂、施工条件差、施工难度大；预留筒壁破坏后不易形成由碎碴和残余筒壁产生的二次支撑；切口附近没有地面的水平约束，不能像地面切口那样减少水平向力对筒壁的破坏和阻止预留筒壁中斜剪切面的延伸，使预留筒壁的斜剪破坏和失稳破坏明显大于地面切口。根据以上区别，在设计与施工时应进行修正。

2）与强度有关的参数及选取

烟囱折叠爆破拆除的关键在高位切口的预留筒壁强度，与强度有关的因素主要是预留筒壁的大小和形状，具体就是切口圆心角和形状。

烟囱爆破应满足定向倾倒的力学条件，即

$$N_R \gg W_g \tag{13-11}$$

$$M_P \gg nM_R \tag{13-12}$$

式中，N_R 为预留支撑截面极限抗压承载能力；W_g 为切口以上筒体质量；M_P 为由烟囱自重等引起的倾覆力矩；M_R 为预留支撑截面极限抗弯能力；n 为失稳保证系数。

第一个条件保证预留支撑截面不因受压破坏使烟囱下坐，导致塑性绞的塑性转动能力丧失而影响倒塌。第二个条件保证有足够的倾覆力矩以克服截面的塑性抵抗弯矩，使筒体绕塑性绞转动，确保倾倒。综上可知，要使倾覆矩大于抵抗弯矩，预留筒壁承载力大于筒体自重，这两个条件都与爆破切口对应的圆心角密切相关。

圆心角与抵抗弯矩的关系：圆心角大小直接决定预留支撑截面的大小，截面面积大意味着支撑边缘距中性轴的距离大，同时抵抗弯矩也将变大，这样会影响倒塌运动。

圆心角与支撑破坏的关系：圆心角大小直接决定预留支撑截面的大小，截面面积大意味着切口形成瞬间不会因动载破坏，在倾倒过程中局部破坏对预留支撑的突然破坏影响也不大。

爆破切口对应的圆心角越大，支撑面越小，易受压破坏甚至使烟囱出现下坐，对倒塌方向控制不利。爆破切口对应的圆心角越小，支撑面越大，抵抗烟囱倒塌的倾覆力矩能力越强，同样不利于烟囱的倒塌。所以，爆破切口最好就是在满足倾覆力矩的情况下尽量地增大预留支撑截面面积，即减少切口对应的圆心角。文献也指出“以爆破切口角表示爆破切口长度更为直观、方便。爆破切口角的大小应在满足可以倾倒的前提下，尽量减小，不宜过大。”

根据计算、工程资料和文献，切口圆心角取220°左右较合适。同时在工程实践中可以采取切断预留截面中心部分钢筋的措施，减小抵抗弯矩。

3）切口形式的影响

切口形状中的定向窗夹角大小，直接影响爆破切口的闭合状态和闭合进程，对筒体倒塌平稳性有很大的影响。

从计算结果中看到，由于切口上部偏心重压的存在，在预留支撑中近切口的位置出现大应变的现象（图 13-9），削弱了强度，增大了预留支撑的高度，使其易受到失稳和剪力的破坏，加上矩形窗尾部空距较大，初始加速度大，切口闭合冲击大等问题，所以在近切口部位应采用小夹角的三角形定向窗。这种定向窗可以从定向窗尾部开始闭合，然后逐渐接触、闭合。在一般情况下，定向窗夹角以20°～25°为宜。

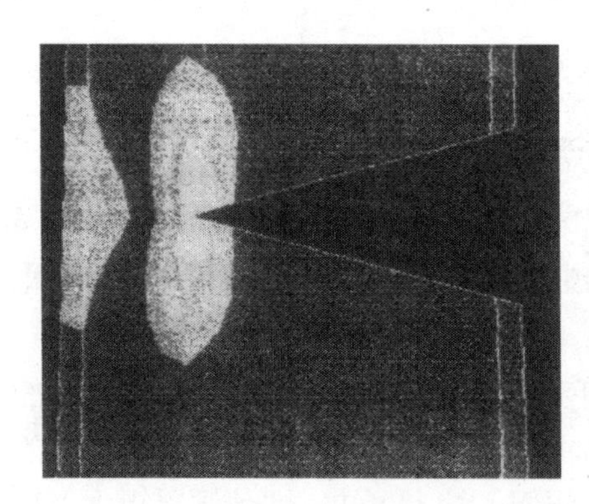
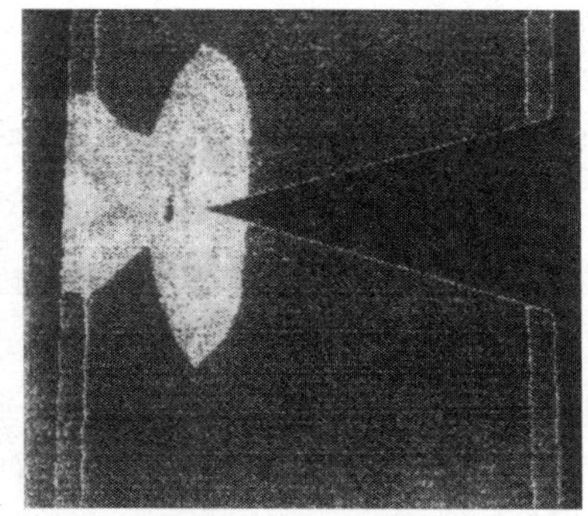

图 13-9　切口部位的应变现象

随着上部筒体的倾倒，预留支撑截面中的工作单元会减少，抗压、抗剪的能力也减弱，这一点可以通过合理的切口形式得到补偿，使随着上部筒体的倾倒，不断地增加切口上下部分的接触面积，达到补偿的目的。具体就是采用弧形切口或如图 13-10 中小夹角定向窗与类似梯形结合的切口，这种切口不但可以保证定向窗的小夹角，而且补偿了接触面积，有利于平稳倾倒。由于弧形切口或如图 13-10

的类梯形切口中心线高度始终比两侧大，切口定向窗尾部闭合开始至切口中线闭合完毕前的过程中，始终有切口，有利于倾倒和闭合的连续、平稳。

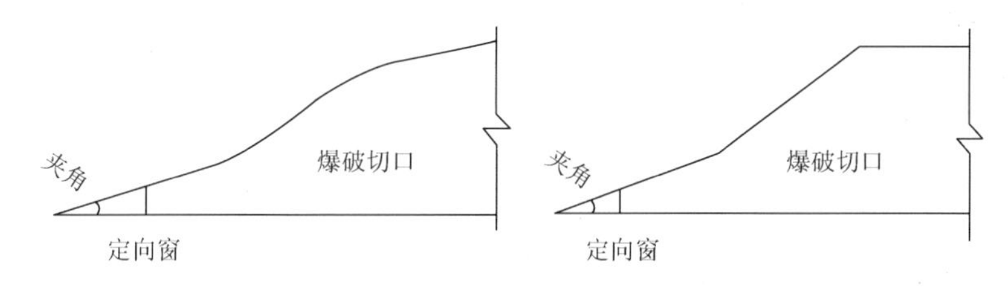

图 13-10　定向窗示意图

13.3.5　结论

（1）上下切口延时起爆时间为 4～5s。因为时间太短，上切口以上部分倾倒角度过小，对方向控制不利；时间太长，重力分力对下部分倾倒不利，也容易因支撑筒壁强度弱出现断裂等不利因素。

（2）上下切口中心线与倾倒中心线重合很重要。

（3）上切口圆心角以不大于 220°为宜。

（4）钢筋混凝土筒形结构爆破后各段长度之和等于原长度。

（5）上切口落地点处的地面情况对倒塌方向有影响。因为上部结构后来以此为轴转动，倾斜的地面易影响方向[44]。

13.4　复杂环境下冷却塔控制爆破拆除*

13.4.1　工程概况

浑江发电公司需将一座建成于 1987 年的钢筋混凝土双曲线冷却塔拆除。待拆除 1 号冷却塔位于鹤大公路南侧 10m，距军用光缆 8m，东侧距万伏高压线 25m，南侧距 6 万 V 高压线 20m，距 30 万 V 高压线 35m，西侧和南侧距养鱼池 7m，西侧距居民区最近处为 27m，距居民区为 60m（图 13-11）。

该冷却塔为钢筋混凝土双曲线形，高度为 60m，底部直径 46m，筒壁厚度 50cm（底部）至 12cm（顶部）不等（图 13-12），下部为 30 对交叉立柱，支撑冷却塔主体的全部重量，立柱规格为 0.5m×0.5m，高度为 9.5m。与众不同的是，该冷却塔的淋水装置设在塔体外部，高度为 9.5m，宽度为 10m，由四排立柱支撑，另外在通风筒壁外侧有大量淋水板及其他装置。

* 设计施工单位：中国人民解放军理工大学工程兵工程学院、哈尔滨恒冠爆破工程有限公司。

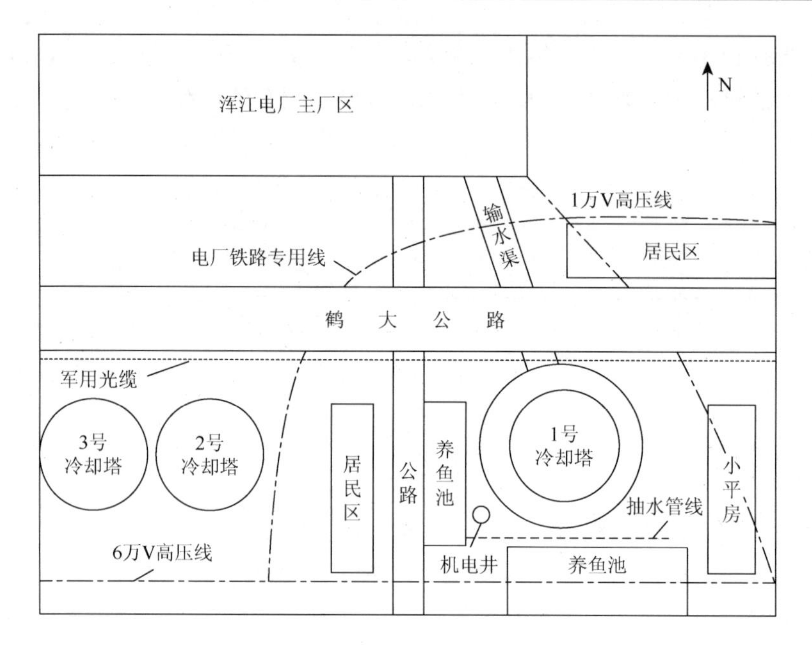

图 13-11　爆破现场平面示意图

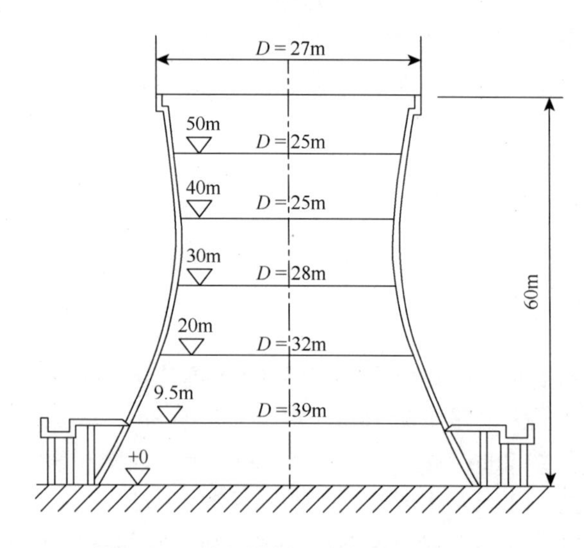

图 13-12　冷却塔剖面示意图及典型尺寸

13.4.2　爆破总体方案

该冷却塔周边环境复杂、结构独特、混凝土强度高、高宽比为 1.3。从上述情况分析，该塔较适合原地坍塌式爆破，但由于工期紧，无法做到原地坍塌爆破。

最终，爆破方案确定为向西偏南 15°定向倒塌爆破，既能保证 6 万 V 高压线的安全，又可以有效地增大塔体落地时与公路桥和军用光缆的距离。

为减少倒塌距离，开口部位选在 10m 高处，开口长度取周长的 0.62 倍，开口高度应不小于 2m，以保证塔体变径超过塔壁厚度，上、下切口不能直接闭合；两侧各开一个定向窗，确保倒塌方向的准确性。

由于冷却塔的淋水装置在外部，而且所有梁、柱均为简支结构，故需考虑塔体下落过程中对淋水系统的推挤作用，防止 9m 高的立柱、活动梁和预制板将西南侧 6m 的机电井和南侧 5m 处的电机和抽水管线砸碎。

13.4.3　切口形式与装药参数

为防止冷却塔失稳后塔身下坐并减缓倾倒速度，开口宽度取爆破部位处的塔壁周长 L 的 3/5～2/3，即 $0.62L\approx76$m。塔壁开口下边缘位置为地面以上 9.5m，塔壁开口高度为 1～2.5m（开口中心处取大值，两侧取小值）。圈梁下爆破切口内交叉立柱全部爆破。

为减少一次爆破的工作量和炸药总用量、减小爆破振动危害效应，利于冷却塔的定向倾倒与解体，提前在倒塌方向的塔壁开设 9 道 1m 宽、10m 高的切口，将倒塌正面平均分为 8 个独立的大片。

根据实际情况，塔壁最下排的孔距和排距都取 30cm，向上适度减小；单孔装药量，取 $q=40$～50g。

交叉立柱孔距取 30cm，单孔装药量取 50g。

实际炮孔总数为 1920 个，总装药量为 96kg。

13.4.4　起爆网路

采用四通连接孔内延期导爆管雷管起爆网路。

经过预处理后的爆破切口位置保留 8 片塔壁，倒塌中心线两侧各 4 片。采用毫秒延期爆破，共分为 4 段，沿中心线向两侧逐片起爆。其中，第一段（响）采用 MS-1 段非电导爆管雷管；第二段（响）为 MS-3 雷管；第三段（响）为 MS-5 雷管；第四段（响）为 MS-7 雷管。

总的起爆延期时间（从开始点火至所有装药爆炸完毕所需时间）为 75ms。

13.4.5　安全计算

对于此次爆破的地震波，应考虑的重点保护目标是南侧 25m 处的公路桥梁，按照国标《爆破安全规程》(GB 6722—2014)确定的标准，取安全震动速度（质点垂直震速）$V_c = 3.0$cm/s 应是合理的。根据此次爆点周围的实际地质条件，选取 $K = 250$，$\alpha = 1.8$，$K' = 0.5$（按照最不理想的条件考虑），计算允许装药量为31.2kg。大于此次爆破最大一段药量（29kg），爆破地震波对公路桥梁不会产生危害。

此次爆破切口以上的塔体质量不大于 $M = 2.5\times10^3$t，撞击点中心距建筑物最近的距离不小于 $R = 35$m，塔体的重心高度为 $H = 17$m，计算得出塌落震动速度 $v_t = 0.93$cm/s，能满足安全要求。

13.4.6 爆破效果

2007 年 7 月 6 日中午 11 时 18 分，随着爆破总指挥下达的起爆命令，四声沉闷的连续爆破声响起，60m 高冷却塔应声倒下。2s 后，整个冷却塔倒塌后的废墟全部躺在预定区域内。经测量废墟出塔盆最远距离为 10m、宽为 35m，最大堆积高度为 5m，平均堆积高度约为 2m，个别石块离爆堆不超过 30m，周围建筑物设施安然无恙[45]。

13.5 硝铵造粒塔拆除爆破技术*

13.5.1 工程概况与特点

1. 工程概况

硝铵造粒塔位于兰州石化公司化肥厂内，始建于 1955 年，高 64m，东西长 41m，南北宽为 18m。造粒塔由六个不同的结构组成，即两个筒体 13.35m 高处以下为钢筋混凝土立柱和部分剪力墙结构，立柱断面尺寸为 90cm×90cm，剪力墙厚约 38cm；高 13～46.8m 为两个等高度的钢筋混凝土薄壁筒形结构，内径为 16m，壁厚为 16cm，筒内壁贴有 12cm 厚的耐火砖；高 40.45～63.5m 为钢筋混凝土框架结构，在 40.45m 高处有一道高 180cm、厚 50cm 的钢筋混凝土圈梁，立柱的断面尺寸为 50cm×50cm，主梁的断面尺寸为 50cm×80cm；两筒体间楼梯也为框架结构，主要立柱的断面尺寸为 50cm×50cm。筒体上下两端均通过圈梁与上部框架和下部立柱连为一体，结构十分坚固。硝铵造粒塔结构示意图见图 13-13。

---

* 设计施工单位：中国人民解放军理工大学工程兵工程学院。

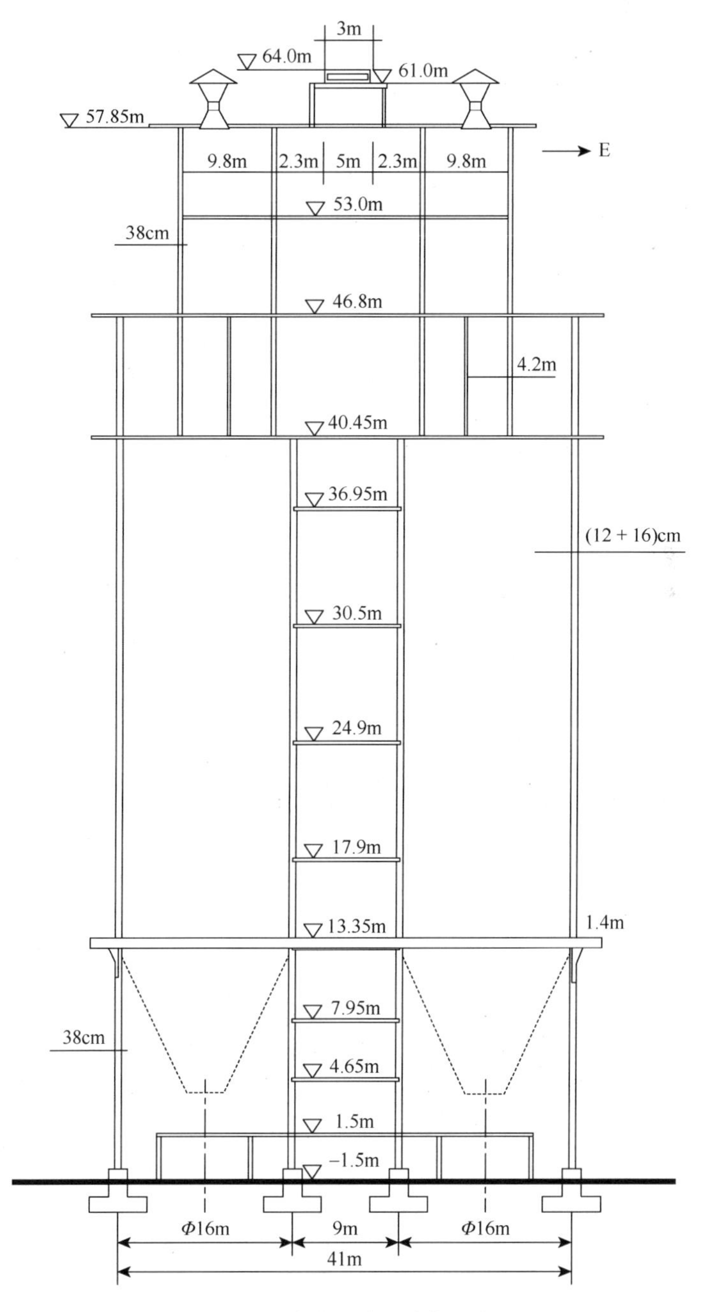

图 13-13　硝铵造粒塔结构示意图

2. 周围环境

硝铵造粒塔东邻硝铵检修班和 41m 处的厂区马路；南侧 71m 处为厂区铁路，

北侧 38m 为大化肥液氨储罐。爆破时的主要保护目标有北侧 13m 处的厂区主要马路，38m 处重点保护的液氨储罐；东北方 75m 处的大化肥新造粒塔。

3. 工程要求

硝铵造粒塔内壁附有硝铵易爆危险品，在爆破前必须清理干净，防止二次爆炸。确保硝铵造粒塔北侧的大化肥液氨储罐、东侧的甲醇储罐的安全。爆破物周围有地下循环水管线和雨排管线，在爆破时需确保地下管线的安全。确保爆破时，造粒塔周围正在运行的大化肥尿素装置和中央控制室等的正常运行。

4. 工程特点

（1）环境复杂。爆破目标附近有易燃、易爆物，距生产线中央控制室及生产运行大车间较近，设备、仪器精密度高，地下设施复杂，对爆破的要求高。

（2）塔体结构独特。筒体和墙体均为钢筋混凝土薄壁剪力墙，10m 高以下为环行分布的立柱，无圈梁和水平直梁连接，立柱与立柱的相互约束弱，塔筒体内壁和内部的地面上有残留硝酸铵等易爆物，这在拆除爆破项目中是很较少见的。

（3）倒塌方向和范围受限，对爆破定向技术要求高。由于塔体高，环境复杂，塔体由多个不同的结构组成，各部分交界处结构变化大（下部立柱与圈梁、圈梁与薄壁筒体、薄壁筒体与上部框架等均为结构变化较大的部位），对倒塌方向和范围的控制比一般的高耸结构物难度大。

13.5.2 整体爆破拆除方案的确定

根据硝铵造粒塔的周围环境、结构特点和工程要求，为保证保护目标的安全，特别是北侧大化肥新生产线的安全，选择整体向南定向倒塌。

在该塔的下部设计一个三角形爆破区，炸高由南向北逐渐降低，即爆破切口方向向南，采用非电延期起爆技术将爆破区内起支撑作用的构件由南向北依次爆破破坏，逐步形成三角形切口，使塔体失去稳定性，在重力形成的倾覆力矩作用下，向南定向倒塌和解体。

该方案的优点：①该方向为拆除区，爆破前地面建筑均已拆除，地下设施除一根直径 40cm 的水管外都加以清除，可以满足塔体预计倒塌的范围。②根据硝铵造粒塔的结构特点，向南定向易于整体倒塌，且倒塌方向易于控制。其主要原因是可利用结构的对称性。该塔东西向较南北向长，筒体顶部通过上部框架结构连为一体，且两个筒形结构下部的立柱沿轴线对称，塔体结构在设计的爆破失稳过程中，不易向东西两侧倾斜，更不会向北倒塌。③有利于控制向北侧（重点保护区）的飞石、冲击波。硝铵造粒塔北侧 13m 以北是重点保护区，距重点保护的液氨储罐仅有 38m，且与运行的大化肥新生产车间较近。该方案的爆破部分主要在塔的南部和中部，北侧爆破较少，因此，有利于控制向北侧的飞石、冲击波。④易于控制塌落震动。塔体倒塌时，接触面积大，触地能量分散，单位面积的触地能量较其他方法小，其震动传播的距离短，且向南传播的震动波比向北（反方向）传播的震动波强，塌落震动对北侧的影响较其他倒塌方向小；通过采取一定的减震措施，该震动可以严格控制在安全范围内。⑤爆破堆高度较其他方法低，易于爆后清碴。

该方案的缺点：向南倒塌距离较长，对南侧 71m 处的厂区铁路路基可能会产生影响。

13.5.3　拆除爆破设计

1. 爆破切口设计

为保证塔体向南定向倒塌，将该塔 12m 以下划分成三个爆区，即东、西两塔各为一个爆区，中间楼梯和电梯为一个爆区。每个爆区均通过爆破方法形成爆破定向切口，各立柱炸高由南至北逐渐变小。

炸高是爆破的主要参数，框架结构主要受力的承重构件是立柱，起固定作用的构件是梁，一旦承重构件被破坏到一定高度，结构物就失去稳定性，在重力形成的倾覆力矩作用下倒塌和解体。立柱和部分墙体在此次爆破中规格不同，炸高确定按下式计算：

$$H_{\mathrm{P}} = K(B + H_{\min}) \tag{13-13}$$

式中，H_{P} 为立柱的破坏高度，m；K 为经验系数（通常取 2～3，此次取 2.6）；B 为立柱截面的最大边长，m；$H_{\min}$ 为立柱的最小破坏高度（通常取最小抵抗线的 1.5 倍）。

根据硝铵造粒塔的结构断面尺寸，经过计算并结合实践经验确定出各构件的炸高如表 13-2 所示。

表 13-2　立柱炸高表

构件（西塔）	炸高/m	构件（东塔）	炸高/m
1#	8	1#	8
2#	8	2#	8
3#	8	3#	8
4#	8	13#	8

续表

构件（西塔）	炸高/m	构件（东塔）	炸高/m
14#	8	14#	8
5#	5	4#	5
13#	5	12#	5
6#	2	5#	2
12#	2	11#	2
7#	1	10#	1
8#	0.6	6#	0.6
11#	0.6	9#	0.6

2. 预处理

为减少爆破量，在爆破前，按照墙拟柱原理，将爆破区内的非承重墙按设计位置用人工和机械方法预先拆除。中间楼梯和电梯处理到16m高处，每层楼梯横切两个口（宽0.15m），保留钢筋以便人员攀登。

为防止塔内残留硝酸铵在爆破时出现意外爆炸，爆破前，对筒壁上的硝酸铵进行净化处理，以确保爆破时的安全。

3. 爆破参数设计

（1）最小抵抗线（W）：取断面短边或墙厚度（B）的一半，即 $W = B/2$。

（2）药孔间距（a）：药孔间距取 $a = (1.0\sim1.5)W$。

（3）药孔深度（L）：药孔深度的确定以保证装药将构件破坏为原则，孔深取 $L = H - W +$ 装药长度的一半（H 为构件的厚度或宽度）。

（4）单孔药量（q）：根据体积原理，对单孔药量按下式确定：

$$q = KaBH \quad（单排孔） \tag{13-14}$$

$$q = KabH \quad（多排孔） \tag{13-15}$$

式中，q 为单孔药量；K 为单位体积用药量系数（单耗）；a 为药孔间距；b 为药孔排距；B 为构件的宽度；H 为构件的破坏高度。

单耗 K：单耗的大小决定着构件的破坏程度。选用乳化炸药时，对大断面立柱，通常取 $K = 0.5\sim0.8\text{kg/m}^3$；对薄壁剪力墙，通常取 $K = 2.5\sim3.5\text{kg/m}^3$。

按以上公式计算后，再用其他公式进行计算校核，条件许可时，可通过现场试验进行修正。根据理论计算和实践经验，此次爆破在立柱中央布设一列药孔，孔网参数见表13-3。

表 13-3　孔网参数表

柱、墙规格/(cm×cm)	最小抵抗线/cm	孔距/cm	孔深/cm	单孔药量/g	单耗/(kg/m^3)
Z-90×90	45	55	60	250	0.5
Z-70×70	35	50	45	150	0.6
Z-50×50	25	40	30	67	0.65
Z-45×45	22.5	40	28	50	0.65
Z-40×40	20	35	23	45	0.8
Z-35×35	17.5	30	20	33	0.9
JLQ-38	19	25	24	33	1.0
JLQ-15	7.5	20	10	20	3.5

4. 起爆网路设计

1）起爆顺序

按硝铵造粒塔的结构将起爆网路分成三个爆区四个爆段，采用非电导爆管起爆系统和延期起爆技术，一次点火、由南向北分段微差延时起爆，使塔向南定向倒塌和解体。为保证起爆可靠，采用复式起爆网路，多点击发的方法来保证。

2）起爆器材的选择

硝铵造粒塔位于市中心的地区，周围线路繁多，环境复杂，为避免市区杂散电流、射频电流等对起爆网路的影响，此次爆破采用非电毫秒延期雷管和非电导爆起爆系统来实现安全、可靠、准爆。

3）网路连接方法

用四通和导爆管以桥式搭接法把所有非电雷管连接起来，形成复式网路。每个爆段设置不少于两个击发点，最后用电雷管击发。按爆区的划分和起爆顺序，依次点火，起爆相应的雷管和装药。

13.5.4　爆破安全设计

1. 飞石控制

爆破飞石是炸药在构件中爆炸产生的，可以通过控制药量来控制飞石的距离，但由于构件材料的不均质性以及长时间风化或腐蚀，构件的强度发生了变化，可能出现个别飞石飞散较远的情况，通常在爆破部位用防护材料包裹。飞石的距离一般按下式计算：

$$S = f \cdot V^2 / g \tag{13-16}$$

式中，S 为飞石的最大飞散距离；V 为炸药爆炸时飞石的初速度；g 为重力加速度；f 为防护程度系数（防护层越厚，取值越小），一般取 0.5～1.0。

根据此次爆破的单个药包的药量，V 不超过 20m/s，按以上公式计算得出飞石的最大飞散距离不超过 32m。

2. 震动控制

1）爆破振动

在复杂环境内实施拆除爆破时，根据周围建筑和设施等对震动的要求，按照允许的质点震动速度，设计出爆破允许一次齐爆的最大药量。在结构物拆除爆破中，由于装药分散，且单个药包的药量较小。根据国家《爆破安全规程》，爆破允许一次齐爆的最大药量可按下式计算：

$$Q_{齐} = R^3\left(\frac{V}{K \cdot K'}\right)^{3/\alpha} \tag{13-17}$$

式中，$Q_{齐}$ 为允许一次齐爆的最大药量（即同一段别的雷管一次起爆的最大药量）；R 为爆源中心到保护目标的水平距离；V 为爆破时允许的质点震动速度；K 为爆破环境内与地质条件有关的修正系数；K' 为离散装药修正系数；α 为地震波衰减指数。

此次爆破最近的保护目标——北侧的液氨储罐距爆破点为 38m，当一次齐爆最大药量不超过 50kg 时，在 38m 处的液氨储罐南侧产生的质点震动速度不超过 0.3cm/s，故爆破是安全的。

2）塌落震动

塌落震动主要是控制下落物的质量、速度和被撞击介质的松软程度来控制地震动的质点震动速度。撞击介质为一般地基土壤的条件下，地震动的质点震动速度按下式计算：

$$V_{\mathrm{T}} = 0.08\left(\frac{I^{1/3}}{R}\right)^{\alpha} \tag{13-18}$$

式中，V_{T} 为质点震动速度，cm/s；I 为落地冲量，$\mathrm{N \cdot s}, I = m(2gH)^{1/2}$；$m$ 为下落物的质量，kg；H 为重心高度，m；α 为震动波衰减指数；R 为测点到震源的距离，m。

在不同距离上产生的质点震动速度见表 13-4。

表 13-4　不同距离上产生的质点震动速度

R/m	V_{T}/(cm/s)	R/m	V_{T}/(cm/s)
25	1.98	40	1.07
30	1.51	45	0.93
35	1.28	50	0.80

3. 安全措施

（1）开挖探查地下管线。由于地下管线密布，大部分管线在该片拆除中报废，但仍有部分管线用于现行生产线。在硝铵造粒塔附近人工开挖宽 50cm、深 2m 的探沟，查明全部地下管线的情况，有针对性地采取措施，保护有用管线。

（2）防护设置。为防止爆破产生飞石对附近人员、设施的影响，采用双层竹笆对爆破部位进行直接的防护。对附近空中管线用单层竹笆进行防护，特别是为保证北侧液氨储罐和大化肥生产线的安全，在硝铵造粒塔北侧 10m 处搭设一条长 60m、高 10m 的防护竹笆墙，防止少量飞石穿透直接防护层而飞向液氨储罐。

（3）开挖减震沟和堆砌减力墙。在硝铵造粒塔北侧和东西两侧 6m 处开挖宽 1m、深 2.5m 的减震沟；分别在倒塌方向的南侧 10m、25m、40m、55m 处东西向开挖 60m 长的减震沟。将挖出的土石在倒塌方向沟的一侧堆砌高 1.5m 的减力墙。

（4）在减力墙上铺设塑料三色布，上压砂袋，有效防止硝铵造粒塔倒塌过程中与减力墙及地面撞击而产生的意外飞石。

对以往类似工程的实测数据表明，爆破时，实际产生的震动比理论计算值要小得多。如南京下关电厂 80m 高的钢筋混凝土烟囱，在没有采取减震措施的情况下，在 15m 处测得的质点震动速度为 1.26cm/s；郑州中原电厂爆破 80m 高的钢筋混凝土烟囱时，在 10m 处测得的质点震动速度为 1.62cm/s。爆破时常采取的减震措施有：减震沟、减力墙（土坝）、铺设软质垫层等，在大量工程实践中各措施的减震统计结果是减震沟可减震 25%～35%；减力墙（土坝）可减震 20%～30%；铺设软质垫层可减震 20%～30%；三种措施并用，综合减震效率可达 70%以上。此次爆破拟采用综合减震措施。

13.5.5　爆破效果

经过精心设计、科学组织和施工，爆破获得成功。爆破按照预定爆破时间顺序起爆，向预定南方方向准确倒塌。向前倾倒开始时，底部支柱下坐，圆桶体由下部往上随倒地而破碎，立柱与圆桶体间的圈梁彻底摔碎并与圆桶体分离。上部圆桶体及顶部框架结构彻底破碎而贴近地面。大部分钢筋裸露，便于破碎清理。倒塌长度不到 50m，倒地时未有撞击飞石飞溅。爆破时产生的爆破飞石得到有效控制，飞石距离不超过 30m，北侧没有飞石越过竹笆墙。50m 处人员感觉爆破及倒塌过程的震动轻微。正常生产的大化肥生产线未受到任何影响，周围保护目标无一受损。

13.5.6　体会

此次爆破有如下四点体会：

（1）对硝铵造粒塔这类大型结构物的拆除，要充分考虑底部立柱的爆破范围和高度。即要考虑到爆破倒塌的切口条件，也要考虑切口形成后剩余立柱的支承力和抗弯矩能力，是否会在没有形成定向倒塌运动前的爆破瞬间立刻产生下坐。下坐过早则会影响倒塌方向、破碎效果及产生较大的触地震动。

（2）开挖探沟是查明地下有用管线的最有效的途径。许多地下管线因资料、管理等方面的原因，没有被发现和注意，而有的恰好是爆破目标附近最需要保护的目标。此次爆破就在爆破前开挖探沟时探明了在倒塌方向距造粒塔 8m、地下 1.5m 处有一直径 40cm 的大化肥生产线在用的水管。由于采取措施得当，确保了水管的安全。

（3）开挖减震沟和堆积减力墙可大大减弱爆破振动和阻隔地震波的传播。

（4）在减力墙上覆盖塑料三色布是防止结构物倒塌与地面撞击产生飞溅飞石的有效方法[46]。

第 14 章　桥梁拆除爆破工程实践

14.1　大型钢筋混凝土双曲拱桥的爆破拆除*

14.1.1　工程概况

衢州市西安门大桥改建工程需用爆破法拆除旧桥上部结构和 1.51m 高的墩（台）帽，再在墩（台）上砌墩（台）帽，另建上部结构。

1. 工程结构

该桥为钢筋混凝土双曲拱桥，共 6 孔，每孔净跨 42m，桥宽 8m，桥梁全长 288m。桥墩（台）由块石砌成。主拱由 5 根 C25 钢筋混凝土预制拱肋（每根断面为 0.3m×0.35m）和 4 个 C20 砼预制拱波及砼现浇拱波组成。拱肋和墩（台）帽之间采用镶嵌式结构如图 14-1 所示。拱上采用空腹式结构，每孔设置 7 个空腹拱，净跨 2.8m。桥面为 C20 砼路面。

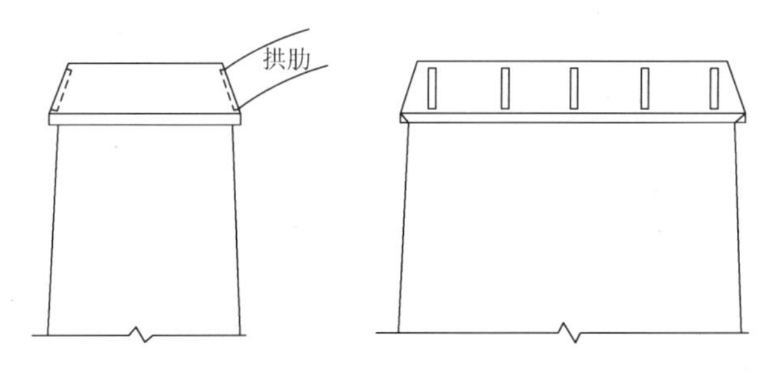

图 14-1　拱肋桥墩镶嵌式结构

2. 周围环境

距旧桥上部结构 5.23m 处为刚建成的半幅新桥，新老桥墩连成一体。旧桥 17m 处为万伏架空高压线。西桥台南侧挡土墙外 1m 处为密集的居民房，桥东面 24.6m 处为居民房，如图 14-2 所示。

---

* 设计施工单位：中国人民解放军理工大学野战工程学院。

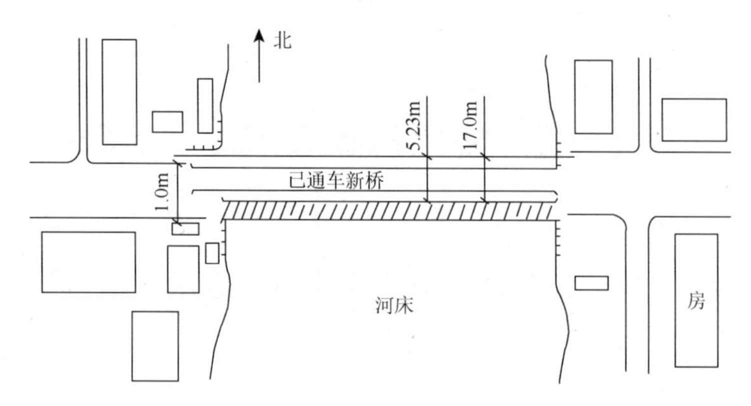

图 14-2　周围环境图

3. 工程要求

（1）保证旧桥脚的安全。由于旧桥脚要重新利用，必须保证其不受损坏，防止桥体上部结构在塌落过程中砸、撞桥脚，并防止在解体过程中，桥身水平推力使桥墩块石松动、产生裂缝甚至倒塌还要防止爆破时的震动及内力对桥墩的损坏。

（2）保证新桥的安全。新旧桥桥墩连成一体，而且新桥已通车。要防止旧桥爆破时的震动、内力及飞石对新桥上部结构和桥墩的损坏。

（3）保证 288m 全桥同时解体。由于双曲拱桥本身结构的受力特点，爆破解体时如有一跨坍塌不彻底，就会对桥墩产生水平推力而损坏桥墩。

（4）确保周围建筑、设施、人员的安全和高压线的安全。

14.1.2　技术方案

1. 总体方案

该工程采用预拆除、对称破坏、同时解体塌落的方案。

1）预拆除

采用爆破法拆除每个桥墩和桥台上部的立墙和腹拱，以防止上部结构塌落时砸坏桥脚。人工拆除拱顶的水泥路面、铺装层、栏杆、压顶等，以减少上部结构落地冲击震动的影响。

2）对称破坏

在每跨中，对称破坏拱肋的中央、两侧和拱脚。每跨不仅炸断位置相同，而且每处药孔个数也相同。

3）同时解体

全桥所有炸断处采用同一段雷管，同时起爆，使每跨拱肋炸断 5 处，在自重作用下使爆体均匀塌落解体，令每个桥墩所受合力为零。

2. 药孔布置及爆破参数

1）药孔布置

双曲拱桥中主要承重构件为拱肋，根据其断面尺寸，在每根拱肋各个炸断点处布设一列药孔，每列不少于 4 孔。其中拱顶 6 孔，两侧各 4 孔，拱脚处 8 孔，并在拱脚和墩（台）连接的墩帽上布设一排药孔。药孔布设位置如图 14-3 所示。

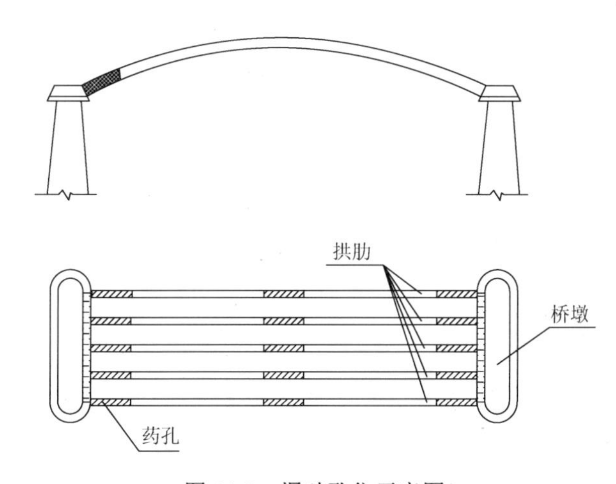

图 14-3　爆破孔位示意图

2）爆破参数

拱肋连同其上混凝土覆盖层高度为 0.7m，宽为 0.3m，其药孔参数如下：

最小抵抗线 $W = B/2 = 0.3/2 = 0.15\text{m}$。

孔距 $a = 1.5W = 0.225\text{m}$，取 0.25m。

孔深 $L = 0.62\text{m}$。

单孔药量 $C = KLWa = 1200 \times 0.62 \times 0.3 \times 0.25 = 55.8\text{g}$，取 57g。

墩（台）帽药孔参数如下：

孔深 $L = 1.20\text{m}$。

孔距 $a = 0.60\text{m}$。

最小抵抗线 $W = 0.6\text{m}$。

单孔药量 $C = KLWa = 1000 \times 1.2 \times 0.6 \times 0.6 = 432\text{g}$，取 432g。

3. 爆破网路

采用导爆管非电起爆网路，爆破桥梁上部结构用瞬发非电雷管，考虑到导爆管爆速低，而桥梁全长 288m，为消除击发网路起爆的时间差，采用以桥墩为中心对称，多处击发网路的方法。

4. 安全校核

1）震动校核

以新桥为重点保护目标，新桥距老桥墩中心线取 $R = 9.23\text{m}$。

采用以下公式：

$$Q = R^3 (V / K_c)^{3/\alpha} \tag{14-1}$$

式中，V 为允许的质点运动速度，对新桥取 5cm/s；K_c 为与介质有关的系数，取 50；α 为爆破振动衰减指数，取 1.8。计算得 $Q = 16.9\text{kg}$。实际一个桥墩的药量为 15kg，故安全。

2）飞石控制

爆破部位用两层竹笆遮挡，其上压装满土的土袋，以阻挡碎块飞散。

14.1.3 难点问题的解决

1. 空间上保证桥墩的安全

当拱肋爆破后，桥墩上部的立墙和腹拱便会垂直下落砸在桥墩上。为此将之预拆除，在空间上保证了安全。

由于主拱圈为弧形，炸断 5 处后拱肋变成 4 块连杆下落，并可能在落下后变长，故拱肋破坏长度应保证其塌落后不影响桥墩。

2. 对称式破坏避免水平推力

桥梁起爆瞬间，使拱肋与墩帽之间变成铰连接，拱肋在塌落过程中会出现水平力和垂直力，水平力会损坏桥墩。故采用对称式破坏，使桥墩两侧瞬间两个水平力相互抵消，从而保证桥墩的安全。

3. 拱波在解体中的影响

双曲拱桥由拱肋和其上预制拱波和现浇拱波组成，该大桥预制拱波厚 0.08m，现浇拱波厚为 0.22m，由横拉杆连接的拱肋和预制拱波组装后，用混凝土在其上表面整体现浇，使其成为一体。拱波呈弧形，使其向下自重转变为沿拱圈弧线的轴向压力，导致拱波混凝土受压。在不破坏拱波的情况下，只在拱肋中装药爆破炸散混凝土后，拱波的自重直接作用于桥墩，会不会产生塌落不彻底？

现假设的模型为一受均布荷载的拱肋，拱肋断面尺寸为 S，在拱脚处中性轴所受压力为 $ql/2$（q 为均布荷载，l 为弧长），方向沿该点的切线方向。当拱肋中央受到一个方向向下的重量为 G 的集中荷载时，拱脚处压力为 $(G+ql)/2$，此即为桥体上自重，此刻压应力为 $(G+ql)/(2S)$。当压应力大于混凝土抗压强度时，拱肋即损坏；当压应力小于混凝土抗压强度时即安全。在双曲拱中，拱肋破坏后仅剩拱波，当拱波自重和上部重量大时拱波将损坏。在拱波压应力与混凝土抗压强度为同一数量级时，可不用处理，否则应减小拱波断面或预先拆断部分拱波。

1997 年 2 月 28 日，该桥爆破成功，爆后新桥、老墩安然无恙，达到了预期的效果[47]。

14.2　松花江旧铁路大桥的爆破拆除技术*

14.2.1　引言

随着国民经济建设的不断发展，越来越多的旧桥需要拆除。探索快捷、安全、节省、可靠的旧桥拆除技术是爆破工作者的任务之一。

绥佳线 372K 松花江旧桥位于黑龙江省佳木斯市内，横跨于松花江之上，曾是绥佳线上最长的铁路大桥。该桥于 1937 年 7 月由伪满铁道建设局承建，1939 年 12 月 1 日通车，1945 年抗日战争时期，曾遭苏联红军空军轰炸，第 6、8 号两个桥墩墩顶被炸坏，第 1、6 孔（跨）钣梁（工字钢梁）和第 7、8、9 孔钢桁架梁遭破坏，1947 年后经过 13 次加固，一直运营到 2012 年 11 月。

由于该桥属于寿命达 50 年的“老年”铆接钢桥，面临疲劳失效的威胁，加之曾遭战争炮击和冰凌、冰坝碰撞，多处桥墩出现裂缝和钢桁架梁联结铆栓松动、流锈，并且存在共振现象——列车通过时，桥墩产生大幅度摇晃，严重威胁着列车的运行安全。经铁道部专家鉴定，认为该桥属于危桥，必须拆除。

此类钢结构特大桥爆破拆除的实例较少，且该桥无任何图纸资料，结构不明，基本上无现成经验可循。为此，根据其环境和结构特点，先选取第 10、11 两孔，采用线形聚能装药切割技术（切割第 11 孔的钢桁架梁）和深孔爆破桥墩（第 10 孔之 9、10 号两个桥墩）两种不同的方法，进行爆破试验。试验表明，两种方法均基本可行，但权衡利弊，确定对水面以上的结构（梁和桥墩）采用后者拆除。

14.2.2　工程概况

1. 周围环境

拆除的旧桥西侧 120m 处为运输繁忙的松花江新建铁路大桥；旧大桥东侧 86m

---

* 设计施工单位：中国人民解放军理工大学工程兵工程学院、哈尔滨恒冠爆破工程有限公司。

处停泊着四艘大型轮船（因冰冻无法开走）；西北侧距 1#桥墩 20m 处有一为新大桥供电的变压器，距 1#桥墩 56m 处为护桥部队的营房；其余方向均为开阔地带，爆破环境较好（图 14-4）。

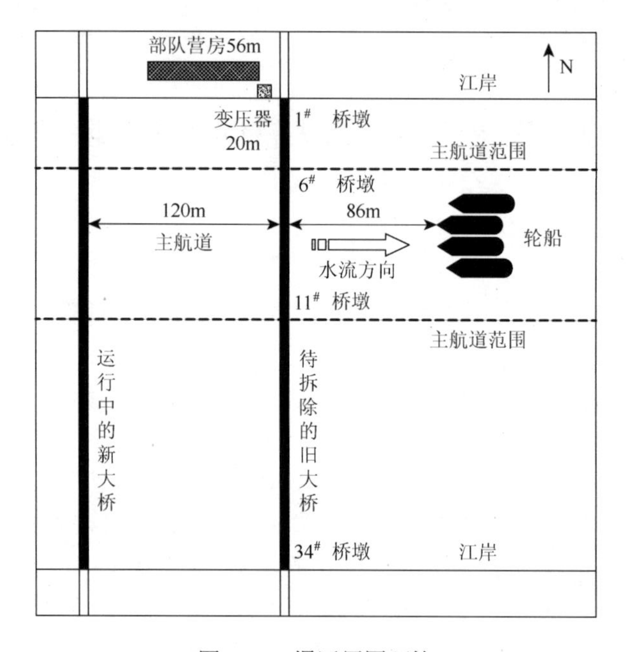

图 14-4　爆区周围环境

江面最大冰层厚度为 80cm，因水流湍急，加之近年来因温室效应全球变暖，主航道（第 7 孔）桥下 50～60m 宽的江面未结冰。考虑到爆破后的钢梁下落至水面后便于切割回收钢材，爆破前横拉了 10 余道钢丝绳。钢丝绳上悬挂木排、草袋，以减小流速，强制固冰，并昼夜在已冻结的江面浇水固冰，增加冰层厚度。爆破时主航道固冰厚度达 40cm。

2. 桥梁结构

松花江旧桥为简支梁桥，全长 1382.6m，是由高 18.5m 的 30 跨工字钢梁和高 29m、宽 5m 的 5 跨钢桁架梁组成的特大铁路钢结构桥，共 34 个钢筋混凝土桥墩、35 个桥孔，其中第 1～6 孔（跨）和第 12～35 孔（跨）钣梁（工字钢梁）位于非航道内，第 7～11 孔（跨）钢桁架梁位于水深 2～6m 的主航道内。待拆除的钢筋混凝土桥墩的工程量约为 10 000m^3。

桥墩配筋情况为竖筋 $\phi22@300$mm 和 $\phi12@300$mm 。其中，钢桁架梁水面以上的桥墩为 H 形，部分桥墩下部外覆 6mm 厚钢板。水面上桥墩尺寸见图 14-5。

非主航道桥梁的上部结构为钣梁，重约 70t，主要由两根工字钢组成，每根工字钢长 30m、宽 215cm、高 262cm、腹板厚 2cm、翼缘宽 33cm；航道桥梁的上部结构为钢桁架梁（图 14-6），是此次爆破拆除的重点和难点，每跨长 90m，梁高 13m，重约 400t，钢桁架梁底部距冰面约 16m，两侧由两道水平箱形梁（高 60cm、宽 65cm、钢板厚 $\delta=10$mm 及高 41cm、宽 37cm、$\delta=15$mm）和两道交叉的箱形撑杆（高 59cm、宽 43cm、$\delta=10$mm）组成；顶部也由两道交叉的角钢撑杆（高 58cm、宽 14.5cm、$\delta=15$～25mm）组成；底部由两道水平箱形梁（高 58cm、宽 41cm、$\delta=15$mm）及两根工字钢板梁（高 116cm、腹板厚 2cm、翼缘宽 33cm）组成。箱形梁角均由 10cm×10cm、δ为15～25mm 的角钢加固。

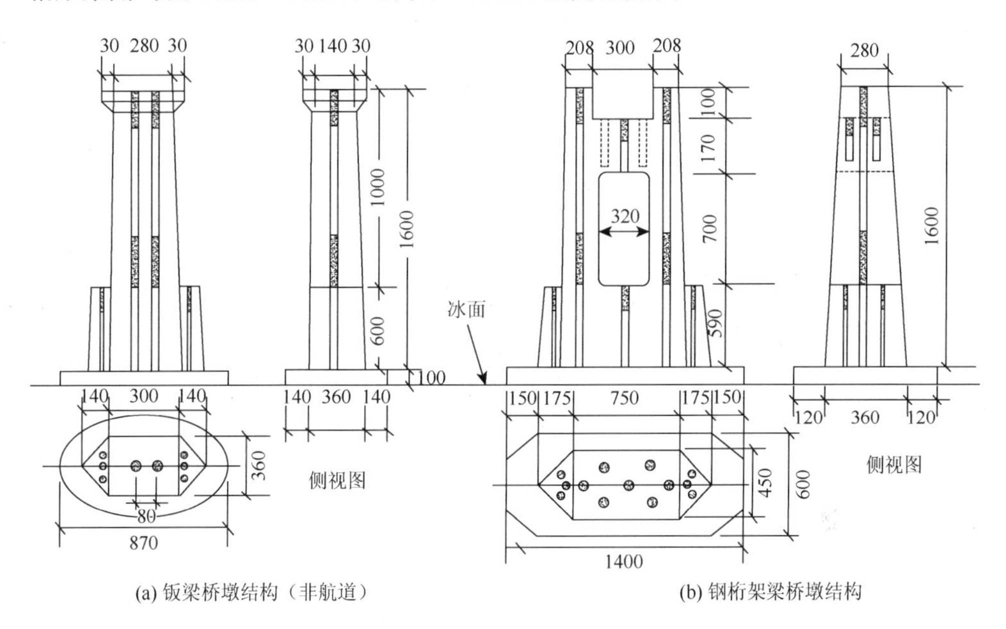

(a) 钣梁桥墩结构（非航道）　　(b) 钢桁架梁桥墩结构

图 14-5　桥墩结构及药孔布置示意图（单位：cm）

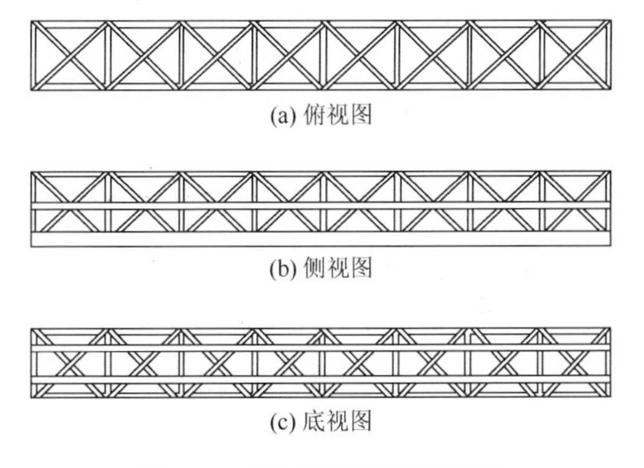

(a) 俯视图

(b) 侧视图

(c) 底视图

图 14-6　钢桁架梁结构示意图

3. 工程特点及要求

该大桥爆破拆除工程的特点是时间紧（必须在冬季封江期间完成）、工程量大、桥墩内部配筋情况不明（无任何图纸资料）、环保和安全要求高。要求距离江面16m，每跨长90m、高13m、宽5m、重400多吨的钢桁架梁爆破时不能侧翻，不能落于江中，否则将会堵塞航道，造成重大的水上交通事故；爆破飞石、爆破地震波和冰盖挤压等爆破危害效应不能危及120m处正在运行的新大桥和86m处的4艘轮船以及20m处为新桥供电的变压器；要求爆破后不能影响航道的正常使用，爆破块度能满足人工清碴要求，加之零下20多度的低温，给爆破设计、穿孔、装药、起爆网路敷设、安全防护等爆破施工作业增加了难度。

14.2.3 总体爆破方案

拆除中，小型钢结构桥梁或钢结构连续梁，一般采用机械吊装的方法，先拆除其钢结构，然后爆破桥墩。此次爆破的对象属于长跨度大型钢结构简支梁，特别是主航道上方的钢桁架梁，用机械吊装的方法难以进行。因此，根据桥梁结构特点和爆破施工安全、质量和工期等要求，采用了下述爆破方案：

（1）对于水（冰）面以上的钢梁和桥墩，先选取水深较浅处的两跨钢梁和桥墩，分别采用线形聚能装药切割技术和深孔爆破的方法同时进行试验，观察切割爆破和深孔爆破后钢梁下落的情况，在取得经验的基础上，再确定其余桥墩的爆破方法。

（2）根据试验结果，确定其余桥墩全部采用深孔爆破的方法拆除。桥墩爆破后，钢桁架或钣梁落于河面残余桥墩之上，然后用人工方法对钢梁进行解体回收。

（3）采用严格的微差控制爆破技术，最大限度地控制爆破振动、飞石等爆破危害，确保新大桥不受爆破影响，满足工程安全要求。

14.2.4 爆破方法与技术参数

1. 钢桁架梁切割爆破

1）装药结构及性能

（1）装药长度：根据构件切割部位的宽度确定（装药每端超出钢梁边缘2cm）；

（2）装药直径：ϕ55mm；

（3）线装药量：$Q_L = 3.3$kg/m；

（4）装药成分：PETN∶TNT = 60∶40；

（5）装药构造：断面为圆形、一侧镶嵌紫铜药型罩的线形聚能装药结构；

（6）主要性能：切割钢板厚度 25mm（A3 钢）；8#雷管能可靠起爆。

2）切割部位

切割部位见图 14-7。为便于切割后中间钢桁架下落，切割线呈“八”字形，且每处切割部位设置两个装药（图 14-8），确保钢桁架下落利索无牵挂，利用钢桁架本身的重力作用，避免侧翻。同时，保证每端钢桁架梁底部的切割部位向桥墩底部一侧多出 5cm，使钢桁架下落时与墩台的混凝土摩擦，消耗下落的冲击能量，降低钢桁架落地时对水下桥墩的冲击力，防止钢桁架落入江中，这对预防侧翻也起到一定的作用。

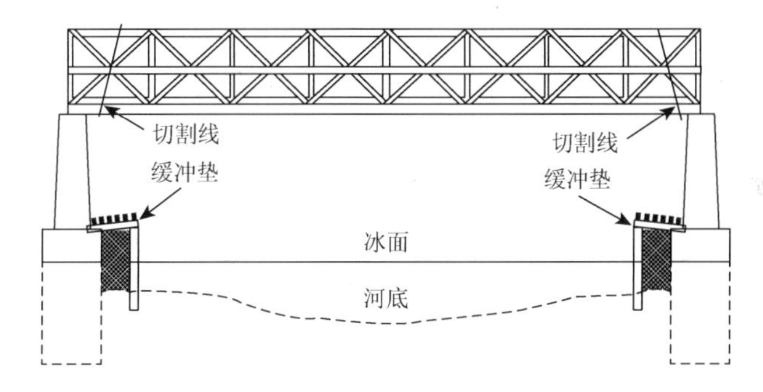

图 14-7　钢桁架梁切割部位示意图

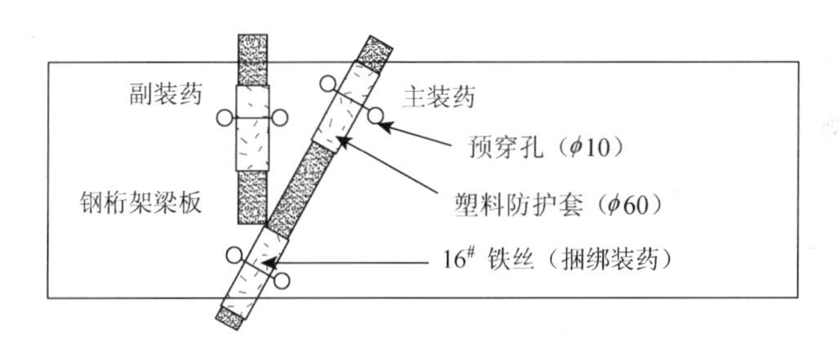

图 14-8　装药设置方法示意图（单位：mm）

3）钢桁架结构的预处理

爆破前，对钢桁架内的角钢等加强构件进行预拆除。此外，为防止钢桁架落入江中以及减小落地震动效应，在钢桁架切割部位下方的桥墩底部一侧 1.5m、宽度大于钢桁架宽度（约 8m）的范围内，破冰打桩，填充沙袋，铺设钢板、枕木和缓冲草垫（图 14-7），并保证钢板和枕木的高度大于水下桥墩顶部 30cm。

4）线形切割器起爆网路

采用复式（双起爆线路）非电导爆管网格式起爆网路起爆。为保证起爆的可靠性，每个装药设置两发非电导爆管雷管，用四通连接件构成起爆网路，两端的切割装药同时起爆。

2. 水面以上桥墩爆破

1）爆破方法

整个桥墩主要采用垂直深孔一次爆破的方法予以拆除，依靠钢梁的自重落于水面处残余桥墩上。穿孔前，桥墩顶部先进行预处理，割除妨碍穿孔的金属体。炮孔穿至水下桥墩上表面为止，待上部的桥墩爆破完毕和钢结构拆除后，再考虑水下桥墩的爆破。

2）药孔布置

全部为垂直孔。除桥墩两侧的三角护柱采用ϕ40mm 孔外，其余炮孔均采用ϕ90mm 孔。药孔配置见图 14-5。

3）桥墩爆破参数

炮孔参数和装药参数见表 14-1。

表 14-1　炮孔参数和装药参数表

桥墩类型	炮孔种类	炮孔数量	孔深/m	炮孔部位	雷管段号	装药长度/m	单位长度药量/(kg/m)	段药量/kg	填塞长度/m	单孔药量/kg
钣梁桥墩	ϕ90 孔	2	15.2	上部	MS02	8.1	2.1	17.01	1.5	31.6
				中部					1.0	
				下部	MS02	4.6	3.15	14.49		
	ϕ40 孔①	6	5.6		MS01	1.7	1.0	1.7	3.9	1.7
钢桁架梁桥墩	ϕ90 孔②	2	15.9	上部	MS02	8.4	3.15	26.5	1.5	47.5
				中部					1.0	
				下部	MS04	5.0	4.2	21.0		
	ϕ90 孔③			上部	MS05	0.5	4.2	2.1	0.8	2.1
				下部	MS03	4.7	5.0	23.5	1.0	23.5
	ϕ90 孔④				MS05	0.5	3.15	1.575	0.8	1.575
	ϕ40 孔⑤				MS01	1.7	1.05	1.785	4.2	1.785
	ϕ40 孔⑥				MS01	1.5	1.05	1.575	4.4	1.575

注：①为钣梁桥墩两侧的三角护柱，其装药自下而上按照 5 卷、4 卷、3 卷炸药分段装药，装药长度 1.7m 为折算长度；②为 H 型桥墩两侧的深孔；③为 H 型桥墩中间的深孔；④为 H 型桥墩顶部 4 个深孔；⑤为 H 型桥墩两侧三角护柱中间的炮孔；⑥为 H 型桥墩两侧三角护柱两侧的炮孔。单个钣梁桥墩平均体积为 172m^3，炸药量为 73.8kg，平均炸药单耗为 0.42kg/m^3；单个钢桁架梁桥墩平均体积 318.55m^3，炸药量为 136.9kg，平均炸药单耗为 0.43kg/m^3。

4）起爆顺序与延期时间

每个钣梁桥墩分为 2 段，每个钢桁架梁桥墩分为 5 段，按照表 14-1 中雷管段号的先后顺序起爆；最大一段起爆药量未超过 53kg；段与段之间延期时间为 25ms。

14.2.5　安全防护措施

1）线形聚能装药切割爆破的安全措施

预切除前，对预切除截面在切除加强构件后的抗剪能力进行计算，保证预切割后截面的抗剪能力在许用应力以上，以确保施工安全。然后，在切割部位的铁路桥面上，用松木杆、木板等搭设作业平台，为预处理、装药和敷设起爆网路作业人员上下钢桁架提供方便，确保作业人员的施工安全。在切割部位的桥面上，铺设木板和草垫，防止装药落地出现危险。装药设置完毕，在装药的外侧包裹棉被，以降低冲击波和噪声。

2）水面上桥墩爆破的安全措施

装药、填塞、联线工作完毕，在桥墩两侧覆盖 3 层稻草垫；在船舶一侧，搭设防护栏，其上悬挂金属网和草垫。

14.2.6　爆破效果

爆破取得了理想的效果，新大桥和四艘大型轮船、变压器及护桥部队营房安然无恙，施工中未发生任何事故，完全达到了预期工程目的。线形聚能装药切割爆破和水面上桥墩爆破后，钢桁架迅速下落在两端搭设的承台上，未出现侧翻和掉入江中的现象，但个别梁因年久失修和遭战争破坏，其截面强度不足，下落时出现弯曲现象，底部入水约 1m。水面上桥墩钢筋混凝土全部破碎，块度较小，配筋大部分拉断；大块飞散距离在 40m 以内，个别飞石飞散距离约 120m。每次爆破时，中国地震局哈尔滨工程力学研究所对新大桥进行了监测。实测数据表明，此次绥佳线 372K 松花江旧桥爆破拆除工程水上结构爆破施工对新桥正常运营无影响。

14.2.7　结语

（1）对于长跨度大型钢结构桥梁的上部结构，采用线形聚能装药切割和深孔爆破技术粉碎桥墩，依靠其自重下落于水下桥墩上，然后再进行人工切割解体、回收钢材的方法拆除，实践证明是可行的。

（2）将线形聚能装药切割技术拆除和爆破桥墩这两种方法进行比较，前者费用较高，作业烦琐，若水面处无突出部位，则上部钢梁会掉入江中；后者省时省力，作业方便，成本较低，且能保证上部钢梁不会掉入水中，但在结构不明的情况下，应先选择无水处进行试验，确保一次性爆破成功。

（3）旧大桥拆除一般在新大桥建成后实施，且与新大桥距离通常较近，爆破时必须进行爆破监测[48]。

14.3　南京城西干道高架桥爆破技术设计*

14.3.1　工程概况

根据南京市城市建设和城西干道综合改造的需要，位于城西干道（虎踞路）上的水西门、汉中门、清凉门和草场门高架桥以及龙蟠里匝道桥等 6 座桥梁需拆除，为后续的隧道建设工程创造条件。经专家论证并经有关部门批准，决定采用控制爆破方法进行拆除。

1. 爆破环境与重点保护目标

城西干道高架桥均位于南京市虎踞路，均为南北走向。由南向北分别为水西门大街、建邺路、汉中路、龙蟠里、广州路及草场门大街相交；形成了桥上南北向交通、桥下南北向和东西向交通交叉共存的状况，交通异常繁忙，车流量和人员流量非常大。

周围环境十分复杂。桥的两侧沿街房屋多为商铺和办公用房、高压变电站及加油站，建筑距桥最近处仅为 3.5m；距明城墙仅 35m，距虎踞路变电站仅 15m。地下各类管线星罗棋布，有地铁 2 号线、水闸、涵洞、自来水管、煤气管线、高压输电线路、光缆及其他通信线路或东西横穿或位于桥下，共计 172 条。

除桥本身需爆破拆除外，其余地上地下的全部建筑与设施均为重点保护目标。而且要在不停水、不停电、不停气的情况下实施爆破，这在爆破史上可谓是环境最为复杂的爆破。

2. 桥的结构

高架桥的主体结构为宽翼式等截面连续箱梁桥，纵横向设置双向预应力筋。汉中门高架桥（图 14-9）分四联，跨径组合为 4×（24 + 3×26 + 24）m（计 504m）；清凉门高架桥（图 14-10）分四联，跨径组合为（3×25+5×25 + 5×25 + 3×25）m（计 400m）；草场门高架桥（图 14-11）分两联，跨径组合为 2×（23.5 + 2×26 +

* 设计施工单位：中国人民解放军理工大学工程兵工程学院。

23.5）m（计 198m）；水西门高架桥（图 14-12）由箱梁桥（图 14-13）和简支梁桥（图 14-14）两种结构组成，其中水西门路口高架桥分三联，跨径组合为（3×25 + 5×25 + 3×25）m（计 275m），北段建邺路口高架桥为一联 3×25m（计 75m），其余 42 跨均为 8.9m 跨径由门式墩柱支承的现浇钢筋砼简支板梁桥（计 373.8m）；东西两座匝道桥（图 14-15）均为单箱单向预应力混凝土连续梁桥，一联（24 + 3×26 + 24）m（计 126m）。合计拆除桥长 2077.8m。

图 14-9　汉中门高架桥环境图

图 14-10　清凉门高架桥环境图

图 14-11　草场门高架桥环境图

图 14-12　水西门高架桥环境图

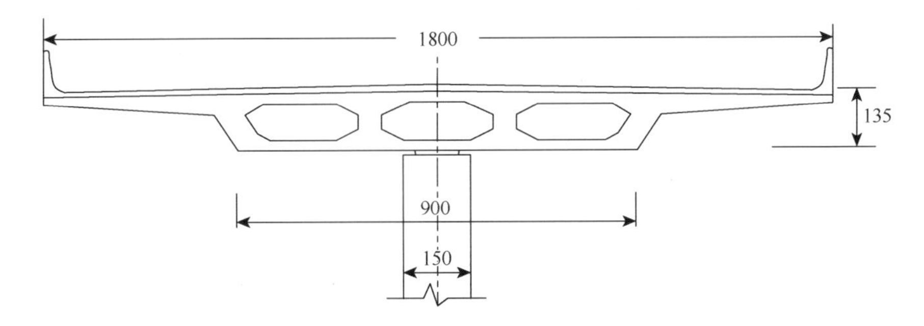

图 14-13　高架桥连续箱梁与墩柱（单位：cm）

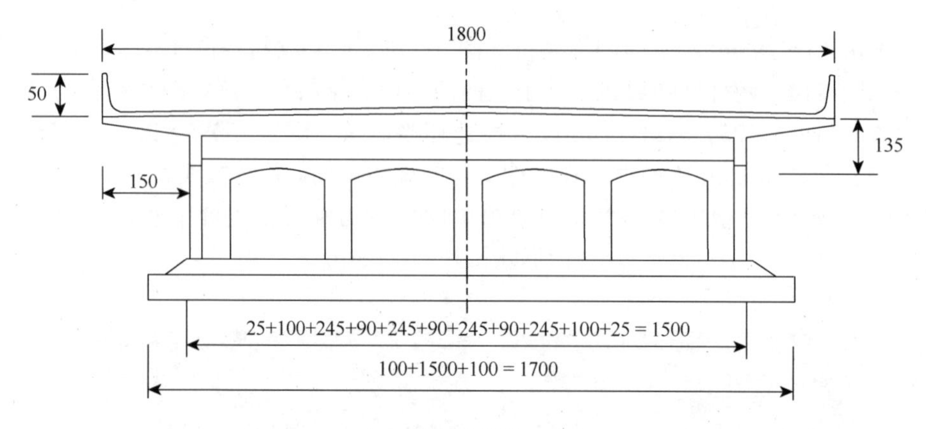

图 14-14 高架桥门式墩柱（单位：cm）

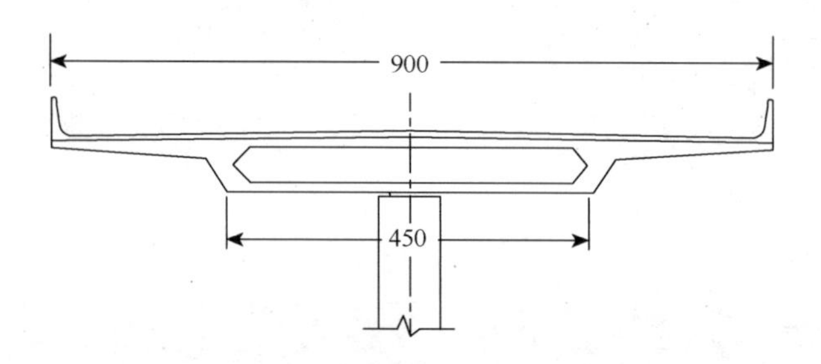

图 14-15 匝道桥连续箱梁与墩柱（单位：cm）

连续梁桥下部桥墩采用圆截面钢筋砼独柱形式（交接墩均为双墩）和矩形承台、桩基础；水西门、清凉门、草场门独柱直径为 1.5m，汉中门独柱直径为 1.6m；交接墩及龙蟠里匝道桥墩柱直径均为 1.3m。水西门高架桥北段中 42 跨现浇简支板桥下部结构采用钢筋混凝土门式墩。

3. 工程要求

1）确保安全

确保桥梁周围所有建筑、加油站、高压变电站的安全和山体边坡的稳定，确保地面以下埋设的各种市政设施管线、地铁隧道结构、水闸和涵洞的安全，确保周围人员及车辆的安全。

要针对不同的保护对象，采取有针对性的和有效的技术措施，确保保护目标不被破坏或损伤。

2）确保工期

按总指挥部制定的工期计划，按期完成爆破施工、道路抢通、桥体破碎与清运工作，为后续的隧道施工创造条件。

3）确保爆破效果

在确保爆破安全与工期的前提下，以最佳的塌落姿态和离地高度，最大限度地方便道路抢通，方便桥体破碎、钢筋清理和碴土清运工作。

4）最大限度地减小对交通的影响

由于城西干道是城西地区南北与东西向车辆行驶的主干道。爆破与清运施工期间必须保持一定的道路通行能力。因此应采取措施，最大限度地减小施工对交通的影响。

14.3.2　爆破拆除总体方案

1. 爆破总体规划与方案

为了使爆破施工对交通的影响程度降到最低，方便爆破时的人员撤离与安全警戒工作，确保爆破安全与爆破效果。根据总指挥部的总体安排，将 6 座桥分 3 次爆破，由南向北顺序推进。第一爆，水西门高架桥；第二爆，汉中门、清凉门高架桥与龙蟠里东、西匝道桥；第三爆，草场门高架桥。

总体爆破方案是：对桥梁下部结构桥墩实施爆破，在重力作用下使上部结构平稳地塌落于地面，然后采用机械法对梁体进行破碎和清除。即只炸毁桥墩，对桥面不做爆破处理，待桥梁的上部结构塌落到地面后，再实施机械破碎。

2. 爆破技术与措施

为实现控制爆破安全的总目标，针对城西干道高架桥的具体结构和环境特点，确定采用如下技术和措施：

（1）将装药量精确控制技术与安全防护技术相结合，实现对爆破危害效应的程度控制。

（2）运用时间精确控制技术实现桥梁按照设定的时间和顺序逐段顺序倒塌，从而减小爆破振动强度，同时，采用针对性强的缓冲材料与措施，最大限度地降低桥梁上部结构对地面产生的塌落冲击强度。

（3）控制桥梁立柱的爆破破坏范围和程度，使桥梁上部结构实现原地塌落，不出现侧向偏移以及爆堆不稳的现象，从而为爆破后道路抢通和桥体破碎提供条件。

3. 技术设计要点

1）爆破部位

爆破全部桥梁墩柱，爆破位置从地面向上 50cm 起布孔至顶部 40～60cm；为保护汉中门地铁 2 号线的安全，对 14#墩柱彻底炸毁，相邻两端墩柱保留 1.8m，并采取预裂爆破保护保留墩柱，相邻 3 个墩柱分上下两段爆破。

2）爆破参数设计

所有圆形墩柱布孔均为 3 列水平炮孔，中间炮孔通过圆柱中心，两侧炮孔方向与中间炮孔平行，如图 14-16 所示。门式墩均为 1 列水平炮孔，如图 14-17 所示。

图 14-16　柱式墩钻孔位置图

图 14-17　门式墩钻孔位置图

对直径 1.6m 的立柱，炮孔间距设为 40cm，排距设为 35cm，中间孔深设为 130cm，边孔孔深设为 110cm。对直径 1.5m 的立柱，炮孔间距设为 40cm，排距设为 30cm，中间孔深设为 120cm，边孔孔深设为 105cm。对直径 1.3m 的立柱，炮孔间距设为 40cm，排距设为 30cm，中间孔深设为 100cm，边孔孔深设为 85cm。门式桥墩 1 列炮孔设置炮孔间距为 40cm，孔深为柱宽减 20cm。

3）爆破单耗

为保证爆破效果，立柱根部 4 个炮孔爆破单耗为 $2.5kg/m^3$，上部爆破单耗为 $2.0kg/m^3$。

4）爆破微差时间与起爆顺序

爆破时间的控制采用孔外延时爆破技术。由起爆点开始按指定的方向顺序传爆。水西门高架桥孔外分段延期间隔为 150ms，其他桥梁延期间隔时间为 250ms。

5）起爆网路

（1）起爆器材的选择。此次爆破采用非电导爆管延期雷管和非电导爆起爆系统来实现安全、可靠、准爆。孔内采用 HS6 段雷管，孔外采用 MS6、MS8、MS9 和 MS10 段雷管延期接力，实现逐排立柱顺序起爆。

（2）起爆网路和起爆方法。按起爆顺序设计，从起爆点开始以接力的方式传递。每个桥墩导爆管雷管脚线捆成一束，用 4 发 MS2 段雷管起爆。孔外用 MS6、MS8、MS9 和 MS10 段雷管沿起爆方向逐排起爆各墩柱上的 MS2 段雷管。在安全区设置点火站，与炸点之间敷设导爆管作为干线。最后用高能击发器击发干线完成起爆。

14.3.3 汉中门与清凉门高架桥爆破技术设计

1. 汉中门高架桥爆破

1）爆破环境

汉中门高架桥（图 14-18），位于虎踞路与汉中路的交会处，共分四联，跨径组合为 4×（24＋3×26＋24）m（计 504m）；单柱直径 160cm，交接墩为双柱，柱直径 130cm，柱高 3.43～7.04m。由北向南立柱顺序编号为 1#～19#，其中 5#、10#和 15#为交接墩，如图 14-19 所示。立柱尺寸见表 14-2 所示。

图 14-18 汉中门高架桥全景图

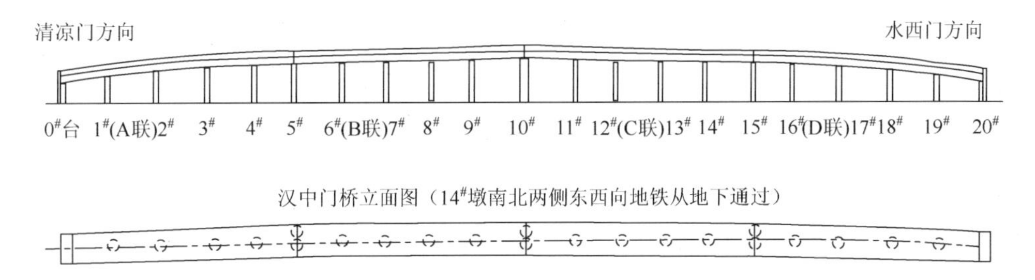

图 14-19 汉中门高架结构图

表 14-2 汉中门立交各墩柱尺寸表

项目	1#墩	2#墩	3#墩	4#墩	5#墩	6#墩	7#墩	8#墩	9#墩	10#墩	11#墩	12#墩	13#墩	14#墩	15#墩	16#墩	17#墩	18#墩	19#墩
墩柱个数/个	1	1	1	1	2	1	1	1	1	2	1	1	1	1	2	1	1	1	1

续表

项目	1$^{\#}$墩	2$^{\#}$墩	3$^{\#}$墩	4$^{\#}$墩	5$^{\#}$墩	6$^{\#}$墩	7$^{\#}$墩	8$^{\#}$墩	9$^{\#}$墩	10$^{\#}$墩	11$^{\#}$墩	12$^{\#}$墩	13$^{\#}$墩	14$^{\#}$墩	15$^{\#}$墩	16$^{\#}$墩	17$^{\#}$墩	18$^{\#}$墩	19$^{\#}$墩
墩柱直径/cm	160	160	160	160	130	160	160	160	160	130	160	160	160	160	130	160	160	160	160
墩柱高度/m	3.43	4.32	4.97	5.60	5.99	5.99	6.17	6.36	6.54	6.80	6.80	6.99	7.04	6.93	6.70	6.11	5.35	4.50	3.64

汉中门高架桥 14$^{\#}$墩南北两侧地下 14.5m 处为两条东西向的地铁 2 号线（图 14-20）。地铁管线直径为 6m，两地铁线间隔为 10m。14$^{\#}$墩位于两条地铁线中间。高架桥为钻孔桩基础，与左、右线最小净距约为 0.9m 和 1.8m。

该墩东南侧 30m 处为明朝石城门，37m 处为明城墙。高架桥东西两侧有密集的商铺及居民楼，桥面下有各类水管、气管、高压线及通信管线。特别是 110kV 高压线路在桥上由汉中门路口一直延伸到清凉门路口。此处交通异常繁忙，车流量和人员流量非常大。爆破时不停水、不停电、不停气。

重点保护目标——地铁 2 号线的结构与地质状况如下：

结构：地铁隧道由盾构机开挖形成，衬砌结构为圆形钢筋混凝土（C50）管片拼装结构（图 14-21）；管片之间由螺栓连接，其中环向 12 个螺栓、纵向 16 个螺栓。衬砌环参数见表 14-3，荷载及荷载组合见表 14-4。

图 14-20　汉中门高架桥与地铁 2 号线交叉平面图

图 14-21　地铁 2 号线内部结构

表 14-3　衬砌环参数

项目	构造	说明
管片内径	ϕ5500mm	
管片厚度	350mm	
管片宽度	1200mm	
管片分块	六块	一个小封顶块、两个邻接块、三个标准块
管片拼装方式	错缝拼装	
封顶块插入方式	径向插入结合纵向插入式	先径向推上，再纵向插入

续表

项目	构造	说明
管片连接	弯螺栓连接	环向：12 个 M30 螺栓；纵向：16 个 M30 螺栓
榫槽设置	环缝不设凸凹榫，纵缝设较小的凸凹榫	
衬砌环类型	标准衬砌环＋左、右转弯衬砌环	联络通道处设特殊衬砌环

表 14-4　荷载及荷载组合

荷载	永久荷载	水土压力、结构自重、地面建筑物附加荷载
	活载	地面活载：按 20kN/m^2 计算；结构内部荷载
	附加荷载	盾构千斤顶推力，不均匀注浆压力，相邻隧道施工影响
	特殊荷载	7 级地震烈度、六级人防荷载
荷载组合	组合一	重要性系数 1.1×（荷载系数 1.4×活载＋荷载系数 1.35×永久荷载）
	组合二	重要性系数 1.0×荷载系数 1.0×（永久荷载＋一种特殊荷载）
	组合三	重要性系数 1.0×荷载系数 1.0×施工荷载

注：水土压力计算为黏性土地段采取水土合算；砂层地段采取水土分算。

地质结构：地表向下主要为粉质黏土与粉质砂岩，深浅不一。隧道穿行于粉质黏土、泥质粉砂岩的强风化与中风化岩石之间，地质构造复杂，如图 14-22 所示。

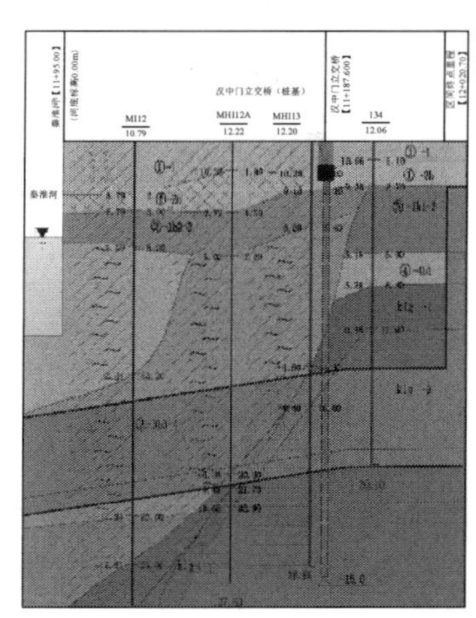
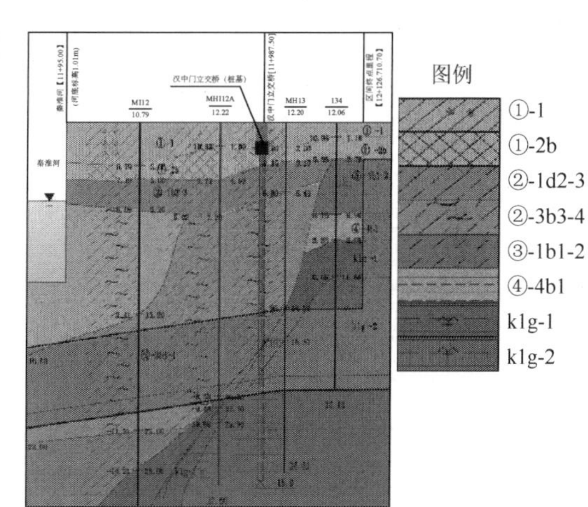

图 14-22　左、右线隧道与高架桥桩基关系图

①-1 为素填土；①-2b 为杂填土；②-1d2-3 为粉质黏土；②-3b3-4 为粉质黏土；③1b1-2 为粉质黏土；④-4b1 为泥质粉砂岩（全风化）；k1g-1 为泥质粉砂岩（强风化）；k1g-2 为泥质粉砂岩（中风化，极软岩）

2）爆破技术设计

（1）设计思路。

由于所处环境十分复杂，必须确保产生的爆破飞石、爆破振动与塌落震动对地面、地下各类保护目标是安全的。特别是要确保地铁 2 号线的安全。

因此我们重点考虑 10#～15#一联爆破及塌落震动的影响。同时兼顾上部结构对地面冲击所产生的应力波作用以及墩座承载太大而引起桩基础变形对地铁 2 号线的影响。另外，还应避免上部结构塌落时侧翻，对地面挤压造成地铁 2 号线的损坏。爆破方案重点考虑避免对 14#墩及其周围产生的冲击，减少桥体上部结构对 14#墩周围塌落冲击产生的影响。

为安全拆除高架的结构，只对桥墩部分实施爆破破碎，在重力作用下使上部结构失稳塌落至地面，然后采用机械法破碎和清除。对桥面不做爆破处理。其设计思路如下：

①采用精确药量控制技术与安全防护技术的结合实现对爆破飞石的控制。

②运用预裂爆破、分段爆破及微差时间精确控制技术实现桥梁按照设定的时间和顺序逐段爆破，顺序塌落，减小爆破振动和塌落震动强度。控制桥梁立柱的爆破破坏范围和程度、对称性，使桥梁上部结构实现原地塌落，不出现侧向偏移，以及被立柱支承出现的爆堆不稳的现象，从而为爆破后尽快恢复交通提供保证。

③使用抬杆的原理使远离地铁线位置承受塌落冲击作用，避免 14#墩周围受到塌落冲击作用，如图 14-23 所示。

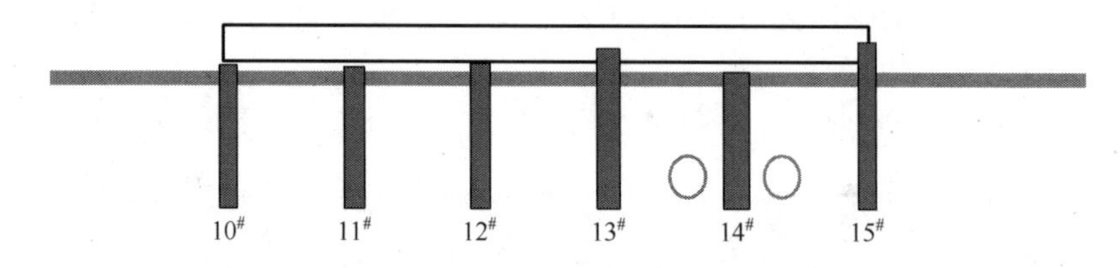

图 14-23　10#～15#墩柱爆破抬杆原理图

④采取贝雷架、软钢、阻尼减震器、砂袋墙及钢板加轮胎的多项先进、有效的技术措施，削减塌落震动强度，使其对地铁的影响降到最低。

（2）爆破方案的确定。

爆破全部墩柱。以 14#墩柱作为最先爆破位置，同时向南和向北顺序微差起爆，即按照 $19^{\#} \leftarrow 18^{\#} \leftarrow 17^{\#} \leftarrow 16^{\#} \leftarrow 15^{\#} \leftarrow 14^{\#} \rightarrow 13^{\#} \rightarrow 12^{\#} \rightarrow 11^{\#} \rightarrow 10^{\#} \rightarrow \cdots \rightarrow 1^{\#}$ 顺序起爆。

14#墩柱从地面以上全部爆破，对 13#和 15#墩柱保留根部 1.6m。为保持墩柱的完好性，在地面上 1.6m 处打预裂孔，在预裂孔上方 0.3m 处向上开设爆破孔。其余各墩柱，爆破位置从地面向上 50cm 起布孔至顶部 40～60cm。

（3）布孔参数。

桥墩为圆柱形钢筋混凝土结构。交接墩为双墩，其余为独墩，汉中门独墩直径柱高 3.42～7.04m。所有墩柱均布置 3 列水平炮孔，中间炮孔通过圆柱中心，两侧炮孔方向与中间炮孔平行。

对直径 1.6m 的立柱，炮孔间距设为 40cm，排距设为 35cm，中间孔深设为 130cm，边孔孔深设为 110cm。

对直径 1.3m 的立柱，炮孔间距设为 40cm，排距设为 30cm，中间孔深设为 100cm，边孔孔深设为 85cm。

布孔及钻孔位置如图 14-24 所示。

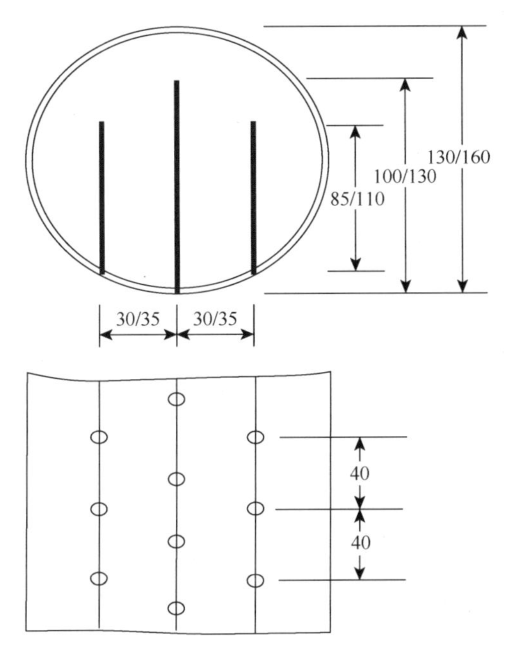

图 14-24　布孔形式示意图（单位：cm）

（4）爆破单耗的确定和装药量计算。

为保证爆破效果，立柱根部 4 个炮孔爆破单耗为 2.5kg/m^3，上部爆破单耗为 2.0kg/m^3。单孔装药量按式（3-15）计算。

（5）爆破微差时间与起爆顺序。

考虑有效降低上部结构由势能转化为动能而对地铁上方的冲击作用，对 13#、14#和 15#墩柱分上下两段进行爆破，延长爆炸作用时间，减缓塌落速度。预裂孔可有效减小爆破振动的向下传播，保护余留墩柱的完整性，增强对上部结构的承接能力。其余各墩柱分别顺序同段起爆。

首先爆破 14#墩上部 3m 与 13#和 15#墩的预裂孔，150ms 延时第二段爆破 14#墩柱下部 3m 与 13#上部 1.6m 和 15#墩上部 1.6m，310ms 延时第三段爆破 13#下部 3m 和 15#墩下部 2.5m，390ms 延时第四段分别爆破 12#和 16#墩柱，250ms 延时第五段分别爆破 11#和 17#墩柱，之后均为 250ms 延时顺序起爆各墩柱。

起爆时间与顺序如图 14-25 所示。

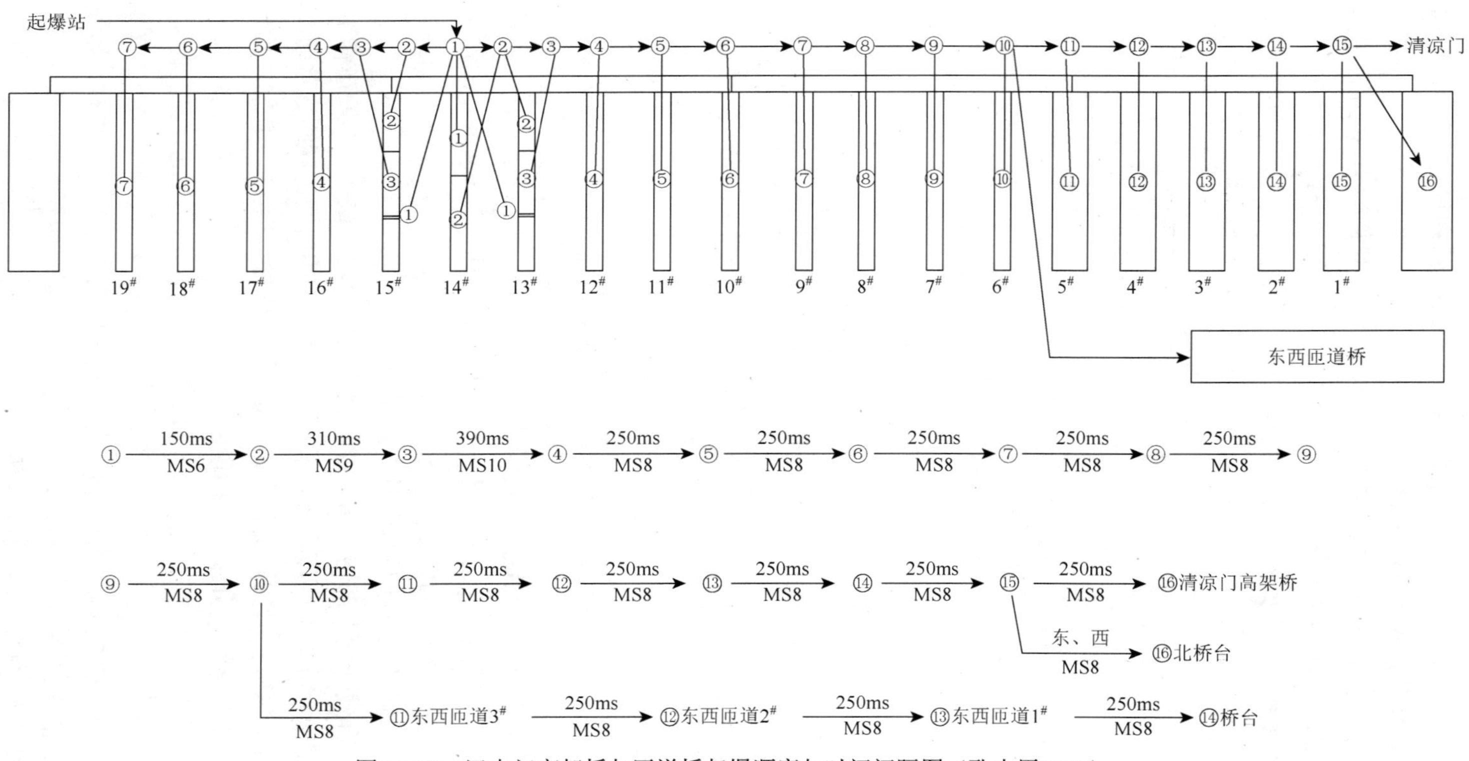

图 14-25　汉中门高架桥与匝道桥起爆顺序与时间间隔图（孔内用 HS6）

2. 清凉门高架桥的爆破

1）爆破环境

清凉门高架桥（图 14-26）位于虎踞路与清凉门大街的交会处，共分四联，跨径组合为（3×25＋5×25＋5×25＋3×25）m（计 400m）（图 14-27）；单柱直径 150cm，交接墩为双柱，柱直径 130cm，柱高 2.92～6.0m。由南向北立柱顺序编号为 1#～15#，其中 3#、8#和 13#为交接墩，如表 14-5 所示。

图 14-26　清凉门高架桥爆破环境图

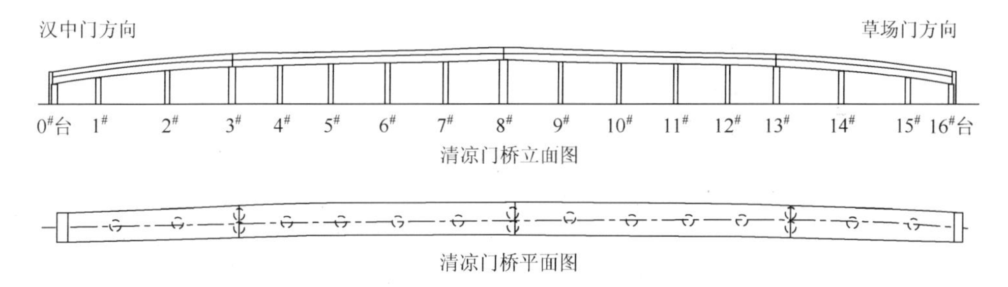

图 14-27　清凉门桥总体布置图

表 14-5　清凉门立交各墩柱尺寸表

项目	1#墩	2#墩	3#墩	4#墩	5#墩	6#墩	7#墩	8#墩	9#墩	10#墩	11#墩	12#墩	13#墩	14#墩	15#墩
墩柱个数/个	1	1	2	1	1	1	1	2	1	1	1	1	2	1	1
墩柱直径/cm	150	150	130	150	150	150	150	130	150	150	150	150	130	150	150
墩柱高度/m	2.92	3.48	4.49	5.07	5.62	5.88	5.82	6.00	5.93	5.72	5.69	5.37	4.71	3.80	2.96

高架桥东西两侧有密集的商铺及居民楼，桥面下有各类水管、气管、高压线及通信管线。东侧虎踞路高压变电站距桥仅 15m，西侧中国移动大楼及危旧居民楼距桥仅 20m。另外，还需考虑清凉山东侧沿路边的山体高边坡的安全稳定性。

2）爆破技术设计

（1）设计思路。

由于所处环境同样十分复杂，必须确保产生的爆破飞石、爆破振动与塌落震动对地面、地下各类保护目标是安全的。特别是西侧中国移动大楼整体大玻璃幕墙的保护和变电站及地下高压线路的保护。

因此我们将重点考虑爆破飞石对周围环境的影响及塌落震动对地下管线及中国移动大楼的影响。同样采取只对桥墩部分实施爆破破碎，在重力作用下使上部结构失稳塌落至地面，然后采用机械法破碎和清除的方案。其设计思路如下：

①采用精确药量控制技术与安全防护技术的结合实现对爆破飞石的控制。

②运用微差时间精确控制技术实现桥梁按照设定的时间和顺序逐段爆破，顺序塌落，减小爆破振动和塌落震动强度。控制桥梁立柱的爆破破坏范围和程度，使桥梁上部结构实现原地缓冲塌落。

（2）爆破方案的确定。

爆破全部墩柱。爆破位置从地面向上 50cm 起布孔至顶部 40～60cm；以由南向北顺序微差起爆。

（3）布孔参数。

桥墩为圆柱形钢筋混凝土结构。交接墩为双墩，其余为独墩。所有墩柱均布置 3 列水平炮孔，中间炮孔通过圆柱中心，两侧炮孔方向与中间炮孔平行。

对直径 1.5m 的立柱，炮孔间距设为 40cm，排距设为 30cm，中间孔深设为 120cm，边孔孔深设为 105cm。

对直径 1.3m 的立柱，炮孔间距设为 40cm，排距设为 30cm，中间孔深设为 100cm，边孔孔深设为 85cm。

（4）爆破单耗的确定和装药量计算。

为保证爆破效果，立柱根部 4 个炮孔爆破单耗为 2.5kg/m^3，上部爆破单耗为 2.0kg/m^3。单孔装药量按式（3-15）计算。

（5）爆破微差时间与起爆顺序。

按由南向北 $1^\# \rightarrow 2^\# \rightarrow 3^\# \rightarrow \cdots \rightarrow 15^\#$ 顺序起爆。柱间微差时间间隔为 250ms。

14.3.4 龙蟠里东西匝道桥爆破技术设计

1. 爆破环境

龙蟠里东西匝道桥（图 14-28）位于虎踞路与龙蟠里的交会处，分东、西两座匝道桥，均为单箱单向预应力混凝土连续梁桥，一联（24＋3×26＋24）m（计126m）（图 14-29）；单柱直径 130cm，柱高 1.87～3.2m。由南向北立柱顺序编号为 2#～5#，如表 14-6 所示。

图 14-28　龙蟠里东西匝道桥环境图

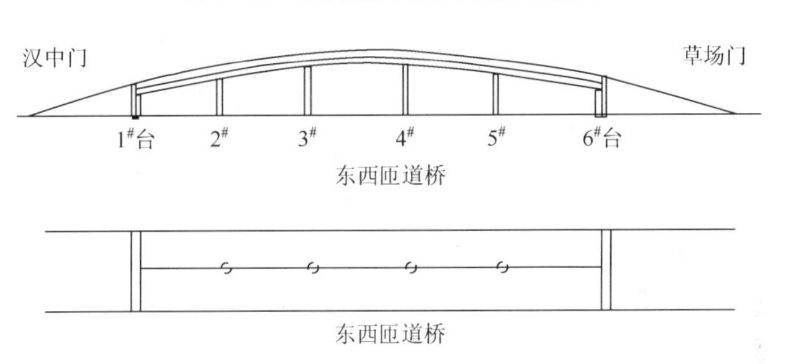

图 14-29　龙蟠里东西匝道桥总体布置图

表 14-6　龙蟠里东西匝道各墩柱尺寸表

项目	东匝道				西匝道			
	2#墩	3#墩	4#墩	5#墩	2#墩	3#墩	4#墩	5#墩
墩柱个数/个	1	1	1	1	1	1	1	1
墩柱直径/cm	130	130	130	130	130	130	130	130
墩柱高度/m	1.975	2.905	3.210	3.185	1.875	2.905	3.310	2.785

匝道桥东西两侧商铺密布，平均距桥仅 5.5m，最近处仅 3.5m。东北角为南京市第四中学，如图 14-30 所示。桥面下有各类水管、气管、高压线及通信管线，是城西干道最为狭窄的地段，交通异常繁忙，车流量和人流量非常大。爆破施工期间将对交通产生重大影响。

图 14-30　匝道桥周边环境图

匝道桥与汉中门高架桥北桥台处于同一水平位置。东匝道桥上部结构与高架桥平行，但西匝道桥的上部结构与高架桥的上部结构有部分呈上下重叠分布，卡在高架桥的下方。爆破时，可能产生相互碰撞，对安全极为不利。

2. 爆破技术设计

1）设计思路

东、西匝道桥处理的环境最为复杂，保护目标众多。建筑物距离爆破的桥梁太近，而且桥的上部结构有部分重叠，塌落过程会产生相互挤压与碰撞，控制不当会造成很严重的后果。同样，爆破施工对交通影响很大，爆破后的道路抢通工作任务十分艰巨。在爆破设计上必须确保产生的爆破飞石、爆破振动与塌落震动对地面、地下各类保护目标是安全的。同时重点考虑将施工对交通的影响降到最低，周密组织爆破后南北向道路的抢通工作。

因此我们重点考虑 3 座桥爆破塌落的关系，爆破飞石对周围建筑以及爆破和塌落震动对地下管线和周围建筑物的影响，如何减小施工对交通的影响和快速抢通工作。其设计思路如下：

（1）合理安排 3 座桥的起爆顺序，控制塌落过程中的相互碰撞以及塌落过程中形成的气浪对周围环境的影响。

（2）精确药量控制技术与安全防护技术相结合，实现对爆破飞石的控制。

（3）运用微差时间精确控制技术，实现桥梁按照设定的时间和顺序逐段爆破，顺序塌落，减小爆破振动和塌落震动强度。

（4）爆破施工不占用机动车道，减少对交通的影响；对北端的高架桥和匝道桥的桥台实施松动爆破，缩短抢通南北向交通的时间。

2）爆破方案的确定

爆破东、西匝道桥的 2#～4#墩柱，爆破位置从地面向上 50cm 处起布孔至顶部 40～60cm。

在与汉中门高架同时爆破时，考虑匝道桥先于高架桥塌落，可避免高架桥塌落受阻产生的偏移或侧翻，也有利于封阻高架桥由南向北塌落过程中聚集的强大气浪。

3）布孔参数

立柱直径 1.3m，布置 3 列孔，炮孔间距设为 40cm，排距设为 30cm，中间孔深设为 100cm，边孔孔深设为 85cm。

4）爆破单耗的确定和装药量计算

由于炸高较小，为保证爆破效果，立柱全部炮孔爆破单耗为 $2.5kg/m^3$。单孔装药量按式（3-15）计算。

5）爆破微差时间与起爆顺序

按由南向北 2# → 3# → 4# → 5# 墩柱顺序起爆。微差时间间隔为 250ms。与同排的汉中门高架桥相比，起爆时间提前 500ms。

14.3.5　水西门箱梁与简支梁高架桥爆破技术设计

1. 爆破环境

水西门高架桥（图 14-31）位于南京市虎踞南路，与水西门大街、建邺路交叉相交；其结构由箱梁与简支梁组合而成（图 14-32）。水西门路口高架南段部分为三联箱梁（3×25＋5×25＋3×25）m（计 275m），北段中的建邺路口为一联箱梁 3×25m（计 75m），其余 42 跨均为 8.9m 跨径的现浇钢筋砼简支板梁（计 373.8m），如图 14-33 所示。

图 14-31　水西门高架桥环境图

图 14-32　柱式墩与门式墩

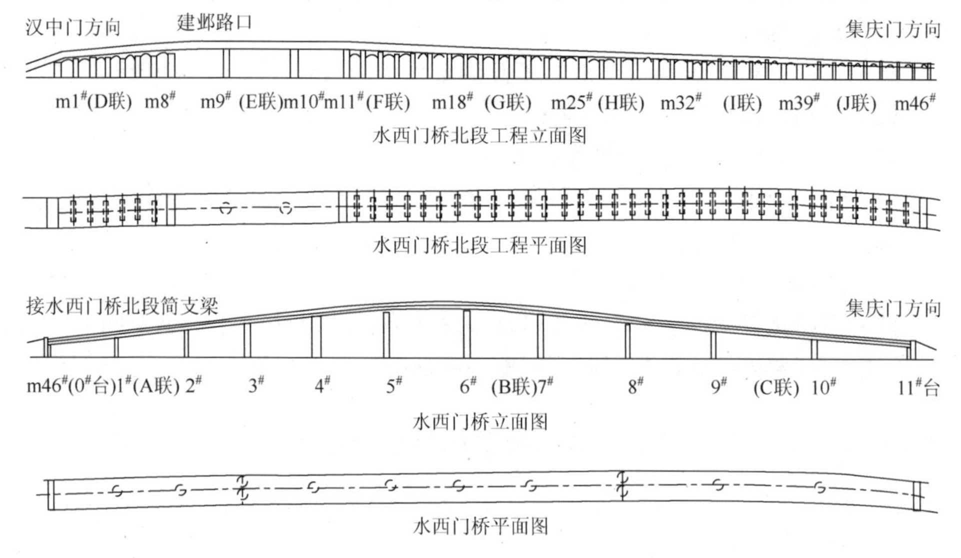

图 14-33　水西门桥总体布置图

桥的两侧沿街房屋的一层多为商铺和办公用房，距离约为 16～20m。地下埋设有各种市政设施管线、电力设施、通信和有线电视设施管线；南段有通往外秦淮河的水闸和涵洞横穿。相邻地面与地下建筑与设施均为重点保护目标。交通异常繁忙，车流量和人流量非常大。

2. 爆破技术设计

1）设计思路

水西门高架桥地处环境复杂，拆除重点是如何确保地面建筑不被破坏，地下管线不受损坏，以及防飞石与控制爆破振动与塌落震动。减小施工对交通的影响，准确控制塌落过程与姿态，将有利于道路抢通与破碎清运。由于是城西干道的第一爆，要为汉中门高架桥爆破保护地铁 2 号线积累测试数据，是关键的一爆。

其设计思路如下：

（1）采用精确药量控制技术与安全防护技术相结合实现对爆破飞石的控制。

（2）在水西门箱梁结构段，模拟汉中门地铁保护的爆破设计方案，并对爆破结果进行观测。

（3）运用微差时间精确控制技术实现对桥梁上部结构塌落过程的准确控制，减小爆破振动和塌落震动强度。

2）爆破方案的确定

爆破全部墩柱。爆破位置从地面向上 50cm 起布孔至顶部 40～60cm；4#墩柱（模拟汉中门高架桥地铁上方 14#墩柱）彻底爆破，3#与 5#墩根部保留 1.4m。

以 4#墩柱为起爆点分别向南和向北顺序起爆。

3）布孔参数

桥墩为钢筋砼柱式和门式两种，其中独柱形式是截面直径为 1.2m、1.3m、1.5m 的圆形，双柱形式是截面横向直径为 1.2m、纵向直径为 1.8m 的椭圆形。桥台为重力式桥台和立柱桩，桩径为 1.2m。对于直径为 1.2m、1.3m 的立柱，炮孔为水平孔，炮孔间距为 0.4m，成 3 排布设，排距为 0.3m；孔深为孔底留厚 0.35m。对于直径为 1.5m 的立柱，炮孔为水平孔，炮孔间距为 0.45m，布设 3 排炮孔，排距为 0.4m；孔深为孔底留厚 0.4m。对于截面为椭圆形（横向直径 1.2m、纵向直径 1.8m）的立柱，炮孔为水平孔，炮孔间距为 0.4m，布设成 3 排，排距为 0.3m；孔深为孔底留厚 0.35m。

对于门式立柱，炮孔为水平孔，炮孔间距为 0.35m，单排布设，孔深为孔底留厚 0.2m。

4）爆破单耗的确定和装药量计算

在进行试爆的基础上，确定立柱爆破单耗。底部 3 孔爆破单耗为 2.5kg/m^3，上部其余各孔爆破单耗取 2.0kg/m^3。单孔装药量按式（3-15）计算。

5）爆破微差时间与起爆顺序

按照 $1^\# \leftarrow 2^\# \leftarrow 3^\# \leftarrow 4^\# \rightarrow 5^\# \rightarrow 6^\# \rightarrow \cdots 11^\# \rightarrow \text{m}1 \rightarrow \text{m}2 \rightarrow \cdots \text{m}46$。微差时间间隔为 150ms。

14.3.6　草场门高架桥爆破技术设计

1. 爆破环境

城西干道草场门高架桥（图 14-34）位于虎踞路与北京西路交叉口，为南北走向。高架桥东侧 35m 为江苏省测绘地理信息局、50m 处是大成律师事务所，高架桥西侧 64m 为南京艺术学院校园和办公楼。此处交通异常繁忙，车流量和人流量非常大。地下同样埋设着各种市政设施管线、电力设施、通信和有线电视设施管线。

图 14-34　草场高架桥环境图

草场门高架桥的主体结构为宽翼式等截面钢筋混凝土连续箱梁桥，分两联，跨径组合为 $2\times(23.5+2\times26+23.5)=198\text{m}$，外加两桥头搭板各 8m。连续箱梁为单箱双室结构，支点横梁内设横向预应力束。

连续梁桥下部桥墩采用圆截面钢筋砼柱，中间墩为直径 1.6m 的独柱，交接墩为直径 1.6m 的双墩。

2. 设计思路

1）设计思路

由于所处环境同样复杂，相邻的江苏省测绘地理信息局办公大楼存在贵重精密仪器，必须确保产生的爆破飞石、爆破振动与塌落震动对地面、地下各类保护目标是安全的。特别是地下的自来水管线是 30 多年前铺设的，受到扰动极易出现问题。

因此我们同样重点考虑爆破飞石对周围环境的影响及塌落震动对地下管线的影响。同样采取只对桥墩部分实施爆破破碎，在重力作用下使上部结构失稳塌落至地面，然后采用机械法破碎和清除的方案。其设计思路如下：

（1）采用精确药量控制技术与安全防护技术相结合实现对爆破飞石的控制。

（2）运用微差时间精确控制技术实现桥梁按照设定的时间和顺序逐段爆破，顺序塌落，减小爆破振动和塌落震动强度。控制桥梁立柱的爆破破坏范围和程度，使桥梁上部结构实现原地缓冲塌落。

2）爆破方案的确定

爆破全部墩柱。爆破位置从地面向上 50cm 起布孔至顶部 40～60cm。由南向北逐排墩柱顺序微差起爆。

3）布孔参数

桥墩为圆柱形钢筋混凝土结构。交接墩为双墩，其余为独墩。所有墩柱均布置 3 列水平炮孔，中间炮孔通过圆柱中心，两侧炮孔与中间炮孔平行。

对直径 1.6m 的立柱，炮孔间距设为 40cm，排距设为 35cm，中间孔深设为 120cm，边孔孔深设为 105cm。

4）爆破单耗的确定和装药量计算

底部 3 孔爆破单耗为 2.5kg/m^3，上部其余各孔爆破单耗取 2.0kg/m^3。单孔装药量按式（3-15）计算。

5）爆破微差时间与起爆顺序

按照由南向北的顺序由 8$^{\#}$墩柱向 2$^{\#}$墩柱逐排微差起爆。微差时间间隔为 250ms。

14.3.7　起爆网路

1. 起爆器材的选择

此次爆破采用非电导爆管延期雷管和非电导爆起爆系统来实现安全、可靠、准爆。孔内全部采用 HS6 段雷管，各段延期时间用孔外毫秒延期雷管实现。

2. 起爆网路和起爆方法

对水西门高架桥以 4$^{\#}$墩柱为起爆点位置，分别向南和向北逐段起段，柱式墩逐排起爆，门式墩柱以 2～3 排为一段，顺序起爆。

汉中门高架桥以 14$^{\#}$墩柱为起爆点，分别向南和向北顺序逐排起爆。

清凉门高架桥和龙蟠里东、西匝道桥由南向北顺序逐排起爆，并与汉中门高架用一条起爆线路起爆。

每个桥墩上的导爆管雷管脚线捆成一束，用 4 发 MS2 雷管捆扎。

水西门高架桥分东西两路引向桥面，其他各桥由东侧引向桥面。

水西门高架桥用 MS6 段雷管，实现孔外延期的微差爆破，用时 4.8s。

汉中门高架桥采用了 MS6、MS8、MS9、MS10 不同段别的孔外延期雷管，进行孔外延期微差爆破。清凉门高架桥和龙蟠路东、西匝道桥均用 MS8 段雷管，实现孔外延期的微差爆破，用时 7.5s。

草场门高架桥采用 MS8 段雷管孔外延期微差爆破，用时 2s。

由起爆站向起爆点铺设导爆管双线路作为起爆干线。最后按指挥部的点火命令用高能击发器击发干线完成起爆。

14.3.8　效果与结论

1）爆破效果

城西干道爆破分别于 2012 年 3 月 17 日、4 月 14 日和 4 月 21 日晚 10 时分三次准时实施爆破。

第一爆，水西门高架桥爆破，全部桥墩破碎效果理想，上部结构整体、平稳塌落，周围建筑无一损坏，地下管线安然无恙，测试结果符合预期。首爆取得圆满成功！

第二爆，汉中门、清凉门高架桥与龙蟠里匝道桥爆破，在第一爆成功的基础上取得更大的成功。地铁 2 号线完好无损，相邻最近建筑、明城墙无一受损，地下管线全部安然无恙。创造了城市复杂环境下一次爆破高架桥最长的世界纪录。

第三爆，在前两次成功爆破的基础上完美收官。尝试的艺术爆破给人们带来巨大的惊喜。

2）结论

（1）在综合爆破环境与工程要求的基础上制定的爆破高架桥墩柱的方案是完全正确的。

（2）在不同部位采用预裂爆破、松动爆破和飞散爆破技术，实现了爆破效果的控制。

（3）对各墩柱合理地选取不同炸高，利用相邻保留墩柱抬住上部结构，成功地实现了地铁线路上方路面免招桥梁上部结构的冲击作用。设计方法正确。

（4）爆破参数选择科学合理，既达到了爆破效果，又未对周围保护物造成任何影响。

（5）采取的防飞石设计方案与措施准确有效，没有爆破飞石冲出既定的防护范围。

（6）砂袋墙、钢板加轮胎的缓冲防护措施有效地缓解了上部结构的冲击作用，确保全部管线的安全。钢结构、减震器、缓冲软钢等新型缓冲器材的使用，确保了地铁 2 号线的安全。所有减震与缓冲设计均科学、有效[49]。

第 15 章　水压爆破工程实践

15.1　水压爆破拆除不规则薄壁煤斗*

15.1.1　工程概况

煤斗成一线悬挂在主厂房煤仓间标高 + 22.0m 的纵横梁上，煤斗形状大体成漏斗形，在几何上称为拟柱体，属于不规则容器。上口尺寸为 7.5m×9.0m，下口尺寸为 0.5m×0.5m，高有 10.0m 和 9.45m 两种规格，壁厚均为 0.2m。煤斗容积在 121～186.4m^{3}之间。

煤斗为钢筋混凝土结构，双层钢筋网，规格为$\phi16@200$。每只煤斗的四角有一根竖向$\phi32$的圆钢。

15.1.2　方案选择

煤斗属于薄壁型结构容器。封住下口注满水，起爆悬在水中的药包，利用水作为中间介质，传递爆炸压力，从而达到破坏煤斗的目的。这种爆破方法施工简单，作业量小，爆破地震波小，碎块飞散范围小，可减少噪声、毒气和粉尘对周围环境的污染，且工期短，经费省，故所有煤斗均采用水压爆破法拆除。

15.1.3　药量计算

水压爆破的公式繁多，且各种计算结果相差较大。根据马鞍山电厂 9 只煤斗水压爆破成功的经验，拟采用内部容器单耗装药比计算，既简单可行，也比较准确，且爆破效果也较佳。装药量可按下式计算：

$$C = f \cdot V \tag{15-1}$$

式中，C为装药量（普通乳化炸药），kg；f为容积装药系数，kg/m^3。不同材质取不同系数，混凝土结构每立方容积取 0.05～0.07；钢筋混凝土结构每立方容积取 0.06～0.1。根据马鞍山电厂 9 只煤斗的经验数据，每立方钢筋混凝土容积在 0.06～0.07 即可。望亭电厂共有 21 只煤斗，容积单耗比定为 0.06～0.12，重点分布在 0.06～0.1 进行。V为爆破体注水容积，m^3。

---

* 设计施工单位：中国人民解放军理工大学工程兵工程学院。

复杂容器，按形状分解为小容积，再计算其药量，药包按容器形状分别设置。

15.1.4　起爆网路

煤斗距发电机组较远，无感应电流引起早爆的危险，为了便于可靠防水，采用复式串联电力起爆网路。

15.1.5　施工要点

（1）封好煤斗下口及侧壁的小孔，爆破前注满水。

（2）采用防水性能好的乳化炸药，并用塑料袋包好，在药包的下部系上重物，按设计要求用绳索吊入注满水的煤斗中。

（3）每个药包用两发电雷管起爆，导电线与电雷管脚线的接头处用胶布包好后，再用 502 胶严密防水，并将接头置于该药包当中。水中导电线选用无接头的电线，在煤斗上面连接线路。

15.1.6　效果及分析

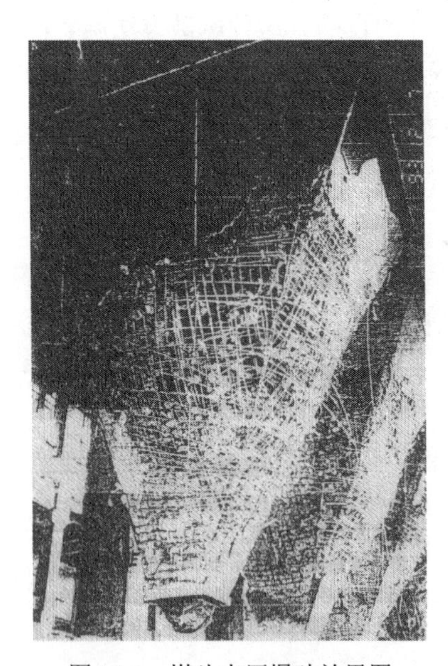

图 15-1　煤斗水压爆破效果图

煤斗水压爆破后，混凝土大部分脱落，少部分仍留在钢筋笼中，效果理想，如图 15-1 所示。

下面对爆破后几种现象分析如下：

（1）层裂和角裂。爆破后的煤斗，有些部分只是钢筋网外层混凝土脱落，钢筋网中和网内表面的混凝土仍然留在上面，形成很明显的层裂现象。

起爆水中药包，其压缩波向四周迅速传播，在水介质中传播到壁面时，入射波压缩应力在筒壁内产生环向和纵向拉力，当其强度超过混凝土抗拉强度时，筒壁产生破裂。同时入射波在外壁面反射成拉伸波，当反射拉伸应力超过混凝土抗拉强度极限时，在外壁面将导致外层混凝土龟裂脱落。

煤斗破坏中除了层裂外，还有煤斗拐角处破坏而壁面未破坏的角裂现象。主要是压缩波在拐角处产生应力集中，可产生更高的拉应力，在拐角附近形成更强的层裂。

所以煤斗破坏是钢筋混凝土的拉伸破坏。当药量加大，压缩波压力加大后，破坏更严重，使混凝土抛散，达到拆除爆破的目的。

（2）破坏分界线与入水深度。无论药量多少，煤斗上部均保留一片混凝土，而且该片混凝土与脱落部分有很明显的分界线，没有过渡区，是一个突跃的变化。我们认为，主要原因与药包入水深度有关。当冲击波以球状扩散到水界面后，其能量从水中透出，作用在壁面上的超压随后突跌，使其不足以破碎壁面，从而形成该现象。

通过分析，药包入水深度 $H' = R_{\mathrm{R}} + (40\sim60)\mathrm{cm}$，其中 R_{R} 为药包中心到药包所要破坏壁面的最远点（即要设计破坏的位置），如图 15-2 所示。

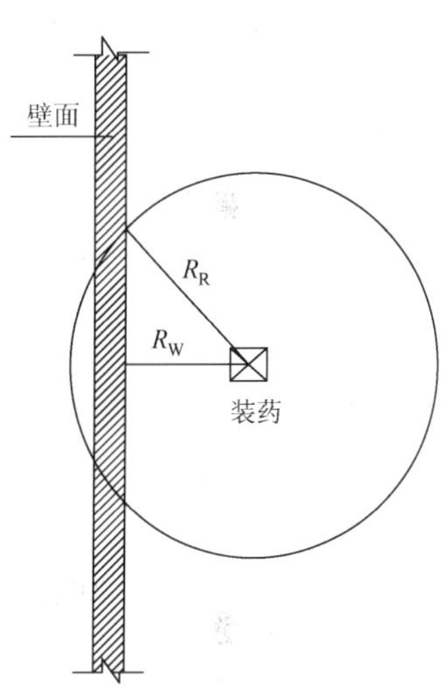

图 15-2　药包入水位置图

R_{W} 为药包到壁面的最小距离；R_{R} 为药包到需破坏壁面的最远距离

（3）斜煤斗破坏倾斜角度。从侧面看，有 8 只斜煤斗，水压爆破后，斜煤斗炸断线成 20°左右的倾角，而正煤斗则成 0°。按照药包位置到两壁面距离相等布设，这样药包到直立壁面所处位置高，而到倾斜壁面所处位置低，即作用范围也一侧高、一侧低，形成倾斜角。

（4）壁面外鼓与药包间距。煤斗壁面在上下两药包共同作用区域外鼓，比两药包各自作用区域都鼓得高，主要与两药包间距的大小有关系。药包间距太小，不能充分利用能量，均匀破坏壁面，影响效果；间距太大，则达不到设计要求，两药包中间部位壁面破坏不彻底。布设药包时，应按下式校核：

$$a = R_{\mathrm{W1}} + R_{\mathrm{W2}} \tag{15-2}$$

式中，a 为两药包间距；R_{W} 为药包到壁面的最小距离。

（5）在药包布设过程中，由于横断面为矩形，到四个壁的距离必然有两个远的和两个近的，从爆破效果看，离药包近的壁面破坏效果明显好于离药包远的壁面。

（6）连体煤斗中由于要下煤的原因在三个小煤斗之间有隔墙，爆破中用 50ms 的时间差来控制隔墙两侧药包的起爆，想借此来破坏隔墙，但其效果不理想，爆后隔墙未被破坏。由于实验条件限制，没做过多的探讨。实验药包布置如图 15-3～图 15-5 所示[50]。

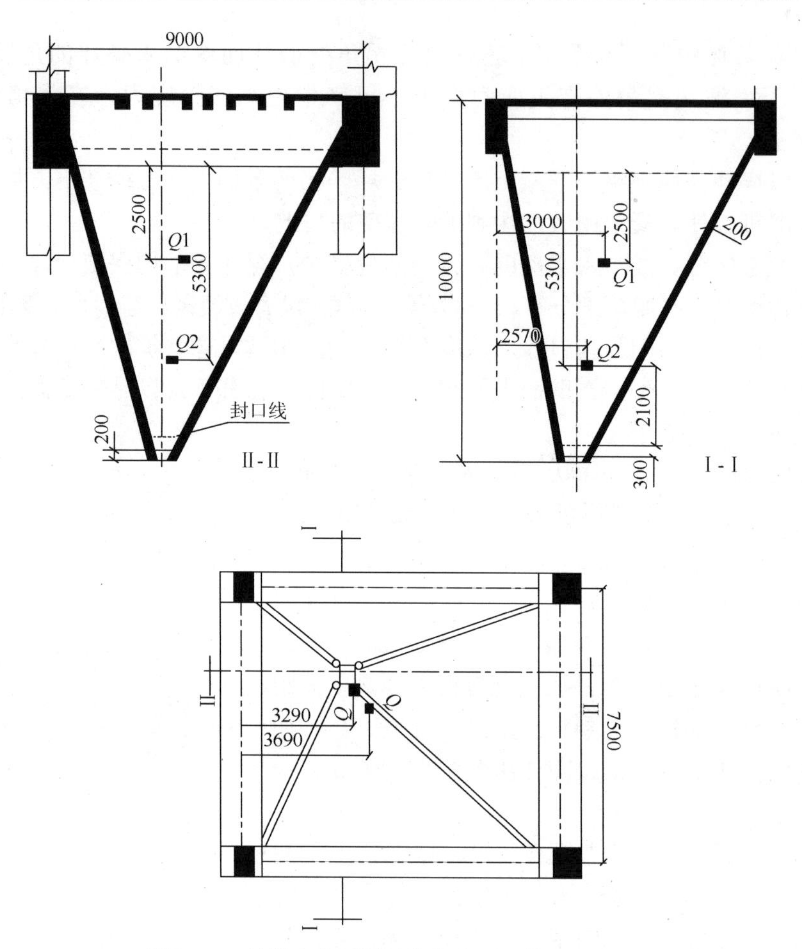

图 15-3　斜煤斗水压爆破药包布置（单位：mm）

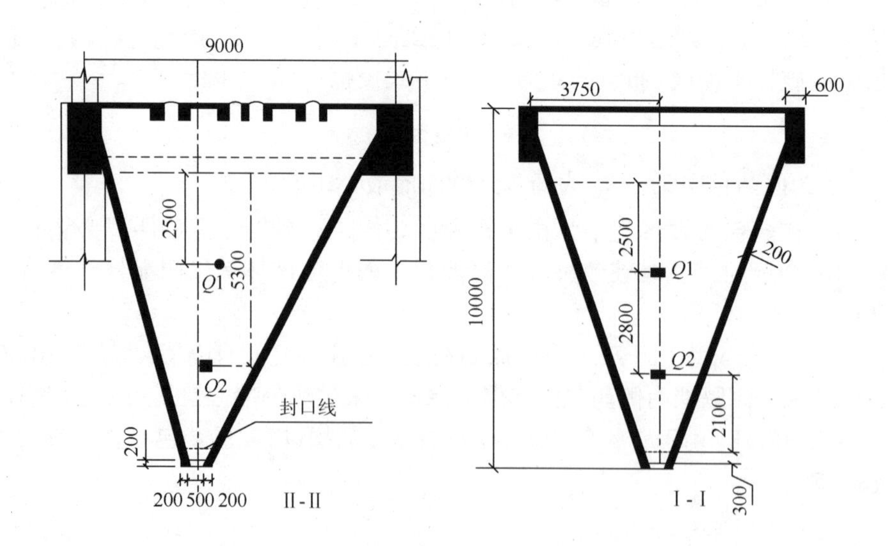

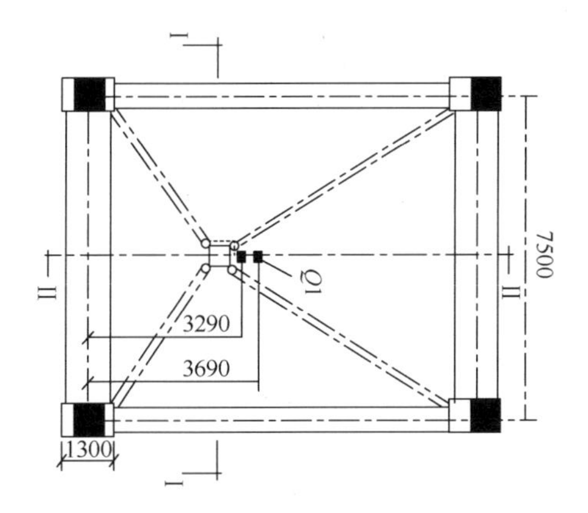

图 15-4　正煤斗水压爆破药包布置（单位：mm）

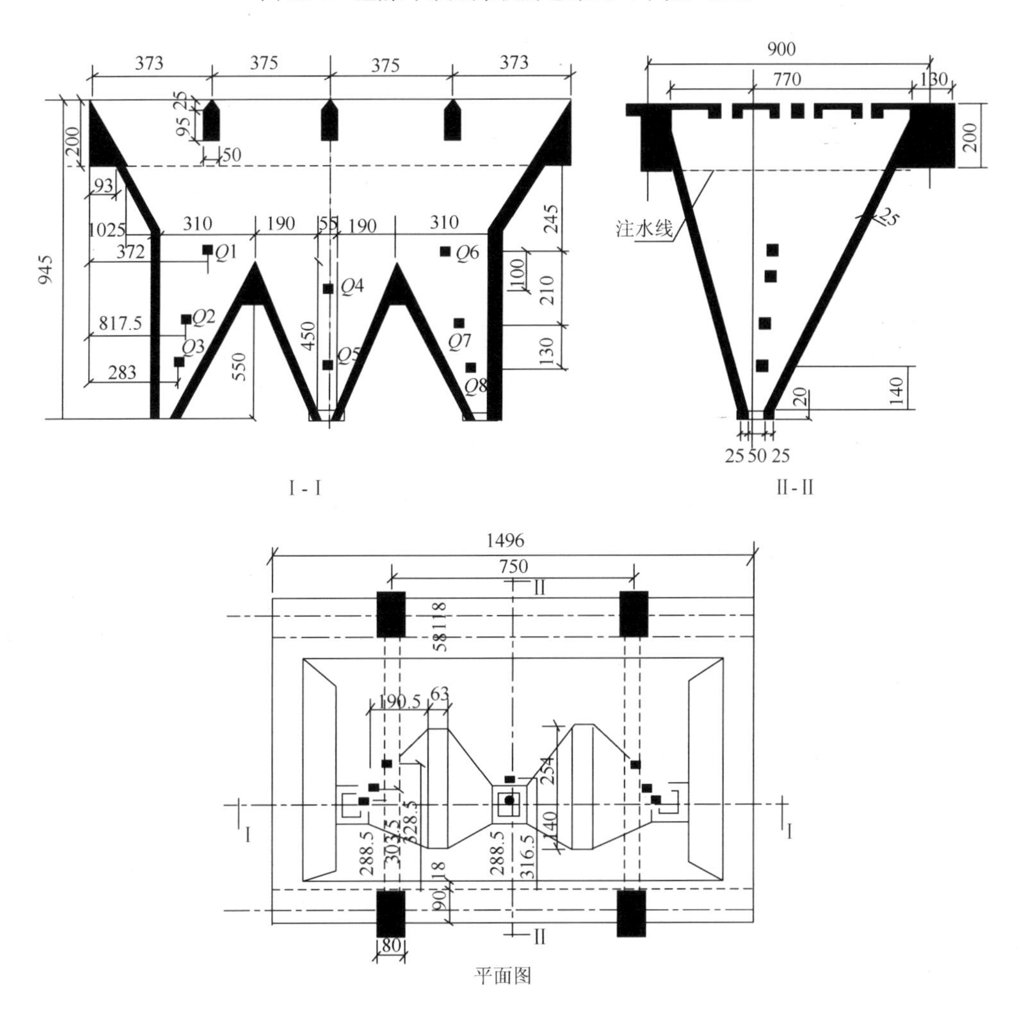

图 15-5　连体煤斗水压爆破药包布置（单位：mm）

15.2　秦淮河船闸靠船墩水压爆破*

15.2.1　工程概况

1. 工程环境

秦淮河下游长江口 2.2km 处的秦淮河船闸建成于 20 世纪 80 年代中期，设计最大船舶等级为 300t 级，为Ⅴ级船闸。

因上行多为实载船舶，干舷高度较低，故人行工作桥 T 梁的肋板被撞击的频率不如上游频繁，但由于实载船舶的撞击力较大，被撞靠船墩和 T 梁的损坏严重性也较大，且直接影响着靠船墩本身的使用安全。有 1 个中间靠船墩曾被大船撞裂，其安全性令人担忧，迫切需要对下游靠船墩拆旧建新。

靠船墩东侧 50m 为船闸控制室，南侧 95m 为秦淮河船闸管理所，西侧及北侧无重点保护目标。靠船墩周围环境平面图如图 15-6 所示。靠船墩实物如图 15-7 所示。要求爆破破碎拆除 8 个靠船墩，高程范围为 0.0～9.0m。

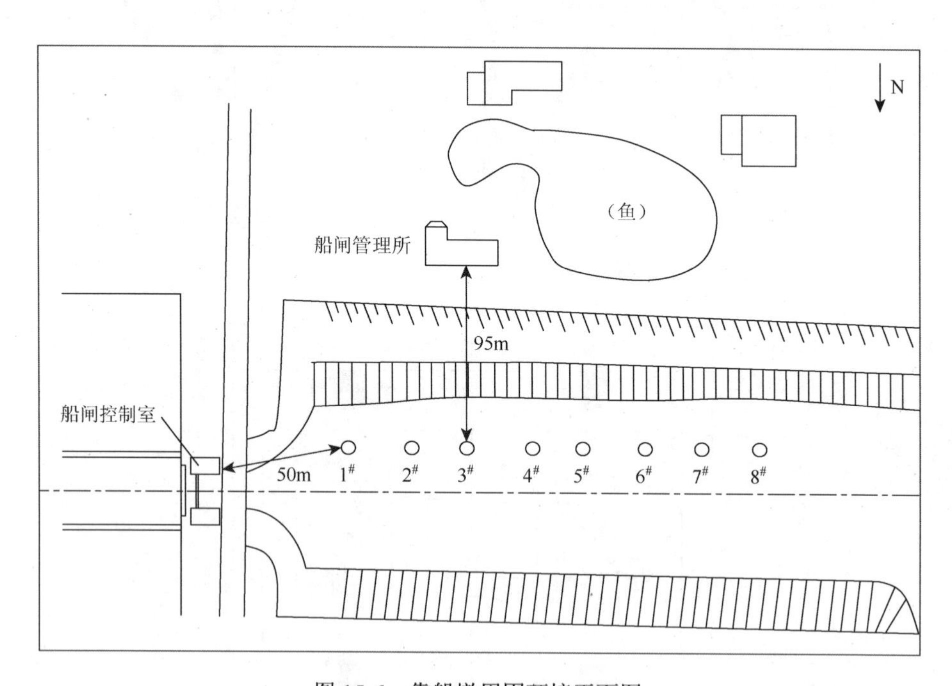

图 15-6　靠船墩周围环境平面图

* 设计施工单位：中国人民解放军理工大学野战工程学院。

图 15-7　靠船墩现场实物图

2. 工程结构

秦淮河船闸下游共设 8 个靠船墩，为圆形浆砌块石重力式结构；上口外径为 3.8m，内径为 2.2m，壁厚为 0.8m；基础沉台厚 0.8m；基础下设 $5\phi500$mm 的管桩基础；靠船墩结构如图 15-8 所示。靠船墩上设有人行 T 梁工作桥（先行用吊船拆除）。

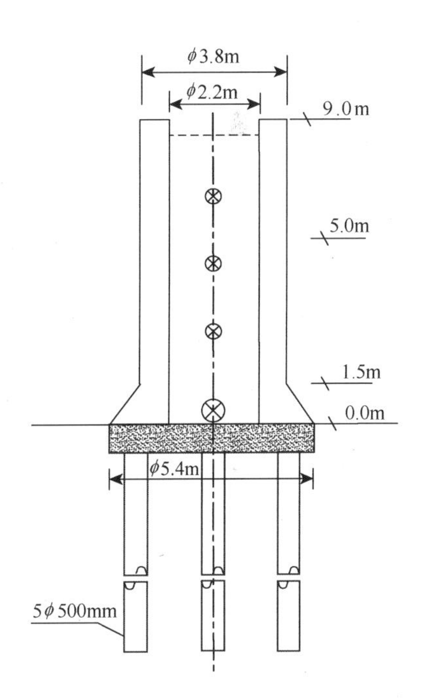

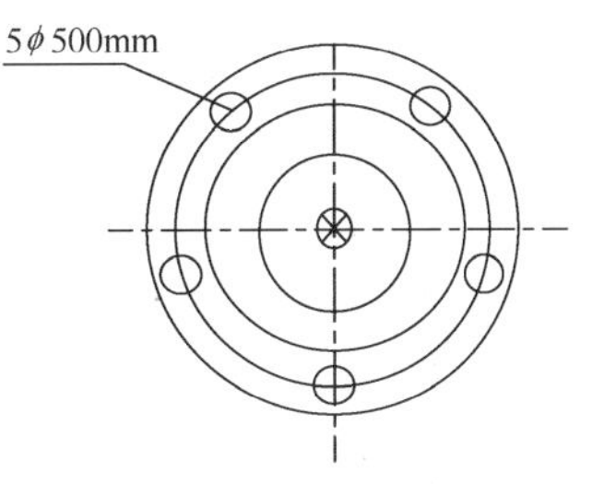

图 15-8　靠船墩结构与装药配置图

15.2.2　拆除方案

1. 拆除总体方案

由于靠船墩为浆砌块石结构体，体内缝隙多，钻孔难度大。利用靠船墩在河道内天然充水，周围环境条件较好的条件，拟采用水压爆破法对其破碎拆除。施工效率高，不易产生飞石等爆破危害效应。

采用非电微差爆破技术，控制爆破规模和最大一段的齐爆药量，以减小爆破振动对船闸控制室以及对船闸管理所建筑与设施的影响。

2. 爆破参数与装药量的确定

基于水中药包爆炸作用于结构上的冲量积累导致结构物破坏给出的药量计算公式为

$$Q = KR^{1.41}\delta^{1.59} \tag{15-3}$$

式中，Q 为炸药量，kg；R 为圆筒形结构物的半径，m；δ 为筒体的壁厚，m；K 为药量系数，根据爆破结构物的材质、结构特点、拆除工程要求的破碎度决定的综合经验参数。由于影响因素多，大量实际工程资料给出的 K 值范围是 2.5～10；对素混凝土，K 取 2～4；对钢筋混凝土筒形结构物，一般 K 取 4～8。配筋密、要求破碎块度小时取大值，反之取小值。

对装药与目标全在水中的爆破，需要克服水的阻障作用，要达到同样的爆破效果通常装药量需增加一倍。

单个装药量：$Q = 2KR^{1.41}\delta^{1.59} = 2\times3\times1.1^{1.41}\times0.8^{1.59} = 4.81\text{kg}$，取 5kg。

对于长宽比或高宽比大于 1.2 的结构物，可设置两个或多个药包，以使容器的四壁在长度方向上受到均匀的破坏作用，药包间距按下式计算：

$$a \leqslant 1.4R \tag{15-4}$$

式中，a 为药包间距，m；R 为药包中心至容器壁的最短距离，m。装药间距 $a = 1.4R = 1.1\times1.4 = 1.54\text{m}$，取 1.5m。

药包入水深度：$h_{\min} \geqslant \sqrt[3]{Q} = \sqrt[3]{5} = 1.7\text{m}$。

靠船墩高 9.0m，口部 0.8m 露出水面，自上而下安装 4 个乳化集团装药。第 1 个药包入水深度为 1.7m（距顶部 2.5m），第 2 个药包入水深度为 3.2m（距顶部 4.0m），第 3 个药包入水深度为 4.7m（距顶部 5.5m），第 4 个药包入水深度为 7.7m（距顶部 8.5m）。

底部有小斜坡的存在，为保证爆破后达到 0.0m 标高而不留残根，最底部药包最大破坏半径为 1.6m，按 $Q = 2KR^{1.41}\delta^{1.59} = 2\times3\times1.1^{1.41}\times1.6^{1.59} = 14.4\text{kg}$，取 15kg。最底层装药紧贴底部中央沉台位置。

单个靠船墩水压爆破药量为 $5\times3+15 = 30\text{kg}$。

8 个靠船墩水压爆破装药量为 $30\times8 = 240\text{kg}$。

水压爆破的药包布置见图 15-8。

3. 起爆网路

为控制爆破振动及水中冲击波对船闸控制室与船闸管理所建筑与设施的影响，采用毫秒延期起爆技术，对靠船墩逐个起爆，爆破延期间隔时间为 50ms。

每个药包安装 3 发 MS10 导爆管雷管，逐墩起爆采用 MS3 段孔外延期雷管。用四通对塑料导爆管雷管实施联接，传爆网路构成复式网路。

15.2.3　爆破安全设计、校核及措施

1. 一次最大起爆药量的确定

根据船闸为 2 级水工建筑物，抗震标准为基本烈度 6 度，当地民房的抗震标准也为基本烈度 6 度，相应可承受的爆破振动强度为 3～6cm/s。

结合船闸的具体情况，距船闸桥梁最近的一个靠船墩为 50m，确定保护目标的最大安全震动速度为 3cm/s，可确保周围建筑及设施的安全。

相对船闸桥梁的最大一段齐爆药量为

$$Q=\left(\frac{V}{K'K}\right)^{3/\alpha}\cdot R^3 \tag{15-5}$$

式中，Q 为一次最大起爆药量，kg；V 为爆破地震安全速度，为 3cm/s；R 为目标与爆点距离，为 50m；K、α 为与爆破地形、地质等条件有关的系数和衰减指数，取 $K=150,\ \alpha=1.6$；K' 为爆破强度修正系数，K'取0.25～10，离爆源近，且爆破体临空面较少时取大值，反之取小值。根据我们的爆破工程经验，在此取 $K'=0.8$。则 $Q_{\max}=123.9\text{kg}$，取最大段药量为 30kg，可确保周围建筑和设施的安全。

2. 爆破空气冲击波对周围的影响

由于药包设置于水中，且需满足最小入水深度要求，爆破空气冲击波较小，不会对周围保护目标造成影响。

3. 爆破飞石的影响

水压爆破时，爆炸产物携靠船墩内的水及少量碎块垂直水面向上飞散，扩散范围小。在不进行防护的情况下可确保周围保护目标的安全。

15.2.4　爆破效果

为确保船闸控制室及闸室的安全，对距离最近的靠船墩分别进行 1 个墩爆破和 2 个墩爆破，然后爆破其余靠船墩。爆破产生的水柱高度近 50m，回落扩散范围小于 10m，浆砌块石破碎充分，分散半径在 6m 内，对沉台的破坏效果明显并下沉。爆破结果能达到工程要求。

距离靠船墩 50m 处船闸控制室和 30m 处桥下大橱窗玻璃全部完好无损，船闸未现开裂与位移。完全达到了预期的工程效果。爆破过程如图 15-9 和图 15-10 所示[51]。

图 15-9　单个、两个靠船墩爆破景象

图 15-10　五个靠船墩爆破景象

参 考 文 献

[1] 汪旭光，中国工程爆破协会. 爆破设计与施工[M]. 北京：冶金工业出版社，2015.

[2] 文正堂. 最新爆破工程消耗量定额及工程量清单计算规则贯彻实施手册[M]. 北京：中国矿业出版社，2008.

[3] 汪旭光，于亚伦. 拆除爆破理论与工程实例[M]. 北京：人民交通出版社，2008.

[4] 谢先启. 精细爆破[M]. 武汉：华中科技大学出版社，2010.

[5] 中华人民共和国国家质量监督检验检疫总局，中国国家标准化管理委员会. 爆破安全规程：GB 6722—2014[S]. 北京：中国标准出版社，2014.

[6] 王国周，瞿履谦. 钢结构：原理与设计[M]. 北京：清华大学出版社，2002.

[7] 齐世福. 军事爆破工程[M]. 北京：解放军出版社，2011.

[8] 杨溢，李刚，庙延钢. 攀钢二滩粘土矿综合商场拆除爆破[J]. 昆明理工大学学报，2000，25（3）：44-46，49.

[9] 穆大耀，庙延钢，李征文，等. 昆明春城照相馆的控制爆破拆除[J]. 爆破，1994，（4）：13-15.

[10] 沈朝虎，张智宇，杜支鹤，等. 倾斜水塔的爆破拆除[J]. 爆破，2002，（4）：51-52.

[11] 齐世福，胡良孝，李尚海. 松花江旧铁路大桥的爆破拆除技术[J]. 工程爆破，2003，9（4）：21-24.

[12] 吴继全，尹成祥. 控制爆破拆除双曲拱桥[J]. 西部探矿工程，1996，（2）：30-32.

[13] 倪荣福，吴岩. 钢筋混凝土工事水压拆除爆破[J]. 爆破，1996，13（4）：50-53.

[14] 高育滨，雷玲，陶颂霖. 水压爆破拆除七层大板楼[J]. 工程爆破，2001，7（3）：27-29.

[15] 顾毅成，史雅语，金骥良. 工程爆破安全[M]. 合肥：中国科学技术大学出版社，2009.

[16] 邓孝政. 四川宜宾一旧楼爆破打孔时发生坍塌 8 人遇难[N]. 成都商报，2015-1-16.

[17] 雷阳. 上海曲阳路爆破拆楼炸出个“比萨斜塔”[N]. 楚天都市报，2004-9-17.

[18] 辛艳，陈术丰. 长沙定向爆破首遇尴尬 八栋房屋只倒七栋[N]. 新华网，2001-7-23.

[19] 唐亮. 福州火车站大楼爆破拆除[N]. 中国新闻网，2002-11-26.

[20] 赛宗师. 美国 2. 5 万人齐观 61 米高楼爆破失败全过程[N]. 国际在线，2005-12-6.

[21] 刘雁军. 石家庄定向爆破出意外 楼房倒向竟反方向[N]. 河北日报，2001-12-11.

[22] 余行. 爆破失误 成都丝绸大厦半截倒反了[N]. 华西都市报，2009-12-2.

[23] 王银军. 西宁一商住楼两次爆破均失败[N]. 人民日报海外版，2001-11-24（4）.

[24] 赵芳. 定向爆破失败 五层楼房“跛脚”[N]. 山西晚报，2006-4-5.

[25] 冯怡驹. 作别渔农村历史“中国第一爆”留遗憾[N]. 南方日报，2005-5-23.

[26] 苏珊. 美国爆破高塔倒塌方向出错 造成 4000 家庭停电[N]. 国际在线，2011-11-12.

[27] 李逢春，曹春霞. 四川简阳 380 公斤炸药爆破危桥失败[N]. 华西都市报，2008-7-26.

[28] 苏晓洲，明星. 湖南株州市红旗路高架桥坍塌事故[N]. 新华网，2008-5-20.

[29] 甘露. 新疆库尔勒坍塌孔雀河大桥爆破失败[N]. 人民网，2011-6-22.
[30] 陈奉凤. 美国：阿肯色州大桥爆破后不倒[N]. 央视网，2016-10-13.
[31] 任宪东. 炸桥哑炮在众人围观时响了[N]. 时代商报，2005-7-26.
[32] 谢森焱. 江西泰和废弃大桥坍塌 仍有 3 人失踪[N]. 中国新闻网，2016-9-12[2018-4-13].
[33] 顾月兵. 天安门广场原北京邮局大楼爆破拆除工程[M]. 北京：冶金工业出版社，2006.
[34] 顾月兵，徐全军，范磊. 自贡市文化宫框架大楼爆破拆除工程[R]. 南京：中国人民解放军理工大学工程兵工程学院，2001.
[35] 王希之. 中华全国总工会老办公大楼爆破拆除[M]. 北京：冶金工业出版社，2006.
[36] 顾月兵，谢兴博，夏卫国. 江苏图书发行大厦爆破拆除工程[R]. 南京：中国人民解放军理工大学野战工程学院，2013.
[37] 顾月兵，龙源，陆明，等. 哈尔滨市龙海大厦爆破拆除技术设计[R]. 南京：中国人民解放军理工大学野战工程学院，2009.
[38] 李兴华，龙源，钟明寿，等. 哈尔滨龙海大厦拆除爆破中的减振技术研究[J]. 爆破器材，2009，38（6）：30-32.
[39] 齐世福，郭涛，李德林. 框架结构楼房与礼堂低重心连体建筑的拆除爆破[M]. 北京：冶金工业出版社，2012.
[40] 谭灵，王自力，谭雪刚，等. 控制爆破拆除十六铺客运大楼及申客饭店[J]. 爆破，2005，22（3）：76-79.
[41] 唐献述，龙源，王耀华，等. 大型钢结构物拆除控制爆破总体方案设计[J]. 工程爆破，2002，8（4）：24-28.
[42] 白晓涛，顾月兵. 烟囱定向倒塌控制爆破[J]. 爆破，2007，24（3）：81-83.
[43] 薛峰松，王希之，谢兴博，等. 180m 高钢筋混凝土烟囱控制爆破拆除[M]. 北京：冶金工业出版社，2008.
[44] 谢兴博，龙源，薛峰松，等. 钢筋混凝土筒形水塔双向切口折叠爆破拆除[M]. 爆破器材，2002，31（4）：29-32.
[45] 李尚海，齐世福，公文新. 复杂环境下冷却塔控制爆破拆除[M]. 北京：冶金工业出版社，2008.
[46] 顾月兵，王希之，龙源，等. 硝铵造粒塔拆除爆破技术[R]. 南京：中国人民解放军理工大学工程兵工程学院，2004.
[47] 谢兴博，崔允武. 大型钢筋混凝土双曲拱桥的爆破拆除[M]. 深圳：海天出版社，1997.
[48] 齐世福，胡良孝，李尚海. 松花江旧铁路大桥的爆破拆除技术[M]. 工程爆破，2003，9（4）：21-24.
[49] 顾月兵，徐全军，唐勇，等. 南京城西干道高架桥爆破技术设计[R]. 南京：中国人民解放军理工大学工程兵工程学院，2012.
[50] 薛峰松，谢兴博. 水压爆破拆除不规则薄壁煤斗[M]. 深圳：海天出版社，1997.
[51] 顾月兵，王希之. 秦淮河船闸靠船墩水压爆破[R]. 南京：中国人民解放军理工大学野战工程学院，2008.